环保型

纤维增强高性能混凝土

史俊　贺锋◎著

CS
K
湖南科学技术出版社·长沙

PREFACE 前言

在城镇化进程的大背景下，基础设施建设中各项重大工程项目的规模持续刷新纪录，如此快速和大规模地建设在世界建设史上可谓前无古人，取得的成就也是举世瞩目、影响深远的。在众多建设项目使用的材料中，混凝土以其原材料丰富、适应性强、耐久性好、能源消耗较低、成本较低等优越性，已成为当今世界用量最多的建筑材料，成为土木工程用材的主体，这也使得混凝土在工程材料中有着不可替代的地位，但是随着发展的推进，也暴露出重要的缺陷：自重大、强度低，建造成本高，不适应新形势下土木建筑工程绿色发展的需要。如何在保证工程质量的同时，也能提高工程的耐久性问题，日益受到科研工作者、生产实践者等社会各界的广泛关注。

随着社会经济的发展，科学技术的进步和专业方法的迭代更新，绿色环保的观念在工程建设领域深入人心，在此背景下，工程界对混凝土性能提出了更高的要求，环保型纤维增强高性能混凝土的研究也应运而生。从 1994 年首次提出超高性能混凝土（Ultra High Performance Concrete，简称 UHPC）的概念，近三十年来，国内外专家学者不懈研究，进行生产实践，不断推陈出新，发展出一种环保型纤维增强高性能混凝土，其优点愈发突出，如抗压强度可达 100 MPa 及以上，远高于普通混凝土；具有优异的韧性、耐久性、耐磨性、抗腐蚀性和较高的断裂能；具有抗渗透、抗碳化及抗氯离子渗透和硫酸盐渗透的能力；存在大量未水化水泥颗粒，使得混凝土具有自修复功能；自重轻，降低了自重，节约成本，造价降低。

自环保型纤维增强高性能混凝土诞生以来，针对其力学性能等方面的研究相继开展。近年来，超高性能混凝土的研究逐渐引起了重视，势必为其广泛应用打下坚实的基础。环保型纤维增强高性能混凝土采用普通硅酸盐水泥、磨细粉煤灰（或磨细矿渣）、硅粉、高效减水剂和标准砂等原料，以常规的制作工艺和蒸汽养护，配制出抗压强度达 200 MPa 的超高性能混凝土（如中活性粉末混凝土、密实增强复合材料新型高性能混凝土），这些混凝土不仅具有良好的力学性能，而且拥有优异的耐久性。表现为良好的稳定性和均匀性；水灰比低，自由水少，且掺入超细粉基本无泌水，水泥浆的黏性大，很少产生离析、分层的现象；良好的体积稳定性，干缩和徐变早期大，随龄期的增加与普通混凝土持平；胶凝材料用量大，使用的水泥强度等级高，多采用高效减水剂等。但是，这种混凝土必须采用严格的施工工艺与优质原材料，才能配制成便于浇捣、不离析、力学性能稳定、早期强度高并具有韧性和体积稳定性等性能的混凝土。正是由于此类混凝土具有密实度大、渗透性低、工作性能好、强度高、优异的耐久性和良好的稳定性、良好的施工工作性能等优点，它越来越受到科研工作者的重视，并在各类工程中得以广泛应用。

环保型纤维增强高性能混凝土是由水泥、硅灰、粉煤灰、细骨料（砂）、减水剂和水按照一定比例拌和，经硬化而成的一种高性能材料。高性能纤维混凝土的组成材料的性能和配合比，决定了高性能纤维混凝土的各项性能，其工作性能决定了其施工性能，其力学性能和耐久性能是高性能纤维混凝土在土木工程中被大量应用的重要原因，高性能纤维混凝土的微观性能则是其各项性能尤其是力学性能变化的根源。本书对环保型纤维增强高性能混凝土的各项组成材料进行研究，并对其配合比进行设计，最后通过相关测试方法明确了各种环保型纤维增强高性能混凝土的性能变化规律及其机制，为其他环保型纤维增强高性能混凝土的开发提供参考，为工程应用奠定基础。

本书可作为高等学校土木工程专业新型混凝土专业入门教材，也可作为生产企业土木工程相关专业技术人员了解土木工程材料概要的参考书。

撰写此书，参考了国内外诸多文献资料，感谢这些文献资料的作者。由于认识的局限、时间紧张等原因，不妥的地方一定很多，恳请专家学者不吝赐教，欢迎批评指正。

中南大学史俊教授，作为国家高速铁路工程实验室风洞创新团队成员、国家自然科学基金与国防军工科研项目等多项国家级/省部级课题的参与者和主持人，近年来一直致力于推动环保型新型混凝土材料的发展，并基于目前主要从事的桥梁结构受力状态分析与失效机制研究、大跨度桥梁健康监测与状态评估研究、桥梁加固技术研究等领域的工程实践，提出了许多推动混凝土材料改革的建设性意见。史俊教授负责本书研究框架的提出，并带领课题组成员完成了本书的主要内容。其中，课题组成员崔济源负责第 2 章、第 9 章、第 10 章内容的撰写以及第 4 章内容的补充，课题组成员吴正发为第 9 章提供部分内容；课题组成员李宇轩负责第 3 章内容的撰写，课题组成员杜衡为第 3 章提供部分内容；课题组成员李润智负责第 4 章内容的撰写；课题组成员任桐负责第 5 章内容的撰写以及第 2 章、第 10 章内容的补充；课题组成员张鸿儒负责第 1 章内容的撰写。感谢我带领的课题组成员的辛勤劳动，才得以使本书早日面世，感谢上述参与本书撰写的研究者，也特别感谢我所在工作单位的领导和同事对我开展混凝土新型材料研究的支持和帮助。

史俊

2024 年 7 月 10 日

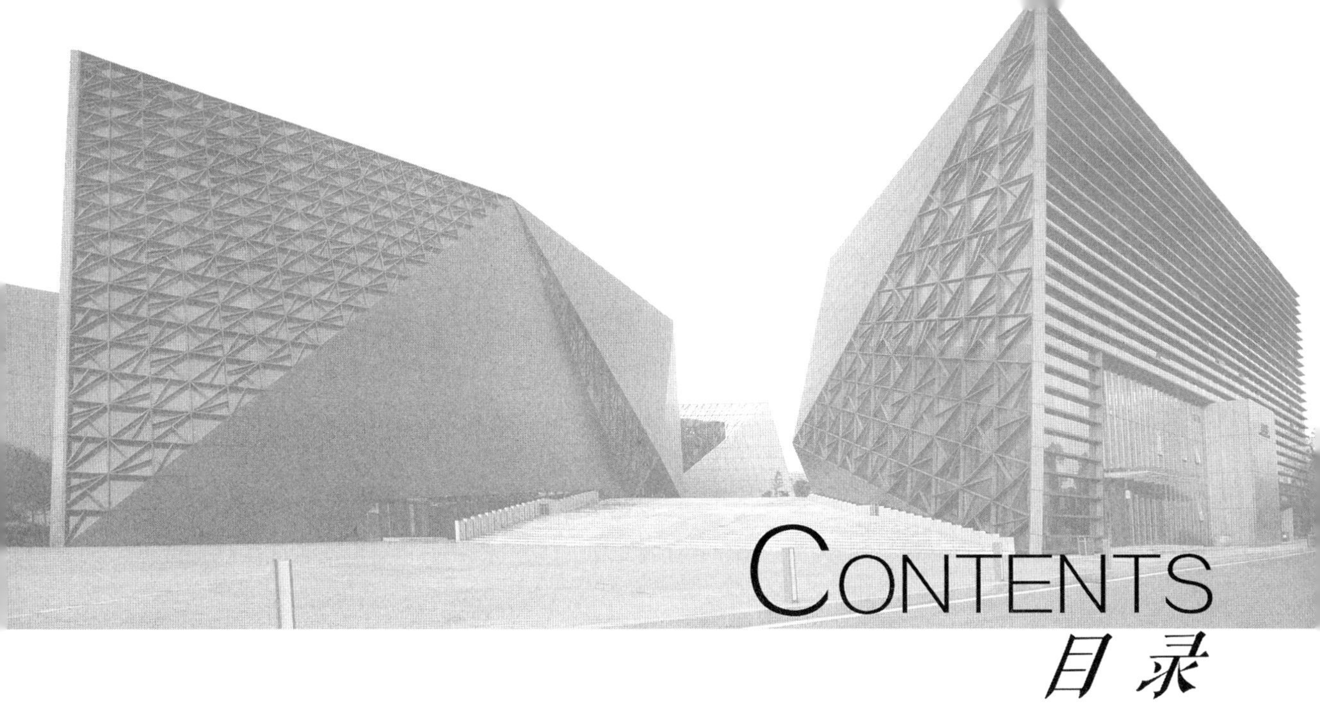

目录

第1章　绪论 1

1.1　现存环境污染问题概述 1

1.1.1　固体污染的危害及来源 1

1.1.2　大气污染的来源及危害 3

1.1.3　电磁污染的危害及来源 6

1.2　环保型纤维增强高性能混凝土的国内外研究现状 8

1.2.1　环保型纤维增强高性能混凝土的力学性能 8

1.2.2　环保型纤维增强高性能混凝土的耐久性能 10

1.2.3　环保型纤维增强高性能混凝土的其他性能 11

1.2.4　环保型纤维增强高性能混凝土的生态可持续性 13

1.2.5　环保型纤维增强高性能混凝土的开发及应用概况 15

1.2.6　环保型纤维增强高性能混凝土的应用前景 16

1.3　环保型纤维增强高性能混凝土的配制原理和技术途径 18

1.3.1　配制原理 18

1.3.2　技术途径 20

1.4　小结 21

参考文献 22

第2章　环保型纤维增强高性能混凝土材料科学基础 27

2.1　引言 27

2.2　原材料 28

2.2.1　水泥 28

2.2.2　骨料 29

2.2.3　矿物掺合料 35

2.2.4 化学外加剂 37
2.2.5 纤维 40
2.2.6 废旧/环保材料 43
2.3 新拌材料 44
2.3.1 水泥水化 44
2.3.2 新拌材料的流动性 46
2.3.3 硬化材料的收缩 49
2.4 硬化材料 51
2.4.1 微观形貌 51
2.4.2 力学性能 53
2.4.3 耐久性能 54
2.4.4 其他性能 56
2.5 小结 57
参考文献 58
第3章 掺钢渣粉混凝土 59
3.1 引言 59
3.1.1 钢渣粉的成分与特点 59
3.1.2 钢渣粉的来源与用途 60
3.1.3 钢渣粉制备混凝土的研究现状 61
3.2 掺钢渣粉混凝土的制备方法及试验方案 62
3.2.1 掺钢渣粉混凝土的原材料及其基本特性 63
3.2.2 掺钢渣粉混凝土的配合比设计 67
3.2.3 掺钢渣粉混凝土的制备方法 69
3.2.4 掺钢渣粉混凝土的试验方法 70
3.3 掺钢渣粉混凝土的性能指标 72
3.3.1 掺钢渣粉混凝土的工作性能 72
3.3.2 掺钢渣粉混凝土的抗压性能 74
3.3.3 掺钢渣粉混凝土的抗折性能 76
3.3.4 掺钢渣粉混凝土的劈裂抗拉性能 77
3.3.5 掺钢渣粉混凝土的干燥收缩性能 78
3.3.6 掺钢渣粉混凝土工作性能指标总结 79
3.4 掺钢渣粉混凝土的微观结构及其水化机制 80
3.4.1 掺钢渣粉混凝土的微观形貌 80
3.4.2 掺钢渣粉混凝土的成分分析 80
3.4.3 掺钢渣粉混凝土水化热 82
3.4.4 掺钢渣粉混凝土的水化及硬化机制 83

3.5 掺钢渣粉混凝土的环境可持续性评价 84
3.5.1 掺钢渣粉混凝土可持续性评价指标的确定 84
3.5.2 掺钢渣粉混凝土可持续性评价指标的计算 85
3.5.3 普通水泥的绿色度计算 85
3.5.4 普通超高性能混凝土的绿色度计算 86
3.5.5 钢渣超高性能混凝土的绿色度计算 86
3.6 小结 89
参考文献 89
第4章 掺铁尾矿粉/砂混凝土 92
4.1 引言 92
4.1.1 铁尾矿资源再处理现状 92
4.1.2 铁尾矿粉/砂的成分与制备过程 93
4.1.3 铁尾矿粉/砂的研究现状 94
4.2 掺铁尾矿粉/砂混凝土的制备方法 96
4.2.1 掺铁尾矿粉/砂混凝土的原材料及其基本特性 96
4.2.2 掺铁尾矿粉/砂混凝土的配合比设计 96
4.2.3 掺铁尾矿粉/砂混凝土的制备方法 97
4.2.4 掺铁尾矿粉/砂混凝土的试验方法 97
4.3 掺铁尾矿粉/砂混凝土的性能指标 98
4.3.1 掺铁尾矿粉/砂混凝土的工作性能 98
4.3.2 掺铁尾矿粉/砂混凝土的抗压性能 99
4.3.3 掺铁尾矿粉/砂混凝土的弯曲韧性 100
4.3.4 掺铁尾矿粉/砂混凝土的劈裂抗拉性能 101
4.3.5 掺铁尾矿粉/砂混凝土的干燥收缩性能 102
4.3.6 掺铁尾矿粉/砂混凝土的水化热 103
4.4 掺铁尾矿粉/砂混凝土的环境可持续性评价 104
参考文献 106
第5章 掺铸造废砂混凝土 109
5.1 引言 109
5.1.1 铸造废砂的成分与特点 109
5.1.2 铸造废砂的来源与用途 111
5.1.3 铸造废砂制备混凝土的研究现状 111
5.2 掺铸造废砂混凝土的制备方法及试验方案 116
5.2.1 掺铸造废砂混凝土的原材料及其基本特性 116
5.2.2 掺铸造废砂混凝土的配合比设计 120
5.2.3 掺铸造废砂混凝土的制备方法 121

5.2.4　掺铸造废砂混凝土的试验方法　121
5.3　掺铸造废砂混凝土的性能指标　126
5.3.1　掺铸造废砂混凝土的工作性能　126
5.3.2　掺铸造废砂混凝土的抗压性能　127
5.3.3　掺铸造废砂混凝土的弯曲韧性　128
5.3.4　掺铸造废砂混凝土的劈裂抗拉性能　130
5.3.5　掺铸造废砂混凝土的抗氯离子渗透性能　132
5.4　掺铸造废砂混凝土的微观结构及其水化机制　134
5.4.1　掺铸造废砂混凝土的微观形貌　134
5.4.2　掺铸造废砂混凝土的成分分析　135
5.4.3　掺铸造废砂混凝土的孔结构　136
5.4.4　掺铸造废砂混凝土的水化及硬化机制　138
5.5　掺铸造废砂混凝土的环境可持续性评价　138
5.6　小结　139
参考文献　141
第6章　掺废旧轮胎纤维混凝土　142
6.1　引言　142
6.1.1　废旧轮胎纤维的成分与特点　143
6.1.2　废旧轮胎纤维的来源与用途　143
6.1.3　废旧轮胎纤维制备混凝土的研究现状　144
6.2　掺废旧轮胎纤维混凝土的制备方法及试验方案　146
6.2.1　掺废旧轮胎纤维混凝土的原材料及其基本特性　146
6.2.2　掺废旧轮胎纤维混凝土的配合比设计　148
6.2.3　掺废旧轮胎纤维混凝土的制备方法　150
6.2.4　掺废旧轮胎纤维混凝土的试验方法　150
6.3　掺废旧轮胎纤维混凝土的性能指标　151
6.3.1　掺废旧轮胎纤维混凝土的工作性能　151
6.3.2　掺废旧轮胎纤维混凝土的抗压性能　152
6.3.3　掺废旧轮胎纤维混凝土的弯曲韧性　155
6.3.4　掺废旧轮胎纤维混凝土的劈裂抗拉性能　158
6.4　掺废旧轮胎纤维混凝土的微观结构及其增韧机制　159
6.4.1　掺废旧轮胎纤维混凝土的微观形貌　159
6.4.2　掺废旧轮胎纤维混凝土的成分分析　162
6.4.3　掺废旧轮胎纤维混凝土的增韧机制　165
6.5　掺废旧轮胎纤维混凝土的环保可持续性评价　166
6.6　小结　166

参考文献 167
第7章 吸波混凝土 169
7.1 引言 169
7.1.1 电磁防护混凝土防护原理 169
7.1.2 电磁防护材料种类与特点 170
7.1.3 电磁防护混凝土制备的研究现状 172
7.2 掺碳纤维电磁防护混凝土的制备方法及试验方案 174
7.2.1 掺碳纤维电磁防护混凝土的原材料及其基本特性 174
7.2.2 掺碳纤维电磁防护混凝土的配合比设计 175
7.2.3 掺碳纤维电磁防护混凝土的制备过程 178
7.2.4 掺碳纤维电磁防护混凝土的试验方法 178
7.3 掺碳纤维电磁防护混凝土的性能指标 183
7.3.1 碳纤维复掺电磁防护混凝土的工作性能 183
7.3.2 碳纤维复掺电磁防护混凝土的力学性能 183
7.3.3 碳纤维复掺电磁防护混凝土的导电导热性能 185
7.3.4 碳纤维复掺电磁防护混凝土的抗冻融性能 187
7.3.5 碳纤维复掺电磁防护混凝土的抗硫酸盐侵蚀性能 188
7.3.6 碳纤维复掺电磁防护混凝土的吸波性能 189
7.4 碳纤维电磁防护混凝土的环境可持续性评价 198
7.5 小结 200
参考文献 202
第8章 掺渗透结晶材料自修复混凝土 205
8.1 引言 205
8.1.1 掺渗透结晶材料自修复混凝土的成分与特点 206
8.1.2 掺渗透结晶材料自修复混凝土的研究现状 208
8.2 掺渗透结晶材料自修复混凝土的制备方法及试验方案 210
8.2.1 掺渗透结晶材料自修复混凝土的原材料及其基本特性 210
8.2.2 掺渗透结晶材料自修复混凝土的配合比设计 211
8.2.3 掺渗透结晶材料自修复混凝土的制备方法 212
8.2.4 掺渗透结晶材料自修复混凝土的试验方法 213
8.3 掺渗透结晶材料自修复混凝土修复前后的力学性能及修复机制 216
8.3.1 掺渗透结晶材料自修复混凝土的工作性能 216
8.3.2 掺渗透结晶材料自修复混凝土修复前后的抗压性能 217
8.3.3 掺渗透结晶材料自修复混凝土修复前后的抗折性能 222
8.4 掺渗透结晶材料自修复混凝土的耐久性能 228
8.4.1 掺渗透结晶材料自修复混凝土的抗冻融性能 228

8.4.2 掺渗透结晶材料自修复混凝土的抗渗性 230
8.5 掺渗透结晶材料自修复混凝土环保可持续性评价 231
8.6 小结 232
参考文献 233
第9章 定向钢纤维混凝土 236
9.1 引言 236
9.1.1 定向钢纤维混凝土的成分与特点 236
9.1.2 定向钢纤维混凝土的来源与用途 237
9.1.3 定向钢纤维混凝土的研究现状 238
9.2 定向钢纤维混凝土的制备方法及试验方案 239
9.2.1 定向钢纤维混凝土的原材料及其基本特性 239
9.2.2 定向钢纤维混凝土的配合比设计 241
9.2.3 定向钢纤维混凝土的制备方法 242
9.2.4 定向钢纤维混凝土的试验方法 243
9.3 定向钢纤维混凝土的力学性能指标 255
9.3.1 定向钢纤维混凝土的工作性能 255
9.3.2 定向钢纤维混凝土的抗压性能 257
9.3.3 定向钢纤维混凝土的弯曲韧性 260
9.3.4 定向钢纤维混凝土的劈裂抗拉性能 269
9.4 定向钢纤维混凝土的形貌与增强机制 273
9.4.1 定向钢纤维混凝土的断面形貌 273
9.4.2 定向钢纤维混凝土的增强机制 277
9.5 定向钢纤维混凝土环保可持续性评价 279
9.6 小结 281
参考文献 282
第10章 环保型纤维增强高性能混凝土的未来 285
10.1 环保型纤维增强高性能混凝土应用存在的问题 285
10.1.1 环保型材料的基本概况 286
10.1.2 环保型材料的来源 294
10.1.3 环保型纤维国内外研究现状 295
10.2 环保型纤维增强高性能混凝土的发展前景 296
10.2.1 环保型纤维增强高性能混凝土的纤维种类 297
10.2.2 环保型纤维增强高性能混凝土的骨料种类 300
10.3 纤维混凝土的发展趋势 307
参考文献 309

第1章　绪　论

1.1　现存环境污染问题概述

1.1.1　固体污染的危害及来源

固体污染是指由固体废物造成的污染。固体废物是在生产建设、日常生活和其他活动中产生的污染环境的固态、半固态废弃物质，分为三类：工业固体废物、生活垃圾和危险废物。

工业固体废物主要包括：冶金工业固体废物，如高炉渣、钢渣、金属渣、赤泥等；燃煤固体废物，如粉煤灰、炉渣、除尘灰等；矿业固体废物，如采矿废石和尾矿、煤矸石；化工工业固体废物，如油泥、焦油页岩渣、废有机溶剂、酸渣、碱渣、医药废物等；轻工业固体废物，如发酵残渣、废酸、废碱等；其他工业固体废物，如金属碎屑、建筑废料等。工业固体废物问题是与工业化相伴的，我国工业化快速发展，但相应的固体垃圾处理措施并不完善，工业生产中产生的固体垃圾未能及时地进行处理。2019年，196个大中城市一般工业固体废物产生量为13.8亿吨，综合利用量为8.5亿吨，处置量为3.1亿吨，储存量为3.6亿吨，倾倒丢弃量为4.2万吨。以有色金属行业工业固体废物为例，我国有色金属矿产金属品位低，每生产1吨有色金属要产出几百吨乃至上千吨固体废物，目前主要采用堆场和尾矿库的方式进行堆存处置。据统计，2019年有色金属行业产生一般固体废物4.8亿吨（包括尾矿、赤泥、冶炼渣、炉渣、脱硫石膏、中和渣等），占全国工业一般固体废物产生量的15%左右[1]。

生活垃圾主要是指人们在生活中形成的以固体形式呈现的生活废物。生活垃圾根据来源分为废旧生活用品、厨余垃圾和塑料包装等[2]。据了解，现阶段我国固体废物所占的土地面积已超过5亿平方米[3]。

危险废物主要是指会对环境直接造成危害的一类废物，并且符合国家危险废物鉴定标准，如有色金属垃圾、医疗卫生用品垃圾等，由于废物具有危害成分，这就给城市生态环境造成严重的威胁。

固体废物会对水、土壤、大气造成极大污染，对人类生活环境造成极大危害。由于工业固体废物的随意倾倒，在堆放和腐烂过程中产生大量酸性和碱性有机污染物，成为有机物、重金属和病原微生物三位一体的污染源。在雨水淋入后产生的渗滤液流入地表水体和渗入土壤，使有害物质及污染物随地表径流和地下水汇入河中和地下水中，造成地表水和地下水的污染，直接影响水生动植物的生存环境，造成水质下降、水域面积减少等直接恶劣影响。

工业加工过程中形成氮、硫等酸性气体氧化物，随着这些酸性气体被排放到大气中，会对大气造成严重的影响，人体吸入这样的空气会伤害到呼吸气管。此外，酸性气体与水蒸气相结合构成酸雨，不但会杀死植物，而且还会侵蚀各类建筑。除此之外，煤矿工业加工过程中会衍生巨量的粉尘与烟雾，这些固体颗粒物会与空气相融，人体吸入后会出现呼吸困难甚至引起各类呼吸气管病症[4]。长期露天堆放的工业固体废物，尤其是重金属和有毒有害物质会随着雨水向土壤中持续渗透。土壤吸附这些有毒有害物质后，土壤结构、成分将会遭到改变，影响到植物根系发育和生长，同时会在植物有机体内积存，人体食入含有有毒有害物质的植物产品后，会在人体产生富集作用，这些有毒有害物质在人体长期积累，久而久之，会形成癌症等恶性疾病[5]。不仅如此，固体废物随意堆弃会侵占大量土地，据初步调查，全国691个城市中已有三分之二被垃圾带所包围，全国垃圾堆存占地累计超5亿平方米。

国家对固体废物污染环境防治实行的基本原则：一是减少固体废物产生的原则，即减量化原则；二是充分合理利用固体废物的原则，即资源化原则；三是无害化处理固体废物的原则，即无害化原则。

将固体废物减量化应优化管理策略、加强技术研究。通过科学分类，细化固体废物产生量、利用量、储存量的统计工作，提升精细化管理水平。大力推行清洁生产机制，引导企业走循环经济、绿色制造与节能减排之路[6]。加大技术研究力度，加强对常见固体废物的利用和开发，不断提高固体废物的利用率，引进国外技术，完善固体废物的分类和处理，并提高处理质量和效率[7]。

固体废物的资源化利用成为固体废物处理的新方式。工业废渣、炉渣当中含有一些化学成分，对其进行冶炼后可用作建筑材料。其中的化学物质可以作为建筑材料当中的骨料，也可以作为土木工程软弱地基当中的覆土料以及换填料，这些化学物质的添加可以极大地增强其强度。除此之外，废渣和炉渣当中的钙、镁以及硅酸等成分，都可以制作成硅酸肥料[8]。利用化工生产中的碱渣、制酸渣等固体废物材料进行磷石膏、排烟脱硫石膏的快速生产，这些材料能够替代建筑工程施工中应用的石膏砌块等材料[9]。

我国固体废物无害化处理技术有焚烧处理、高温堆肥处理、卫生填埋处理。焚烧处理即通过集中对固体垃圾进行高温焚烧，以此达到将垃圾中致病微生物彻底杀灭的目的，同时可将垃圾体积缩至最小，相较于未焚烧前的垃圾，焚烧后灰粉在原垃圾体积中的占比最小可达 5%，而在焚烧固体垃圾过程中，垃圾所产生的热值也可用于发电，但需要做好相应的烟气处理工作。高温堆肥处理即借助微生物促进生物质有机物发生生物化学反应的作用，最终使得农业废物转化成与腐殖质相类似的物质，由此作为一种天然有机肥料。卫生填埋处理即通过对全部固体废物进行集中整合后，统一对其进行覆膜等处理，最后深埋于土壤底部。相较于前两种无害化处理技术，该技术的操作更加简便，成本也更加低廉，可快速处理大量的固体废物[10]。

1.1.2 大气污染的来源及危害

大气污染是指在人为因素及自然因素的影响下，物质进入大气内，当物质浓度达到指定标准，且存留时间超过指定限度后，对人体健康及生态环境造成影响的一种现象[11]。污染物种类有 SO_2、NO_2、PM10、PM2.5 等。大气污染主要分为尾气污染、煤炭污染、餐饮污染、农业污染[12]。

我国主要的大气污染有尾气污染和煤炭污染。根据相关数据显示，煤炭占我国能源结构的 77%，占工业能源结构的 74.1%。专业人士预测，我国 GDP 每增加 1%，煤炭排放量就会上升 0.53%[13]。部分企业没有遵守相关规定，将未处理或处理不达标的工业废气排入大气，造成大气污染。此外，随着生活水平的提高，汽车保有量的增多，汽车尾气排放量不断加大。据统计，截至 2021 年底，我国机动车保有量达到 3.95 亿辆，如此多的机动车势必排放大量尾气，给大气环境带来威胁[14]。

我国的大气污染有范围广、成分多等特点。排放废气污染环境的范围较广，主要原因在于大气存在一定的流动性，使得废气在空气中不断扩散，给控制带来一定的难度。污染的成分和种类较多，主要原因在于污染的来源不同，其中大气污染的主要来源有工业废气、汽车尾气等。大气污染的来源不同以及扩散范围过大都会给污染治理造成一定的困难[15]，要从根本上治理大气污染必须从污染源入手。

大气污染的来源有工业废气、煤炭燃烧、土地沙化、汽车尾气等。首先，在工业领域朝向现代化方向发展的过程中，国内所应用的发展模式和发展策略较为传统与落后，高能源消耗型产业及高排放型产业在现今的工业中仍然占据着非常大的比例，诸多企业仍在从事煤炭、有色金属、平面玻璃、水泥等多项产品的生产以及火力发电等工作。绝大多数企业现今所应用的生产工艺和装备技术并不能满足环保方面的要求，综合性污染治理工作水平和管理水平较低，造成污染物排放总量较大（图1-1、图1-2）。其次，煤炭燃烧产生的废气排放量大。一方面，伴随着城镇化进程的深入推进，国内的电力行业呈现出平稳运行的发展态势，但其在日常发电的过程中，需要燃烧大量的煤炭资源，会排放诸多污染性气体；另一方面，北方地区往往在冬季来临时，会经由煤炭燃烧进行统一供热，部分农村地区虽仍未实现统一供热，但同样也会使用煤炭燃烧供暖，且自行供暖所消耗的煤炭量较统一供暖所消耗的煤炭量骤增，排放出的污染气体则更多。除此之外，部分经济比较落后的地区使用煤炭进行燃烧时，并未采取科学有效的处置举措，致使煤炭燃烧之后的污染气体排放量居高不下。再次，土地沙化依然严重。我国北方地区容易出现沙尘暴等极端天气，沙尘会直接深入到城市，甚至形成气团，气团与污染物结合，加剧了污染。最后，汽车尾气排放量增大。汽车尾气是由于汽车燃油不充分，没有实现完全燃烧而引起的，汽车尾气主要由二氧化碳、一氧化碳等不同类型的污染物组合而成。尤其是二氧化碳排放量过大，容易造成温室效应。固体颗粒物过多造成雾霾等极端恶劣天气频繁发生，令人体呼吸系统受到严重威胁[16]。此外，在传统建筑施工过程中也不可避免产生大气污染。施工过程中的大气污染，严格意义上来讲包括：颗粒物、气态污染物（废气）、二次污染物、石棉、有毒有害物质等。颗粒物主要是可以悬浮于空中的固体或液体粒子，根据粒径的不同将其分为三类：降尘（粒径＞100 μm）、飘尘（粒径 10～100 μm）和可吸入颗粒物（粒径＜10 μm），扬尘主要是土壤尘；气态污染物即为废气，是在建筑工程作业中机械设备运行过程中产生的 CO、SO_2、C_nH_{2n+2}等，以及防水工程及道路修建过程中产生的沥青蒸发；二次污染物是废气在大气环境中，在物理化学生物作用下所产生的二次污染物；石棉的污染主要是石

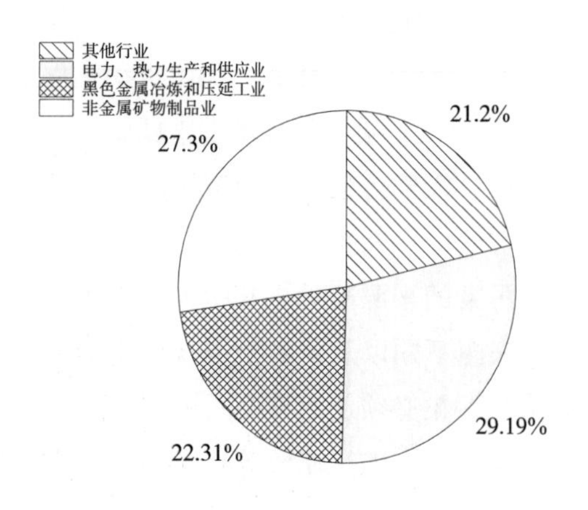

（a）2020 年全国各工业行业氮氧化物排放量占比

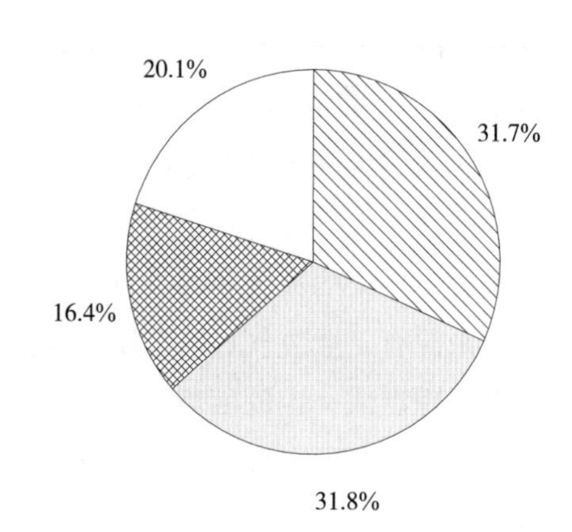

（b）2020 年全国各工业行业二氧化硫排放量占比

图1-1　2020 年全国工业行业废气排放情况

棉粉碎过程中产生的颗粒物；以及在建筑施工现场的空气中，检测出的其他有毒有害物质等[17]。

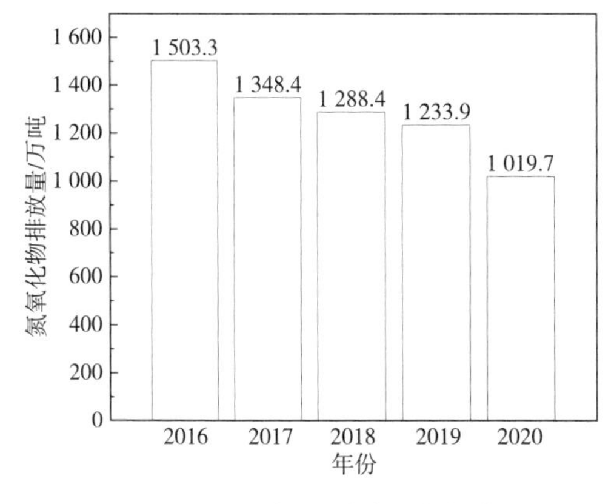

(a) 2016—2020 年全国氮氧化物排放量

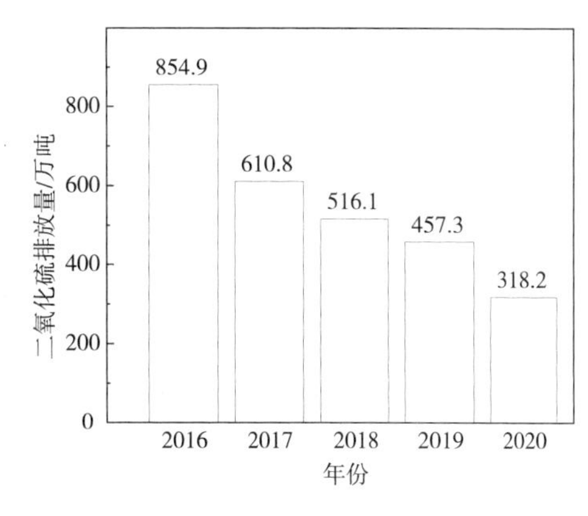

(b) 2016—2020 年全国二氧化硫排放量

图 1-2 2016—2020 年全国废气排放情况

大气污染会对建筑结构的性能产生影响。大气污染物的衍生物——酸雨，会对建筑结构造成侵蚀，影响建筑物的正常使用性能。大气污染会对人体健康造成直接危害。在大气污染影响下，人体会先感到不适，随后身体出现可逆性反应，最终产生急性症状。通常情况下，大气污染对人体健康造成的威胁主要包括急性中毒、慢性中毒及致癌。大气污染对经济发展造成严重阻碍。一是大气中的腐蚀性物质能够对工业建筑、工业设备与工业设施造成侵蚀；二是随着大气中颗粒污染物含量的不断增加，设备运行及使用会在一定程度上受到影响。从经济角度出发，大气污染对工业生产的危害使生产环节产生的成本费用大大上升，设备使用年限大大降低。对于农业生产来说，大气污染也会对农业生产环节造成不同程度的威胁，酸雨会影响作物生长，当渗入至土壤后，还会引起土壤酸化，严重时还会导致作物死亡，严重威胁作物的产量和质量。大气污染物会对天气气候造成严重的威胁，对于颗粒污染物来说，会使大气能见度大大降低，使太阳光辐射量减少。对于工业发达城市来说，大气污染会使日光比正常情况减少 40%。对于大气中的氮氧化合物等污染物来说，还会导致臭氧层分解，造成臭氧洞的问题出现[11]。

如何治理大气污染成为亟待解决的问题。治理大气污染可以从如下几方面着手：

(1) 推广清洁能源。面对目前能源紧缺的现状，积极推广清洁能源是国际社会保证能源供应的主要方向，目前，在全世界范围内都在积极走低碳发展的道路，开发清洁能源，例如，加大对太阳能、天然气等清洁能源的研发力度，切实提高能源的安全性，尽量减少温室气体的排放量，保护生态环境，促进人类社会可持续发展。加大清洁能源的推广力度，不仅能够有效缓解能源供应紧张的现状，还能够有效降低各种有害气体的排放量，比如交通废气、工业废气等，更好地改善空气质量[18]，进而推进工业化进程的可持续发展。

（2）创新大气污染处理方法。在时代发展的背景下，有关部门可以对现有的大气污染处理方法进行创新，将信息技术等技术应用到其中，从而提高治理效率。首先，可以在工业生产过程中对设备进行改进，避免烟气中污染物浓度的增加，例如将循环流化床锅炉应用到其中，并且配置烟气脱硫装置，不仅可以提高燃料的利用率，还可以达到处理污染物的目的。其次，可以将生物技术、遥感技术应用到其中，为大气污染处理工作提供实时的数据和信息，从不同的方面对其优化[19]。

（3）严格控制农业污染。在农业生产地区种植绿色植物，不断改善农作物的种植结构，进行合理施肥，对农作物病虫害采取物理防治和生物防治相结合的措施，主要运用绿色防控技术，减少农药的使用。同时，对农业生产所产生的废物积极地进行回收利用，通过自然界中食物链的原理，进行农业废物的处理，避免介入一些化学手段，实现清洁生产。减少农作物收获期间的秸秆焚烧，以免产生大量的有毒有害气体，秸秆可以作为牲畜的饲料再次使用，实现生物利用[20]。

（4）加大对违规企业的处罚力度，构建完善的法律体系。有关部门可以征收大气污染排污税，同时实施排污许可证制度，严格落实排污权交易配套政策。在建筑施工过程中，预防大气污染可以采取以下措施：第一，改良灰尘表面性质。建筑施工现场的灰尘较多，这些灰尘会覆盖在施工现场材料的表面，当受到空气流动影响时则会污染环境。所以，针对这一问题，就可以改良表面性质，比如，在施工前将周围的道路铺设混凝土、金属板等，通过这样的方法减少空气流动情况下出现的污染问题。第二，合理应用机械设备。妥善安排机械数量和型号，减少燃油的使用，解决施工现场闲置设备的问题，充分发挥机械效率。还可以根据当前社会发展情况应用节能设备。第三，使用环保材料。例如，选用含硫低的燃油来代替普通燃油。

1.1.3 电磁污染的危害及来源

电磁辐射是由同向振荡且互相垂直的电场与磁场在空间中以波的形式传递动量和能量，其传播方向垂直于电场与磁场构成的平面。电场与磁场的交互变化产生电磁波，电磁波向空中发射或传播形成电磁辐射。这种辐射在正常情况下是不会产生污染的，但是在过量的情况下，就会造成电磁辐射的污染，即电磁辐射超过了人体或其他生物体所能接受的不受其危害的限值[21]。

室内环境的电磁场是由家用电器或者电子设备产生的电磁场、室外的电磁辐射源辐射到室内的电磁辐射能和地球的低强度、低频电磁场三部分构成。科学研究表明，天然产生的电磁辐射对人体的影响很小，是基本没有损害的。人工电磁辐射才是威胁人体健康，造成环境污染的主要原因。根据建筑物室内外环境来区分电磁污染源，从室外环境来看，住宅附近的广播电视发射塔、移动通信基站、高压输电线、变电站、微波发射装置构成室外庞大的电磁辐射系统，会加剧室内电磁辐射的污染；从室内环境来看，微波炉、电磁炉、电视等家用电器和电脑、无线电话等电子设备在运行过程中会向室内环境发射一定频率的电磁波[22]。常见的室内电磁污染源见表1-1。

表1-1 常见的室内电磁污染源

频率	30 Hz～300 Hz	30 kHz～3 MHz	3 MHz～30 MHz	30 MHz～300 MHz	300 MHz～3 GHz	3 GHz～30 GHz	30 GHz～300 GHz
波段	极低频 ELF	中频 MF	高频 HF	甚高频 VHF	特高频 UHF	超高频 SHF	极高频 EHF
污染源	家用电器 办公设备	中波广播	短波广播	广播 移动通信	雷达 微波炉 移动电话	雷达 卫星通信	雷达

电磁污染是继大气污染、水污染、噪声污染后的第四大公害，联合国人类环境大会已将电磁污染列入必控的主要污染物。电磁污染会对人体健康造成极大威胁。电磁污染会影响人的感觉神经末梢，进而对中枢神经产生影响，使人体的新陈代谢发生改变，产生紊乱。这种内部信号通过对人体神经系统的影响会使人的行为发生变化，人就很有可能行为错乱、做噩梦等。电磁辐射的严重程度与电磁污染的严重程度密切相关，只要在安全限值以下，电磁辐射对人的工作、生活便不会有影响。当超出限度后则要采取一定的防护措施。电磁辐射会对心血管系统产生影响。电磁辐射在对神经系统造成伤害后，人体内的新陈代谢也会发生改变，在这种改变下，进一步会引起心脏、胰腺等脏器的变化，如心跳加快、心悸、失眠和血压下降等，其具体的影响还在进一步研究中。电磁辐射威胁人体健康还表现在它能激活原癌基因，诱发癌症。原癌基因在电磁辐射下有可能会被激活。激活原癌基因后会诱发癌症并加速人体的癌细胞增殖，这是电磁辐射的又一种危害。事实证明，不仅高频短波的电磁辐射对人体有害，极低频长波的电磁场也和白血病（特别是儿童白血病）、乳腺癌、神经系统肿瘤、皮肤恶性黑色素瘤等有一定的关系。

电磁辐射对视力的影响涉及各类人群。电磁辐射强度很高时，可使人眼晶状体蛋白质凝固，引起眼睛不适等损伤，这种损伤在夜晚更加明显。更强的辐射会使角膜、虹膜、前房和晶状体同时受到伤害而导致白内障，严重者甚至造成视力完全丧失。电磁辐射对人体健康的影响是多方面的，除了以上介绍的影响之外，对呼吸系统、生殖系统、免疫系统等都会产生不同程度的影响[23]。

能否有效地进行电磁污染的防护，会直接关系着人们的生活环境、身体健康以及社会发展。一般情况下，电磁污染主要以如下两种方式存在：一是内部空间辐射，二是通过电磁耦合线路来进行传导。对于环境方面，预防主要是针对内部空间来进行，必须将电磁辐射的强度控制在合理的范围内，主要可以采取如下措施：第一，屏蔽辐射源。运用现代科学技术来进行电磁辐射的屏蔽处理。这种预防措施主要是利用屏蔽材料将电磁波吸收，从而在很大程度上削减电磁强度，进而有效地降低电磁波对人身体的影响。第二，吸收防护。通过一些吸收物质将电磁波吸收，目前主要使用的是谐振吸收部件与匹配吸收部件两种。第三，射频导入大地。屏蔽体或屏蔽配件会由于电磁感应的存在而出现射频电流，此时就能够直接反射到地下，防止出现二次辐射的问题，可以有效地保护身体健康。第四，实施系统性的防治措施。政府部门应该结合当前电磁辐射问题制定相应的安全标准，要保证电磁产品的辐射强度在合理的范围内，不能存在超出标准的情况。同时还应该安装电磁波防辐射部件和采取相应的措施，科学合理地进行城市规划，加强区域管理，将工业区与居民区进行分离布置，全面提升民众的防范意识，通过多种有效的手段来进行防护，降低电磁污染的影响，大大提升环境质量[24]。

1.2 环保型纤维增强高性能混凝土的国内外研究现状

1.2.1 环保型纤维增强高性能混凝土的力学性能

混凝土以其优越的性能广泛地应用于我国国民经济的基础设施建设中，可以预见，未来混凝土仍将是最主要的建筑结构材料。然而，混凝土材料存在着本质上的致命弱点，如抗拉强度小、脆性大、易开裂等。因此，现代混凝土的应用将向着高抗压、高抗拉、高韧性的方向发展，同时要求建筑物在建造时容易施工，在保证基本的力学性能的同时，还要具有很好的耐久性能，这就导致了高性能混凝土的产生，而高性能混凝土的主要方向包括了改性混凝土的内容，在改性混凝土中纤维混凝土已在世界范围内引起了广泛的关注。

纤维增强混凝土或纤维混凝土（FRC）是以水泥浆、砂浆或混凝土为基料，以金属材料、无机纤维或有机纤维为增强材料组成的一种复合材料。它是将短而细的，具有高抗拉强度、高极限延伸率、高抗碱性等良好性能的纤维均匀地分散在混凝土基体中形成的一种新型建筑材料。纤维在混凝土中的主要作用是限制外力作用下水泥基体中裂缝的扩展。通过在混凝土中掺入纤维可改善普通混凝土抗拉强度低、极限拉应变小、抗冲击强度差、脆性大、易开裂等缺点，掺入的纤维按其性能可分为两类：一类是弹性模量高于混凝土的高弹性模量高强纤维，如钢纤维、玻璃纤维、碳纤维和石棉纤维等；另一类是弹性模量低于混凝土的纤维，如尼龙纤维、聚丙烯纤维（PF）等。

碳纤维是由碳元素组成的材料，具有质量轻、抗拉强度和弹性模量高、热膨胀系数低、耐疲劳及耐腐蚀等优良特性[25]，常用于混凝土的修护加固和增强增韧。目前，大多数国内外学者开始研究将碳纤维加入混凝土中，并分析其对混凝土抗拉性能、抗折性能和抗裂性能的影响。实验结果表明：掺有碳纤维的混凝土梁的开裂、屈服以及极限荷载均高于素混凝土梁，并且碳纤维也能抑制混凝土裂缝出现的数量和提高裂缝出现时的荷载。一些国外学者也将碳纤维加入混凝土中进行各种实验，研究碳纤维的长度和体积掺量对混凝土的抗压性能、抗拉性能、耐久性以及耐腐蚀性的影响，研究结果都得出碳纤维的加入使混凝土的力学性能提高。

玄武岩纤维是一种无机纤维结构和功能材料，在生产、使用过程中以及废弃后的处理对环境造成的污染极小，属于“绿色工业材料”[26]，符合当前绿色发展的要求。

混凝土制备采用SJD型强制式搅拌机，投料顺序为：先将碎石、砂倒入，搅拌30 s，随后加入水泥（有掺加硅灰时一起倒入）搅拌30 s，然后分两次均匀撒入短切玄武岩纤维，每撒入一次搅拌30 s，最后将水（和减水剂的混合溶液）倒入搅拌2 min。抗压和劈拉试验采用150 mm×150 mm×150 mm的立方体试件，轴心抗压和弹性模量试验采用150 mm×150 mm×300 mm的棱柱体试件，最后共计浇注14组试件。为保证每组试件的混凝土取自同一盘，同时考虑搅拌机最大出料量，每次浇注6个立方体试件，各3个分别用于立方体抗压和劈拉试验。另各有1个棱柱体试件用于测试轴心抗压强度和弹性模量。立方体抗压、劈拉、轴心抗压、弹性模量试验均参照《混凝土物理力学性能试验方法标准》（GB/T 50081—2019）进行。

为改善混凝土性能，目前较为理想的措施是在混凝土拌合物中加入钢纤维，以此增强混凝土的力学性能，这种混凝土称为钢纤维混凝土（SFRC）。研究发现，钢纤维混凝土可以有效地阻止裂缝的扩展，提高混凝土的抗弯性能、抗拉强度、韧性以及抗冲击性等。近年来，很多学者致力于钢纤维混凝土的研究。比如，权长青等研究了钢纤维及陶粒掺量对轻质混凝土基本力学性能的影响，分析了不同纤维长径比及掺量条件下混凝土的力学性能指标，结果表明微钢纤维用于增韧超高强混凝土时，宜采用适宜的掺量。杨圣飞等研究了再蒸汽固化高强钢纤维混凝土的力学性能，探讨了不同水胶比、砂率及不同钢纤维掺量条件下制备的钢纤维自密实高强混凝土的力学性能。结果表明，随着纤维体积率的不断增加，高强钢纤维混凝土的轴心抗压能力、立方体抗压能力、劈裂抗拉能力等均逐渐增加，尤其是劈裂抗拉强度显著提高。Xu等通过对60个钢纤维混凝土试样力学性能试验数据的回归分析，建立了钢纤维混凝土力学性能模型，利用该模型对钢纤维混凝土的强度进行了预测，并与已有的试验数据和文献报道的试验数据进行了比较。结果表明，纤维与基体的相互作用对混凝土力学性能的提高具有显著的贡献。赵秋等提出钢纤维可以在很大程度上增强配筋超高性能混凝土试样的抗弯和抗裂性能，钢纤维能够使混凝土的强度、韧性和延性等性能得到更大的提高。该研究证明钢纤维在提升混凝土性能的同时，随着其掺量的增加，材料制备的成本也随之升高。在实际应用中，需要在平衡成本与性能的基础上，分析钢纤维掺量的最优值。孙举鹏等以巷道湿喷支护为应用对象，选取长直形、弯曲形以及凹凸形的钢纤维作为试验样本，分别分析了钢纤维掺量为 0 kg/m^3、20 kg/m^3、40 kg/m^3、60 kg/m^3、80 kg/m^3 和 100 kg/m^3 时混凝土的抗拉性能和抗弯强度，进一步研究了钢纤维的形状差异以及掺量对混凝土性能增强效果的影响[27]。

1.2.2 环保型纤维增强高性能混凝土的耐久性能

许多学者对混凝土的抗冻融循环、抗渗和抗裂等性能进行了研究。其中赵燕茹等研究发现玄武岩纤维会减缓混凝土相对动弹性模量的降低，质量损失率随纤维体积率的增加而减小，玄武岩纤维的掺入能够有效地降低盐冻对混凝土抗压、抗折强度的影响。在盐冻循环作用下，适量玄武岩纤维的掺入减少了基体内孔隙、坑洞的数量，抑制裂缝的扩展。朱华军等研究了掺入玄武岩纤维使混凝土的抗渗性能、抗冻融性能、抗干缩性能和抗氯离子渗透性能比素混凝土有所提高。如果玄武岩纤维体积掺量为 0.12%，当冻融循环到 100 次时，玄武岩纤维混凝土的相对动弹性模量为 71.55%。王子拓等研究了在 C60 高强混凝土中，分别掺入 0%、0.15%、0.30%、0.45%、0.60%的玄武岩纤维。综合实验结果发现，玄武岩纤维掺量为 0.15%时，混凝土的抗冻耐久性最好。当 600 次冻融循环完成后，其中玄武岩纤维掺量为 0.30%的混凝土试件在所有试件中相对动弹性模量最高。葛浩军等研究发现玄武岩纤维混凝土的抗冻融性能随着纤维掺量的掺入先增强后减弱，发现当玄武岩纤维掺量为 0.12%并且长度 18 mm 时，抗冻融性能最好，较素混凝土提高了 34.8%。掺入玄武岩纤维可以增强早龄期的抗裂性能，减小裂缝的长度、宽度、深度和面积[28]。

吸水性是指混凝土通过毛细吸力对微观结构吸收和输送水分的能力。水是侵蚀性离子的主要载体，因此，吸水性往往影响着混凝土的耐久性。大部分研究发现，纤维掺入对吸水性能有抑制作用，Afroughsabet 等掺入 1%的钢纤维使再生混凝土的吸水率降低了 23%。Kachouh 等也发现在不同再生骨料取代率下，随着钢纤维掺量的增加，吸水率逐渐下降。Wan 等试验发现掺入 1.5%聚丙烯纤维后，28 d 吸水率较未掺纤维的生混凝土降低了 16.7%。钢纤维和聚丙烯纤维掺入后，减小了混凝土内部裂缝的形成与发展，阻碍了骨料的离析，并且减小了内部孔隙，从而有效提高了其抗渗性能。但也存在不同的现象，Koushkbaghi 等发现掺入 1.5%的钢纤维时再生混凝土的吸水率反而提高了 9%，可能是由于钢纤维增强了微通道和微孔之间的连通，因此产生了更大的吸收。

氯离子侵蚀是影响混凝土结构耐久性的主要因素之一，国内相关学者发现玄武岩纤维具有耐腐蚀的特点，在混凝土基体中掺入适量的玄武岩纤维可以改善混凝土的耐久性能。玄武岩纤维混凝土在硫酸盐-氯盐复合溶液中抗侵蚀能力强于在硫酸盐溶液中的抗侵蚀能力，而且明显发现掺入玄武岩纤维可以大大提高混凝土在硫酸盐-氯盐复合溶液中的抗折性能，说明复合溶液中的氯盐可以缓解硫酸盐对混凝土的腐蚀。发现加入适量玄武岩纤维不仅可以提高混凝土承载及变形能力，还使混凝土内部孔隙减少，从而增加混凝土抗侵蚀能力。也有学者观察玄武岩纤维混凝土在碱性环境下的腐蚀特征、微观离子分布，发现玄武岩纤维可以有效抑制混凝土裂缝的产生和发展，提高承载能力，同时在碱性溶液中，有效阻止 Na^+ 在混凝土内部的迁移，大大提高了混凝土抗腐蚀能力。随着西部大开发战略的不断推进，西部地区工程建设中混凝土的耐久性问题受到广泛关注[29]。西北盐渍干寒地区的盐胀、溶陷和腐蚀等工程病害严重影响混凝土正常使用。研究表明：聚丙烯纤维能够增加混凝土在复盐溶液中的循环次数，有效减少脱落，试验停止时，掺量为 0.9 kg/m^3 的聚丙烯纤维混凝土比普通混凝土质量损失减小 3.16%；从细观层面看，聚丙烯纤维对浇筑完成后的混凝土微观孔隙结构稍有改善，但不明显；在混凝土“加速劣化”阶段，聚丙烯纤维能有效抑制混凝土中毛细孔和非毛细孔的增多[30]。

再生混凝土的抗碳化性能通常随着再生骨料取代率的增加逐渐减弱，在纤维增强再生混凝土中，纤维的掺入对抗碳化性能有明显的提升。Gao、闫春岭等发现在相同碳化天数下，掺入钢纤维能够使再生混凝土抗碳化性能有所增加，但随着钢纤维的掺入碳化深度先减少后增加，钢纤维掺量为 1.5%时最小。可见钢纤维的掺入有效阻碍了裂缝的形成与发展，使得 CO_2 更难渗透，但钢纤维掺入过多后，不均匀分布的钢纤维减弱了与水泥基体的黏结以及降低了整体的密实度，造成碳化深度的上升。王建超等对丙纶纤维进行研究时也发现类似现象，再生骨料取代率为 50%，纤维掺量为 0.08%时获得最佳的抗碳化性能[31]。

1.2.3 环保型纤维增强高性能混凝土的其他性能

高强混凝土力学性能优良，被广泛应用于工程实践中。高强混凝土结构致密，在高温条件下，极有可能发生爆炸和脱落，从而导致承载能力下降。因此，研究高强混凝土的热学性能十分有必要。研究表明，在高强混凝土中加入钢纤维会改变其热学性能。

多年以来，国内外学者对混凝土的导热系数进行了大量的实验研究。闫蕊珍等采用护热平板法（稳态法）研究 C40 混凝土在 200～700 ℃高温作用后导热系数的变化，结果表明，随着受热温度的升高，C40 混凝土的导热系数呈下降趋势，当受热温度为 600 ℃时，导热系数下降 28%～39%。李海艳等通过平行热线法（瞬态法）研究了含有不同钢纤维的活性粉末混凝土在 20～900 ℃高温作用后导热系数、比热容的变化情况，结果表明，随着受热温度的升高，热传导系数先下降后上升，而比热容先上升后下降。当纤维体积含量达到 3%时，热传导系数随着纤维体积含量的继续增加变化较小[32]。朱德等测定 C60、砂浆（C60 未添加粗骨料）和钢纤维含量不同的钢纤维混凝土在高温后的导热系数、导温系数、比热容，结果表明，随着温度升高，导热系数都呈下降趋势，但导热系数下降率均呈上升趋势，并表明：导热系数的下降不仅是砂浆机制的高温失水和逆水化反应的结果，热开裂引起的裂缝热阻也是钢纤维混凝土导热系数下降的主要原因之一。钢纤维混凝土的导温系数在 300 ℃前呈现下降趋势，在 300 ℃后呈现上升趋势。比热容随受热温度增加和钢纤维体积分数的增加而下降。

活性粉末混凝土（Reactive Powder Concrete，简称 RPC）是继高强混凝土、高性能混凝土之后的一种水泥基复合材料。在 RPC 中加入碳纤维可形成高性能纤维混凝土。碳纤维 RPC 组成成分的硅灰和矿粉也可以提高碳纤维的分散，这对混凝土的导电性和压敏性具有很大的影响[33]。

当掺入碳纤维时，混凝土的电阻随材料的变形而改变，这种实验现象称为混凝土的压敏性。研究表明，在循环压缩加载时，碳纤维水泥砂浆的电阻率随着应力（应变）增大而减小，随着应力（应变）减小而增大。其中对拉应变的灵敏系数可达到 700，是一般箔式电阻应变计的 300 多倍。李源[34]研究了碳纤维混凝土（CFRC）在短柱中的应用，研究了 CFRC 传感器及短柱的制作工艺，研究了在单调荷载作用下，CFRC 智能块的相对电阻随荷载、应变、位移的变化关系。并利用数学方法总结出应力（应变）与电阻之间的关系公式，为碳纤维混凝土结构的推广和应用提供了必要的理论依据。Faneca 等[35]将不同长度的碳纤维掺入混凝土中，发现制得的试件具有较好的导电性和力学性能。这是由于未掺碳纤维的素 RPC 是不良导体，在内部主要靠离子进行导电，这使得 RPC 的电阻很大，而碳纤维具有优异的导电性，在 RPC 基体中相互搭接构成导电网络，使 RPC 的电阻发生断点式下降。

李源研究了当碳纤维掺量分别为 0.3%、0.5%、0.9%时的混凝土电学性能，研究表明：碳纤维混凝土的相对电阻随受压荷载的增加而减小，在碳纤维掺量达到 0.5%时，CFRC 的压敏性较明显，压敏性效果最好。陆见广[36]研究了碳纤维掺量依次为 0%、0.2%、0.4%、0.6%、0.8%、1.0%时对电阻率的影响及碳纤维掺量为 0.6%时的压敏性，结果表明：碳纤维水泥净浆试件的上临界值为 0%～0.2%，下临界值为 0.6%，使试验获得最佳灵敏度的碳纤维最佳掺量为 0.6%。这是由于使碳纤维 PRC 产生压敏性的原因是隧道效应。在外荷载作用下，相邻碳纤维之间的间隔减小，使得电子发生跃迁的概率增加，因此导致 RPC 的电阻率降低。实验证明，纤维掺量对碳纤维 RPC 的压敏性影响很大。当纤维掺量过少时，相邻纤维之间的间隔很大，电子仍然难以克服势垒，无法形成隧道效应，因此压敏性不好；当纤维掺量过多时，纤维之间已经搭接成导电网络，隧道效应很弱，压敏性同样不好。因此，较为适宜的碳纤维掺量，可以使基体中的纤维分散均匀，纤维之间的距离适中，在外荷载作用下既可发生隧道效应，又不会使纤维之间连接成通路，此时才能获得最佳的压敏性。

聚丙烯纤维（PF）、玄武岩纤维（BF）的掺入可以提高透水混凝土的物理性能，梁振等[37]研究表明：纤维掺入后会降低混凝土的有效孔隙率和透水系数，并随着纤维量逐渐增多，透水性能不断下降。透水混凝土经过侵蚀后会出现表面及四周棱角处产生脱落的现象，掺入纤维可以减缓透水混凝土受破坏的过程，并且可以有效降低透水混凝土在侵蚀后抗压强度的损失。此外，张野等研究了玄武岩纤维对混凝土性能的短期影响及其在混凝土中的最佳掺入量，研究结果表明：随着纤维掺入量的增加，混凝土纤维的黏聚性及泌水性能有所提升[38]。

1.2.4 环保型纤维增强高性能混凝土的生态可持续性

可持续发展是指既能满足当代人发展的需要，又不对后代人满足其需要的能力构成危害的发展。生态可持续是可持续发展中的一种，意在说明自然资源与其开发利用程序间的平衡。

用作建筑工程的基本组成部分的材料定义了建筑的结构特征和质量水平，所利用的材料在环境、社会和经济三者的平衡中起着重要的作用。

建筑材料（主要是水泥基材料，如混凝土）部门的 CO_2 排放量在全球工业部门中位列第三，因此，为了实现混凝土工业的可持续发展使环境变得更加美好，一种有前途的方法是设计和生产熟料较少的混凝土，在使 CO_2 的排放量比传统排放更少的同时，使材料仍然具有同样的可靠性和耐用性。

水泥生产是二氧化碳的主要来源，采用相对环保的材料来替代水泥是减少二氧化碳排放的有效措施。橡胶混凝土的弯曲强度和抗压强度低于常规混凝土，而这些强度可以通过添加碳或碳纤维复合材料（CFRP）来增加。回收的短切碳纤维复合材料可以通过简单环保的机械回收工艺实现，这样，废 CFRP 纤维的回收能减少二氧化碳的排放[39]，有利于生态环境。陈雄等研究开发了一种环保型再生 CFRP 纤维增强橡胶混凝土（RFRRC）。具体而言，通过不同的纤维剂量（体积的 0%、0.5%、1.0%和 1.5%），验证了环保型再生 CFRP 纤维增强橡胶混凝土对二氧化碳减排的有效性。

可持续发展战略的其中一项就是对废物和副产品的利用。水葫芦（WH）是一种水生植物，其迅速生长会导致水体富营养化，WH 已成为全球性至关重要的环境问题。若能回收 WH 废物制成 WH 商品，这对资源再利用和环境的贡献是极大的。事实上，在工程建筑领域，WH 已成功用作建筑材料，生产 WH 烧制砖和 WH 水泥基智能板。最近，研究人员还利用 WH 开发纤维增强聚合物（FRP）复合材料，因为它们具有无腐蚀性、高纤维含量、低材料成本和在当地的广泛可用性[40]。在多数情况下，天然纤维增强材料对环境的影响，在所研究的 18 个环境指标中有 17 个取得了积极成果，主要原因是生产水葫芦纤维增强复合材料（WHFRP）时使用的环氧树脂量最少。进一步的研究证明，使用对环境影响较小的替代建筑材料的重要性。

同时，玄武岩纤维（BF）正在成为基础设施应用的竞争者。美国公司Sudaglass用玄武岩纤维生产了几种产品，包括混凝土钢筋棒。据报道，这些棒材由单向玄武岩纤维拉挤而成，比钢筋棒轻89%，具有与混凝土相同的热膨胀系数，并且在碱性环境中不易降解，具有良好的耐久性[41]。

在纤维混凝土领域内，纤维混凝土的研究也在朝更环保的方向前进。来自废旧轮胎的再生钢纤维（RSF）被认为是工业钢纤维（ISF）的替代品，工业钢纤维是最常用的材料之一，在混凝土中添加ISF有利于控制裂缝的发展，取代钢筋的作用，不仅增加混凝土的抗剪切强度和抗拉强度，而且降低了施工预算。根据Leon等的说法，来自废旧轮胎的再生钢纤维可用作工业钢纤维的替代品。与工业钢纤维相比，再生钢纤维的二氧化碳排放量和价格都较低。

若掺入的纤维可以提高混凝土的耐久性，则可免去建筑修复和重建的成本，进而间接减少了二氧化碳的排放量。奥坎·卡拉汉等对聚丙烯纤维（PF）增强粉煤灰混凝土的耐久性能进行了研究，在进行冻融实验时，发现用聚丙烯纤维体积分数分别为0%、0.05%、0.10%、0.20%的无粉煤灰混凝土的抗压强度分别降低11%、11%、10%、8%，与无纤维混凝土相比，聚丙烯纤维混凝土的抗冻融性能略有提高，这是因为当混凝土的孔隙中水冻结时，体积会增大9%，混凝土会发生膨胀并产生拉伸应力，一旦超过混凝土的拉伸强度，混凝土就会崩解，而混凝土中随机分布的聚丙烯纤维会抑制膨胀，从而提高混凝土的耐久性[42]。聚丙烯纤维等聚合物纤维对路面使用寿命非常有益，可防止水泥处理材料（CTM）的过早失效和裂缝扩展，同时将CTM与聚丙烯纤维和硅粉相结合，是一种可持续的选择，具有持久的特性。含有聚丙烯纤维和硅粉的天然火山灰水泥（NPC）显示出早期损伤的长期影响降低，并且还增强了耐久性。对含有再生钢纤维和硅粉的自密实混凝土（SCC）的研究测试显示了积极的结果，例如改善了机械性能和抗冲击性能[43]。玄武岩纤维也可以提高混凝土的耐久性。玄武岩纤维是用玄武岩生产的一种矿物纤维，也是唯一一种对环境无污染的绿色纤维。碳化会损坏钢筋的保护层，进而破坏表面的钝化膜并导致钢筋腐蚀，玄武岩纤维可有效改善混凝土内部的孔隙结构，从而提高混凝土的抗碳化能力[44]。许海燕等[45]通过相关耐久性实验的研究，证明了添加纤维素纤维可有效提升耐久性能，包括耐干燥收缩性、透水性、裂缝、碳化和氯离子渗透等五个方面。添加PF可以增强除耐氯离子渗透以外的耐久性，并且杂化纤维具有积极的协同效应。

探究、开发更为广泛的纤维材料作为混凝土的原料之一，遵循生态可持续性原则，更高效地利用纤维，这也是未来人类必将达成的目标。

1.2.5　环保型纤维增强高性能混凝土的开发及应用概况

目前，混凝土因其原料易得、造价较低、生产工艺简单等特点，成为世界上最广泛应用的建筑材料之一。随着时代的发展和人类对建筑材料性能要求的提高，混凝土的抗拉强度低、延性差、韧性差等缺点逐步暴露，无法满足现代土木工程建设的需求。于是，国内外研究人员将以非连续的短纤维或连续的长纤维作为增强材料掺入混凝土中，进行各种纤维混凝土试验，组成一种新型的水泥基复合材料。利用纤维的优点有效提升了混凝土的力学性能、耐久性能，并广泛应用于各种工程项目中。

钢纤维混凝土广泛应用于桥梁施工中，这是由钢纤维混凝土的性能特点决定的。良好的工程特性使其可广泛用于桥梁施工的各个环节，如桥面铺装、桥梁墩台局部加固、桥梁上部结构加固、钢筋混凝土桩加固等[46]。钢纤维混凝土耐磨性好，现浇预应力混凝土桥梁中最常见的路面损伤是摩擦损伤，如桥梁路面因不断地摩擦而出现凹陷、开裂等损伤，当这些损伤规模达到一定程度，行驶过程中路面车辆就会颠簸，既存在一定的安全隐患，也不利于驾驶者的交通体验，因此如何避免此现象的发生是现浇预应力混凝土桥梁施工企业需要注意的事项。而钢纤维混凝土具备良好的耐磨性，在性能上远超普通混凝土，基本可以抵御桥梁使用中的各种摩擦力，很少出现损伤，这有利于桥梁路面平整与使用寿命[47]。普通混凝土抗裂性弱，易开裂，裂缝不断延伸，最终可能导致桥面局部坍塌，而钢纤维混凝土的抗裂性强，钢纤维可以提高材料整体的抗裂性，加强材料的韧性，总体上也可以优化混凝土的力学性能。钢纤维可以提高混凝土的抗震能力。如果桥梁的抗震性较弱，在地震来临时会易倒塌，抵抗时间也较短，所以在混凝土中加入钢纤维，提高抗震能力，从而延缓倒塌时间，提高其使用安全性。此外，钢纤维混凝土还应用于公路路基的铺设，作为路基的加固材料，提升抗塌陷及抗震能力；用于公路表面施工建设，提高公路表面稳定性，加固路面，稳固公路边坡及隧道围岩，修复路面缺陷以及提升公路防冻功效[48]。

碳纤维混凝土的应用领域也极为广泛。碳纤维是一种含碳量在90%以上的纤维。碳纤维具有比较高的强度以及优良的耐高温特点，同时尺寸稳定、质量较轻，具有良好的抗疲劳阻尼特性，将碳纤维应用在混凝土成分中，可以科学有效地提高混凝土综合强度韧性，防止混凝土在使用过程中由于抗拉性能差、延性差而导致缺陷的产生[49]。

工程建筑中，可以运用碳纤维混凝土复合材料加固混凝土。利用树脂黏合剂将碳纤维复合材料和混凝土结构表面融合一起，从而形成一种复合材料的结构，通过复合材料的协同效果，可以大大提高混凝土的承载能力和延性。这就是所谓的碳纤维复合材料加固混凝土技术[50]。碳纤维混凝土还可解决机场跑道的融雪除冰问题。

碳纤维的掺入会使混凝土的导电性有很大的改善，这种材料称为碳纤维导电混凝土，碳纤维导电混凝土在干燥和潮湿状态都有稳定的电阻率，对其通电后温度有明显上升，机场跑道施工时加入碳纤维材料（掺合量为1%最合适），可以在最短时间内，利用碳纤维混凝土的电热效应除去机场跑道的冰雪。利用计算机技术控制通电时间可以实现机场除冰化雪工作的智能化，不仅可以在短时间内除去冰雪，而且可以做到随时清理。另外利用这项技术还可以大大减少机场除雪化冰工作对人力、机械的需求，做到利用机场跑道自身除雪化冰，同时依然能够保证飞机的正常起降，大大改善由于跑道冰雪造成的飞机延误及安全隐患[51]。

合成纤维是三大纤维增强复合材料之一，在混凝土基体中掺入合成纤维，可以在混凝土内部裂缝产生和发展的同时吸收大量能量，延缓裂缝的产生和发展，从而改善混凝土基体的力学性能和耐久性，因此被广泛应用于各种工程建设之中。总体来讲，合成纤维增强混凝土主要应用于公路收费站、桥梁工程、外墙抹灰、屋面防水工程、制作钢筋混凝土柱、修建停机坪和停车场以及水泥预制构件等方面。超高强改性合成纤维是国家863计划所特制的合成纤维，有利于机场水泥混凝土路面的防裂、增韧。超高强改性合成纤维混凝土在北京大兴国际机场项目中得到了很好的应用并取得了良好的效果[52]。

1.2.6 环保型纤维增强高性能混凝土的应用前景

环保型纤维增强高性能混凝土是一种相对较新的建筑材料，具有高抗压强度和拉伸强度，以及卓越的耐用性，其应用前景广阔。与普通混凝土相比，环保型纤维增强高性能混凝土由于使用硅粉等细颗粒、低水胶比浆体和添加高效减水剂，具有致密而紧凑的微观结构，渗透率低。环保型纤维增强高性能混凝土还具有更高的拉伸强度，并且由于纤维的作用而显示出应变（或挠曲）硬化行为，随后材料进入软化阶段，纤维被不断地拔出。因此，在局部大裂缝打开之前，将形成多个裂缝，这导致环保型纤维增强高性能混凝土与普通混凝土（NC）相比具有更高的断裂能。此外，嵌入的光纤还使环保型纤维增强高性能混凝土具有高限制效应，以抵抗基体的剥落，环保型纤维增强高性能混凝土由于其出色的能量吸收能力而成为抵抗爆炸和冲击载荷的有前途的材料[53]。Yoo等[54]综合研究超高性能纤维增强混凝土的抗冲击性和抗爆性，研究表明：①环保型纤维增强高性能混凝土比有纤维和无纤维的普通混凝土在冲击时能够消散更高的能量；②使用长直钢纤维与高体积分数变形钢纤维，在提高环保型纤维增强高性能混凝土的抗冲击性方面是有效的；③纤维取向显著影响环保型纤维增强高性能混凝土的抗冲击性，当更多的纤维在拉伸载荷方向上对齐时，可以获得更好的抗冲击性。这些优良的性能使得环保型纤维增强高性能混凝土在日后可更广泛地用作抗冲击和抗爆结构的建筑材料。环保型纤维增强高性能混凝土可作为钢筋混凝土梁的抗剪钢筋。普通混凝土的弱点之一是在达到构件的极限抗弯能力之前其抗剪能力较低。在此基础上，添加抗剪钢筋来隐藏混凝土的弱点、提高抗剪能力，从而提高构件的抗弯性能至关重要。然而，这样增加了剪切钢筋的数量，最终会提高人工和材料的成本。研究利用环保型纤维增强高性能混凝土作为钢筋混凝土梁的抗剪钢筋，通过提高钢筋混凝土构件的抗剪能力和减少纵向钢筋的面积以增加抗弯能力，从而减少箍筋的数量[55]。

冻融是混凝土路面由于季节性温度波动而必须经历的主要危害之一。施工时应采取某些措施，防止混凝土路面冻融变质。黄麻纤维是最廉价的天然纤维之一，其种植量和用途的广泛都仅次于棉花，国外研究人员通过比较黄麻纤维增强混凝土（黄麻纤维占水泥质量的 0.8%，占混凝土体积的 5%）和普通混凝土，结果发现强度性能没有显著差异（强度最多降低 16%）。然而，即使在冻融循环之后，黄麻纤维增强混凝土的韧性指数也有显著改善（高达 89%），韧性的提高有助于控制裂缝的萌生、扩展或聚结，也可以增加能量的吸收[56]。所以将黄麻纤维增强混凝十用作混凝土路面将会是一个不错的选择。

混凝土地下结构包括公路隧道、水下隧道和地下通道等容易受到地下水、土壤和海水的硫酸盐侵蚀的结构，这可能导致这些结构恶化。许多混凝土结构由于硫酸盐侵蚀而未能达到预定的使用寿命。梁宁辉等研究人员选取 3 个标度的 PF 进行单次掺杂或杂交到混凝土中，并暴露于硫酸盐干燥—润湿循环攻击下。采用不同干湿循环的混凝土试样进行抗压强度试验、离子浓度试验、扫描电子显微镜（SEM）试验、能量色散光谱（EDS）试验和 X 射线衍射（XRD）试验。研究了细聚丙烯纤维混凝土（MPFRC）的耐蚀性能，建立了一维 SO_4^{2-} 浓度分布模型，揭示了聚丙烯纤维混凝土（PFRC）的耐蚀机制。在经历了 20 次硫酸盐侵蚀的干湿循环后，普通混凝土显示出明显的劣化迹象，而 PFRC 保持完整，MPFRC 表现出最高的抗压强度。PFRC 的耐腐蚀性明显优于普通混凝土，对硫酸盐侵蚀环境下混凝土工程的改进具有重要意义，有望在公路隧道、水下隧道、地下通道等地下工程项目的建设中得到更广泛的应用[57]。

节能减排是可持续发展的关键因素。如今，热泵技术在建筑节能技术中扮演着重要的角色。地下地热能量存储结构可以提供具有弹性城市功能的城区中的可持续能源系统。在人口密集的城市地区，地下结构可以通过可再生能源网络为单个建筑和整个城市提供热能储存。近年来，能源隧道的研究已经展开，而混凝土管膜良好的导热性能对于高效的能源隧道运营至关重要。在混凝土中加入不同数量和种类的钢纤维，可以不同程度地改善其热工性能，满足力学要求。然而，很少有研究考虑钢纤维混凝土（SFRC）在能源隧道中的应用。崔宏志等[58]率先研究利用钢纤维混凝土管道获取浅层地热能以改善地铁隧道能源性能的有效途径。如果设计得当，纤维增强管内衬是高效利用地热能的突破性技术。虽然研究对模拟和边界条件做了简化，但仍可得出在能源隧道管片衬砌中使用具有改进的热性能钢纤维是有利的。在未来的研究中加入环境因素和进一步改进数值模拟方法，相信一定可以更早地应用于能源隧道。

纤维增强在提高没有连续支撑的结构构件（如高架板和预制段）的承载能力方面的贡献是一些研究人员开始关注并逐步研究的主题。纤维和传统钢（即混合钢）在悬挂板中的使用，使得结构部件更坚固、更耐用、更经济。国外学者研究表明FRC板坯的承载能力、延性和开裂性都得到了改善[59]。

1.3 环保型纤维增强高性能混凝土的配制原理和技术途径

1.3.1 配制原理

超高性能混凝土（UHPC）是一种水泥基复合材料，用于新建建筑和现有结构，以延长其使用寿命。这是一种革命性的复合材料，可作为恶劣环境中混凝土建筑的合适替代品。经过几十年的研究和发展，世界各地已经创造出各种商业UHPC组合物，以满足高质量建筑材料日益增长的使用和需求。

Mahmoud H. Akeed在研究纤维增强混凝土混合物设计时提出两种方法：基于模型的方法（干颗粒包装法和湿颗粒包装法）和基于性能的方法。

干颗粒包装法中离散模型假设每个颗粒的体积可以根据颗粒尺寸完全压缩。离散模型经过了一系列演变之后适用于多组分混合物，但混合系统仅包含干燥颗粒这与混凝土的实际状态不符。湿颗粒包装法改善了UHPC的“宏观—介观—微观孔隙结构”和抗压强度。

基于流变学的混合物设计方法，根据组分和浆料流变特性之间的相互作用，确定UHPC的最佳混合物组成和分数，以及所需的流变性和增韧性能。使用具有合适流变特性的UHPC可以实现均匀的纤维分布以及足够的机械强度和韧性。纤维在UHPC中是提供高拉伸强度和韧性所必需的，纤维的强化和增韧效果主要取决于整个体系中的纤维分散和取向，以及纤维和基体之间的结合特性。一方面，掺入纤维可能会使UHPC更加黏稠，另一方面，在UHPC中，钢纤维和粗骨料的互操作性极大地限制了其加工性能。钢纤维不能完全包裹大粒径粗骨料，骨料与纤维之间的黏附力减弱，应选择合适的钢纤维长度和骨料匹配。研究表明，粗骨料的最大粒径应小于25 mm，钢纤维的长度应为粗骨料最大粒径的2～5倍。水泥浆的流动特性是UHPC混合料设计的基准，以控制钢纤维的分布。通过连续调节水灰比和减水剂含量，可以产生足够的UHPC流变特性，实现钢纤维的均匀分散和纤维的定向排列[60]。

水泥作为主要胶凝材料，能与水反应生成硅酸钙凝胶。这是水泥基复合材料复合抗压的主要原因。相关研究人员还发现，水泥含量是增加质量和抗压能力的一个重要因素。水灰比（W/b）是影响混凝土性能的另一个参数。随着水灰比的增加，混凝土的孔隙率增加。此外，发泡剂也是一个重要的组分，它决定了混凝土的孔结构。在前期试验中，研究了水泥用量、水灰比对混凝土性能的影响。胶凝材料的最佳水泥含量为70%，最佳水灰比为0.6[61]。“传统混凝土”中使用的水泥类型包括Ⅰ型至Ⅴ型和白水泥，根据环境条件和应用，它们都可用于配制UHPC。由于其高C_3S含量和布莱恩细度，Ⅲ型和白水泥是最常用的类型，因为它们提供快速凝固和强度发展。如果不需要高早期强度，但需要低收缩率，Ⅰ型水泥是一种选择，因为它的成本和反应性低。硅灰具有火山灰反应，是UHPC生产的重要组成材料，是UHPC生产的重要组成部分。硅灰来源于铯铁合金的制造，本质上是一种工业衍生物。根据研究，最佳硅灰浓度为硅酸盐水泥质量的20%～30%。在UHPC中利用粗骨料有以下优点：①减少胶凝浆的体积，这提高了弹性模量并降低了收缩率；②提高抗穿透冲击性。

混凝土中使用的一些典型的矿物外加剂是粉煤灰、研磨颗粒高炉渣和硅粉。这些矿物外加剂中的每一种在炎热的天气条件下对混凝土性能的影响都不同。粉煤灰是燃煤发电厂的副产品，用于在混合物设计中取代部分硅酸盐水泥。粉煤灰的更换率为普通硅酸盐水泥的20%～40%。粉煤灰可以降低炎热天气条件下混凝土的坍落度损失率，而坍落度损失的减少与被替换的水泥的百分比成反比。粉煤灰通常会降低混凝土的早期强度，但这会随着龄期的增长而恢复。由于早期强度降低，粉煤灰具有更大的塑性收缩开裂的可能性，并且需要充分的固化来保护混凝土不开裂。磨砂高炉炉渣（GGBFS）也用作混凝土生产中的矿物混合物。如果混合和固化得当，用GGBFS制成的混凝土，在炎热天气条件下，在强度和孔隙结构方面比普通硅酸盐水泥具有更好的性能特征。含有GGBFS的混凝土应尽快湿固化，并至少固化7 d，以确保材料实现其效益。硅粉可用于增加混凝土的强度和降低渗透性。强度的增加导致混凝土的塑性收缩率降低。增加混凝土混合物中硅粉的百分比也会增加塑料收缩率。然而，如果控制得当，由于强度的早期增加，可以允许适当的塑性收缩，而不会在混凝土中开裂。二氧化硅的细度，以其比表面积和堆积密度表示，是其在炎热天气下增加塑性收缩开裂潜力的有力指标。矿物外加剂对再生骨料混凝土的力学性能和耐久性的改善做出了显著贡献。具体而言，与再生骨料混凝土的参考样品相比，抗压强度增益［粉煤灰、磨砂高炉炉渣、硅灰和偏高岭土（MK）再生骨料混凝土分别为70.9%、69.1%、55.7%和56.8%］高于天然骨料混凝土（以上四种外加剂再生骨料混凝土比天然骨料混凝土抗压强度分别提高66.2%、66.5%、41.7%和41.3%）。此外，再生骨料混凝土的抗氯离子渗透能力随着矿物外加剂的使用而提高[62]。

减水性外加剂（WRAs）可以减少特定稠度所需的混合水量（水/黏合剂比率），或者在相同的水/黏合剂比率下允许更高的流动性。这些物质基于阴离子（带负电荷）的表面活性剂，这些表面活性剂吸附在黏合剂颗粒上，导致它们相互排斥和分散，从而降低了材料流动必须克服的颗粒间吸引力的大小。根据减水性外加剂的有效性，如果它们允许分别减少5%～12%或高于该范围的水，则可以将它们分类为低档增塑剂、中档增塑剂和高效减水剂[63]。

固化温度影响混凝土的整体性能，Goerhan 和 Kuerklue[64]研究了65 ℃和85 ℃的固化温度对粉煤灰基地聚合物砂浆的影响，并测试了一些物理和机械性能（例如表观密度、堆积密度、孔隙率、抗压强度和弯曲强度），结果表明固化温度会影响聚合物砂浆的物理性能。通常，低固化温度会极大地影响混凝土的物理和机械性能，因为低温会伴随在水化过程中，从而降低机械性能。在一些寒冷地区，由于混凝土中的水冰相变和体积变化，负固化温度也会影响混凝土的性能[65]。

1.3.2 技术途径

高性能混凝土以耐久性作为设计的主要指标。对于不同的使用要求，在性能方面侧重于耐用性、工作性、适用性、强度、体积稳定性和经济性。为此，高性能混凝土的特点是低水胶比，使用优质原材料，并且必须掺入足量的混合料（矿物细掺料）和高效外掺剂。在原材料方面，相比传统混凝土，绿色高性能混凝土的矿物细掺料以工业废渣为主，节约了水泥和混凝土用量，对环境友好，同时兼具高强度、高耐久性以及高抗裂性，应用前景广阔。

水泥矿物组成中，C_3S和C_2S的水化放热量分别为490 J/g和225 J/g，水泥中C_3S的含量约达50%，可引发大量的水泥放热量，而C_2S凝结硬化较慢，水化热较低，因此在大坝等大体积混凝土中适当提高其含量能有效降低水化放热量。C_3A的水化热为1 340 J/g，C_3A含量过大容易引起混凝土早期温度收缩、自收缩或干燥收缩，发生开裂，在大体积混凝土中，可以采用中热或低热水泥来降低混凝土的水化放热总量，也可以在混凝土中掺入粉煤灰、矿粉等活性掺合料来降低水泥的用量，同时提高混凝土的密实度，降低硫酸根离子与铝相反应的机会，从而抑制膨胀性产物钙矾石的形成，抑制混凝土开裂[66]。

高性能混凝土在宏观上是由水泥石、骨料和界面过渡区组成的非匀质复合多孔材料，耐久性是其核心性能，工作性是目前急需提升且与骨料品质关系密切的特性。艾长发等认为细骨料颗粒级配和颗粒间连续程度是决定工作性的关键因素，且细骨料粒径1.18～4.75 mm和0.15～1.18 mm部分分别是混凝土泌水性和保水性、黏聚性的主要影响因素；细骨料粒径1.18～4.75 mm部分的含量和颗粒间的组成比例是影响混凝土强度的主要因素[67]。

配合比设计是高性能混凝土全过程质量控制的重要环节。高性能混凝土的配合比设计应满足混凝土拌合物性能、力学性能、耐久性能和长期性能的要求。在满足拌合物性能和施工要求的前提下，宜尽量增加粗骨料用量，并设计较低的拌合物流动性[68]。如：①在混凝土制作时加入硅灰、钢渣等磨细工业废料，既可提高经济性，又能保护环境；在有偏高岭土、火山灰、硅藻土等条件的项目中，将其加入到混凝土制作过程中，可获得较好的经济效益；②注重高效外加剂与矿物掺合料的应用，合理控制水胶比，使混凝土具有良好的工作性；③在保证材料性能的条件下，更多地选用工业废料与废渣，减少水泥熟料的使用量[69]。

高性能混凝土之所以有着优异的性质，离不开掺合料的作用，不过同时也要正确地选择掺合料与水泥，不能忽视对矿物细度的控制，才能减小混凝土的孔隙率，保证最终的整体强度，同时要对水泥中的各种物质所占含量进行合理的把控，像三氧化硫、氧化钙以及氧化镁等一些有害的物质，尽量减少加入的含量，将有害成分降到最低。要严格控制水泥中 C_3A 加入的比例，确保含量不高于 8%，这些都是为了混凝土的硬化反应所服务。为了保证混凝土的均匀性，要严格控制微粒体积的选择，确保表观密度大于 2.65 g/cm^3[70]。

基于混凝土碳排放的构成，明确混凝土碳减排的技术路线。第一，在混凝土中少用水泥，直接减少碳排放；第二，提高混凝土的耐久性能间接减少碳排放。

在混凝土中减少水泥的使用可以采用添加减水剂、用粉煤灰等胶凝材料、磨细矿渣粉来代替部分水泥。

据统计，在混凝土中掺入高效减水剂，一般可节约水泥 10%～15%。粉煤灰是活性材料，能够改善水泥砂浆和粗骨料间的薄弱界面，从而提高混凝土的力学性能。用一定掺量的粉煤灰替代水泥制成混凝土，提高混凝土性能，粉煤灰的细度越小，球形颗粒越多，它的含碳量就越低，活性就越高，需水量就越少[71]。把粉煤灰作为水泥的替代材料，绝大多数情况下有以下三种应用方式：在早期强度要求很低，长期强度为 25～35 MPa 的大体积水工混凝土中，大掺量地替代水泥使用；在结构混凝土里，也开始慢慢地、较少量地替代水泥（10%～25%）；最后演变成现在的在强度要求很低的回填土或道路基层里大量掺用。利用粉煤灰替代水泥掺入到混凝土中是现在很普遍的现象，因为粉煤灰不仅便宜，成本低，可以增加混凝土的和易性和流动性、耐久性，还可以把它当成废物的资源利用，达到了保护环境、节能减排的效果。

1.4 小结

本章分析了现有的环境问题，从而引入了环保型纤维增强高性能混凝土的国内外研究现状以及应用前景，最后大致介绍了环保型纤维增强高性能混凝土的配制原理和技术途径，以期此类混凝土可以得到更广泛的应用，从而缓解当前的环境问题。

（1）固体污染由固体废物造成，工业固体废物是固体污染的主要来源，对固体废物处理应采取减量化、资源化、无害化处理。大气污染主要来源于煤炭燃烧，应开发应用清洁能源、运用科技高效治理大气污染。发射塔、基站等构成室外电磁辐射系统，家用电器和电子设备等构成室内电磁辐射系统，两者都会造成电磁污染，可以通过屏蔽辐射源、吸收防护等手段减少污染。

（2）碳纤维具有质量轻、抗拉强度高、耐腐蚀等优良特性，可有效提高混凝土的抗拉、抗压和耐久性能。玄武岩纤维混凝土对环境造成的污染极小，是绿色工业材料。钢纤维混凝土可以有效地阻止裂缝的扩展，提高混凝土的抗弯性、抗拉强度、韧性以及抗冲击性等。

（3）环保型纤维增强高性能混凝土的应用前景广泛。钢纤维混凝土凭其耐磨性好、抗裂性强广泛应用于桥梁施工中。碳纤维混凝土可解决机场跑道的融雪除冰问题。聚丙烯纤维混凝土可对硫酸盐侵蚀环境下的混凝土工程进行改进。

（4）环保型纤维增强高性能混凝土的技术途径重点在于调整水泥矿物的组成比例，选择适宜的配合比，掺入适量的矿物掺合料以及对纤维的使用。在环境方面也可以采用添加减水剂、用粉煤灰等胶凝材料、磨细矿渣粉来代替部分水泥。

参考文献

[1] 邵朱强，刘力奇，廖诚. 共建清洁美丽世界之工业固体废物处理处置篇 [J]. 中国环保产业，2022（5）：57-60.
[2] 许艺. 城市固体废弃物污染治理分析 [J]. 中国资源综合利用，2019，37（3）：136-138.
[3] 师杰. 城市生活及工业固体废弃物处理技术思考分析 [J]. 砖瓦，2021（9）：60-61.
[4] 杨新盛，梁恩恺. 工业固体废物污染现状与环境保护防治工作的研究 [J]. 皮革制作与环保科技，2021，2（11）：85-86.
[5] 张军华. 工业固体废物污染现状及环境保护防治工作研究 [J]. 商业文化，2021（35）：134-135.
[6] 蔡雪娇. 城市一般工业固废现状及减量化对策研究 [J]. 科技创新与应用，2021，11（20）：113-115.
[7] 朱瑞兴. 我国工业固体废物处理技术及产业发展建议 [J]. 皮革制作与环保科技，2021，2（6）：118-119.
[8] 贾泽奇. 浅谈循环经济理念下工业固体废物资源化 [J]. 低碳世界，2021，11（6）：38-39.
[9] 郭锡明. 固体废物在建筑材料中的资源化利用 [J]. 陶瓷，2021（12）：103-104.
[10] 牛莎莎. 试论我国固体废物污染与无害化处理技术 [J]. 资源节约与环保，2020（7）：133-134.
[11] 储雅楠. 城市化进程中大气污染的环境影响评价探讨 [J]. 清洗世界，2022，38（2）：

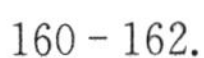

160 - 162.

[12] 蒋培，陈慧，张品汉. 大气污染成因及防治对策分析 [J]. 资源节约与环保，2022 (5)：38 - 41.

[13] 杨白羽. 环境监测在大气污染中的治理与措施 [J]. 皮革制作与环保科技，2022，3 (7)：122 - 124.

[14] 孙春花，沈贤，赵鑫. 环境监测在大气污染治理中的应用研究 [J]. 中国资源综合利用，2022，40 (6)：144 - 146.

[15] 甄少飞. 环境工程中大气污染的危害与治理分析 [J]. 清洗世界，2022，38 (6)：147 - 148，151.

[16] 王忠. 我国大气污染治理的形势及问题分析 [J]. 皮革制作与环保科技，2022，3 (4)：55 - 57.

[17] 张丽巧. 建筑施工过程中的大气污染研究 [J]. 建材发展导向 (下)，2021，19 (12)：196 - 198.

[18] 陈锚，吴建国，陈静静. 大气污染问题的环境监测与应对 [J]. 皮革制作与环保科技，2022，3 (3)：46 - 48.

[19] 孙柳. 环境工程中大气污染处理的研究探讨 [J]. 大众标准化，2022 (4)：135 - 137.

[20] 黄宇锋. 大气污染防治面临的挑战及对策 [J]. 皮革制作与环保科技，2022，3 (1)：60 - 62.

[21] 胡潇逸. 生活中的电磁辐射污染及其防护措施 [J]. 科技视界，2018 (23)：289 - 290.

[22] 张天森. 建筑室内电磁环境污染及其防护 [J]. 中国建材科技，2019，28 (3)：93 - 95，97.

[23] 孙欢. 电磁污染的影响机理与防护措施研究 [J]. 渭南师范学院学报，2018，33 (16)：38 - 43.

[24] 傅晓伟. 电磁辐射污染的环境监测和预防措施 [J]. 资源节约与环保，2019 (7)：39.

[25] 袁玉卿，张业，郭斌. 预埋碳纤维发热线桥面升温性能影响因素分析 [J]. 河南大学学报 (自然科学版)，2020，50 (1)：100 - 107.

[26] 张培辉，方圣恩，洪华山. 不同纤维增强混凝土力学性能和破坏形态对比试验 [J]. 玻璃钢/复合材料，2019 (6)：73 - 79.

[27] 郭光玲. 钢纤维增强混凝土的制备及力学性能研究 [J]. 功能材料，2020，51 (11)：11165 - 11170.

[28] 孙斯慧. 玄武岩纤维增强混凝土力学性能和耐久性能的研究 [D]. 沈阳：沈阳理工大学，2020.

[29] 姜晓刚. 玄武岩纤维混凝土耐久性研究 [J]. 安徽建筑，2021，28 (10)：117 - 118.

[30] 张秉宗，贡力，杜强业，等. 西北盐渍干寒地区聚丙烯纤维混凝土耐久性损伤试验研究 [J]. 材料导报，2022，36 (17)：104 - 110.

[31] 张彧铭，陆俊，李静，等. 纤维增强再生混凝土耐久性能研究进展 [J]. 四川建材，2022，48 (2)：11 - 12.

[32] 朱德，韩阳，沈雷，等. 高温后钢纤维混凝土热学性能试验研究 [J]. 消防科学与技术，

2020, 39 (11): 1477 - 1481.
[33] 温曲星，王丽霞，张云龙. 碳纤维 RPC 力电性能综述 [J]. 四川水泥，2021 (6): 87 - 88.
[34] 李源. 碳纤维智能混凝土力电性能试验研究 [D]. 郑州：郑州大学，2012.
[35] FANECA G, SEGURA I, TORRENTS J M, et al. Development of conductive cementitious materials using recycled carbon fibres [J]. Cement and Concrete Composites, 2018, 92: 135 - 144.
[36] 陆见广. 碳纤维智能混凝土梁的力电效应研究 [D]. 南京：南京理工大学，2007.
[37] 梁振. 混杂纤维透水混凝土物理力学和抗侵蚀性能研究 [D]. 郑州：中原工学院，2021.
[38] 张野. 短切玄武岩纤维混凝土基本力学性能研究 [D]. 哈尔滨：东北林业大学，2011.
[39] XIONG C, LI Q S, LAN T H, et al. Sustainable use of recycled carbon fiber reinforced polymer and crumb rubber in concrete: mechanical properties and ecological evaluation [J]. Journal of Cleaner Production, 2021, 279: 123624.
[40] JIRAWATTANASOMKUL T, MINAKAWA H, LIKITLERSUANG S, et al. Use of water hyacinth waste to produce fibre-reinforced polymer composites for concrete confinement: mechanical performance and environmental assessment [J]. Journal of Cleaner Production, 2021 (2): 126041.
[41] BRANSTON J, DAS S, KENNO S Y , et al. Mechanical behaviour of basalt fibre reinforced concrete [J]. Construction and Building Materials, 2016, 124: 878 - 886.
[42] KARAHAN O, ATIS C D. The durability properties of polypropylene fiber reinforced fly ash concrete [J]. Materials & Design, 2011, 32 (2): 1044 - 1049.
[43] OZTURK O, OZYURT N. Sustainability and cost-effectiveness of steel and polypropylene fiber reinforced concrete pavement mixtures [J]. Journal of Cleaner Production, 2022, 363: 132582.
[44] LI Y, ZHANG J P, HE Y Z, et al. A review on durability of basalt fiber reinforced concrete [J]. Composites Science and Technology, 2022, 225: 109519.
[45] XU H Y, SHAO Z, WANG Z, et al. Experimental study on mechanical properties of fiber reinforced concrete: Effect of cellulose fiber, polyvinyl alcohol fiber and polyolefin fiber [J]. Construction and Building Materials, 2020, 261: 120610.
[46] 黄永智. 桥梁施工中钢纤维混凝土技术的应用分析 [J]. 企业科技与发展，2022 (4): 179 - 181.
[47] 李飞. 探究钢纤维混凝土在现浇预应力混凝土桥梁中的应用 [J]. 四川水泥，2021 (8): 15 - 16.
[48] 刘广超. 钢纤维混凝土技术在公路施工中的应用 [J]. 设备管理与维修，2022 (8): 129 - 130.
[49] 柳丽霞，饶长艳. 碳纤维混凝土在建筑工程中的应用 [J]. 住宅与房地产，2017 (32): 119.
[50] 王悦苏. 工程建筑的碳纤维加固混凝土应用探讨 [J]. 建材与装饰，2017 (40): 28.
[51] 杨杨，郎东莹. 碳纤维混凝土在机场跑道中的应用 [J]. 四川水泥，2017 (3): 329.

[52] 陈望春，韩喆泰，包侃. 超高强改性合成纤维混凝土在北京大兴国际机场的应用研究 [J]. 民航学报，2022，6 (1)：17－21.

[53] HUANG Y，GRUENEWALD S，SCHLANGEN E，et al. Strengthening of concrete structures with ultra high performance fiber reinforced concrete (UHPFRC)：A critical review [J]. Construction and Building Materials，2022 (20)：336.

[54] YOO D Y，BANTHIA N. Mechanical and structural behaviors of ultra-high-performance fiber-reinforced concrete subjected to impact and blast [J]. Construction and Building Materials，2017.

[55] MAHMOUD H A，SHAKER Q，HEMN U A，et al. Ultra-high-performance fiber-reinforced concrete. Part Ⅳ：Durability properties，cost assessment，applications，and challenges [J]. Case Studies in Construction Materials，2022.

[56] MUHAMMED A，MAJID A. Experimental investigation on mechanical properties of jute fiber reinforced concrete under freeze-thaw conditions for pavement applications [J]. Construction and Building Materials，2022，323：126599.

[57] LIANG N H，MAO J W，YAN R，et al. Corrosion resistance of multiscale polypropylene fiber-reinforced concrete under sulfate attack [J]. Case Studies in Construction Materials，2022.

[58] CUI H Z，LI Y H，BAO X H，et al. Thermal performance and parameter study of steel fiber-reinforced concrete segment lining in energy subway tunnels [J]. Tunnelling and Underground Space Technology，2022，128：104647.

[59] MOUSSA L，SAMER B，SALAH A，et al. Resistance factors for reliability based-design of fiber reinforced concrete suspended slabs in flexure [J]. Journal of Building Engineering，2022，57：1104911.

[60] MAHMOUD H A，SHAKER Q，HEMN U A，et al. Ultra-high-performance fiber-reinforced concrete. Part Ⅴ：Mixture design，preparation，mixing，casting，and curing [J]. Case Studies in Construction Materials，2022，17：e01363.

[61] TANG R，WEI Q S，ZHANG K，et al. Preparation and performance analysis of recycled PET fiber reinforced recycled foamed concrete [J]. Journal of Building Engineering，2022，57：104948.

[62] DUC L T，MICHEL M，FRANCK C，et al. Effects of intrinsic granular porosity and mineral admixtures on durability and transport properties of recycled aggregate concretes [J]. Materials Today Communications，2022，33：104709.

[63] SILVAB A，FERREIRA PINTO A P，GOMES A，et al. Short-term and long-term properties of lime mortars with water-reducers and a viscosity-modifier [J]. Journal of Building Engineering，2021，43：103086.

[64] GOERHANG，KUERKLUE G. The influence of the NaOH solution on the properties of the fly ash-based geopolymer mortar cured at different temperatures [J]. Composites Part B：Engineering，2014，58：371－377.

［65］LU J G，LIU J N，YANG H H，et al. Influence of curing temperatures on the performances of fiber-reinforced concrete [J]. Construction and Building Materials，2022，339：127640.

［66］王光银，陶宗硕，王波. 高性能混凝土对水泥品质的要求 [J]. 中国建材科技，2022，31（2）：36－38.

［67］彭兴华，张朝宏，李国栋，等. 高性能混凝土用机制骨料品质特征及影响因素分析 [J]. 山西建筑，2022，48（2）：114－118.

［68］王祖琦，冷发光，周永祥，等. GB/T 41054—2021《高性能混凝土技术条件》标准解读 [J]. 混凝土，2022（6）：109－112.

［69］王利莉. 绿色高性能混凝土材料及其应用研究 [J]. 合成材料老化与应用，2022，51（2）：133－135.

［70］王兴振. 关于高性能混凝土原材料及其配比问题的探讨 [J]. 冶金与材料，2021，41（4）：163－164.

［71］周涛，谢雷. 粉煤灰在混凝土中应用的现状及展望 [J]. 江西建材，2022（3）：9－11.

第2章　环保型纤维增强高性能混凝土材料科学基础

2.1　引言

混凝土是目前应用范围最广的工程材料，其广泛应用于各类工程实践中，如道路、桥梁、隧道等。土木工程材料的更新是新型工程结构出现与发展的基础，在发明硅酸盐混凝土后，人们进一步开发了钢筋混凝土，自此，世界上开始出现钢筋混凝土结构，如波兰的世纪大厅。随着建造技术的发展，薄壁构件应运而生，人们对材料的不断改良，也逐步提高了构件的安全性、耐久性和适用性，人们对建筑的想象随着技术和材料的进步而迭代更新。现今，结构向着大跨度、轻型化的方向快速发展，对新型材料的研究和开发也迫在眉睫。

传统混凝土材料虽然具有很多良好的工程性能，但依旧存在一些缺点和问题，其中，尤为重要的两点分别是抗拉性能和环境污染。

混凝土作为一种工程材料，其抗压性能良好、造价低廉、可塑性好，但存在自重大、抗拉性能差、变形能力差等固有缺陷，而纤维混凝土是指纤维和水泥基料组成的复合材料。得益于纤维良好的抗拉性能和延伸性能，当纤维和混凝土共同工作时，材料的抗拉、抗压和抗冲击性能得以提高，改良了混凝土本身固有的缺陷。

混凝土的生产过程，不仅会消耗大量的能源，还会排放大量的二氧化碳。就普通混凝土而言，其由大约12%的水泥、8%的水和80%的骨料组成。以2021年为例，我国商品混凝土总产量约为30.6亿立方米，这一数据意味着生产中的巨额能源消耗、庞大数量骨料的开采和运输，以及对地球生态造成严重的负面影响。因此，对混凝土的研究，不应仅限于性能的改良，还应推动环保型混凝土的发展和推广。

为了深入研究混凝土材料和开发新型复合材料，探究其材料学基础是十分必要的，本章将分三部分依次进行阐述：原材料、新拌材料以及硬化材料。其一，对组成混凝土的基础材料进行阐述，探讨其形状、性质和作用等。其二，对新拌混凝土进行说明，阐明其可能发生的宏观现象、作用和微观变化。其三，在混凝土硬化后，研究其微观形貌，探讨其具备的各种性能，为建筑的设计和施工提供理论依据。

2.2 原材料

传统混凝土主要由水泥、骨料、水、矿物掺合料、化学外加剂等组成，对于纤维混凝土，原材料中还会添加钢纤维、玻璃纤维等。在混凝土中，砂石起到了充填、限制水泥石变形、提高强度、增加刚度和抗裂性等骨架作用，在硬化之前，水泥浆体起到了润滑作用，赋予了拌合物一定的和易性，在硬化后，则包裹骨料，与其形成整体，共同受力工作。矿物掺合料和化学外加剂的掺入，可以改变材料硬化前的和易性，改善混凝土的各种性能和固有缺陷，同时，纤维混凝土对和易性要求较高，往往需要使用外加剂来满足相关要求。

2.2.1 水泥

水泥是一种粉末状材料，遇到水或盐溶液时，可在常温下发生物理化学反应，由浆体逐步硬化，达到一定强度后，能将砂、石等颗粒材料胶结成整体。水泥的种类庞杂，按其水硬性矿物名称分类，可分为硅酸盐系水泥、磷酸盐系水泥、铝酸盐系水泥、硫铝酸盐系水泥等，其中，硅酸盐系水泥的用量最大、应用范围最广。

2.2.1.1 水泥品种选择

一般情况下，配制混凝土可以选用硅酸盐水泥、普通硅酸盐水泥、矿渣硅酸盐水泥、火山灰质硅酸盐水泥、粉煤灰硅酸盐水泥和复合硅酸盐水泥。对于有特殊要求的使用环境，可以采用快硬硅酸盐水泥以及其他水泥。水泥的性能指标需要满足现行国家标准。

水泥品种的具体选择，应根据混凝土工程的特点及环境条件，如泵送混凝土应选用硅酸盐水泥、普通硅酸盐水泥、矿渣硅酸盐水泥等，而不宜使用火山灰质硅酸盐水泥，公路、城市道路等宜采用硅酸盐水泥、普通硅酸盐水泥或矿渣硅酸盐水泥，民航机场道面和高速公路必须采用硅酸盐水泥。

2.2.1.2 水泥强度等级选择

水泥强度等级的选用，应考虑混凝土设计强度等级，一般来说，配制高强度等级的混凝土选择高强度等级的水泥，低强度等级的混凝土选择低强度等级的水泥。

对于普通混凝土，水泥强度取混凝土强度的 1.5～2 倍为宜；对于高强度混凝土，水泥强度取混凝土强度的 1 倍左右。

当使用高强度水泥配制低强度混凝土时，若水泥用量偏少，可能影响拌合物的和易性和密实度，需掺入一定量的掺合料。如果用低强度水泥配制高强度混凝土，则需要使用大量水泥，这种情况的经济效益差，且影响混凝土的其他性能。

2.2.2 骨料

骨料是指在混凝土中起到骨架、填充作用的粒状松散材料。根据粒径大小，骨料可以分为粗骨料和细骨料。筛分后，粒径大于 4.75 mm 的称为粗骨料，粒径小于 4.75 mm 的称为细骨料。如果没有骨料，水泥搅拌时将呈现出稀糊状，难以成型和使用。

2.2.2.1 粗骨料

1. 种类及来源

混凝土工程中常用的粗骨料主要有两种：卵石和碎石。

卵石是指由自然风化、水流搬运和分选、堆积形成的粒径大于 4.75 mm 的岩石颗粒；碎石是指天然岩石、卵石或矿山废石经机械破碎、筛分制成的粒径大于 4.75 mm 的岩石颗粒[1]。

相较于卵石，碎石表面更加粗糙且棱角分明，因此，拌合物的流动性差，需要的拌和用水更多，但黏结性能更好，硬化后混凝土的强度更高。综合来看，卵石和碎石的选用需要考虑工程性质和成本。

2. 质量标准

卵石、碎石按技术要求可以分成Ⅰ类、Ⅱ类和Ⅲ类[1]。混凝土用石的质量要求主要是以下几点：

1）最大粒径

各粒径的公称上限粒径称为该粒级的最大粒径（D_{max}）。骨料颗粒的比表面积随着最大粒径的增大而减小，包裹颗粒所需的浆体也随之减小，因此，在一定范围内，混凝土的强度随着最大粒径的增大而增强。

在普通混凝土中，粗骨料的最大粒径不得超过结构截面最小尺寸的 1/4，同时不得大于钢筋间最小间距的 3/4。对于混凝土实心板，骨料的最大粒径不宜超过板厚的 1/3，且不得超过 40 mm。对于泵送混凝土，为了防止混凝土泵送时管道堵塞，骨料最大粒径与输送管内径之比，碎石不宜大于 1∶3，卵石不宜大于 1∶2.5。

2）颗粒级配

级配试验采用筛分法测定：用筛孔边长为 2.36 mm、4.75 mm、9.50 mm、16.0 mm、19.0 mm、26.5 mm、31.5 mm、37.5 mm、53.0 mm、63.0 mm、75.0 mm 和 90 mm 的方孔进行筛分。

粗骨料的颗粒级配分为两种：连续级配和间断级配。

连续级配是指颗粒由大到小连续分布，每一级都占一定比例。因此，用连续级配骨料配制的混凝土混合料，和易性较好，不易出现离析现象。

间断级配是指在颗粒连续分布的区间内，从中剔除一个或几个粒级，形成一种不连续的级配，因此也称为单粒级配。由于大颗粒的空隙由小得多的颗粒填充，骨料的空隙率可以被有效降低，但存在易离析、施工难等问题。

颗粒级配的具体要求见表 2-1[1]。

表 2-1　卵石或碎石颗粒级配规定

公称粒级/mm		累计筛余/%											
		方孔筛/mm											
		2.36	4.75	9.50	16.0	19.0	26.5	31.5	37.5	53.0	63.0	75.0	90
连续粒级	5~16	95~100	85~100	30~60	0~10	0							
	5~20	95~100	90~100	40~80		0~10	0						
	5~25	95~100	90~100		30~70		0~5	0					
	5~31.5	95~100	90~100	70~90		15~45		0~5	0				
	5~40		90~100	70~90	0	30~65			0~5	0			
	5~10	96~100	90~100	0~15	0~15								
	10~16		95~100	80~100									
	10~20			85~100	55~70	0~15	0						
	16~25		95~100	95~100	85~100	25~40	0~10						
	16~31.5							0~10	0				
	20~40			95~100		80~100			0~10	0			
	40~80					95~100			70~100		30~60	0~10	0

注：摘自《建设用卵石、碎石》(GB/T 14685—2022)。

3）粗骨料的强度

一般情况下，骨料强度是指粗骨料的强度，为了保证混凝土的强度，粗骨料应保持密实。碎石强度可以用抗压强度和压碎指标表示，卵石强度则可以用压碎指标来表示。

压碎指标是在气干状态下，将一定质量、粒径 9.50~19.0 mm 的石子装入一定规格的金属圆筒中，在试验机上施加荷载到 200 kN，卸载后称取试样质量（G_1），再用孔径 2.36 mm 的方孔筛筛出被压碎的细颗粒，称取余量（G_2），最后根据式（2-1）计算压碎指标[1]。

$$Q_e=\frac{G_1-G_2}{G_1}\times 100 \tag{2-1}$$

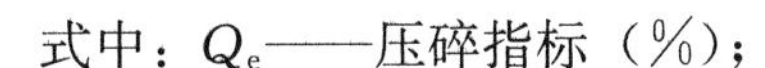

式中：Q_e——压碎指标（%）；

G_1——试样质量（g）；

G_2——压碎试样后试样的余量（g）。

压碎指标越小，说明骨料的强度越大，碎石和卵石的压碎指标应符合表 2-2 的规定[1]。

表 2-2　压碎指标

类别	Ⅰ类	Ⅱ类	Ⅲ类
碎石压碎指标/%	≤10	≤20	≤30
卵石压碎指标/%	≤12	≤14	≤16

4）坚固性

坚固性是指碎石或卵石在自然风化和其他外界物理化学因素作用下抵抗碎裂的能力。依据规范，应采用硫酸钠溶液进行试验，卵石和碎石的质量损失应符合表 2-3 的要求[1]。

表 2-3　坚固性指标

项目	指标		
	Ⅰ类	Ⅱ类	Ⅲ类
质量损失/%	<5	<8	<12

5）含泥量，泥块含量，有害物质含量，针、片状颗粒含量及碱集料反应

含泥量是指粒径小于 0.075 mm 的颗粒含量。含泥量超标会影响混凝土的和易性、抗冻性、抗渗性等。

泥块含量是指原粒径大于 4.75 mm 的粗骨料，经水洗、手捏后变成小于 2.36 mm 的颗粒的含量。

粗骨料中，颗粒形状以近似方体或球体为佳，但在岩石破碎、生产碎石的过程中，难免产生针、片状颗粒，增大空隙率，降低混凝土强度。针状颗粒是指长度大于该颗粒所属粒径平均粒径 2.4 倍的颗粒。片状颗粒是指厚度小于平均粒径的 2/5 的颗粒。具体标准见表 2-4[1]。

表 2-4　含泥量，泥块含量，针、片状颗粒含量

类别	Ⅰ类	Ⅱ类	Ⅲ类
含泥量（按质量计）/%	≤0.5	≤1.0	≤1.5
泥块含量（按质量计）/%	0	≤0.2	≤0.5
针、片状颗粒含量（按质量计）/%	≤5	≤10	≤15

有害物质含量应符合表 2－5 的要求[1]。

表 2－5　有害物质含量

项目	指标		
	Ⅰ类	Ⅱ类	Ⅲ类
有机物	合格	合格	合格
硫化物及硫酸盐（按 SO_2 质量计）/%	＜0.5	＜1.0	＜1.0

碱集料反应是指水泥、外加剂等混凝土组成物及环境中的碱与集料中的碱活性矿物，在潮湿环境下缓慢发生并导致混凝土开裂的膨胀效应。在经过碱集料反应试验后，由卵石、碎石制备的试件应无裂缝、酥裂、胶体外溢等现象，在规定的龄期膨胀率应小于 0.10%。

6）表观密度、连续级配松散堆积空隙率和吸水率

卵石和碎石的表观密度宜大于 2 600 kg/m³，连续级配松散堆积空隙率和吸水率应符合表 2－6 的要求[1]。

表 2－6　空隙率和吸水率

类别	Ⅰ类	Ⅱ类	Ⅲ类
空隙率/%	≤43	≤45	≤47
吸水率/%	≤1.0	≤2.0	≤2.0

2.2.2.2　细骨料

1. 来源及种类

细骨料（砂）一般是指粒径小于等于 4.75 mm 的骨料。由于天然资源的紧缺、节能减排的需要和国家政策的调整，现在用于土木工程的砂主要是机制砂。机制砂是指通过制砂机和其他附属设备加工得到的砂，一般情况下，成品更加规则，可以根据不同的工艺需要、加工要求，制作合格适用的砂，俗称人工砂。

2. 质量要求

目前，与混凝土用砂有关的现行标准有《建设用砂》（GB/T 14684—2022）和《普通混凝土用砂、石质量及检验方法标准》（JGJ 52—2006）。两个标准的使用范围存在一些差别，个别参数有所出入。

1）砂的粗细程度、颗粒级配

砂的粗细程度是指不同粒径的砂粒混合在一起后总体的粗细程度。可以分成粗砂、中砂和细砂。在相同体积的情况下，细砂的表面积更大，而粗砂的表面积更小。砂表面需要水泥浆体包裹，因此细砂需要更多的水泥浆。

砂的颗粒级配，表示砂中大小颗粒的搭配情况。良好的级配是指粗颗粒的间隙

由中颗粒填充，而中颗粒的间隙由细颗粒填充，按此顺序使砂处于最密堆积状态，密度达到最大，提高水泥的综合性能。

因此，在拌制混凝土时，砂的颗粒级配和粗细程度都需要考虑，控制砂的颗粒级配和粗细程度有着重要的经济意义，是评价砂质量的重要指标。二者常用筛分析的方法进行测定，用级配区表示砂的颗粒级配，用细度模量表示砂的粗细程度。筛分析法是一套公称直径分别为 5 mm、2.50 mm、1.25 mm、630 μm、315 μm 以及 160 μm，将 500 g（m_0）干试样由粗到细依次过筛，称得各个筛上颗粒的质量 m_i，并计算出各筛上的分计筛余 a_i 及累计筛余 A_i，分计筛余与累计筛余的关系如表 2-7 所示[2]。

表 2-7　分计筛余与累计筛余的关系

公称直径/mm	方孔筛尺寸/mm	筛余量(m)/g	分计筛余/%	累计筛余/%
5	4.75	m_1	$a_1=m_1/m_0$	$A_1=a_1$
2.5	2.36	m_2	$a_2=m_2/m_0$	$A_2=a_1+a_2$
1.25	1.18	m_3	$a_3=m_3/m_0$	$A_3=a_1+a_2+a_3$
0.630	0.60	m_4	$a_4=m_4/m_0$	$A_4=a_1+a_2+a_3+a_4$
0.315	0.30	m_5	$a_5=m_5/m_0$	$A_5=a_1+a_2+a_3+a_4+a_5$
0.160	0.15	m_6	$a_6=m_6/m_0$	$A_6=a_1+a_2+a_3+a_4+a_5+a_6$

2）砂中含泥量、石粉含量及泥块含量

含泥量是指天然砂中粒径小于 75 μm 的颗粒含量。

石粉含量是指在机制砂中粒径小于 75 μm 的颗粒含量，因此其化学成分与母岩相同。

泥块含量是指原粒径大于 1.18 mm 的细骨料，经水洗、手捏后变成小于 600 μm 的颗粒含量。

在骨料中，泥颗粒的粒径一般较小，往往会黏结在骨料表面，不易除去，当骨料和水泥拌和时，泥颗粒会对二者之间的黏结性造成负面影响，进而损害硬化后混凝土的性能。

依据规范，天然砂的含泥量、泥块含量应符合表 2-8 的要求[3]。

表 2-8　砂中含泥量和泥块含量

类别	Ⅰ类	Ⅱ类	Ⅲ类
含泥量（按质量计）/%	≤1.0	≤3.0	≤5.0
泥块含量（按质量计）/%	0	≤1.0	≤2.0

机制砂的石粉含量和泥块含量，需要根据MB值来分别计算是否符合，具体见表2-9[4]。

表2-9 机制砂的石粉含量和泥块含量

类别		Ⅰ类	Ⅱ类	Ⅲ类
MB≤1.4或快速法检测合格	MB值	≤0.5	≤1.0	≤1.4或合格
	石粉含量（按质量计）/%	≤10.0		
	泥块含量（按质量计）/%	0	≤1.0	≤2.0
MB>1.4或快速法检测不合格	石粉含量（按质量计）/%	≤1.0	≤3.0	≤5.0
	泥块含量（按质量计）/%	0	≤1.0	≤2.0

3）有害物质含量

为了保证混凝土的质量，避免影响胶凝材料与砂粒的黏结性能，砂中不应混有草根、树叶、树枝、塑料、炉渣等物质。有机物、硫化物及硫酸盐等如果不及时处理，会腐蚀硬化胶凝材料，对混凝土造成负面影响，具体要求应符合表2-10的要求。

表2-10 砂中有害物质含量

类别	Ⅰ类	Ⅱ类	Ⅲ类
云母（按质量计）/%	≤1.0	≤2.0	≤2.0
轻物质（按质量计）/%	≤1.0	≤1.0	≤1.0
有机物	合格	合格	合格
硫化物及硫酸盐（按SO_2质量计）/%	≤0.5	≤0.5	≤0.5
氯化物（按氯离子质量计）/%	≤0.01	≤0.02	≤0.06
贝壳（按质量计）/%	≤3.0	≤5.0	≤8.0

4）坚固性

砂的坚固性是指砂在自然风化和其他外界物理化学因素作用下抵抗破坏的能力。依据规范，砂的坚固性应采用硫酸钠溶液进行试验，经5次循环后质量损失应符合要求，机制砂还应符合压碎指标的要求，详情见表2-11。

表2-11 砂的坚固性和机制砂的压碎指标

类别	Ⅰ类	Ⅱ类	Ⅲ类
质量损失/%	≤8	≤10	—
单级最大压碎指标/%	≤20	≤25	≤30

5）砂的含水状态

砂的含水状况有以下 4 种：

（1）绝干状态：砂粒内不含水，一般在（105±5）℃条件下烘干得到。

（2）气干状态：砂粒表面干燥，内部孔隙部分含水。一般是指室内或室外（天晴）空气平衡的含水状态，其大小与空气的相对湿度及温度有关。

（3）饱和面干状态：砂粒表面干燥，内部孔隙吸水饱和。

（4）湿润状态：砂粒内部吸水饱和，表面存在表面水。

6）表观密度、松散堆积密度、空隙率、碱集料反应

（1）表观密度：不小于 2 500 kg/m^3。

（2）松散堆积密度：不小于 1 400 kg/m^3。

（3）空隙率：不大于 44%。

（4）碱集料反应：经碱集料试验后，无裂缝、酥脆、外溢等现象，在规定龄期内膨胀率应小于 0.10%。

2.2.3 矿物掺合料

矿物掺合料是外加剂的一类，效果和化学外加剂类似，可以在少量掺入的情况下，显著改善混凝土的和易性、强度、耐久性或凝结时间等。矿物掺合料是指以硅、铝、钙等的一种或多种氧化物为主要成分，具有规定细度，掺入混凝土中能改善混凝土性能的粉体材料。常用的有硅粉、粉煤灰、沸石粉等。

2.2.3.1 硅粉

硅粉又称硅灰，是工业电炉在冶炼硅铁合金或工业硅时，随废气通过烟道排出的粉尘，经捕捉收集获得的以 SiO_2 为主要成分的粉体材料。

硅粉颗粒细小，粒径是水泥颗粒的 1/50～1/100，比表面积为 18.5～20 m^2/g，需水量较大，密度为 2.1～2.2 g/m^3，具有很高的活性，往往需要配合高效减水剂才能确保混凝土的和易性。

硅粉掺入混凝土后，可能取得以下效果：

（1）改善拌合物的黏聚性和保水性：硅粉配合高效减水剂使用，可以在保持必要的流动性的情况下，显著改善混凝土的黏聚性和保水性，因此适合配制高流态混凝土、泵送混凝土等。

（2）提高混凝土强度：当硅粉与高效混凝土联合使用时，硅粉与水泥水化产物反应生成水化硅酸钙凝胶，填充颗粒间的空隙，改善内部结构，进而显著提升混凝土的强度等。

（3）改善混凝土的孔结构：在掺入硅粉后，虽然总孔隙率基本不变，但大孔隙明显减少，微小孔隙增加，起到了改善孔隙结构的作用，最终显著提高抗渗性、抗冻性、耐腐蚀性等。

2.2.3.2　粉煤灰

粉煤灰是指由燃料燃烧所产生烟气灰分中的细微固体颗粒物。根据排放方式的不同，可以分为干排灰和湿排灰。相较于干排灰，湿排灰的含水量更大，活性更低，因此质量更差。

粉煤灰按煤种可以分为 F 类和 C 类，F 类粉煤灰由烟煤和无烟煤燃烧得到，呈灰色或深灰色，CaO<10%，属于低钙灰，具有火山灰活性。C 类粉煤灰由褐煤燃烧而成，呈褐黄色，CaO>10%，属于高钙灰，具有水硬性。

细度是评价粉煤灰品质的重要指标，细度越小，品质往往越好。未燃尽的碳颗粒，颗粒粗、孔隙大，会降低粉煤灰的活性，属于有害成分，可以用烧失量来衡量。SO_3 是有害成分，需要限制其含量。具体等级要求见表 2-12[5]。

表 2-12　粉煤灰等级与质量指标

质量指标		粉煤灰等级		
		Ⅰ	Ⅱ	Ⅲ
细度（45 μm 方孔筛筛余）/%	F 类/C 类	≤12.0	≤30.0	≤45
烧失量/%	F 类/C 类	≤5.0	≤8.0	≤10.0
需水量比/%	F 类/C 类	≤95	≤105	≤115
三氧化硫/%	F 类/C 类	≤3.0	≤3.0	≤3.0
含水量/%	F 类/C 类	≤1.0	≤1.0	≤1.0
游离氧化钙质量分数/%	F 类	≤1.0	≤1.0	≤1.0
	C 类	≤4.0	≤4.0	≤4.0
安定性　雷氏夹沸煮后增加距离/mm	C 类	≤5.0	≤5.0	≤5.0

注：代替细骨料或主要用以改善和易性的粉煤灰不受此限制。

在混凝土中，粉煤灰具有火山灰活性作用，其活性成分 SiO_2 和 Al_2O_3 与水泥水化产物 $Ca(OH)_2$ 产生二次反应，生成水化硅酸钙和水化铝酸钙，增加了起胶凝作用的水化产物的数量，可以起到提高流动性、减少泌水的作用，细微颗粒的均匀分布可以填充改善混凝土孔结构，提高混凝土的密实度，从而提高耐久性，还能降低水化热、抑制碱集料反应。

粉煤灰在混凝土中的效果，还与其掺入方法有关。常用方法有以下三种：

（1）等量取代法：以等质量的粉煤灰代替混凝土中等量的水泥，可以节约水泥、减少水化热、改善和易性、提高混凝土抗渗性，适用于超强混凝土及大体积混凝土。

（2）超量取代法：掺入的粉煤灰超过要取代的水泥量，超出的粉煤灰取代等体积的砂，超量系数需按规定选用，可以起到保持混凝土 28 d 强度及和易性不变的作用。

(3) 外加法：为了改善混凝土拌合物的和易性，在保持混凝土用量不变的情况下，额外掺入一定量的粉煤灰，有时用粉煤灰代替砂。鉴于粉煤灰具有火山灰活性，混凝土的强度会有所提高，和易性和抗渗性都会显著改善。

在混凝土工程中，粉煤灰常常配合减水剂或引气剂等使用，即双掺技术。减水剂的掺入，可以解决某些粉煤灰增大混凝土用水的问题，引气剂可以克服粉煤灰混凝土抗冻性差的缺点，当施工条件为低温环境时，还应掺入早强剂或防冻剂。

2.2.3.3　沸石粉

沸石粉是天然沸石岩磨细而成的，颜色是浅绿色、白色。沸石岩是一种天然的火山灰质铝硅酸盐矿物，含有一定量的活性二氧化硅和三氧化二铝，可与水泥的水化产物 $Ca(OH)_2$ 作用，生成胶凝物质。

沸石粉对混凝土有以下几点作用：

(1) 改善新拌混凝土的和易性和可泵性，适宜于配制流态混凝土和泵送混凝土。

(2) 沸石粉与高效减水剂相互配合，可以显著提高混凝土强度，适用于配制高强混凝土。

2.2.3.4　其他掺合料

矿物掺合料的种类繁多、用途广泛，除了上述提到的掺合料，还有粒化高炉矿渣、石灰石粉、钢渣粉、磷渣粉以及复合矿物掺合料。通常，掺合料的主要特性有以下三点：

(1) 改善硬化混凝土的力学性能。

(2) 改善拌合混凝土的和易性。

(3) 改善混凝土的耐久性。

2.2.4　化学外加剂

化学外加剂是指在拌制混凝土过程中掺入的用以改善性能的化学材料。外加剂的掺量一般只占水泥用量的5%以下，即可显著改善混凝土的和易性、强度、耐久性或凝结时间等，具有见效快、技术效益明显等特点。因此，外加剂的应用范围越来越广。

2.2.4.1　减水剂

减水剂是指在混凝土坍落度相同的情况下，能够减少用水量，或者在维持混凝土配合比、用水量不变的情况下，能够增加坍落度的外加剂。减水剂按功能来分，可以分为普通减水剂、高效减水剂、高性能减水剂、早强减水剂、缓凝减水剂和引气减水剂等。

1. 减水剂的主要功能

减水剂主要有四项功能，分别是：在配合比不变时，显著提高流动性；在流动性和水泥用量不变的情况下，减少用水量，提高构件硬化后强度；保持流动性和强

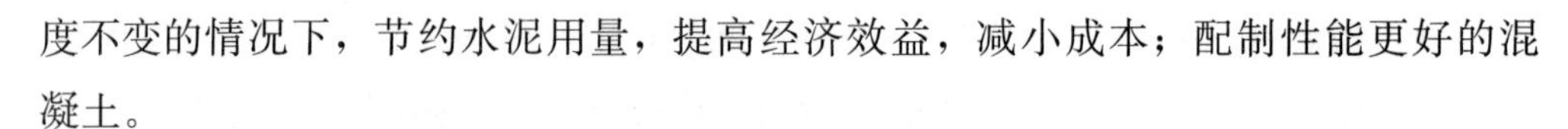

度不变的情况下，节约水泥用量，提高经济效益，减小成本；配制性能更好的混凝土。

2. 减水剂作用机制

减水剂的作用机制主要有两点：分散作用和润滑作用。

分散作用：水泥加水拌和后，由于颗粒分子引力的作用，水泥浆形成絮凝结构，使得部分水被包裹在水泥颗粒中，无法参与自由流动和润滑，降低了拌合物的流动性。由于减水剂分子可以吸附在水泥颗粒表面，使得颗粒表面带有同种电荷，产生静力排斥作用，促使颗粒相互分离，破坏絮凝结构，提高流动性，最终起到提高流动性的作用。

润滑作用：减水剂中的亲水基极性很强，可与水分子在颗粒表面形成一层稳定的溶剂水化膜，能够降低水泥颗粒间的滑动阻力，起到润滑作用，提高浆体的流动性。

2.2.4.2 早强剂

早强剂是指能够加速混凝土早期强度发展的外加剂，主要机制是加速其水化产物的早期结晶和沉淀，可以起到缩短混凝土施工工期的作用。

1. 种类及掺量

早强剂的种类及掺量详情见表 2 - 13。

表 2 - 13 常用早强剂

类别	氯盐类	硫酸盐类	有机胺类	复合类
常用品类	氯化钙	硫酸钠	三乙醇胺	三乙醇胺(A)＋氯化铵(B) 三乙醇胺(A)＋亚硝酸钠(B)＋氯化钠(C) 三乙醇胺(A)＋亚硝酸钠(B)＋二水石膏(C) 硫酸盐复合早强剂(NC)
掺量/%	0.5～1.0	0.5～2.0	0.02～0.05（常与其他早强剂复合使用）	(A)0.05＋(B)0.5 (A)0.05＋(B)0.5＋(C)0.5 (A)0.05＋(B)1.0＋(C)2.0 (NC)2.0～4.0
早强效果	3 d 强度可提高 50%～100%； 7 d 强度可提高 20%～40%	掺 1.5% 时，达到混凝土设计强度 70% 的时间缩短一半	早期强度可提高 50%，28 d 强度不变或稍有提高	2 d 强度可提高 70%； 28 d 强度可提高 20%

2. 使用范围

早强剂及早强减水剂适用于常温、低温和最低温度不低于−5 ℃环境中有早强要求的混凝土工程，在高温环境中，早强剂和早强减水剂均不宜使用。

对于饮水工程及食品相关工程，严禁使用含亚硝酸盐等有害物质的早强剂；对于办公、居住等工程，严禁使用硝铵类早强剂。具体的注意事项请参考相关规范。

2.2.4.3 引气剂

引气剂是指在混凝土拌制过程中能引入大量均匀分布、闭合、稳定的微小气泡的外加剂。引气剂属于表面活性剂，其憎水基团向空气定向吸附，背离水泥及其水化粒子，形成吸附层，可降低水的表面张力，使得拌制过程中产生大量微小气泡，这些气泡带有同种电荷，相互排斥，均匀分布。此外，由于阴离子引气剂在水泥溶液中有钙盐沉淀，可有效保护气泡，避免大量破坏。

1. 种类

松香树脂类：松香皂、松香热聚物等。

烷基和烷基芳烃磺酸盐类：十二烷基磺酸盐、烷基苯磺酸盐等。

脂肪醇磺酸盐类：脂肪醇聚氧乙烯醚、脂肪醇硫酸钠。

其他：石油磺酸盐、蛋白质盐等。

2. 适用范围

适用于抗冻混凝土、抗渗混凝土、抗硫酸盐混凝土、泌水严重的混凝土、轻集料混凝土、高性能混凝土等。不宜用于蒸养混凝土、预应力混凝土等。

2.2.4.4 缓凝剂

缓凝剂是指降低水泥或石膏水化速度和水化热、延长凝结时间的外加剂。其可使新拌混凝土在较长时间内保持流动性，便于浇筑，并且不会对混凝土的各项性能造成不良影响。

1. 种类

木质素磺酸盐类：木质素磺酸钙、木质磺酸钠。

羟基羧酸及其盐类：柠檬酸、酒石酸钾钠。

无机盐类：锌盐、磷酸盐。

其他：胺盐及其衍生物、纤维素醚等。

2. 适用范围

缓凝剂与水泥品种存在明显的适应性，不同缓凝剂对不同品种混凝土的效果不同，有时甚至会产生相反的效果。因此，在使用某种缓凝剂前，必须现场试验检测其缓凝效果。

2.2.4.5 速凝剂

速凝剂是指掺入混凝土中，能够加速混凝土凝结硬化的外加剂，其掺入量仅占

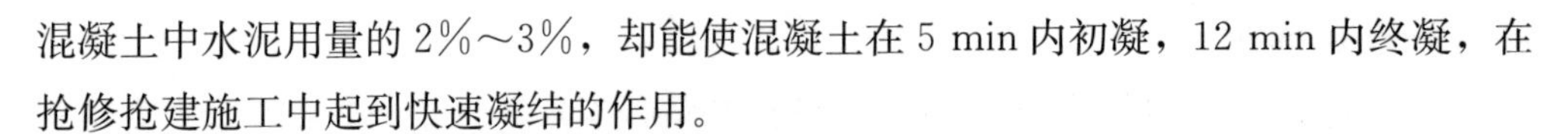

混凝土中水泥用量的2%～3%，却能使混凝土在5 min内初凝，12 min内终凝，在抢修抢建施工中起到快速凝结的作用。

1. 种类

速凝剂的种类详情见表2-14。

表2-14　常用速凝剂

类别	碱土金属类	硅酸盐类	铝酸盐类	其他
常用品种	碱土金属碳酸盐或氢氧化物	硅酸钠、硅酸钾	铝酸钠、铝酸钾	无碱液体
掺量	水泥质量的2.5%～6%	>10%胶凝材料质量	胶凝材料总质量的2.5%～5.5%	胶凝材料总质量的6%～9%
速凝效果	影响凝结时间	加速凝结，但当大剂量使用时，可能有强度损失和干缩	缩短凝结时间，但碱含量高，使用受限	解决碱集料反应、高pH值和强度损失等问题

2. 适用范围

目前，速凝剂多应用于喷射混凝土工程。喷射混凝土是指借助喷射工具将混凝土浆体高速喷涂在受喷面上，浆体快速凝结硬化的一种混凝土。鉴于喷射混凝土工程的需要，速凝剂需要具备快速凝结、早强、施工工艺简单、无须振捣的性能。

2.2.4.6　膨胀剂

混凝土在掺入膨胀剂后，会生成大量膨胀性水化物，进而引起混凝土膨胀，因此，适量膨胀剂的掺入，可以改善混凝土的内部结构，密实混凝土本身，最终起到提高混凝土的抗渗性的作用。

1. 种类

硫铝酸钙类：与水泥、水拌和后经水化反应生成钙矾石。

硫铝酸钙-氧化钙类：与水泥、水拌和后经水化反应生成钙矾石和氢氧化钙。

氧化钙类：与水泥、水拌和后经水化反应生成氢氧化钙。

2. 适用范围

掺入膨胀剂后，混凝土的抗渗性能会有明显提高，对抑制混凝土裂缝有积极作用，可用以补偿收缩混凝土及预应力混凝土。得益于其良好的作用效果，膨胀剂广泛应用于屋面、水池、地下建筑、井下硐室和大型圆形结构等，还可以用于自应力混凝土管和预制构件的节点等，以及用于修补混凝土构件。

2.2.5　纤维

由于普通混凝土本身存在抗拉性能差的固有缺陷，而纤维的掺入可以较好地改善这一问题。因此，纤维混凝土的应用越来越广，人们也逐渐关注纤维的研究以及纤维混凝土的融合发展。

纤维增强材料中常用的纤维有钢纤维、玻璃纤维和碳纤维等，以下将以这三种纤维为例，简要介绍三者的性能和特点。

2.2.5.1 钢纤维

钢纤维是指以切断细钢丝法、冷轧带钢剪切、钢锭铣削或钢水快速冷凝法制成长径比（纤维长度与其直径的比值，当纤维截面为非圆形时，采用换算等效截面圆面积的直径）为 40～80 的纤维。不同的制取方式产出的钢纤维性能也不一样。虽然钢纤维问世不久，但应用已经越来越广泛，种类也越来越多。

1. 钢纤维的种类

（1）按外形划分有：平直形钢纤维、压棱形钢纤维、波形钢纤维、弯钩形钢纤维、大头形钢纤维、双尖形钢纤维、集束钢纤维等。

（2）按截面形状划分有：圆形、矩形、槽形、不规则形。

（3）按生产工艺划分有：切断钢纤维（用细钢丝切断）、剪切钢纤维（用薄钢板、带钢剪切）、铣削型钢纤维（用厚钢板或钢锭切削）、熔抽钢纤维（用熔融钢水抽制）。

（4）按材质划分有：普碳钢纤维（抗拉强度一般在 300～2 500 MPa）；不锈钢纤维（按材质有 304、310、330、430、446 等）；其他金属纤维（铝纤维、铜纤维、钛纤维以及合金纤维）。

（5）按表面涂覆状态划分有：无涂覆层、表面涂环氧树脂、镀锌等。工业上大量使用的是无涂覆层的普通钢纤维。

（6）按施工工艺分类有：喷射用、浇注用。

（7）按直径尺寸分类有：普通钢纤维（直径 $d>0.08$ mm）；超细钢纤维（直径 $d\leqslant 0.08$ mm）。超细钢纤维主要用于增强塑料及石棉摩擦材料。

2. 钢纤维的特点

1）黏结性

由于钢纤维与混凝土基体的界面黏结主要是物理性的，即以摩擦剪力的传递为主，因此，钢纤维可以增加混凝土中水泥与骨料之间的黏结力。应该从纤维表面和纤维形状两个方面来改善其黏结性能。

2）硬度

无论哪一种加工方法制造的钢纤维，在加工过程中遇到高热和急剧冷却，都相当于淬火状态。因此钢纤维的表面硬度都较高。用于混凝土补强进行搅拌时很少发生弯曲现象。钢纤维如果过硬过脆，搅拌时也易折断，影响增强效果。在熔抽法生产钢纤维时，从熔抽轮下离心喷出的钢纤维仍处于高温状态，必须用滚筒或振动输送方法分散并进行冷却，否则钢纤维如果聚集，热量难以散发，反而起退火作用。

3）耐腐蚀性

关于钢纤维混凝土耐腐蚀试验的介绍可知，开裂的钢纤维混凝土构件在潮湿的环境中，裂缝处的混凝土会发生碳化，碳化区的钢纤维锈蚀，碳化深度和锈蚀程度随时间增长而发展。钢纤维混凝土主要是利用裂后韧性，虽然裂缝宽度比钢筋混凝土小，但是终究是有裂缝的，因此，应对在潮湿环境中，特别是在海滨使用的钢纤维混凝土采取防锈蚀措施。试验证明，在保证钢纤维混凝土构件具有同等承载能力的前提下，采用直径较大的钢纤维，能提高耐腐蚀性，采用涂覆环氧树脂或镀锌的钢纤维，将能提高耐腐蚀性，如果施工工艺许可的话，可只在混凝土表层 1～2 cm 采用这种钢纤维，必要时也可以采用不锈钢纤维。

2.2.5.2　玻璃纤维

玻璃纤维是将熔化的玻璃以较快的速度拉成丝状而制得，按玻璃纤维中Na_2O和K_2O的含量分类，可将其分为无碱纤维（含碱量小于 2%）、中碱纤维（含碱量 2%～12%）和高碱纤维（含碱量大于 12%）。玻璃纤维的强度、绝缘性、耐腐蚀性会随着含碱量的增加而降低，因此，高强度复合材料往往会使用无碱纤维。通常，玻璃纤维有以下特点：

（1）强度高，抗拉强度可达 1 000～3 000 MPa；

（2）弹性模量比金属低得多，大致为 $3\times10^4\sim5\times10^4$ MPa；

（3）密度小，为 2.5～2.7 g/cm^3，是钢的 1/3；

（4）化学稳定性好；

（5）脆性大；

（6）耐热性差；

（7）价格便宜，制作方便。

2.2.5.3　碳纤维

碳纤维是人造纤维在 200～300 ℃空气中加热并施加一定张力进行预氧化处理，然后在氮气的保护下，在 1 000～1 500 ℃的高温下，进行碳化处理制得，其碳的质量分数可达 85%～95%，由于强度大，故称为高强度碳纤维，也称为Ⅱ型碳纤维。

若碳纤维在 2 000～3 000 ℃高温的氩气中进行石墨化处理，就可获得碳质量分数达到 98%及以上的碳纤维，其石墨晶体的层面有规则地沿纤维方向排列，具有较高的弹性模量，又称高模量碳纤维，也称Ⅰ型碳纤维。通常，碳纤维有以下特点：

（1）密度小，1.33～2.0 g/cm^3；

（2）弹性模量大，$2.8\times10^5\sim4.0\times10^5$ MPa；

（3）高温、低温性能稳定，在 1 500 ℃以上的惰性气体中，强度保持不变；

（4）脆性大，易氧化；

（5）与基体结合力差，需要用硝酸进行氧化处理。

2.2.6 废旧/环保材料

2.2.6.1 来源及分类

废旧材料种类众多，本节以高分子塑料、粉煤灰为例进行介绍。

以塑料、纤维、橡胶为主体的高分子材料与我们的生活息息相关，我们的生活与高分子材料的联系也越来越紧密。日常生活中，用量最大的热塑性高聚物聚乙烯（PE）、聚丙烯（PP）、聚氯乙烯（PVC）、聚苯乙烯（PS）等树脂制品的消费量达1 135万吨/年。据调查，聚烯烃（PO）薄膜可使用2～3年，以聚烯烃为原料制造包装材料可使用1年，制造运输材料可使用4～5年，制造建筑材料可使用40～50年，制造日常用品可使用10年。因此，每年产生的废物数量巨大，美国为1 800万吨，日本为488万吨，西欧为1 140万吨，我国也有90万吨。我国处理废弃的高分子材料的技术比较落后，大部分只是较简单的单纯再生以及复合再生。大批量的废弃高分子材料都变成了垃圾，大量的废旧高分子材料已经严重影响了我们的日常生活。

长期以来，粉煤灰作为燃煤电厂的主要污染源，严重影响了燃煤电厂周围居民的日常生活，同时，它对周边的自然环境也有一定的影响。我国每年直接用于处理这种工业“废渣”的耗资可达数十亿元。随着对粉煤灰研究的日益深入，人们正逐步认识到粉煤灰不再是一种工业“废渣”，而是将其作为一种资源来看待。相比其他工业废渣，粉煤灰的利用率与利用水平都不高，尤其是在我国，利用率相当低，约占年排放量的40%，据有关资料显示，我国是水泥生产大国，2007年全国累计生产水泥13.8亿吨，这对自然资源的消耗和对环境的污染都十分严重，2006年我国消耗煤量23.7亿吨，粉煤灰的年排放量达2亿吨，即使在电厂节能效率不断提高的情况下，到2020年，我国粉煤灰的年总排放量也将是现在的3倍左右，加上我国目前已有的20亿吨粉煤灰累积堆存量，总的堆存量将会达30亿吨。粉煤灰利用水平也很低，例如用于回填和筑路等，占目前利用量的40%，用作建材的利用率占35%，也主要是生产烧结粉煤灰砖制品等，粉煤灰替代混凝土中的细骨料或部分替代水泥，利用率占11%。由此可见，由于未能充分利用这种资源，导致大量的粉煤灰不仅占用大量农田，而且会造成地下水、空气的污染，破坏生态平衡。

2.2.6.2 研究现状

1. 在废旧高分子材料研究方面

洛阳大学土木工程学院成功研制出一种利用废旧聚苯乙烯泡沫塑料生产混凝土保温砌块的技术。运用此技术生产的混凝土保温砌块具有表观密度小，保温、隔声性能好，抗压强度高等特点，属于轻质高强的新型墙体材料。哈尔滨工业大学的张志梅等研究了利用废旧塑料和粉煤灰制成建筑用瓦的工艺方法和条件，用废旧塑料和粉煤灰制成的建筑用瓦，在性能上完全可以满足普通建筑的要求。哈尔滨工业大

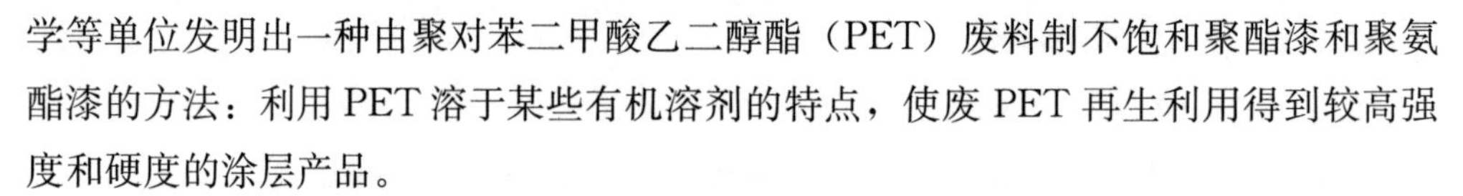

学等单位发明出一种由聚对苯二甲酸乙二醇酯（PET）废料制不饱和聚酯漆和聚氨酯漆的方法：利用PET溶于某些有机溶剂的特点，使废PET再生利用得到较高强度和硬度的涂层产品。

2. 废旧材料的运用

李顺凯等论述了粉煤灰对改善混凝土性能的研究，并将之运用于桥梁当中，取得了一定的效果。Robert L. Day等以粉煤灰-石灰为体系，选用粉煤灰高钙灰（HFA）和低钙灰在50 ℃湿热条件下养护，发现$CaCl_2$对高钙灰的激发效果明显，而$NaSO_2$对低钙灰的激发更有效。Li Shiqun等以粉煤灰-石灰试件为研究对象，模拟了天气（冻融、碳化和干燥收缩）对粉煤灰火山灰反应的影响，得出结论：粉煤灰-石灰系统的激发与天气因素（冻融、碳化和干燥收缩）、内部质量因素（CaO百分含量、气孔结构和微结构）、激发剂有着紧密的关系；适当的CaO百分含量、碱性物质和石膏能使粉煤灰玻璃体中的活性SiO_2释放出来。史飞等提出加入NaCl、CaCl等氯盐，提高粉煤灰-石灰体系的强度，氯盐中的Ca^{2+}和Cl^-扩散能力较强，能够穿过粉煤灰颗粒表面的水化层，与内部的活性Al_2O_3反应生成水化氯铝酸钙。

2.3 新拌材料

2.3.1 水泥水化

2.3.1.1 概况

水泥是一种外形为粉末状的材料，将水泥与水或者适当浓度的盐溶液混合后，经一系列常温下的物理化学作用，最终由浆体状逐渐发生凝结硬化，同时逐渐发展强度，可同时将砂、石等散粒材料以及砖石、砌块等块状材料胶结形成整体。此外，水泥是一种优良的胶凝材料，与石灰、石膏、水玻璃等气硬性胶凝材料不同的是，水泥不仅可以在空气中硬化，还可以在水中更好地硬化，同时保持和发展其强度。因此可以得出，水泥应为一种水硬性胶凝材料。

2.3.1.2 各成分水化特点

硅酸盐水泥熟料的主要矿物有以下四种，其矿物组成及含量的大致范围见表2-15。

表2-15 矿物组成及含量

矿物	化学式	在熟料中相应矿物的质量分数
硅酸三钙	$3CaO\cdot SiO_2$（简写为C_3S）	37～60
硅酸二钙	$2CaO\cdot SiO_2$（简写为C_2S）	15～37
铝酸三钙	$3CaO\cdot Al_2O_3$（简写为C_3A）	7～15
铁铝酸四钙	$4CaO\cdot Al_2O_3\cdot Fe_2O_3$（简写为$C_4AF$）	10～18

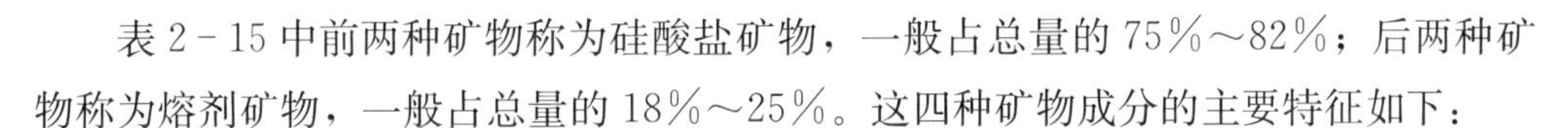

表 2-15 中前两种矿物称为硅酸盐矿物，一般占总量的 75%～82%；后两种矿物称为熔剂矿物，一般占总量的 18%～25%。这四种矿物成分的主要特征如下：

（1）C_3S 的水化速率较快，水化热较大，且主要在早期放出；C_3S 的强度最高，且能不断得到增长，是决定水泥强度高低的最主要矿物。

（2）C_2S 的水化速率最慢，水化热最小，且主要在后期放出；C_2S 的早期强度不高，但后期强度增长率较高，是保证水泥后期强度的最主要矿物。

（3）C_3A 的水化速率极快，水化热最大，且主要在早期放出，硬化时体积减缩也最大；C_3A 的早期强度增长率很大，但强度不高，而且以后几乎不再增长，甚至降低。

（4）C_4AF 的水化热速率较快，仅次于 C_3A，水化热中等，强度较低；C_4AF 的脆性较其他矿物为小，当含量增多时，有助于水泥抗拉强度的提高。

2.3.1.3 硅酸盐水泥熟料矿物的水化过程

水泥颗粒与水接触，在其表面的熟料矿物立即与水发生水解或水化作用（也称为水泥的水化），形成水化产物，同时放出一定热量。其反应式如下：

（1）$3CaO \cdot SiO_2$ 的水化

$$3CaO \cdot SiO_2 + nH_2O \longrightarrow xCaO \cdot SiO_2 \cdot yH_2O + (3-x)Ca(OH)_2$$

（2）$2CaO \cdot SiO_2$ 的水化

$$2CaO \cdot SiO_2 + nH_2O \longrightarrow xCaO \cdot SiO_2 \cdot yH_2O + (2-x)Ca(OH)_2$$

（3）$3CaO \cdot Al_2O_3$ 的水化

①在水及 $Ca(OH)_2$ 饱和溶液中：

$$3CaO \cdot Al_2O_3 + 6H_2O \longrightarrow 3CaO \cdot Al_2O_3 \cdot 6H_2O$$

$$3CaO \cdot Al_2O_3 + Ca(OH)_2 + 12H_2O \longrightarrow 4CaO \cdot Al_2O_3 \cdot 13H_2O$$

②在石膏、氧化钙同时存在的条件下：

$$4CaO \cdot Al_2O_3 \cdot 13H_2O + 3(CaSO_4 \cdot 2H_2O) + 13H_2O \longrightarrow 3CaO \cdot Al_2O_3 \cdot 3CaSO_4 \cdot 31H_2O + Ca(OH)_2$$

熟料各矿物在水化过程中表现出的特性见表 2-16。

表 2-16 各矿物水化特性

性能指标	熟料矿物			
	C_3S	C_2S	C_3A	C_4AF
水化速率	快	慢	最快	快
28 d 水化热	多	少	最多	中
早期强度	高	低	低	低
后期强度	高	高	低	低

硅酸三钙的水化反应发生很快，反应生成的水化硅酸钙基本不溶于水，而是立刻以胶体微粒的形式析出，并且逐渐凝聚，最终变为凝胶状。在电子显微镜下可以观察到水化硅酸钙为薄片状和纤维状微粒，其大小与胶体相同且结晶较差，称为 C－S－H 凝胶。水化反应生成的氢氧化钙在溶液中很快达到饱和浓度，而后呈六方晶体析出。水化铝酸三钙结构为立方晶体结构，它可以在氢氧化钙饱和溶液中与氢氧化钙进一步反应，最终生成六方晶体的水化铝酸四钙。为调节水泥的凝结时间，可在水泥中掺入适量石膏。水化发生时，铝酸三钙和石膏反应生成高硫型水化硫铝酸钙（称为钙矾石，$CaO \cdot Al_2O_3 \cdot 3CaSO_4 \cdot 31H_2O$，以 AFt 表示）和单硫型水化硫铝酸钙（$CaO \cdot Al_2O_3 \cdot CaSO_4 \cdot 12H_2O$，以 AFm 表示）。这里的水化铝酸三钙为难溶于水的针状晶体。

2.3.2　新拌材料的流动性

对于新拌混凝土而言，流动性是一种重要的性能，关乎混凝土拌合物的浇灌质量，也是混凝土是否能充分发挥其性能的重要因素之一。通常情况下，和易性是指新拌混凝土在各工序中操作并保持质量均匀密实的性能，也称为混凝土工作性能，涉及流动性、黏聚性和保水性。国内外很多专家学者都对剪切稠度问题开展了研究，总结出了一些理论模型，虽然存在一些缺陷，但探索本身就是科学研究的重要部分。

2.3.2.1　和易性

和易性与施工密切相关，包含流动性、黏聚性和保水性，三者各有不同但密切相关，当混凝土采用泵送施工时，拌合物的和易性也可称为可泵性，可泵性包括流动性、稳定性和管道摩阻力。

1. 和易性测定与指标

目前，在工地和实验室中，常用的反映和易性的测定方法是坍落度试验。根据国家标准《普通混凝土拌合物性能试验方法标准》（GB/T 50080—2016）的规定，混凝土的稠度即坍落度可以采用坍落度法测量。坍落度试验的试验设备应符合下列规定：

（1）坍落度仪应符合现行行业标准《混凝土坍落度仪》（JG/T 248）的规定；

（2）应配备 2 把钢尺，钢尺的量程不应小于 300 mm，分度值不应大于 1 mm；

（3）底板应采用平面尺寸不小于 1 500 mm×1 500 mm、厚度不小于 3 mm 的钢板，其最大挠度不应大于 3 mm。

试验应按下列步骤进行：

（1）坍落度筒内壁和底板应湿润无明水；底板应放置在坚实水平面上，并把坍落度筒放在底板中心，然后用脚踩住两边的脚踏板，坍落度筒在装料时应保持在固定的位置；

（2）混凝土拌合物试样应分三层均匀地装入坍落度筒内，每装一层混凝土拌合

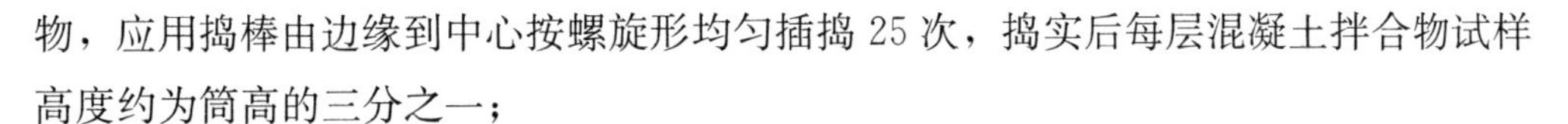

物，应用捣棒由边缘到中心按螺旋形均匀插捣 25 次，捣实后每层混凝土拌合物试样高度约为筒高的三分之一；

(3) 插捣底层时，捣棒应贯穿整个深度，插捣第二层和顶层时，捣棒应插透本层至下一层的表面；

(4) 顶层混凝土拌合物装料应高出筒口，插捣过程中，混凝土拌合物低于筒口时，应随时添加；

(5) 顶层插捣完后，取下装料漏斗，应将多余混凝土拌合物刮去，并沿筒口抹平；

(6) 清除筒边底板上的混凝土后，应垂直平稳地提起坍落度筒，并轻放于试样旁边；当试样不再继续坍落或坍落时间达 30 s 时，用钢尺测量出筒高与坍落后混凝土试体最高点之间的高度差，作为该混凝土拌合物的坍落度值。

坍落度筒的提离过程宜控制在 3～7 s；从开始装料到提坍落度筒的整个过程应连续进行，并应在 150 s 内完成。将坍落度筒提起后混凝土发生一边崩坍或剪坏现象时，应重新取样另行测定；第二次试验仍出现一边崩坍或剪坏现象，应予记录说明。混凝土拌合物坍落度值测量应精确至 1 mm，结果应修约至 5 mm。

试验结果应包括下列内容：

(1) 坍落度值；

(2) 用捣棒轻轻敲打混凝土的四周，看看是否出现裂缝、坍塌等现象，从而查看其黏聚性效果如何，如混凝土呈现逐渐下沉，则其黏聚性好；

(3) 保水性则是通过新拌混凝土的稀水泥浆析出的程度来评定，在坍落度试验后，如果有较多的稀水泥浆从混凝土底部流出，同时有部分粗料外露，说明保水性能不好；反之，若只有少量甚至无水泥浆流出则保水性好。

根据坍落度的不同，可将混凝土拌合物分为 5 级，具体见表 2－17。

表 2－17　混凝土拌合物的坍落度等级划分

等级	坍落度/mm
S1	10～40
S2	50～90
S3	100～150
S4	160～210
S5	≥220

坍落度试验适用于骨料最大粒径不大于 40 mm、坍落度不小于 10 mm 的拌合物。

对于干硬性的混凝土拌合物（坍落度小于 10 mm）通常采用维勃稠度仪，具体操作方法可以参考相关规范。坍落度检验适用于维勃稠度为 5～30 s 的混凝土拌合物，具体见表 2-18。

表 2-18 混凝土拌合物的维勃稠度等级划分

等级	维勃稠度/s
V0	≥31
V1	30～21
V2	20～11
V3	10～6
V4	5～3

对于泵送高强混凝土和自密实混凝土，可以使用扩展度来检验划分，具体操作方法可以参考相关标准，详见表 2-19。需要注意的是，泵送高强混凝土的扩展度不宜小于 500 mm，自密实混凝土的扩展度不宜小于 600 mm。

表 2-19 混凝土拌合物的扩展度等级划分

等级	扩展度/mm	等级	扩展度/mm
F1	≤340	F4	490～550
F2	350～410	F5	560～620
F3	420～480	F6	≥630

2. 影响因素

混凝土拌合物受自重或外力作用产生流动，其流动性能与水泥浆体以及骨料颗粒间的摩擦力有关。骨料间摩擦力的大小与颗粒形状、表面特征和表面水泥浆层厚度有关；水泥浆体的流变性能与稠度密切相关，因此，对混凝土和易性有影响的重要因素包括了以下几点：水泥浆体的含量、水泥浆体的稠度、砂率、水泥品种、骨料性质、化学外加剂、矿物掺合料、时间和温度。

2.3.2.2 剪切稠度问题

在大部分情况下，新拌混凝土的材料是屈服应力流体，剪切作用会使其出现明显的剪切增稠或剪切变稀现象。剪切增稠的含义是，表观黏度（剪切应力与剪切速率之比）随着剪切速率增加而升高的现象；剪切变稀则与之相反。剪切增稠带来的后果有：新拌混凝土表观黏度增加、体积膨胀，导致其在运输、搅拌、成型的过程中都需要更多的能量；剪切变稀则将造成混凝土的分层离析。新拌混凝土剪切变稀的主要原因在于剪切作用会逐渐破坏悬浮液中固体颗粒的网状絮凝结构。

除此之外，体系中粒径小于微米级的颗粒会发生布朗运动，造成固体颗粒之间有更大的排斥力，颗粒在剪切应力的作用下能排列成有利于流体运动的层状结构，这种结构也会导致剪切变稀现象的产生。研究还表明，固体颗粒在悬浮液中的体积分数很高时，剪切增稠也会因颗粒间的相互作用而产生。

到目前为止，学界中有以下几种理论能解释混凝土的剪切增稠现象：

1. 颗粒团簇理论

颗粒间的排斥力会在流体的流速超过一定限度后小于流动中固体颗粒受到的水压力，出现一些颗粒暂时聚集形成颗粒团簇的现象，进而达到增稠效果。然而，只有当剪切应力超过颗粒间的排斥力时剪切增稠现象才会发生，且仅对微米级以下的颗粒有效，对于更大的颗粒或者非常稠密的浆体来说，易在体系内发展成颗粒网络系统并引起颗粒间法向力的传递，团簇理论在这种情况下将不再适用。

2. 颗粒间惯性作用理论

该理论认为在惯性作用下，悬浮液中的颗粒发生碰撞，颗粒之间在碰撞时发生的动量交换是造成剪切增稠的主要原因。因为该理论忽略了颗粒之间和颗粒与液体之间发生的摩擦，所以该理论存在一定的缺陷。

3.“有序-无序转变”理论

颗粒在小剪切力作用下会处于有序分布状态，悬浮液黏度较小更容易产生流动；颗粒在剪切速率达到或超过临界速率时会转变为无序分布状态，此时黏度增加，产生剪切增稠。

然而，Laun 等发现有序-无序转变并不是剪切增稠的先决条件。Feys 等在对颗粒团簇理论和颗粒间惯性作用理论进行比较后认为，颗粒的团簇作用是造成自密实混凝土剪切增稠的主要原因。然而由于团簇理论主要适用于微米级以下的颗粒体系，故可用其解释水泥浆体在高速剪切下的增稠现象，但砂浆和混凝土材料的骨料粒径都比较大，在剪切作用下颗粒之间会发生摩擦和碰撞，这种剪切和碰撞对材料流变性的影响不可以忽略，故混凝土材料产生剪切增稠现象的机制还需进一步分析。

2.3.3 硬化材料的收缩

2.3.3.1 化学收缩

化学收缩是由于水泥水化生成物体积比反应前物质总体积小使得混凝土收缩的现象。随着混凝土硬化龄期的增长收缩量会增加，这种增大与时间对数成正比，总体上看，在混凝土成型 40 d 内收缩量增长较快，之后趋于稳定。化学收缩的特点是它的不可恢复性。

2.3.3.2 干湿变形

环境的湿度变化会影响混凝土的干湿变形。混凝土干燥过程中，气孔水和毛细水的蒸发最先发生，其中，气孔水的蒸发并不能引起混凝土的收缩；而毛细孔水分的蒸发会造成孔中形成负压，并且随着空气湿度的增加负压还将继续增大，负压产生收缩力，最终使得混凝土出现收缩。当水蒸发完之后，继续干燥会导致凝胶体颗粒的吸附水也发生部分蒸发，在分子引力的作用下粒子间的距离减小，凝胶体紧缩，在这种收缩形式下混凝土重新吸水以后大部分可以恢复。当混凝土在水中硬化时，体积不变，甚至有轻微膨胀。这是因为凝胶体中胶体粒子的吸附水膜增厚会导致胶体粒子间的距离增大。收缩值远远大于膨胀值，一般没有不良作用。一般情况下混凝土的极限收缩值为 $500\times10^{-6}\sim900\times10^{-6}$ mm/mm。收缩受到约束时往往引起混凝土开裂，故施工时应予以注意。通过试验可知：

（1）混凝土的干燥收缩在吸水后不能完全恢复，即混凝土干燥收缩后长期放在水中也不会恢复成为原来的体积大小。一般情况下，残余收缩量约为总收缩量的30%～60%。

（2）混凝土的干燥收缩受到水泥品种、水泥用量和用水量的影响。采用矿渣水泥混凝土比采用普通水泥混凝土的收缩量大；采用高强度等级水泥时，因其颗粒较细，混凝土收缩也将比较大；水泥用量多或水灰比大者，收缩量也较大。

（3）砂石能在混凝土中对收缩起到抵抗作用是因其能形成骨架，故水泥净浆的收缩量最大，水泥砂浆次之，混凝土收缩量最小。在一般条件下水泥浆的收缩值高达 $2\,850\times10^{-6}$ mm/mm，三种材料的收缩量之比约为 1∶2∶5。混凝土收缩量受骨料的弹性模量影响较大，骨料弹性模量越高，混凝土收缩量越小。故轻骨料的收缩量一般大于普通混凝土。

（4）混凝土的收缩可因在水中养护或在潮湿条件下养护而大大减少，采用普通蒸养可减少混凝土收缩，压蒸养护效果更显著。因而为减少混凝土的收缩量，应该尽量减少水泥用量，砂、石骨料要洗干净，尽可能采用振捣器捣固和加强养护等。

在一般工程设计中，通常采用混凝土的线收缩值为 $150\times10^{-6}\sim200\times10^{-6}$ mm/mm，即每米收缩 0.15～0.2 mm。

2.3.3.3 温度变形

混凝土与大部分应用材料相同，同样也会产生热胀冷缩现象。混凝土的温度膨胀系数约为 10×10^{-6}，即温度升高 1 ℃，每米膨胀 0.01 mm。温度变形对大体积混凝土及大面积混凝土工程极为不利。

在混凝土早期硬化时，水泥的水化作用会放出较多的热量，同时混凝土的散热较慢，是热的不良导体。大体积混凝土在这种情况下，内部的温度将高于外部，甚至可达 50～70 ℃。混凝土内部较高的温度将导致混凝土内部体积产生较大的膨胀，而外部混凝土却随气温降低而收缩。外部体积收缩约束内部的体积膨胀，从而导致外部混凝土产生裂缝。因此，对大体积混凝土工程，应根据具体情况采用减少水泥用量、使用低热水泥、采用人工降温等措施降低混凝土产生裂缝的可能性以及裂缝宽度。一般纵长的钢筋混凝土结构物，应每隔一段长度设置伸缩缝并且在结构物中设置温度钢筋。

2.4 硬化材料

2.4.1 微观形貌

2.4.1.1 硅酸盐水泥的微观结构

浆体由水泥加水搅拌而成，最初状态下具有流动性与可塑性。而水泥的凝结和硬化是指在水化反应进行过程中，浆体逐渐变为具有一定强度的固体，逐渐失去其流动能力。硬化的水泥浆体属于非均质的三相体系，其中既含有固相的水化产物以及未水化的残存熟料，也含有水和空气等填充在各类孔隙之中。

按结晶程度可以将硅酸盐水泥的水化产物分为两大类：一类是结晶程度比较差，晶粒大小相当于胶体的水化硅酸钙，它是可以彼此连生和交叉的微晶质，此外，因其具有凝胶的特性，故根据这种特性，通常把水化硅酸钙称为凝胶体，简称C-S-H凝胶；另一类为结晶度比较完整、晶粒比较大的一类水化物，如氢氧化钙、水化铝酸钙以及水化硫铝酸钙等。在扫描电子显微镜下观察水泥硬化浆体的微观结构，可看到不同的形貌特征常常对应着不同的成分，如C-S-H凝胶常表现为云状、颗粒状、网状等形状，氢氧化钙晶体为六角板状、层板状，钙矾石晶体为棒针状等，如图2-1所示，为钙矾石晶体和氢氧化钙晶体的微观结构的典型图片。

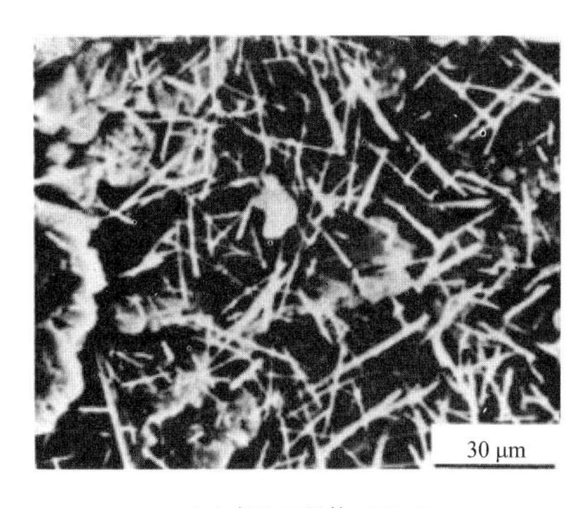

(a) 钙矾石晶体（SEM）

(b) 六角板状的氢氧化钙晶体（SEM）

图2-1 典型的水泥微观结构

这些水化产物（凝胶体与晶体）及相对含量对水泥的一系列性能有重要影响，各种水化产物的含量和比例在水泥水化的不同阶段也有所不同。水化生成物在水化早期产生较少，在扫描电子显微镜下可以看到，大部分区域充满了被胶体包裹着的水泥颗粒，氢氧化钙晶体和钙矾石晶体此时含量较少，结晶体十分小；聚集成簇的棒针状钙矾石晶体随着水化过程的进行而逐渐显现，此外，层板状或六角板状的氢氧化钙晶体以及各种形状的大块凝胶也逐渐显现。依托于水泥的水化生成物特定的形貌特征，可通过对水泥微观结构的电子显微镜扫描图像进行分析，分割定位出部分具有代表性的水化产物形貌，计算其相对含量。

2.4.1.2　试样电子显微镜扫描结果

在进行电子显微镜扫描观察之前，先用丙酮清洗试样，并用银胶粘至样品台，干燥后喷金。电子显微镜扫描时放大倍数为 4 000。

图 2－2 展示的是水泥在 72 h 和 7 d 的两幅电子显微镜扫描图像，钙矾石为图中的针状物质，氢氧化钙为图中六角板状物质。电子显微镜扫描图像反映的是水泥的断层表面结构，所以，需要分析大量的随机图像，进而根据对这些图像进行分析统计的结果，获取材料内部的统计规律。因此，为了获得大量处于不同时段的电子显微镜扫描图像，在电子显微镜扫描过程中，我们应采用对断层表面进行随机扫描的方式。

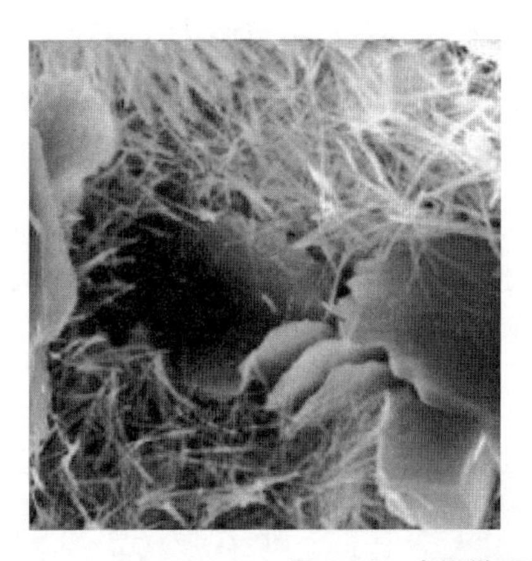

图 2－2　水泥微观结构的电子显微镜扫描图像

2.4.1.3　水泥微观结构图像的特点分析

为了根据不同物质的特定形貌识别出图像中的几种主要物质及其所在的区域，我们需要对水泥微观结构图像进行处理。在处理过程中，一般先将图像分解成具有多个不同形貌特征的区域，然后通过模板特征值与区域特征值相匹配的方法实现不同区域的识别。过程中的关键步骤在于图像的分割，最终图像分析的结果是否正确取决于分割是否合理。

从图 2－3 中的两幅水泥微观结构图像中可以看出，图像中不同物质所处的区域，存在着相同的灰度值，因此普通的网值分割方法不能将不同的部分分割开来。此外，在图像中的物质微观结构，并不呈现出十分规则的形状，其中胶体更是不定形的，并且图像中的边缘信息过于复杂，边缘检测和几何形状分析的方法并不一定适用。从图 2－3 中还可以看出，图像中不同物质所在的部分具有十分丰富的纹理信息，若能够在分割时有效地利用纹理信息，则可以在一定程度上将不同部分分割开来。

(a) 氢氧化钙晶体和钙矾石晶体

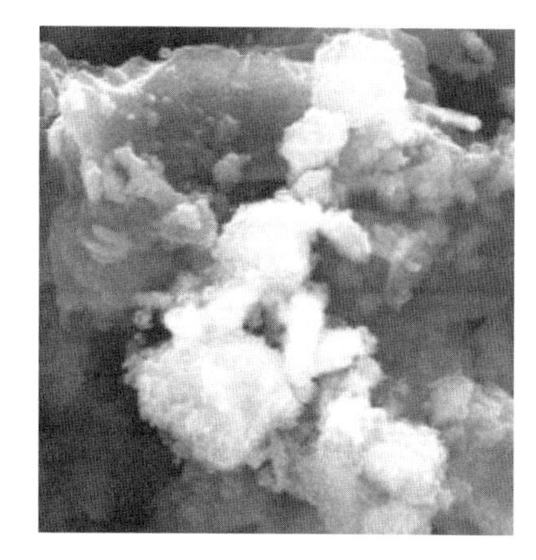

(b) 典型胶体

图 2-3 水泥微观结构图

2.4.2 力学性能

混合料中的水泥凝结硬化，骨料之间紧密黏结，形成一个紧密的整体，最终成为硬化混凝土。硬化后的混凝土具有一定的力学性能和耐久性，其中，力学性能主要包含强度和变形。

普通混凝土是主要的建筑结构材料，强度是最主要的指标，强度包括抗压、抗拉、抗弯和抗剪等强度。其中，抗压强度与其他强度及性能之间存在一定的相关性，因此，抗压强度是混凝土研究的重要参数。

2.4.2.1 抗压强度

混凝土的抗压强度是指标准试件在压力作用下受压直至发生破坏时，单位面积上承受的最大压力。

标准试件是边长 150 mm 的立方体试件，在标准条件下，养护到 28 d 龄期，测得的抗压强度为混凝土立方体抗压强度（简称立方体抗压强度）。非标准试件的尺寸有两种，分别是 100 mm×100 mm×300 mm 和 200 mm×200 mm×400 mm[5]。非标准试件的抗压强度的换算系数如表 2-20 所示[6]。

表 2-20 混凝土立方体尺寸及换算系数

混凝土强度等级	试件尺寸	换算系数
≥C60	宜采用标准试件	—
	非标准试件	应由试验确定
<C60	200 mm×200 mm×400 mm	1.05
	100 mm×100 mm×300 mm	0.95

2.4.2.2 混凝土强度等级

立方体抗压强度是指一组混凝土试件抗压强度的算术平均值。

立方体抗压强度标准值是指按数理统计方法确定的、具有95%保证率的立方体抗压强度。

混凝土的“强度等级”是根据“立方体抗压强度标准值”来确定的。普通混凝土划分为14个强度等级：C15、C20、C25、C30、C35、C40、C45、C50、C55、C60、C65、C70、C75和C80[6]。

2.4.2.3 影响混凝土强度等级的因素

原材料的影响：水泥强度，水胶比，骨料的种类、质量和数量，外加剂和掺合料。

生产工艺的影响：施工条件，养护条件，龄期。

试验条件的影响：试件形状和尺寸，表面状态，含水程度，加荷速度。

2.4.3 耐久性能

耐久性是指混凝土抵抗环境介质作用并长期保持其良好的使用性能和外观完整性，从而维持混凝土结构安全和正常使用的能力。

混凝土耐久性主要包括抗渗性、抗冻性、抗侵蚀性、抗碳化性、碱集料反应及混凝土中的钢筋锈蚀等。

2.4.3.1 抗渗性

抗渗性是指混凝土抵抗水、油等液体在压力作用下渗透的性能，其不仅关乎混凝土的挡水防水作用，还直接影响混凝土的抗冻性和抗侵蚀性。由于环境中的有害物质往往是通过渗透进入混凝土内部。混凝土的密实度、空隙和构造特征都会影响抗渗性，相互连通的孔隙越多，则混凝土的抗渗性越差。

混凝土的抗渗性可以用抗渗等级和相对渗透系数来表示，以每组6个试件中的4个试件未出现渗水时的最大水压力来表示，分为P4、P6、P8、P10和P12五个等级，依次对应能抵抗0.4 MPa、0.6 MPa、0.8 MPa、1.0 MPa、1.2 MPa的水压力而不渗水。一般而言，抗渗等级大于P6的混凝土称为抗渗混凝土。

提高混凝土抗渗性的主要措施有降低水胶比、使用减水剂、掺入引气剂等。

2.4.3.2 抗冻性

抗冻性是指混凝土在水饱和状态下，经受多次冻融循环作用，能保持强度和外观完整性的能力。

混凝土受冻融作用破坏的原因，是由于混凝土内部孔隙中的水在负温下结冰后体积膨胀造成的静水压力和因冰水蒸汽压的差别，推动未冻水向冻结区的迁移所造成的渗透压力。当两种压力所产生的内应力超过混凝土的抗拉强度时，混凝土就会产生裂缝，多次冻融会使裂缝不断扩展直至破坏。

混凝土的抗冻性一般用抗冻等级来评价。抗冻等级的测定往往是慢冻法，龄期28 d的试件在吸水饱和后，承受反复冻融循环，以抗压强度下降不超过25%，且质量损失不超过 5%时所能承受的最大冻融循环次数来确定。据此将混凝土划分为 F10、F15、F25、F50、F100、F150、F200、F250 和 F300 共 9 个级别，依次表示混凝土能够承受反复冻融循环次数为 10、15、25、50、100、150、200、250 和 300。抗冻等级≥F50 的混凝土为抗冻混凝土。

抗冻性的测定试验也可采用快冻法，以相对动弹性模量值不小于 60%、质量损失率不超过 5%时所能承受的最大冻融循环次数来表示。

2.4.3.3 抗侵蚀性

环境介质对混凝土的化学侵蚀主要是对水泥石的侵蚀，如淡水、硫酸盐、酸、碱等。海水中的氯离子也会对钢筋起锈蚀作用，导致混凝土破坏。

通常情况下，提高混凝土抗侵蚀性的主要途径有：选择合适的水泥品种、提高混凝土的密实度。

很多学者已经开展了混凝土抗腐蚀性的研究。根据相关研究，混凝土中的钢筋会因碳化或氯离子渗透而出现裂缝，并且随着钢筋腐蚀的加深，混凝土覆盖层出现裂缝，进而导致覆盖层剥落。当沿着钢筋的混凝土覆盖层出现腐蚀导致的裂缝时，该阶段可以视作钢筋腐蚀的恶化极限。

2.4.3.4 抗碳化性

混凝土的碳化作用是指二氧化碳与水泥石中的氢氧化钙反应，生成碳酸钙和水。碳化过程可以视作二氧化碳向混凝土内部逐渐扩散的过程。

碳化作用使混凝土碱度降低，减弱了混凝土对钢筋的保护作用，可能导致钢筋锈蚀。碳化将显著增加混凝土的收缩，是由于在干缩产生的压应力下的氢氧化钙晶体溶解和碳酸钙在无压力处沉淀所致，此时暂时加大了水泥石的可压缩性。碳化使混凝土的抗压强度增大，这是因为碳化产生的水有助于水泥的水化作用，而且碳酸钙减少了水泥内部的孔隙。由于混凝土的碳化层出现碳化收缩，对核心形成压力，而表面碳化层出现拉应力，混凝土可能因此产生微细裂缝，进而降低抗拉、抗折能力。

混凝土在胶凝材料用量固定的条件下，水胶比越小，碳化速度就越慢。而当水胶比固定时，碳化深度随胶凝材料用量提高而减小。混凝土所处环境条件（主要是空气中的二氧化碳浓度、空气相对湿度等因素）也会影响混凝土的碳化速度。二氧化碳浓度增大自然会加速碳化进程，在水中或相对湿度 100%的条件下，由于混凝土孔隙中的水分阻止二氧化碳向混凝土内部扩散，混凝土碳化停止。同样，处于特别干燥条件的混凝土，则由于缺乏使二氧化碳及氢氧化钙作用所需的水分，碳化也会停止。一般认为相对湿度为 50%～75%时碳化速度最快。

2.4.3.5 碱集料反应

某些含活性组分的集料与水泥水化析出的 KOH 和 NaOH 相互作用，对混凝土有破坏作用。其中尤受关注的是碱-氧化硅反应（ASR）。

硬化硅酸盐水泥浆体中液相 pH 值与水泥碱含量、水胶比有关，一般可达 13 及以上。集料中可能存在有碱活性二氧化硅，包括无定形二氧化硅（如蛋白石）、微晶和弱结晶二氧化硅（如玉髓）、破碎性石英和玻璃质二氧化硅（如安山岩、流纹岩中的玻璃体）。含无序结构的活性二氧化硅在如此强碱性的溶液中，SiO_2 结构将逐步解聚，随后，碱金属离子吸附在新形成的反应产物表面上形成碱硅酸凝胶，当与水接触时，碱硅酸凝胶通过渗透吸水肿胀，导致反应集料膨胀开裂，从而使周围的水泥浆体也发生膨胀开裂。

普遍的观点认为碱集料反应发生的必要条件为水泥中碱含量高的集料中存在活性二氧化硅以及潮湿环境和水分的存在。从工程应用的角度看，避其必要条件之一，即可避免碱集料反应。

2.4.4 其他性能

目前，人们对混凝土的研究不再局限于力学性能和耐久性能，还研究了很多其他性能，如多孔混凝土的吸波性能、大体积混凝土的热性能。

2.4.4.1 多孔混凝土的吸波性能[6]

电磁辐射已经成为一种不可忽视的污染源，糟糕的电磁环境会对通信、电子设备以及人体健康造成危害，因此，吸波材料的研究和开发具有重要的研究意义。

依据朱新文等学者的研究，电磁波传播到多孔结构时会发生反射、干涉、散射，进而引起电磁波的衰弱，这正是多孔材料对电磁波的吸收原理。

多孔混凝土具有相互连通、孔径较大的孔隙，声波可以在其中传播。声能会在传播的过程中不断损耗，因为空气的黏滞性以及材料固有的阻尼特性，因此，理论上多孔材料可以起到吸收声波的作用。

在混凝土对电磁波吸收的领域，国内外很多学者参与其中，得出了一些重要的研究成果。

（1）多孔混凝土的多孔结构可以使电磁波更易进入材料内部，并在其中多次反射、散射，进而增加其损耗，达到更加显著的吸波效果。

（2）混凝土硬化后，骨料多被浆体包裹，因此，骨料的种类对多孔混凝土的吸波性能影响很小，在精度要求不高的情况下，可以忽略不计。

（3）一般情况下，随着多孔混凝土的孔隙率增加，电磁波的入射量更大，衰弱更显著，进而达到降低电磁波反射率的效果，但是，当孔隙率达到一定程度时，电磁波的透射率会随着孔隙率的增加而提高，电磁波的反射率也随之增加。

（4）在一定范围内，骨料粒径的增大有利于提高电磁波的入射量、减少电磁波在材料孔隙中的损耗。过大或过小的骨料粒径会对混凝土的吸波性能造成负面影响。

2.4.4.2 大体积混凝土的热性能

硬化混凝土作为一种应用广泛的固体材料，其热性能可以通过多组数据来反映，包含导热系数、导温系数、比热容、表面散热系数、热膨胀系数以及绝热温升。

导热系数 [W/(m·K)]，表示的是热在物体内流动的速率，从单位上可以理解为每小时通过温度梯度为 1 ℃/m 的断面面积为 1 m^2 的物体的热量，可以用圆筒试件法（Neven 法）或平板试件法进行测定。

导温系数（热扩散系数，m^2/s），反映的是物料被加热或冷却时，传递温度变化的能力。该值越大，说明物料在被加热或冷却时，温度变化传播得越快，使得各部分的温度更加趋于一致，反之亦然。对于该系数的测定，可以采用 Glover 法和 Thomson 法。

比热容是指单位质量物体改变单位温度时吸收或放出的热量，可以根据导温系数及密度求得，也可以使用混合法和绝热温升法来测定。

表面散热系数是指经典牛顿冷却公式中的表面传热系数。在牛顿冷却公式中，表面散热系数综合考虑了影响表面传热的各种因素，如固体表面的流体、固体表面的形状、大小等。

热膨胀系数，从单位上来看，是指单位长度或单位体积的物体，温度升高 1 ℃时，其长度或体积的变化量。因此，该系数是度量固体热膨胀程度的物理量。对于该系数的测定，可以使用卡尔逊计法、反射镜法、表面应变片法，其中，最合适混凝土的方法当属卡尔逊计法。

绝热温升是指放热反应物完全转化时所释放的热量可以使物料上升的温度。因此，绝热温升试验可以测得水泥水化热所引起的温度升值。

对于混凝土而言，尤其是大体积混凝土，由水泥水化引起的热量会使混凝土的温度大幅升高，对于较厚的构件，其内部则会形成近乎绝热的环境条件，对于这种温度变化，混凝土构件往往会出现不同程度的热变形，甚至影响结构构件的水化产物。

当大体积混凝土的温度升高后再次降低时，结构构件也会产生热变形。由于构件截面上存在温度梯度，内部温度高于外部，两者膨胀程度不同，所以构件内外的变形程度往往不相同，甚至可能出现表层裂缝。当构件存在外部约束时，混凝土中心由于高温而受到压应力，当温度下降到与外部环境温度平衡时，中心又产生拉应力，最终可能影响构件的内部构造和性能。

2.5 小结

本章旨在探讨环保型纤维增强高性能混凝土的材料基础，通过阐述分析、列举图表等方式，分别介绍了高性能混凝土的原材料、新拌材料和硬化材料的各种性能。

（1）环保型纤维增强高性能混凝土的组成成分，可以包含水泥、骨料、矿物掺合料、化学外加剂、纤维以及废旧/环保材料。每种材料的使用和检验要求宜参照国家现行的相关标准或规范，同时，矿物掺合料、化学外加剂、纤维、废旧/环保材料往往存在适用范围，在使用前应详细了解其成分和性能，避免潜在的安全隐患。

（2）新拌材料涉及水泥水化、流变性能和收缩问题，无论是科学研究，还是工程实践，都需要予以重视。水泥作为一种粉末材料，与水或盐溶液混合后，在一定的物理或化学作用下，会逐渐进行凝结硬化，最终形成硬化材料。对于纤维混凝土而言，由于使用了不同种类的纤维，为了使其满足分布、定向等要求，对混凝土和易性的要求较高。在工程实践和科学试验中，剪切稠度问题都是需要重视和探讨的问题。在硬化的过程中，混凝土会出现一定程度的收缩变形，主要有三种：化学收缩、干湿变形和温度变形。

（3）硬化材料是工程实践中的重要材料，抗压、抗弯、抗剪等性能已基本形成，是结构构件的主体，在 2.4 节将硬化材料分成四部分，依次进行阐述：微观形貌、力学性能、耐久性能和其他性能。其中，在微观形貌部分，通过展示混凝土的电子显微镜扫描图片，辅助了解材料内部组成的分布情况，从微观的角度展示混凝土的组成和结构。力学性能和耐久性能是人们对混凝土最关注的性能指标，是混凝土结构设计的理论基础和依据，也是混凝土研究的重要领域。由于本章篇幅有限且对于混凝土的研究尚未完善，因此，对混凝土的性能难以进行全面阐述。其他性能选取了多孔混凝土的吸波性能和大体积混凝土的热性能进行简要介绍，供读者参考。

参考文献

[1] 建设用卵石、碎石：GB/T 14685—2022 [S]. 北京：中国标准出版社，2022.

[2] 普通混凝土用砂、石质量及检验方法标准：JGJ 52—2006 [S]. 北京：中国建筑工业出版社，2007.

[3] 建设用砂：GB/T 14684—2022 [S]. 北京：中国标准出版社，2022.

[4] 用于水泥和混凝土中的粉煤灰：GB/T 1596—2017 [S]. 北京：中国标准出版社，2017.

[5] 普通混凝土拌合物性能试验方法标准：GB/T 50080—2016 [S]. 北京：中国建筑工业出版社，2017.

[6] 混凝土物理力学性能试验方法标准：GB/T 50081—2019 [S]. 北京：中国标准出版社，2019.

第 3 章　掺钢渣粉混凝土

3.1　引言

近年来，生态环境问题伴随着我国工业化、城镇化的快速发展愈发受到社会关注。坚持人与自然和谐共生是新时代坚持和发展中国特色社会主义的基本方略之一，环境问题是经济发展中不可忽略的一大难题，如何实现“推动绿色发展　促进人与自然和谐共生”的目标，推进工业的可持续发展是我们必须面对的挑战和机遇[1,2]。

工业经济，又可以称为资源经济，作为我国经济的重要组成部分，工业经济在稳增长、调结构、促改革中占据有不可或缺的位置。作为经济可持续发展的先要条件，解决工业化的可持续发展问题尤为重要，而工业可持续发展的条件一方面是拥有充足的资源，另一方面是对人与环境之间进行协调[3]。为推进工业化进程的可持续发展，对废弃的工业固体废物进行处理，使其“变废为宝”，是减少资源浪费，使自然环境与工业化协调发展的重要途径[3]。想要实现资源的回收利用，可以利用如钢渣粉之类的工业废物替代熟料，从而实现减轻环境破坏的目的[4,5]。

本章将对掺钢渣粉混凝土制备方法及试验方案、钢渣粉替代部分水泥后对钢渣超高性能混凝土材料性能的影响，以及掺钢渣粉混凝土的微观结构及水化机制进行阐述，最后对其进行可持续发展分析，评价其对生态环境的影响。

3.1.1　钢渣粉的成分与特点

钢渣作为工业生产钢材过程中产生的“三废”之一，是炼钢产生的一种副产品

（图 3－1），其具有与水泥熟料相近的化学物质成分与矿物组成，同时钢渣具有较高强度、较好的耐磨性、高产量、价格低廉等优点。

图 3－1　钢渣堆积

钢渣粉含有硅酸二钙、硅酸三钙等成分，与硅酸盐水泥熟料的成分相似，故而可利用钢渣粉作为掺合料制备混凝土。同时钢渣粉与硅酸盐水泥熟料的成分类似，其在超磨细的微粉状态下与硅酸盐水泥有非常类似的性能。很多专家学者在进行一系列研究后发现，将钢渣粉作为细集料进行利用，制备出的混凝土相比普通混凝土而言，各项性能均较优良。除此之外，掺钢渣粉混凝土也具有良好的耐久性和耐磨性[6]。钢渣超高性能混凝土通过利用钢渣粉对水泥及复合掺料进行替代，可以得到经济适用、质量优良的绿色超高性能混凝土。

3.1.2　钢渣粉的来源与用途

在进入 21 世纪的“十五”“十一五”计划期间，我国的钢铁工业技术不断取得突破，钢铁产业迅速发展，而钢渣则是其生产过程中的主要副产物，钢渣产量可达粗钢产量的 15%以上[7]，随之而来钢渣的排放量也逐年增大。截至目前，国内工业钢渣废料产生量已逾 1.2 亿吨，钢渣的利用回收率却不到 35%。钢渣的废弃与堆存，不仅会对土地资源造成浪费，也会对自然环境造成极大的影响。从 20 世纪 90 年代至今，我国废钢渣累计堆存量逾 18 亿吨，占地面积超 130 平方千米。

钢渣资源除了通过企业内循环消纳外，还被应用于建筑材料、道路工程、阻燃工程、农业肥料、制备微晶玻璃、海洋工程中。我国目前的钢渣利用回收率仅为 30%左右，远落后于发达国家的 90%以上[8]。国外主流方法是对钢渣进行处理，将处理后的钢渣作为水泥添加剂制备混凝土以提高其性能，或是将其添加至肥料中用以改善土壤。我国对于钢渣的利用拥有独特的方法，因钢渣高强、耐磨、表面粗糙，我国在进行利用钢渣粉替代混凝土中的石料、砂的尝试[9]。

钢渣的大量排放及不充分利用造成的堆积问题不仅导致了工业资源与土地的浪费，也对自然生态环境造成了严重的破坏。为使这些问题得到有效解决，钢渣资源的回收利用不可忽视。生产掺钢渣粉混凝土可以对废弃钢渣进行有效回收利用，不但有效减少了钢材资源的消耗，也减少了开采矿物所导致的环境污染，同时解放土地资源，避免了大量工业废料的堆积，降低钢渣堆放对环境造成的污染。钢渣在混凝土制备中的回收利用，可以有效助推我国工业的可持续发展，同时也提高了混凝土的绿色环保程度。

将钢渣作为掺合料制备钢渣混凝土同样具有很大的经济效益，利用工业废料制备混凝土可以大大降低混凝土的生产成本，同时使得钢渣具有新的经济价值，真正实现资源的再利用。

3.1.3 钢渣粉制备混凝土的研究现状

3.1.3.1 钢渣混凝土的研究现状

随着工业材料价格的不断上长，寻求低价高质的新材料成为混凝土行业的迫切需求。钢渣作为工业固体废物，因其化学成分不尽相同，胶凝性能较差，利用率一直较低，对生态环境造成了严重影响。为此越来越多的专家学者开始对钢渣性能及其在混凝土制备中的利用进行研究。

2016年，崔孝炜[10]以钢渣粉、矿渣等材料替代水泥熟料制备混凝土，并以钢渣粉掺量和养护方式作为变量，利用电子显微镜扫描的方法，经过一系列力学试验确定混凝土的微观构造和抗压强度，结果表明混凝土的强度受钢渣粉掺量的影响较大。

2017年，Yasmina Biskri[11]对钢渣、结晶渣和石灰石进行研究，探究其对混凝土耐久性能及各项力学性能的影响，通过对不同龄期的钢渣、结晶渣和石灰石骨料的混凝土进行水孔隙率、透气性、氯离子扩散等耐久性测试及力学指标试验，结果表明钢渣等骨料的掺入可以提高水泥的黏结度从而实现混凝土强度的提升。丁天庭[12]利用X-CT技术研究钢渣混凝土内部的孔结构，阐述其强度变化及耐久性机制，发现掺10%钢渣粉混凝土的内部孔径较小孔数量最少，掺30%钢渣粉混凝土的内部孔径较大孔数量最多，表明前者最为致密，后者的结构最为疏松。

2020年，So Yeong Choi[13]通过对钢渣混凝土的研究发现混凝土弹性模量随着钢渣粉替代率的增长而变大，但混凝土的干燥收缩率会随之减小。Wang Shunxiang[14]将透水混凝土中的天然骨料用钢渣粉进行代替，经实验得出随着钢渣粉替代率的增大，透水混凝土的连接孔隙率、体密度以及水渗透系数也随之增大，混凝土的强度也得到提升。黄莉捷[15]研究钢渣微粉的掺入对混凝土耐久性能的影响，研究发现较普通混凝土，掺钢渣粉混凝土的抗渗透性、抗碳化性以及抗冻性能有显著提升，而最优钢渣粉掺量为27%左右。黄侠[16]和刘金玉[17]研究了钢渣替代水泥熟料对混凝土耐久性能、力学性能、工作性能等方面的影响，研究表明混凝土的坍落度和抗氯离子渗透能力会随着钢渣粉替代率的增加而降低，混凝土的抗压强度则呈现先升高后降低的趋势。

2021年，王建立[18]在钢渣混凝土中掺入不同的矿物掺合料，实验发现掺粉煤灰和矿渣粉在混凝土中有良好作用，使得钢渣混凝土的水化作用得到明显促进。

3.1.3.2　钢渣超高性能混凝土的研究现状

目前，对钢渣粉加入超高性能混凝土的研究还处于起步阶段，在实际工程中并没有进行大量投产，只有少量应用[19]，仅有小部分国内外专家学者对钢渣粉在超高性能混凝土的应用进行了研究。

2017年，Liu Jin[20]在超高性能混凝土中掺入钢渣粉进行试验，研究表明当钢渣粉替代率低于10%时，其制备得到的混凝土具有较好的抗压强度。2019年，Zhang Xiuzhen[21]利用钢渣作为掺合料部分代替超高性能混凝土中的水泥，发现掺钢渣粉超高性能混凝土的抗压强度有所下降，自收缩应变也发生略微下降，但其毒析出性符合规范。明阳[22]通过掺加钢渣粉和复合膨胀剂制备低水化热低收缩超高性能混凝土，发现掺入钢渣粉可以有效降低混凝土水化热，并达到抑制收缩的效果，研究综合得出掺钢渣粉制备超高性能混凝土的可行性，潜力巨大，有利于工业废料高附加值资源化利用。祖庆贺[23]研究了掺入粗粒度钢渣粉对超高性能混凝土的影响，实验得出当钢渣微粉替代率为5%时混凝土孔隙率较低，流动性良好，并拥有较高的抗压强度。

2020年，Li Shunkai[24]探究了钢渣粉和混合膨胀剂对超高性能混凝土水化热和收缩性能的影响，得出当钢渣粉和混合膨胀剂的掺入量分别为15%和5%时对超高性能混凝土的干燥收缩变形有减小效果，而强度只发生不显著的降低。同年，杨婷[25]研究了掺钢渣粉的超高性能混凝土在高温状态下的性能，发现钢渣骨料的掺入在超高性能混凝土抗高温性能上的提升，在1 000 ℃左右的高温下钢渣骨料超高性能混凝土仍然可以保持67%左右的残余强度。

2021年，明阳[26]利用矿渣、钢渣和粉煤灰制备超细矿物掺合料，并将其替代超高性能混凝土中的硅灰和水泥，通过实验发现利用矿渣、钢渣以及粉煤灰掺入比例为5∶2∶3时制备的矿物掺合料，可以制备得到各方面性能优异的超高性能混凝土。王思雨[27]对钢渣粉替代超高性能混凝土中水泥的可行性进行研究，研究表明超高性能混凝土的工作性能因为钢渣粉的掺入而得到改善，当钢渣粉替代率为200 kg/m^{3}时，超高性能混凝土将具有良好的抗压强度和微观结构，同时对自然环境也会产生积极作用。唐咸远[28]分别将钢渣粉与石英粉掺入超高性能混凝土，研究发现钢渣粉替代石英粉对超高性能混凝土的抗压强度无显著改变。Liu G[29]对转炉钢渣进行二氧化碳预处理，并用其替代水泥，制备得到抗压强度超过150 MPa的绿色环保超高性能混凝土。

3.2　掺钢渣粉混凝土的制备方法及试验方案

钢渣超高性能混凝土是在普通超高性能混凝土的基础上，通过钢渣粉将其水泥和复合掺料进行替换，并对其搅拌、浇捣等略微改良而形成的。

无论是普通超高性能混凝土还是钢渣超高性能混凝土都不是由单一材料组成的，所以原材料的选择对于配制性能优越的钢渣超高性能混凝土是相当重要的。故而为了得到性能良好的钢渣超高性能混凝土，需要在确定钢渣超高性能混凝土的配合比之前，先基于颗粒最紧密堆积理论，应用修正的 Andreasen-Andersen（MAA）颗粒堆积模型设计出具有高密实度且能在蒸汽养护条件下达到一定强度的超高性能混凝土。采取钢渣粉将超高性能混凝土中的水泥进行替代，以钢渣粉的不同掺量和水胶比为变量，初步设计钢渣超高性能混凝土的配合比。此外，本章还将介绍研究钢渣超高性能混凝土基本性能的一些试验方法。

3.2.1 掺钢渣粉混凝土的原材料及其基本特性

本章在配制钢渣超高性能混凝土试验过程中所用的材料有：水泥、钢渣粉、粉煤灰、硅灰、水、减水剂、钢纤维。钢渣超高性能混凝土旨在通过对普通超高性能混凝土中的水泥及复合掺料进行一定的替代，从而得到经济适用的绿色超高性能混凝土。故钢渣超高性能混凝土至少需要满足普通超高性能混凝土定义中关于工作性能、力学性能、耐久性能等相关技术指标的最低要求，所以在选取材料时应该按照规范要求进行选取。

3.2.1.1 水泥

本试验所用水泥采用南京某水泥厂所生产的 P. O52.5 水泥，它的特点是水化热略偏低，抗炭化能力强，抗冻性好，抗渗性好，抗腐蚀和抗侵蚀能力强，耐磨和耐热性都较好。所使用的水泥均满足《通用硅酸盐水泥》（GB 175—2020）的相关性能要求，其基本性能如表 3-1 和表 3-2 所示，其粒度分析结果如图 3-2 所示。

表 3-1 水泥化学成分

化学成分	CaO	Al_2O_3	SiO_2	Fe_2O_3	SO_3	MgO	Na_2O	K_2O	TiO_2
含量/%	63.1	4.5	19.5	2.8	3.0	1.4	0.1	0.7	0.3

表 3-2 水泥性能指标

技术指标		单位	测量值	标准限值
烧失量		%	2.0	≤5.0
比表面积		m^2/kg	381	≥300
时间	初凝	min	115	≥45
	终凝	min	184	≤390
抗折强度	3 d	MPa	6.2	≥4.0
	28 d	MPa	10	≥7.0
抗压强度	3 d	MPa	33.8	≥23.0
	28 d	MPa	58	≥52.5

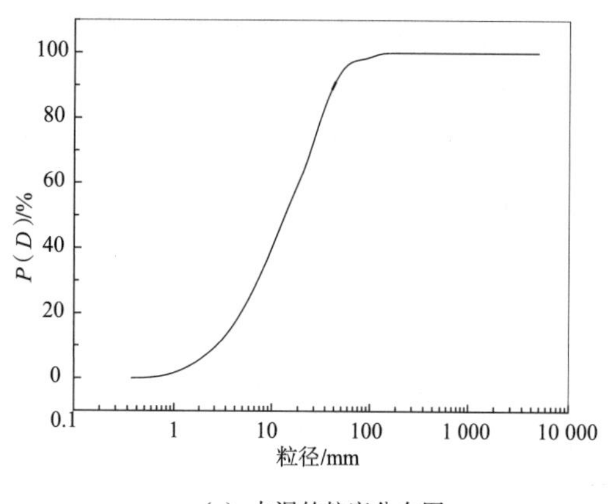

（a）水泥的粒度分布图

（b）水泥实物图

图 3－2　水泥的粒度分布图及实物图

3.2.1.2　钢渣粉

钢渣粉采用马钢转炉钢渣粉磨筛选后得到，粒径范围为 45～80 μm。粒度分布由激光粒度分布测试仪测得，成分分析由 X 射线衍射（XRD）测得，比表面积由 BET 法测得。钢渣粉主要组成成分及含量如表 3－3 所示，钢渣的粒度分布图及实物图如图 3－3 所示。

表 3－3　钢渣化学成分及含量

成分	MgO	CaO	SiO_2	Al_2O_3	Fe_2O_3
含量/%	5.63	26.85	22.60	6.07	22.30

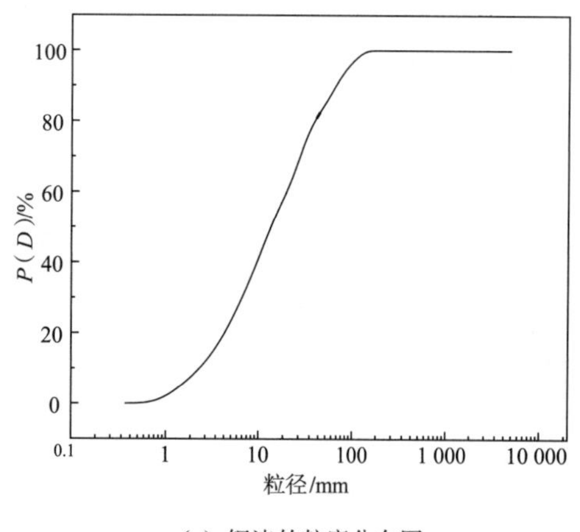

（a）钢渣的粒度分布图

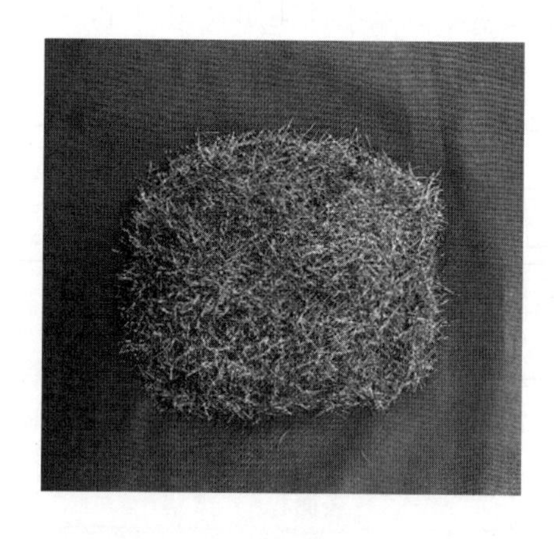

（b）钢渣实物图

图 3－3　钢渣的粒度分布图及实物图

3.2.1.3　粉煤灰

粉煤灰属火山灰质材料，具有一定的活性。它在混凝土中的作用，除能与胶凝材料产生化学反应对混凝土起增强作用外，在混凝土的用水量不变的条件下，还可改善混凝土拌合物的和易性。本节采用较常见的一级粉煤灰，粒度分布由激光粒度分布测试仪测得，成分分析由X射线衍射（XRD）测得，比表面积由BET法测得。其化学成分如表3-4所示，其基本性能满足《高强高性能混凝土用矿物外加剂》（GB/T 18736—2017）规范的要求。粉煤灰的粒度分布图及实物图如图3-4所示。

表3-4　粉煤灰化学成分及含量

成分	MgO	CaO	SiO_2	Al_2O_3	Fe_2O_3	MnO
含量/%	1.02	1.4	47.32	34.21	2.55	1.02

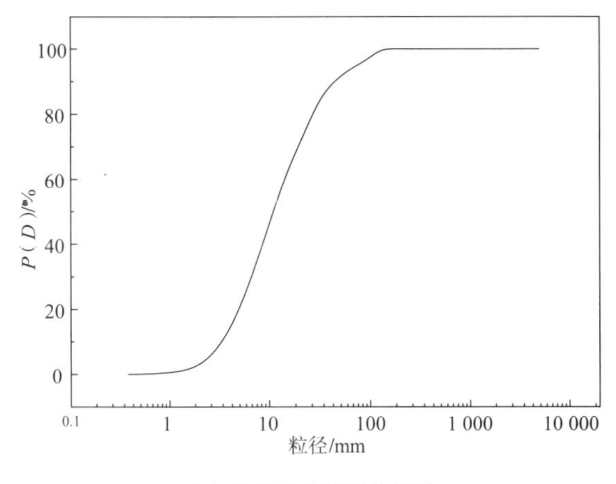

（a）粉煤灰的粒度分布图

（b）粉煤灰实物图

图3-4　粉煤灰的粒度分布图及实物图

3.2.1.4　硅灰

硅灰是一种高火山灰性材料，其颗粒尺寸很小，能有效填充水泥颗粒之间的空隙，具有良好的填充效应，另外，硅灰的高火山灰反应促进胶凝材料进一步水化，改善超高性能混凝土的微观结构。本试验所采用的硅灰为埃肯公司生产的硅灰，外形为灰白色粉末，平均粒径0.18 μm，其化学成分及含量如表3-5所示。其颗粒分布图如图3-5所示。

表3-5　硅灰化学成分及含量

成分	MgO	CaO	SiO_2	Al_2O_3	Fe_2O_3
含量/%	0.41	1.34	93.27	0.57	0.65

3.2.1.5　减水剂

减水剂在混凝土拌合物中发挥的作用主要有两方面：一方面是在保持用水量相同的条件下，提高混凝土的流动性；另一方面是在保持混凝土流动性不变的前提下，能够减少用水量，从而提高混凝土材料的强度。高效减水剂的特点是减水率高，对凝结时间影响小，与水泥适应性相对较好。所以在配制超高性能混凝土时，需加入

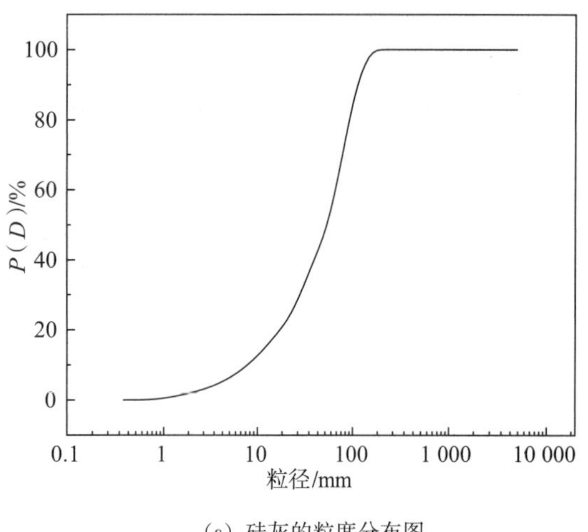

(a) 硅灰的粒度分布图

(b) 硅灰实物图

图 3-5 硅灰的粒度分布图及实物图

高效减水剂，使超高性能混凝土能够保持高强度，同时具有高流动性，使得超高性能混凝土能够自流密实，在工程加固领域，常常需要在原混凝土外包超高性能混凝土薄层，这就对超高性能混凝土的流动性提出了相当高的要求。本试验选用减水剂为江苏苏博特新材料股份有限公司生产的PCA®-Ⅰ（T）型聚羧酸高性能减水剂，如图 3-6 所示，产品减水率为 25%～30%，随掺量增加减水率可达 50%及以上。

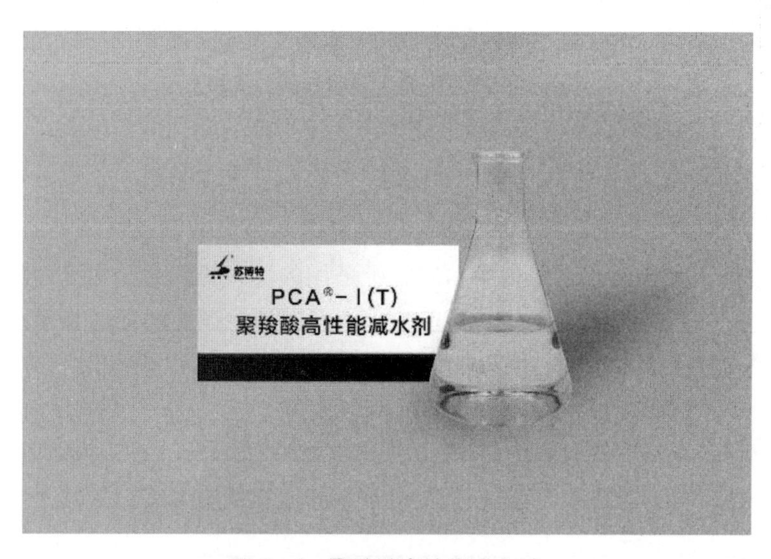

图 3-6 聚羧酸高性能减水剂

3.2.1.6 *中砂*

本次试验所选用的砂粒主要是根据最大堆积密度理论选择的，为避免其粒径范围与水泥相同，故而选择粒径范围比水泥大一些的砂粒作为试验原材料，本次试验所选砂粒粒径分布如图 3-7 所示。

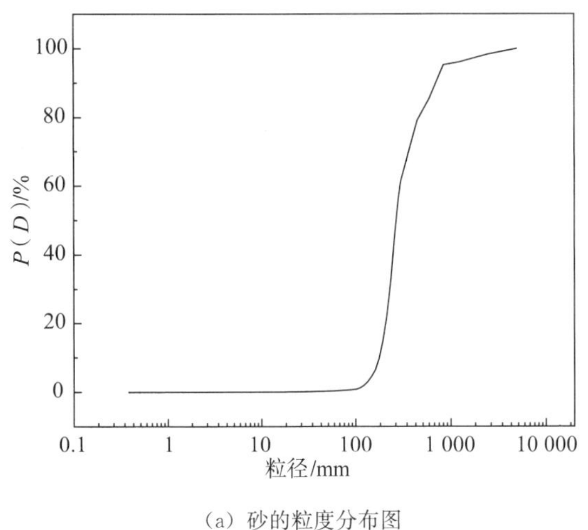

(a) 砂的粒度分布图

(b) 砂实物图

图 3-7 砂的粒度分布图及实物图

3.2.1.7 钢纤维

在配制超高性能混凝土时，为了提高其抗拉强度和韧性，通常需要加入钢纤维。钢纤维为圆直形，体积掺量一般为 2%～3.5%，视工程具体情况而定。本试验所采用的钢纤维如图 3-8 所示，具体参数见表 3-6。

图 3-8 钢纤维

表 3-6 钢纤维性能指标

直径/mm	长度/mm	抗拉强度/MPa	长径比	密度/(g/cm^3)
0.22	13.00	2 959	59	7.8

3.2.2 掺钢渣粉混凝土的配合比设计

在进行钢渣超高性能混凝土配合比设计前，需在颗粒最紧密堆积理论的基础上，先考虑配制超高性能混凝土所需原材料的粒径分布，再应用 MAA 颗粒堆积模型设计出具有最大堆积密实度的超高性能混凝土。其主要设计思路为：首先通过激光粒度仪确定配制超高性能混凝土所需原材料的粒径分布，从而确定模型的边界条件。然后以修正的 Andreasen-Andersen（MAA）颗粒堆积模型方程[30]作为优化颗粒材料混合物的目标函数，再使用基于最小二乘法（LSM）的优化算法，调整混合物中每种材料的比例，直至组合混合物和目标曲线达到最佳拟合，如图 3－9 所示。当目标曲线和组合混合物之间的偏差［由定义粒度的残差平方和（RSS）表示］被最小化时，则能得到堆积密实度最大的超高性能混凝土配合比。

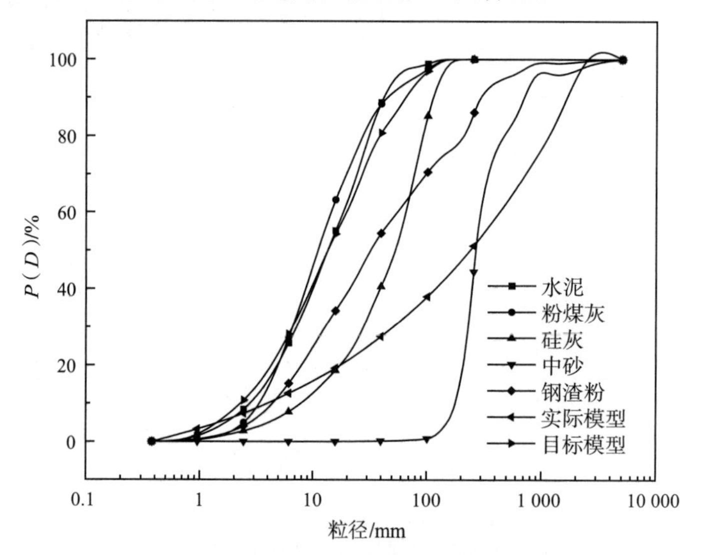

图 3－9　各材料实际模型及目标模型曲线

在配合比设计过程中所采用的目标函数即 MAA 颗粒堆积模型方程如式（3－1）所示，其反映了实际混合物配合比与理想配合比之间的拟合情况。

$$P(D)=\frac{D^q-D_{\min}^q}{D_{\max}^q-D_{\min}^q}\times 100\% \qquad (3-1)$$

式中：D——粒径（μm）；

$P(D)$——粒径为 D 的累计筛余体积百分比（%）；

$D_{\max}$——最大粒径（μm）；

$D_{\min}$——最小粒径（μm）；

q——分布模量。

而整个配制的过程其实可以看成是混合物粒度的残差平方和（RSS）被最小化的过程，如式（3－2）所示。

$$R_{ss}=\sum_{i=1}^{n}\left[P_{mix}(D_i^{i+1})-P_{tar}(D_i^{i+1})\right]^2 \qquad (3-2)$$

式中：R_{ss}——粒度的残差平方和；

P_{mix}——原材料间混合的实际配合比；

P_{tar}——根据MAA颗粒堆积模型计算得到的理想配合比。

上述的级配设计中减水剂为胶凝材料的2.5%，钢纤维质量掺量为5%，其密度为7.8 g/cm³。最终通过优化过程后确定了对照组（即钢渣粉替代率为0）的配合比为水泥∶粉煤灰∶硅灰∶中砂=1 026∶64∶192∶1 283，其余配合比则改变钢渣粉替代水泥的不同替代率，同时分别根据水胶比0.19、0.21、0.23添加相应的水。钢渣超高性能混凝土配合比见表3-7。

表3-7 钢渣超高性能混凝土配合比

试验编号	替代率/%	C	SSP	FA	S	MS	W	FDN	SF	水胶比
FE0WB19	0	1 026	0	64	192	1 283	244	26	156	0.19
FE5WB19	5	962	64	64	192	1 283	244	26	156	
FE10WB19	10	898	128	64	192	1 283	244	26	156	
FE15WB19	15	834	192	64	192	1 283	244	26	156	
FE20WB19	20	770	257	64	192	1 283	244	26	156	
FE25WB19	25	706	321	64	192	1 283	244	26	156	
FE0WB21	0	1 026	0	64	192	1 283	269	26	156	0.21
FE5WB21	5	962	64	64	192	1 283	269	26	156	
FE10WB21	10	898	128	64	192	1 283	269	26	156	
FE15WB21	15	834	192	64	192	1 283	269	26	156	
FE20WB21	20	770	257	64	192	1 283	269	26	156	
FE25WB21	25	706	321	64	192	1 283	269	26	156	
FE0WB23	0	1 026	0	64	192	1 283	295	26	156	0.23
FE5WB23	5	962	64	64	192	1 283	295	26	156	
FE10WB23	10	898	128	64	192	1 283	295	26	156	
FE15WB23	15	834	192	64	192	1 283	295	26	156	
FE20WB23	20	770	257	64	192	1 283	295	26	156	
FE25WB23	25	706	321	64	192	1 283	295	26	156	

注：C代表水泥，SSP代表钢渣粉，FA代表粉煤灰，S代表硅灰，MS代表中砂，W代表水，FDN代表高效减水剂，SF代表钢纤维。其对应表列中的单位为kg/m³。

3.2.3 掺钢渣粉混凝土的制备方法

首先按照所需原材料进行材料备选，按照所要制备的试件的总体积，然后再根据配合比和材料密度对水泥、硅灰、粉煤灰、砂、减水剂及钢纤维等原材料进行称取，最后把准备好的模具均匀涂抹脱模剂。由于钢渣超高性能混凝土在制备过程中需要加入钢纤维，这会导致混凝土的流动性降低，故而采用干料搅拌均匀后再加水湿拌。搅拌程序为：先按照中速搅拌颗粒粉料 2 min；然后加入减水剂和 2/3 的水，以中速搅拌至拌合物呈团聚状；然后再加入剩余的 1/3 的水，快速搅拌 2 min，以保证胶凝材料和外加剂充分分散、混合均匀；最后在慢速搅拌的同时均匀加入纤维，纤维全部加入后继续慢速搅拌 3 min。混凝土搅拌完成后装入模具，再将其置于振捣台振捣 30～60 s 成型。

3.2.4 掺钢渣粉混凝土的试验方法

3.2.4.1 体积稳定性试验

体积稳定性试验按《普通混凝土长期性能和耐久性能试验方法标准》（GB/T 50082—2009）的规定用非接触法进行，采用尺寸为 100 mm×100 mm×515 mm 的棱柱体试件进行试验，每组 3 个试件。

3.2.4.2 基本力学试验

1. 抗压强度试验

抗压强度试验依据《活性粉末混凝土》（GB/T 31387—2015）和《混凝土物理力学性能试验方法标准》（GB/T 50081—2019）开展。确保试件上下表面平整无缺陷后，将无损检测后的试件置于试验机中。运行试验机，连续均匀加载直至试件被压坏，试验机指针回走时，则记录此时的破坏荷载。然后按照式（3-3）计算抗压强度：

$$f_c = P/A \tag{3-3}$$

式中：f_c——超高性能混凝土立方体抗压强度值（MPa）；

P——破坏时的荷载（kN）；

A——试件的受压面积（mm^2）。

2. 抗折强度试验

根据国家标准《混凝土物理力学性能试验方法标准》（GB/T 50081—2019）规定，试件为直角棱柱体小梁。在标准养护条件下达到规定龄期后，进行抗折强度试验，并利用公式算出抗折强度值。抗折强度是混凝土设计的重要参数，也必须按规定测定抗折强度，以保证施工质量。试验应按下列步骤进行：①试验前检查试件，不满足要求的试件应立即作废。②在试件中部量出其宽度和高度，精确至 1 mm。③对两个可移动支座进行调整，使支座与试验机下压头中心距离为 150 mm，然后固定支座。将试件放在支座上，试件成型时的侧面朝上，几何对中后，缓缓加一初始荷载，约 1 kN，而后以 0.5～0.7 MPa/s 的加荷速度，均匀而连续地加荷；试件接近破坏开始迅速变形时，应停止调整试验机油门，使试件破坏，记下最大荷载。计算断面位于两加荷点之间时，抗折强度按式（3-4）计算：

$$f_{cf} = \frac{FL}{bh^2} \tag{3-4}$$

式中：f_{cf}——极限荷载（N）；

F——破坏荷载（N）；

L——支座间距（mm）；

b——试件宽度（mm）；

h——试件高度（mm）。

算出每组各试件测值的算术平均值，将该值作为该组试件的抗折强度值。各测值的取舍与抗压强度测值的取舍规定相同。若断面出现在加荷点外侧，该试件的结果被视为无效；每组若有两根或两根以上试件所得结果无效，则该组结果作废。本次试验所采用的试件为 100 mm×100 mm×400 mm 的直角棱柱体小梁。图 3－10 为基本力学试验所采用的试件及试验设备。

（a）立方体试件

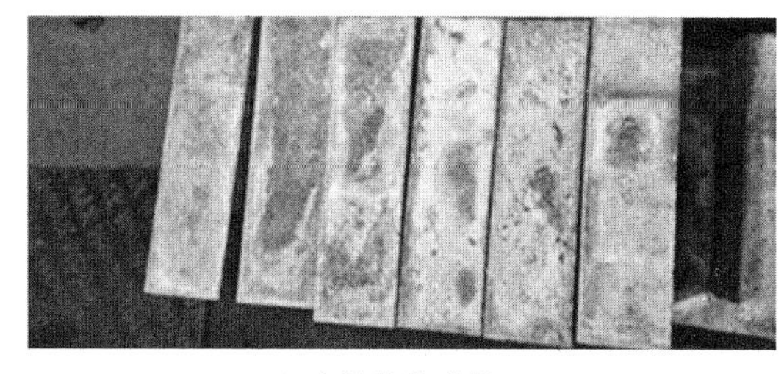

（b）棱柱体试件

（c）抗压试验测试仪器

图 3－10　基本力学试验所采用的试件及试验设备

3.2.4.3　*微观形貌观测*

1. 扫描电子显微镜试验

扫描电子显微镜（Scanning Electron Microscope，简称 SEM）是利用二次电子信号成像观察样品的表面形态的一种微观形貌观察手段。采用扫描电子显微镜对原材料和混凝土的微观形貌进行观察，可以分析混凝土性能的变化机制。首先进行取样，并放入无水乙醇中浸泡 1 d 以终止水化，然后放入 80 ℃的烘箱中进行 1 d 的烘干处理。在测试前，对试样进行喷金处理，然后进行 SEM 测试。扫描电子显微镜的加速电压选取 15 kV 扩展度，电子束流选取 8.00 nA，放大倍数选取 20 000 x。

使用扫描电子显微镜对混凝土进行观测应提前进行取样工作。在立方体抗压强度试验时，在压碎的试件中心部位选取水化反应至规定龄期（3 d/7 d/28 d），且结构完整，表面平整，厚度为 5 mm 左右的薄片，放在无水乙醇中终止水化，再用标签标记放在封闭的塑料试管中，并于试验前 24 h 取出，在 50 ℃的烘箱中干燥至恒重后进行扫描电子显微镜试验。

2. X 射线衍射试验

选取指定试件、指定养护条件、指定龄期（3 d/7 d/28 d）的净浆试件，把试样除去表层，并从其中心部位选取出小块，用无水乙醇洗涤，再用丙酮洗涤三遍，放入丙酮中使水化终止，然后用研磨钵磨成粉末，直至全部粉末通过 0.08 mm 筛，各随机取约 20 g 样品，在（60±2）℃温度下干燥 48 h 后取出，进行 X 射线衍射分析测试来观测水化产物情况。

3. 综合热分析试验

将烘干的样品磨碎，过 80 μm 方孔筛后干燥 4 h，取 15 mg 的样品置于坩埚，炉内保护气体和环境气体均为高纯氮，气流量分别设置为 15 mL/min、20 mL/min。起始温度控制在（25±2）℃，再按照每分钟 10 ℃的升温速度升温直至 1 000 ℃，最后根据得到的 TG、DSC 曲线分析样品的焓变与质量变化在升温情况的关系。

3.3 掺钢渣粉混凝土的性能指标

工业上通常利用水泥、石英砂、粉煤灰、硅灰等材料制备超高性能混凝土，然而传统的材料不仅生产成本高，而且将对生态环境造成一定程度的破坏。利用炼钢产生的副产物——废弃钢渣粉替代水泥，具有较好的经济效益，同时也可提高钢渣的回收利用率，绿色环保，一定程度降低制备混凝土对自然环境产生的破坏[30]。

为探究利用钢渣粉制备超高性能混凝土的可行性，我们需要对掺钢渣粉混凝土进行一系列性能指标的测试试验。故本节将对钢渣替代水泥后的超高性能混凝土工作性能、抗压性能、抗折性能、劈裂抗拉性能以及干燥收缩性能进行实验研究分析。

3.3.1 掺钢渣粉混凝土的工作性能

流动性作为超高性能混凝土工作性能的重要评价指标，与超高性能混凝土浇筑质量息息相关，影响超高性能混凝土的强度。要得到性能优越的超高性能混凝土首先需要获得流动度良好的超高性能混凝土拌合物。水胶比、减水剂的种类、水泥的品种、纤维的掺量、掺合料的组分与级配等都会影响拌合物的流动性。本试验采用跳桌法测试超高性能混凝土的流动度，如图 3 - 11 所示，以钢渣粉的替代率以及水胶比作为变量探究对超高性能混凝土流动性的影响。

不同钢渣粉替代率对超高性能混凝土的影响结果如图 3 - 12 所示，当水胶比为 0.19 时，超高性能混凝土的流动性随着钢渣粉替代率的增加逐渐增加，当钢渣粉替代率低于 5%及 10%～25%之间时，超高性能混凝土的流动性变化平缓；当钢渣粉

图 3-11 流动度测试试验

替代率在 5%~10%时，超高性能混凝土的流动性增加显著。可以得到，当钢渣粉替代率在 25%时，超高性能混凝土的流动性相较于基准组有显著提升，此时的流动性极佳。

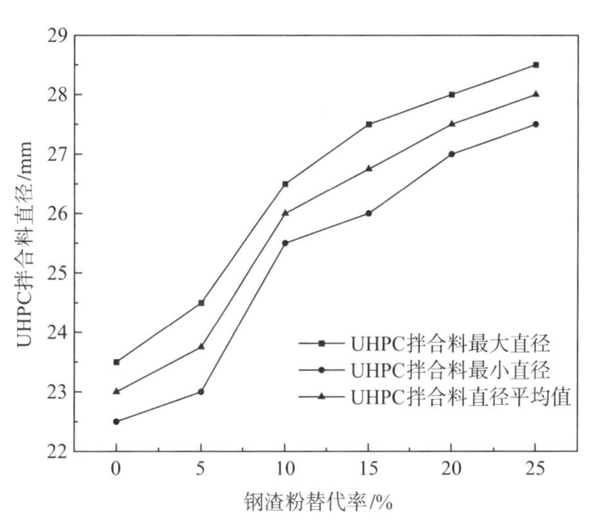

图 3-12 钢渣粉替代率对超高性能混凝土流动性的影响

而促使超高性能混凝土的流动性随钢渣粉的替代率增加而上升，一方面是因为水泥活性比钢渣粉高，同时对比同等条件等质量水泥较钢渣粉的需水量更少，随着钢渣粉的替代率增加，水胶比相同情况下胶凝材料的整体吸水减少，超高性能混凝土拌合料的流动性得到提升。另一方面是因为钢渣粉替代后，絮凝结构中的水被释放出来，水泥颗粒的间隙被钢渣粉填充，使得拌合料的表面能得到降低，发挥稀化反应。由于钢渣粉在微观上的特殊性，其呈球状（在一定程度上起到了滚珠效应），超高性能混凝土拌合料的流动性一定程度上得到提升[31]。在使用钢渣粉部分替代水泥加入超高性能混凝土后，在水泥发生水化反应的前期，钢渣粉附着于水泥颗粒的表面并起到隔离作用，延缓水化产物搭接时间，减少水化产物之间的搭接，起到了一定的减水作用[32]。

3.3.2 掺钢渣粉混凝土的抗压性能

作为混凝土力学性能的重要评价指标，抗压强度在混凝土设计制备时至关重要，掺钢渣粉混凝土的抗压强度研究不可或缺。而水泥种类、纤维掺量、养护条件、掺合料颗粒级配以及水胶比等对混凝土抗压强度起主要影响。本次试验的试件采用蒸汽养护法，该法在养护 7 d 时即可获得最大的抗压强度，在养护 7 d 后随着龄期的增加，抗压强度逐渐下降[33]。本试验针对蒸汽养护下 18 组掺钢渣粉超高性能混凝土分别在龄期为 3 d 与 7 d 时的立方体抗压强度进行测试。

图 3-13 为水胶比分别为 0.19、0.21、0.23，质量替代率分别为 0%、5%、10%、15%、20%、25%时的钢渣粉对超高性能混凝土的抗压强度以及抗压强度损失程度的影响。

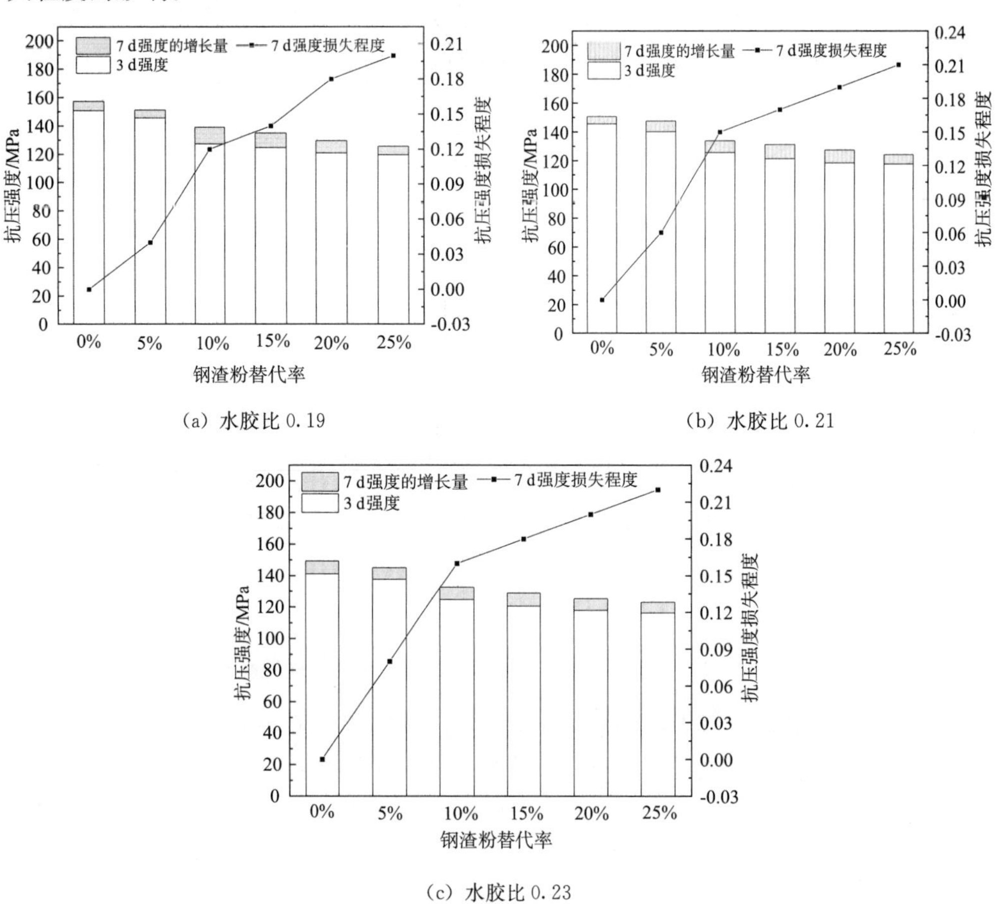

(a) 水胶比 0.19

(b) 水胶比 0.21

(c) 水胶比 0.23

注：7 d强度损失程度表示钢渣粉替代组相较于空白对照组 7 d抗压强度的损失情况。

图 3-13　钢渣粉替代率对超高性能混凝土抗压强度的影响

由图3-13（a）可得，水胶比为0.19时，随着钢渣粉替代率的增加，超高强混凝土的抗压强度下降。同时可以发现，当钢渣粉替代率为5%时，超高性能混凝土在7 d的抗压强度损失程度仅约为4%，损失较小，并且其3 d强度以及7 d强度的增长量与无替代时相近，基本可以认为水胶比为0.19时钢渣粉的最优替代率为5%，而当钢渣粉替代率为10%时，超高性能混凝土的抗压强度损失程度就已达12%。同时可以发现，虽然钢渣粉的替代率在10%～25%时超高性能混凝土的7 d抗压强度损失程度明显增加，7 d强度的增长量在替代率为10%时最大，往后随着替代率增加明显减少，但是替代率为25%时最大损失程度也不超过21%，同时在这一范围内，钢渣超高性能混凝土的7 d抗压强度下降较为缓慢。从材料强度的角度可以发现，水胶比为0.19，钢渣粉替代率为5%时最佳。

由图3-13（b）可得，水胶比为0.21时，各龄期的抗压强度随钢渣粉的替代率增加而下降，并且下降速度先快后慢。水胶比为0.21时的7 d强度损失程度曲线与水胶比为0.19时的超高性能混凝土相似，钢渣粉替代率为5%时，超高性能混凝土在7 d的抗压强度损失程度为6%，并且其3 d强度以及7 d强度的增长量与无替代时相近，基本可以认为水胶比为0.21时钢渣粉最优替代率为5%。当钢渣粉替代率超过5%时，超高性能混凝土的抗压强度损失明显；当钢渣粉替代率超过10%后，强度损失程度曲线趋近平缓，当钢渣粉替代率达到25%时，超高性能混凝土的7 d抗压强度损失则达到了21%，抗压强度损失相对较大，7 d强度的增长量在替代率为15%时最大，往后随着替代率增加明显减少。故当水胶比为0.21时，钢渣粉合理替代率应小于20%，在替代率小于20%的情况下抗压强度损失则相对较小，钢渣粉替代率为5%时最佳。

由图3-13（c）可得，当水胶比为0.23时，各龄期的抗压强度随钢渣粉的替代率增加而下降，下降速率逐渐变缓。其强度损失程度曲线与水胶比为0.21时相似，钢渣粉替代率为5%时抗压强度损失程度为8%，相对较小，可以认为钢渣粉的最优替代率为5%，并且其3 d强度以及7 d强度的增长量与不掺钢渣粉时相近；当钢渣粉替代率达到10%、15%、20%、25%时，超高性能混凝土的7 d抗压强度损失程度分别达到了16%、18%、20%、22%，抗压强度损失相对较大。故而当水胶比为0.23时，超高性能混凝土抗压强度替代效果最佳的钢渣粉替代率为5%，钢渣粉替代率应小于20%，此时超高性能混凝土抗压强度损失相对较小。促使这些情况的发生一方面是因为钢渣粉的活性比水泥低，虽掺钢渣粉混凝土早期抗压强度可能因此降低，但随着时间的增加钢渣粉的水化程度逐渐增大，并且超高性能混凝土在紧密堆积情况下由于钢渣粉的掺入可以弥补一部分抗压强度的损失，所以当钢渣粉替代率不高于5%时，超高性能混凝土抗压强度损失程度较小；另一方面是因为钢渣粉替代率达到一定程度后，水泥用量显著降低，造成水泥发生水化反应后水化产物的产量明显减小，从而导致超高性能混凝土抗压强度的下降[34]。

对水胶比为 0.19、0.21、0.23 三种不同情况下的钢渣超高性能混凝土进行实验可知，当钢渣粉替代率相同、水胶比范围在 0.19～0.23 时，随着水胶比的增加，超高性能混凝土抗压强度逐渐减小，但减小速率逐渐缓和。以钢渣粉替代率为 5％和 10％为例，相较于水胶比为 0.19 的超高性能混凝土，水胶比为 0.21 的超高性能混凝土抗压强度分别下降了 2.38％和 3.74％；而相较于水胶比为 0.21 的超高性能混凝土，水胶比为 0.23 的超高性能混凝土抗压强度分别下降了 1.69％和 1.05％。出现上述超高性能混凝土抗压强度随水胶比的增加而下降，但下降速率逐渐缓和的主要原因是水胶比对超高性能混凝土力学强度的影响较大，因而超高性能混凝土的水胶比相对较低，并且其内部发生水化反应的用水量也并不高，增大水胶比会直接造成超高性能混凝土的强度下降。但是另一方面，水胶比的增大会使超高性能混凝土具有较为良好的流动性，有助于改善试件的成型质量，提高超高性能混凝土的密实程度，从而在一定程度上弥补超高性能混凝土的强度损失。

3.3.3 掺钢渣粉混凝土的抗折性能

作为又一评价混凝土力学性能的重要指标，抗折性能的研究不可忽略，必须对其进行试验分析。影响超高性能混凝土抗折强度的因素有水泥用量、水泥质量、纤维掺量、掺合料颗粒级配、水胶比以及养护条件等。本节试验对蒸汽养护下钢渣超高性能混凝土的抗折强度进行测试。

图 3－14 绘制的是在同一水胶比情况下，6 种钢渣粉替代率对超高性能混凝土抗折强度及 7 d 损失程度的影响。

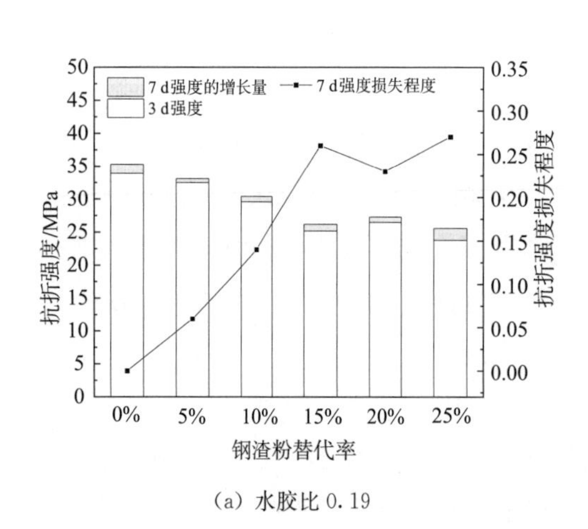

(a) 水胶比 0.19

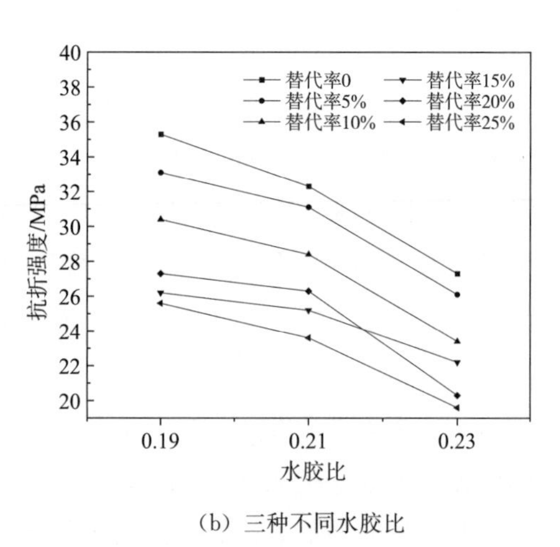

(b) 三种不同水胶比

图 3－14 钢渣粉替代率及水胶比对超高性能混凝土抗折强度的影响

从图 3－14（a）可以得到，水胶比为 0.19 时普通超高性能混凝土的抗折强度比掺钢渣粉后要高，并且在钢渣粉替代率为 20％之前钢渣超高性能混凝土的抗折强度随钢渣粉替代率的增加而下降。对图表曲线进行分析可得，当钢渣粉替代率为 5％

时，超高性能混凝土 7 d 的抗折强度损失程度约为 6%，因而水胶比为 0.19 时钢渣粉的最优替代率为 5%，并且随着钢渣粉替代率的增加，超高性能混凝土抗折强度下降程度不断增加。从图中可以看到，当钢渣粉替代率范围在 15%～25%之间时，超高性能混凝土抗折强度相近，但超高性能混凝土的抗折强度损失均在 20%以上，损失程度相对较大，虽然钢渣粉替代率在 20%时，抗折强度损失程度略微下降，但是其整体的抗折强度损失程度仍然达到了 23%，替代效果不佳。从抗折强度的角度进行分析，当水胶比为 0.19 时，钢渣粉最优替代率为 5%，并且钢渣粉合理替代率不应超过 10%。

图 3-14（b）为不同水胶比（0.19、0.21、0.23）对钢渣超高性能混凝土抗折强度的影响。从图中可以得到，当钢渣粉替代率相同（钢渣粉替代率 20%除外）时，在水胶比 0.19～0.23 范围内，随着水胶比的增加，超高性能混凝土的抗折强度随之降低。以钢渣粉替代率为 10%为例，相较于水胶比为 0.19 的超高性能混凝土，水胶比为 0.21 的超高性能混凝土的抗折强度下降了 6.58%；相较于水胶比为 0.21 的超高性能混凝土，水胶比为 0.23 的超高性能混凝土的抗折强度下降了 17.61%。出现上述现象的主要原因是当水胶比处于较低情况时，拌合物中所含水分较少，所以发生的水化反应主要在胶凝材料颗粒表面，形成的水化产物在胶凝材料表面形成一层致密的水化产物层，从而降低水化反应速率，并且这个水化产物层也使得胶凝材料和集料更加紧密，使得超高性能混凝土的均质性更强。而随着水胶比的增加，拌合料发生的水化反应将不再仅仅局限于胶凝材料颗粒表面，拌合料的流动性能将更好，这也使得超高性能混凝土的抗折强度随之下降。

3.3.4 掺钢渣粉混凝土的劈裂抗拉性能

对相应龄期的混凝土试件进行劈裂抗拉试验，在加载初期混凝土无明显变化，随着试验机施加荷载的增大，在混凝土表面产生微小裂缝，继续增加荷载，会有一条主裂缝在混凝土试件的中部扩展，最终试件被劈为两半。

由劈裂抗拉试验可得，掺钢渣粉混凝土与普通混凝土具有相类似的破坏形式，两者发生抗拉破坏时均出现一条主裂缝。但从断面形式来看，普通混凝土与掺钢渣粉混凝土有明显区别，前者有粗骨料剥落现象，而后者则出现较多的粗骨料断裂现象。界面过渡区的加强在宏观上的表现就是混凝土破坏后破裂面较多穿过骨料，由此可知，钢渣粉对混凝土的界面过渡区具有增强效应。

同时钢渣粉细骨料的掺入可使混凝土抗拉强度大幅提高，其中钢渣粉细骨料的替代率为 50%时，前期强度提高率最大约为 40%，当替代率为 70%时最终强度提高率最大为 14.5%（钢渣粗骨料的替代率为 70%时，前期强度提高率最大约为 20%，当替代率为 50%时最终强度提高率最大为 8.8%）。钢渣粉细骨料对混凝土强度提高率更大，这也说明了钢渣粉径较小时呈现更高的活性。对比钢渣粉骨料对混凝土劈裂抗拉强度及立方体抗压强度的影响规律，可以发现两者具有相同的变化趋势。掺入钢渣粉也会降低混凝土的拉压比，使混凝土的脆性增强[35]。

3.3.5 掺钢渣粉混凝土的干燥收缩性能

体积稳定性也是混凝土质量评价中至关重要的一环，其会对混凝土的强度、耐久性能等产生一定的影响。体积稳定性差的混凝土往往在使用阶段易发生开裂变形，混凝土的正常使用受到影响，同时缩短混凝土的正常寿命。造成混凝土体积变形的主要因素有干燥引起的收缩、温度收缩、自收缩等。

研究表明钢渣粉的掺入会对混凝土体积稳定性产生一定的影响，导致混凝土体积膨胀。故本节将对钢渣超高性能混凝土体积稳定性进行研究，并对其进行干燥收缩试验。

图 3－15 中 6 条曲线是水胶比为 0.19，钢渣粉替代率分别为 0%、5%、10%、15%、20%和 25%的 6 个试验组的 90 d 内干燥收缩情况，以超高性能混凝土的体积变化来表示。

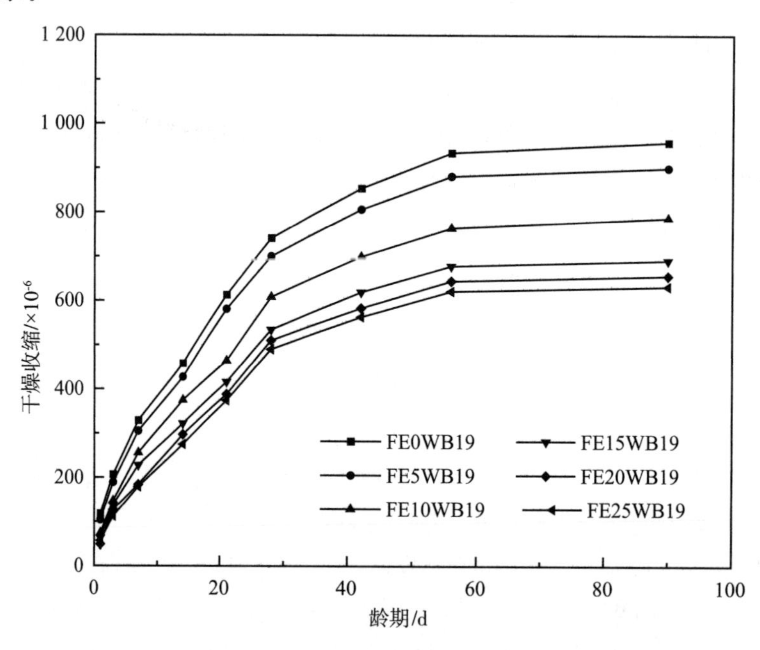

图 3－15 不同钢渣粉掺量的钢渣超高性能混凝土干燥收缩

从图 3－15 中 6 条不同钢渣粉替代率的变化曲线可以发现，相同水胶比下，钢渣粉替代率为 0%、5%、10%、15%、20%、25%的超高性能混凝土干燥收缩逐渐变小，龄期超过 80 d 后，未掺入钢渣粉的超高性能混凝土与掺入 25%的钢渣粉的超高性能混凝土干燥收缩差值达 300×10^{-6} 及以上，变化程度明显。可知用钢渣粉替代水泥使得超高性能混凝土的干燥收缩值降低，并随其增长而减小（试验以钢渣粉替代率为唯一变量，各组超高性能混凝土试件放入同一养护箱中，养护环境一致）。

由于钢渣粉中含有一定量的 MgO、CaO 和 FeO。当采用钢渣粉替代超高性能混凝土中的水泥时，超高性能混凝土中的MgO、CaO和FeO含量会有所增加。故在超高性能混凝土养护过程中，钢渣粉中的CaO在一定情况下会发生水化反应并产生$Ca(OH)_2$，从而导致超高性能混凝土体积扩大约两倍。MgO与FeO以及钢渣粉颗粒之间的摩擦也会在一定程度上对超高性能混凝土的体积稳定性产生影响，使掺钢渣粉超高性能混凝土的早期收缩比普通超高性能混凝土要慢，但随着龄期的增长，钢渣超高性能混凝土的干燥收缩曲线逐渐趋于平缓，钢渣粉在超高性能混凝土中发生的膨胀效应越来越明显，从而使得钢渣超高性能混凝土的收缩率逐渐减小，图3－15中的曲线也可以对此进行论证。

3.3.6 掺钢渣粉混凝土工作性能指标总结

本节通过对不同钢渣粉替代率和不同水胶比情况下，超高性能混凝土各项性能指标进行研究，分析结果如下：

通过对超高性能混凝土工作性能分析发现：当水胶比相同时，超高性能混凝土的流动性随钢渣粉的替代率增加而上升。流动性增长率随着钢渣粉替代率的增加表现出先急后缓的现象；当钢渣粉替代率相同时，超高性能混凝土的流动性随着水胶比的增加而增加。

通过对超高性能混凝土抗压强度结果分析发现：当水胶比相同时，超高性能混凝土各龄期的抗压强度呈现出随钢渣粉的替代率增加而下降的趋势，并且下降速率呈现出先急后缓的情况。因此，仅考虑钢渣粉替代率对抗压强度的影响时，超高性能混凝土抗压强度替代效果最佳的钢渣粉替代率为5%，钢渣粉合理替代率不应超过20%。当钢渣粉替代率相同，且水胶比在0.19～0.23之间时，随着水胶比的增加，超高性能混凝土抗压强度逐渐减小，但减小速率逐渐放缓。

通过对超高性能混凝土抗折强度结果分析发现：当水胶比相同时，钢渣超高性能混凝土的抗折强度均低于普通超高性能混凝土的抗折强度，并且在钢渣粉替代率为20%以内时，呈现钢渣超高性能混凝土的抗折强度随钢渣粉替代率的增加而下降的趋势。因此，仅考虑钢渣粉替代率对抗折强度的影响时，钢渣粉最优替代率为5%，并且钢渣粉合理替代率不应超过10%。

通过对超高性能混凝土劈裂抗拉结果分析发现：掺钢渣粉混凝土与普通混凝土两者具有相类似的破坏形式，但断面形式有明显不同。同时，钢渣粉对混凝土的界面过渡区具有增强效应，并且掺入钢渣粉也会使混凝土脆性增强。

通过对超高性能混凝土体积稳定性进行测试后发现：用钢渣粉替代水泥掺入超高性能混凝土中会使得超高性能混凝土的干燥收缩值有所减小，并且随着钢渣粉替代水泥的比例逐渐增加，超高性能混凝土的干燥收缩值逐渐减小。同时随着养护时间的逐渐增加，钢渣超高性能混凝土的干燥收缩曲线逐渐趋于平稳。

3.4　掺钢渣粉混凝土的微观结构及其水化机制

3.4.1　掺钢渣粉混凝土的微观形貌

超高性能混凝土内部微观形貌很大程度影响其宏观性能，而内部微观结构又与超高性能混凝土的材料组成、配合比以及制备工艺息息相关。本次试验采取钢渣粉对超高性能混凝土中的水泥进行替代，从前面的试验可以发现，钢渣粉会在一定程度上影响超高性能混凝土的强度，故有必要对钢渣超高性能混凝土的内部微观形貌进行观察，以此来探究钢渣粉对超高性能混凝土微观结构的影响，从而解释其对超高性能混凝土宏观力学性能影响的作用机制。

本次试验采用的是 Nova Nano SEM 450 型电子显微镜扫描仪，以此来观察不同组别的超高性能混凝土试样的微观形貌。如图 3－16 所示，为各个组别在蒸养 7 d 后超高性能混凝土内部的微观形貌图。

从图 3－16 中发现，在经过蒸养 7 d 后各组别的超高性能混凝土均能得到致密均匀的基体，并且在一些原本存在孔洞的地方也被逐渐形成的水化产物所填补，从而形成更加致密的结构，使得混凝土强度增加。对比图 3－16 中的（a）、（b）和（c）、（d），为仅改变水胶比时超高性能混凝土的微观形貌图（不进行钢渣粉替代）。可以发现，当水胶比为 0.19 时，胶凝材料表面形成的水化产物将混凝土包裹住，并填补了之前存在的孔洞，得到了致密的浆体结构。而从图 3－16 中（c）、（f）、（g）可以发现，当水胶比为 0.21 时微观结构上存在一些微裂缝，这些裂缝在一定程度上影响了超高性能混凝土的强度。同时，当钢渣粉替代率过多时，水泥的用量大幅减少，从而造成水化产物的产量下降，进而对超高性能混凝土的强度造成影响，这点从图 3－16（e）、（g）可以发现。

3.4.2　掺钢渣粉混凝土的成分分析

混凝土水化产物矿物组成分析最有效的方法之一就是 XRD，本次试验采用 X′Pert3Powder 型X 射线衍射仪对超高性能混凝土样品进行 XRD 试验，以此来对掺钢渣粉超高性能混凝土的矿物成分进行分析。

由 4 组超高性能混凝土样品蒸养 7 d 的 XRD 图谱可以发现：这 4 组样品中所含的矿物成分种类基本一致。各组别均含有 SiO_2、$Ca(OH)_2$、C－S－H、$CaCO_3$、C_2S、C_3S 和水钙沸石等化学成分，同时这四组 SiO_2 的衍射峰强度非常明显，出现这种现象，主要原因是制备超高性能混凝土的所有原材料中均含有大量的 SiO_2，而其中由于中砂比较稳定并不发生任何水化反应，所以在蒸养 7 d 后仍然存在大量的 SiO_2 未发生反应。同时这四组的 C_2S 和 C_3S 在蒸养条件下都未完全反应，故在这四组 XRD 图谱中，都存在较为明显的 C_2S 和 C_3S 衍射峰，并且对比 FE0WB19 组和

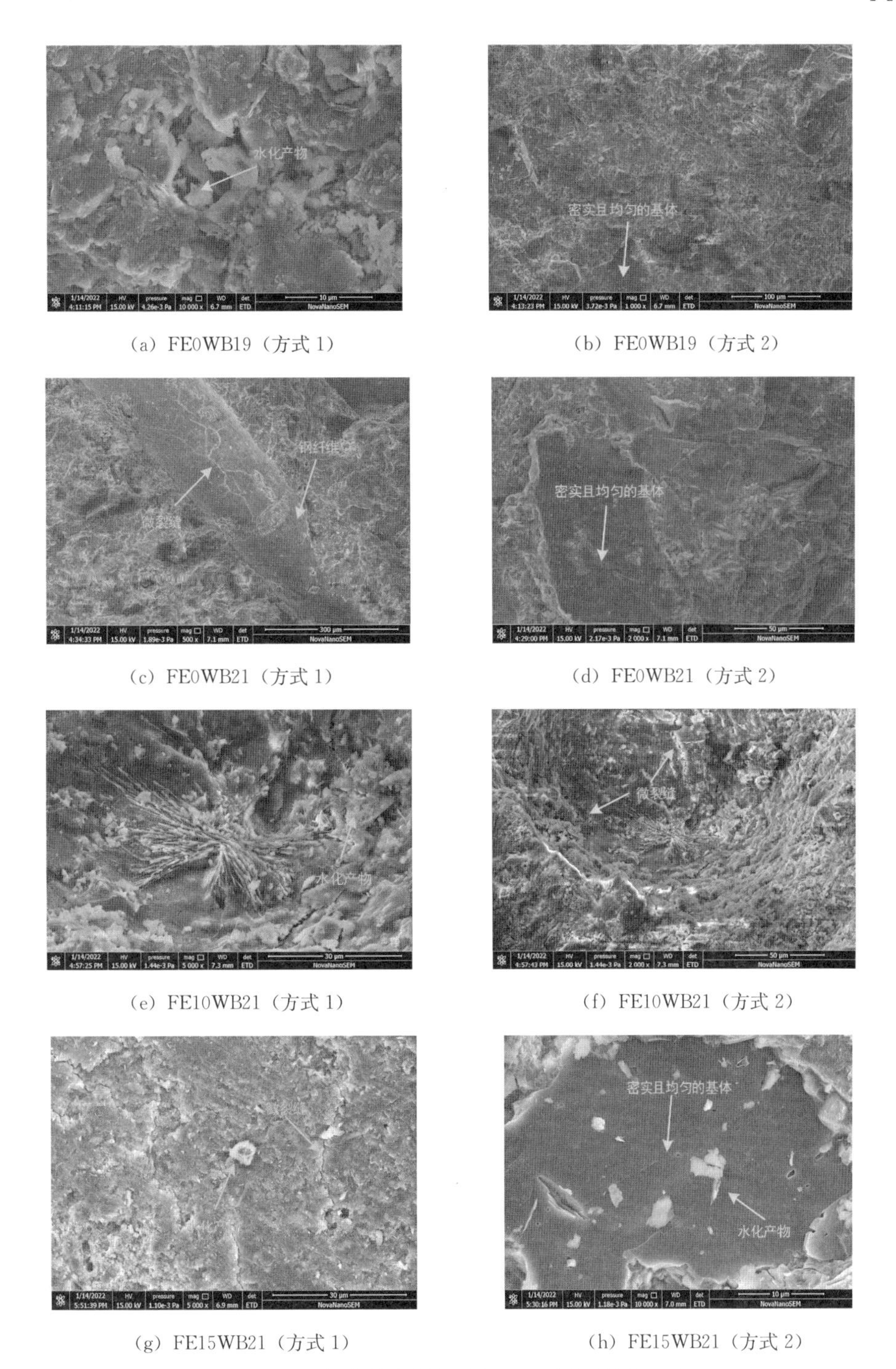

(a) FE0WB19（方式 1） (b) FE0WB19（方式 2）

(c) FE0WB21（方式 1） (d) FE0WB21（方式 2）

(e) FE10WB21（方式 1） (f) FE10WB21（方式 2）

(g) FE15WB21（方式 1） (h) FE15WB21（方式 2）

图 3-16 超高性能混凝土的 SEM 图（蒸养 7 d）

FE0WB21 组的 C_2S 和 C_3S 衍射峰，发现前者 C_2S 和 C_3S 衍射峰更显著，这是由于其具有更低的水胶比，导致其 C_2S 和 C_3S 不容易水化反应。此外，可以发现这四组超高性能混凝土中存在少量 $Ca(OH)_2$ 和 $CaCO_3$［早期水化反应所产生的 $Ca(OH)_2$ 与 CO_2 发生反应而生成，量少］衍射峰。在试验中我们也可以看到水钙沸石和 C-

S－H 的衍射峰，而且其衍射峰较为明显，这是由于超高性能混凝土中水泥发生水化反应将会消耗大量的 C_2S 和 C_3S，从而生成水钙沸石、C－S－H 和 $Ca(OH)_2$ 等，而 $Ca(OH)_2$ 又会随着水化反应的继续进行，发生二次水化反应生成 C－S－H 凝胶，这使得超高性能混凝土的结构更加致密，从而使超高性能混凝土的强度增加，这也与 TG-DSC 综合热分析曲线的规律一致。

3.4.3 掺钢渣粉混凝土水化热

TG-DSC 综合热分析是一种最为常用有效的热分析方法，我们可以利用这种方法较为全面准确地对超高性能混凝土在产生热反应过程中的变化情况进行分析。其主要分为三部分：①TG 曲线，指在控制温度的情况下，测量超高性能混凝土样品的质量和温度变化的关系，即热重分析；②DTG 曲线是 TG 的一次微分曲线，测定超高性能混凝土样品失重变化率与温度变化之间的关系；③DSC 曲线主要是指在控制温度的情况下，测量输出物质和参比物的功率差和温度关系，即示差扫描热。采用 TG-DSC 综合热分析可以同时确定超高性能混凝土的焓和质量在温度升高过程中的变化。图 3－17 为钢渣粉替代率为 0%、10%以及水胶比为 0.19、0.21 的各组别超高性能混凝土的 TG-DSC 曲线图。

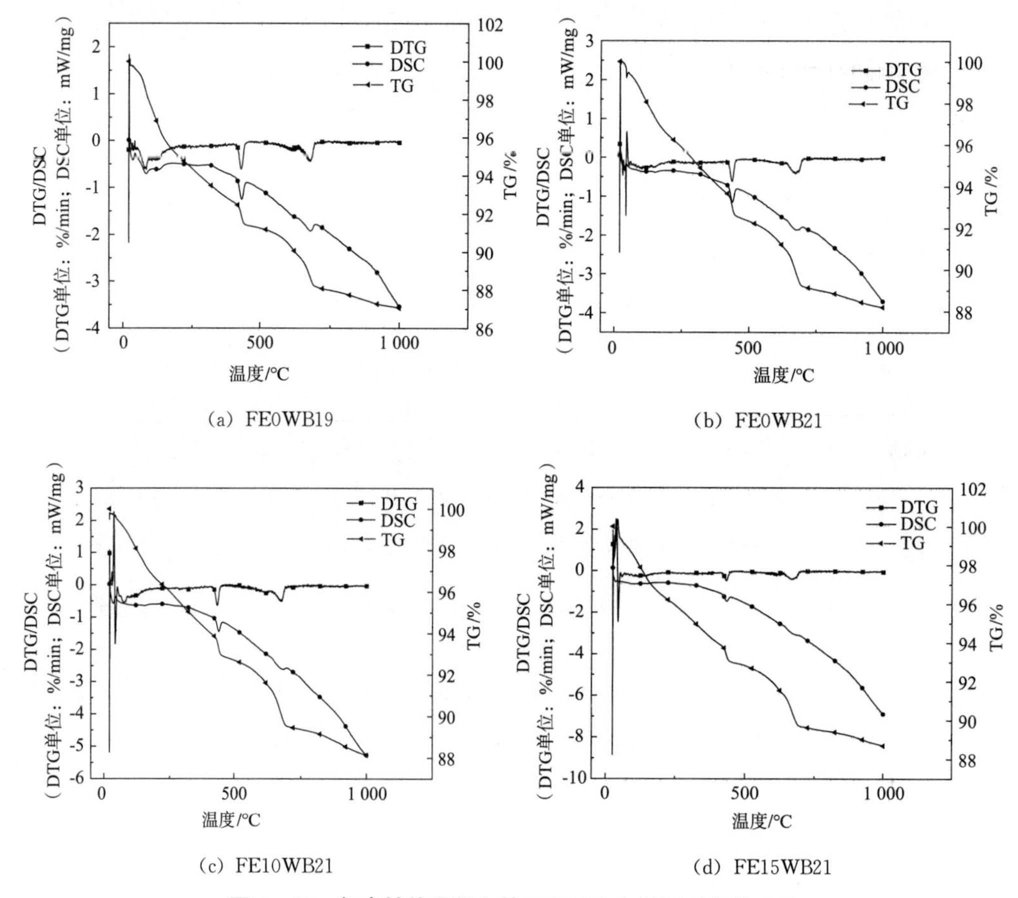

(a) FE0WB19　　(b) FE0WB21

(c) FE10WB21　　(d) FE15WB21

图 3－17　超高性能混凝土的 TG-DSC 分析图（蒸养 7 d）

从图 3－17（a）、（b）、（c）、（d）可以发现四组的最终总质量损失为 12%左右，超高性能混凝土的脱水过程是循序渐进的。通过四组的 TG 曲线可以发现，超高性能混凝土的质量损失分为 0～400 ℃、400～700 ℃、700～1 000 ℃三个阶段，其中 0～400 ℃时超高性能混凝土质量损失最快，当温度达到 400 ℃时质量损失大约 7%，占总质量损失的 58%。造成如此程度的质量损失主要原因是超高性能混凝土中的结合水被蒸发，同时水化产物中 C－S－H 吸收热量失去其中的结合水[36]。在 400～700 ℃的温度区间超高性能混凝土质量损失较快，质量损失大约 4%，约占总质量损失的 37%，此时造成质量损失较快的原因与 0～400 ℃温度区间不同，主要是因为超高性能混凝土中的 $Ca(OH)_2$ 发生分解反应从而失去结晶水。在 700～1 000 ℃的温度区间，超高性能混凝土质量损失缓慢，质量损失为 1%左右，仅占总质量损失的 8%，因而超高性能混凝土的质量损失主要发生在 700 ℃之前。

分析 DSC 曲线可以发现，在 50～100 ℃、400～500 ℃以及 600～700 ℃的温度范围存在三个较为明显的吸热峰。产生第一个吸热峰和第二个吸热峰的原因与超高性能混凝土失重第一阶段和第二阶段的原因基本一致，第三个吸热峰产生的原因是因为碳酸钙产生氧化钙和二氧化碳吸收热量。通过将图 3－17 中的（a）、（b）进行对比可以得到水胶比的改变并不会影响超高性能混凝土的最终吸热，但是会在一定程度上影响超高性能混凝土的质量损失；将图 3－17 中的（b）、（c）、（d）进行对比可以发现，随着钢渣粉的替代率的增加，超高性能混凝土的质量损失基本持平，但是超高性能混凝土的吸热程度将会随着钢渣粉替代率增加而增长。

3.4.4 掺钢渣粉混凝土的水化及硬化机制

掺钢渣粉混凝土界面过渡区水泥水化产物结构致密，界面结合紧密，没有生成定向排布的 $Ca(OH)_2$，且钢渣粉表面被 C－S－H 凝胶等水化产物覆盖，说明钢渣粉作为混凝土骨料与水泥石有良好的黏结力。这是由于钢渣粉中含有的部分与硅酸盐水泥熟料相似的 C_2S、C_3S 矿物成分，与渗入孔隙内的水泥相融，改善了骨料与水泥石的界面结构。同时，钢渣粉是多孔结构，其表面粗糙，能较好地与水泥水化产物相结合，使水化产物能够充分均匀地包裹钢渣粉，且钢渣粉与水泥黏结紧密。用钢渣粉作混凝土骨料可以显著改善骨料与浆体的界面过渡区，进而改善混凝土的结构[37]。

此外，钢渣粉含有 Fe 会引起钢渣的钝化，降低钢渣粉颗粒的直径有助于解决该问题。钢渣中含有的其他成分如 f-CaO（游离氧化钙）和 f-MgO（游离氧化镁）等在水化时体积会快速膨胀，容易引起安定性不良问题，需进行如温水养护处理、钢渣陈放、热闷渣处理等[38]。

3.5 掺钢渣粉混凝土的环境可持续性评价

在绿色发展及可持续性经济发展的社会大背景下，钢铁冶炼作为高耗能产业，其生产副产物的回收利用是走向环境友好型、资源节约型社会的必经之路。超高性能混凝土作为一种比传统混凝土具有更高强度、更高耐久性以及更高韧性的水泥基材料，其在土木工程建设中展现出巨大的价值。但是其优越的基本性能主要归因于胶凝材料的大量使用和紧密的基体堆积结构，在超高性能混凝土中水泥的使用大约为 900～1 100 kg/m^3[39]，而每制备 1 t 硅酸盐水泥将会产生大约 1 t 的二氧化碳及其他温室气体[40]，这些温室气体排放到空气中，给本就千疮百孔的生态环境造成极大的负担。

由于钢渣的矿物成分和水泥相似，同样具有胶凝材料的特性，故我们可以通过将超高性能混凝土中的水泥用钢渣粉进行一部分替代，使废弃钢渣得到有效资源化利用，“变废为宝”，以此降低天然资源的消耗，同时减少钢渣堆积导致的土地占用，达到节能减排的效用。钢渣在混凝土制备中的资源化利用具有很高的经济效益、社会价值与环境保护意义。

3.5.1 掺钢渣粉混凝土可持续性评价指标的确定

掺钢渣粉混凝土的可持续性评价主要是对其进行生态环境方面的影响评价，包括掺钢渣粉混凝土生产过程中对资源、对能源的消耗以及整个生产、运输、使用、维护过程中对人与自然的各方面影响。掺钢渣粉混凝土的可持续性影响因素可以概括为对资源的损耗、对能源的消耗、对环境的污染三部分[41]。我们可以根据这三部分因素对掺钢渣粉混凝土的可持续发展影响的比重，进行量化分析研究，从而对其进行完善的可持续性评价。我们可将掺钢渣粉超高性能混凝土的全生命周期分为原材料生产、施工、使用以及报废四个阶段，从而更为详尽地对各部分的可持续性指标进行分析。

通过查阅相关文献以及计算可以发现：在钢渣超高性能混凝土的全生命周期中，生产阶段是对混凝土环境可持续性评价的重要阶段，该阶段会造成大量的资源消耗、能源消耗以及造成二氧化碳等废气、废水、固体废物等环境污染物的排放。故而生产阶段的能源消耗是掺钢渣粉超高性能混凝土的能源消耗评价指标。在分析钢渣超高性能混凝土所造成的环境污染时，主要考虑的是温室气体污染，而在生产钢渣超高性能混凝土环节里所排放的温室气体中，二氧化碳占了将近 99%的比例，因此将生产钢渣超高性能混凝土所造成的二氧化碳排放量作为钢渣超高性能混凝土造成的环境污染评价指标。资源消耗指标则根据生产钢渣超高性能混凝土所需要的原材料资源总量来确定。通过分析资源消耗、能源消耗以及环境污染（二氧化碳排放量作为环境污染的评价指标）的环境负荷，从而确定各个指标的权重系数，资源消耗、能源消耗以及环境污染三者的比值为0.4、0.3、0.3[42]。

3.5.2 掺钢渣粉混凝土可持续性评价指标的计算

能源消耗的计算主要是将生产钢渣超高性能混凝土过程中所使用的各类能源汇总计算，其中主要包括天然气、燃油、电能以及原煤等，能源消耗的具体计算是将上述能源均依据能耗公式换算成标准煤相加，然后再乘以标准煤的发热量换算成热能，如式（3-5）所示。

$$h = c \times \sum \alpha_i x_i \tag{3-5}$$

式中：h——生产钢渣超高性能混凝土过程所造成的能源消耗（kJ）；

c——标准煤的低位发热量（kJ）；

α_i——各能源换算成标准煤的换算系数；

x_i——各能源的质量（kg）。

计算环境污染主要是将生产钢渣超高性能混凝土过程中各个步骤的二氧化碳排放量汇总，而在生产钢渣超高性能混凝土过程中，一共有三部分造成了二氧化碳的排放，分别为矿物或者化石燃料产生、生产钢渣超高性能混凝土的原材料在生产过程中发生化学反应产生（其中主要是由硅酸盐材料发生化学反应分解产生）、电力消耗转化产生。

而计算资源消耗量则是将生产钢渣超高性能混凝土过程中各类天然资源的耗损进行累加总和。

由于各个评价指标对环境负荷各不相同，因而造成其对绿色度计算的影响各不相同，在计算绿色度时应考虑各个评价指标的权重系数，采用线性加权法对钢渣超高性能混凝土的绿色度进行计算[43]，即

$$C = \sum_{i=1}^{n} X_i B_i \quad (n = 1, 2, 3) \tag{3-6}$$

式中：C——钢渣超高性能混凝土的绿色度；

X_1——资源消耗量（t）；

X_2——能源消耗量（GJ）；

X_3——二氧化碳排放量（t）。

其中 B_1 取0.3，B_2 取0.4，B_3 取0.3。

根据式（3-6）确定的绿色度评价模型，对钢渣超高性能混凝土在生产过程中的绿色度进行评价——首先计算出水泥的绿色度并将其作为评价的基准数据，然后基于水泥的绿色度对比方法进行钢渣超高性能混凝土绿色度的计算。

3.5.3 普通水泥的绿色度计算

生产1 t硅酸盐水泥，需消耗181 kg标准煤和120 kW·h电能，其中1 kg标准

煤的低位发热量为 29 271 kJ，1 kg 标准煤产生的二氧化碳排放量为 2.69 kg，每度电产生的二氧化碳排放量为 0.95 kg，1 kg 水泥中 $CaCO_3$（含量按 65%计算）分解产生的二氧化碳为 0.511 kg。生产 1 t 硅酸盐水泥需石灰石 1.60 t、黏土 0.30 t、各种校正材料 0.10 t。则普通水泥的绿色度计算过程如下：

（1）资源消耗量

$$X_1=1.60+0.30+0.10=2.00\ (\text{t})$$

（2）能源消耗量

$$X_2=h=(181+120\times1.229)\times29271\times10^{-6}=9.61\ (\text{GJ})$$

（3）二氧化碳排放量

$$X_3=(181\times2.69+120\times0.95+1000\times0.65\times0.511)\times10^{-3}=0.93\ (\text{t})$$

（4）绿色度

$$C=2\times0.4+9.61\times0.3+0.93\times0.3=3.962$$

3.5.4 普通超高性能混凝土的绿色度计算

水胶比为 0.21、抗压强度为 145.6 MPa 的普通超高性能混凝土，其配合比为水泥∶粉煤灰∶硅灰∶砂=1 026∶64∶192∶1 283，砂粒以密度为 2.76 g/cm^3 计，因此生产 1 m^3 的普通超高性能混凝土需要水泥 1.026 t、粉煤灰 0.064 t、硅灰 0.192 t、砂粒 1.283 t（0.465 m^3），其中处理 1 m^3 砂粒需要耗用 1.5 kW·h 电与 0.8 L 的燃料油，燃料油的二氧化碳排放量为 3.31 kg/L，此外普通超高性能混凝土整体拌和约需要耗用 2 kW·h 电，则：

（1）资源消耗量

$$X_1=2.00\times1.026+0.064+0.192+1.283=3.59\ (\text{t})$$

（2）能源消耗量

$$X_2=h=9.61\times1.026+[(1.5\times0.465+2)\times1.229+0.80\times0.465\times1.429]\times29271\times10^{-6}=9.97\ (\text{GJ})$$

（3）二氧化碳排放量

$$X_3=0.93\times1.026+[(1.5\times0.465+2)\times0.95+0.80\times0.465\times3.31]\times10^{-3}=0.96\ (\text{t})$$

（4）绿色度

$$C=3.59\times0.4+9.97\times0.3+0.96\times0.3=4.715$$

3.5.5 钢渣超高性能混凝土的绿色度计算

本次试验采用型号为 MQ750×1800、功率为 7.5 kW、产量为 1.0 t/h 的球磨机对钢渣进行研磨，得到球磨比表面积为 450 m^2/kg 的钢渣微粉大约需要 1.5 h。

3.5.5.1 替代率为 5%的钢渣超高性能混凝土

水胶比为 0.21、替代率为 5%的钢渣超高性能混凝土，其配合比为水泥∶粉煤灰∶硅灰∶砂=962∶64∶192∶1 283，因此生产 1 m^3 的钢渣超高性能混凝土需要水泥 0.962 t、粉煤灰 0.064 t、硅灰 0.192 t、砂粒 1.283 t（0.465 m^3），则：

（1）资源消耗量

$$X_1=2.00\times0.962+0.064+0.192+1.283=3.46\ (\text{t})$$

（2）能源消耗量

$X_2=h=9.61\times0.962+[(1.5\times0.465+2+0.064\times1.5\times7.5)\times1.229+0.80\times0.465\times1.429]\times29\ 271\times10^{-6}=9.38\ (\text{GJ})$

（3）二氧化碳排放量

$X_3=0.93\times0.962+[(1.5\times0.465+2+0.064\times1.5\times7.5)\times0.95+0.80\times0.465\times3.31]\times10^{-3}=0.90\ (\text{t})$

（4）绿色度

$$C=3.46\times0.4+9.38\times0.3+0.90\times0.3=4.468$$

3.5.5.2　替代率为10%的钢渣超高性能混凝土

水胶比为0.21、替代率为10%的钢渣超高性能混凝土，其配合比为水泥：粉煤灰：硅灰：砂=898：64：192：1 283，因此生产1 m^3 的钢渣超高性能混凝土需要水泥 0.898 t、粉煤灰 0.064 t、硅灰 0.192 t、砂粒 1.283 t（0.465 m^3），则：

（1）资源消耗量

$$X_1=2.00\times0.898+0.064+0.192+1.283=3.33\ (\text{t})$$

（2）能源消耗量

$X_2=h=9.61\times0.898+[(1.5\times0.465+2+0.128\times1.5\times7.5)\times1.229+0.80\times0.465\times1.429]\times29\ 271\times10^{-6}=8.79\ (\text{GJ})$

（3）二氧化碳排放量

$X_3=0.93\times0.898+[(1.5\times0.465+2+0.128\times1.5\times7.5)\times0.95+0.80\times0.465\times3.31]\times10^{-3}=0.84\ (\text{t})$

（4）绿色度

$$C=3.33\times0.4+8.79\times0.3+0.84\times0.3=4.221$$

3.5.5.3　替代率为15%的钢渣超高性能混凝土

水胶比为0.21，替代率为15%的钢渣超高性能混凝土，其配合比为水泥：粉煤灰：硅灰：砂=834：64：192：1 283，因此生产1 m^3 的普通超高性能混凝土需要水泥 0.834 t、粉煤灰 0.064 t、硅灰 0.192 t、砂粒 1.283 t（0.465 m^3），则：

（1）资源消耗量

$$X_1=2.00\times0.834+0.064+0.192+1.283=3.21\ (\text{t})$$

（2）能源消耗量

$X_2=9.61\times0.834+[(1.5\times0.465+2+0.192\times1.5\times7.5)\times1.229+0.80\times0.465\times1.429]\times29\ 271\times10^{-6}=8.21\ (\text{GJ})$

(3) 二氧化碳排放量

$X_3=0.93\times0.834+[(1.5\times0.465+2+0.192\times1.5\times7.5)\times0.95+0.80\times0.465\times3.31]\times10^{-3}=0.78$ (t)

(4) 绿色度

$$C=3.21\times0.4+8.21\times0.3+0.78\times0.3=3.981$$

普通超高性能混凝土和钢渣超高性能混凝土的绿色度计算结果如表 3-8 所示，图 3-18 进一步说明了钢渣超高性能混凝土钢渣粉对环境的影响情况，可以发现随着钢渣粉的替代率逐渐增加，绿色度也随之下降。

表 3-8　钢渣超高性能混凝土绿色度

名称	资源消耗量/t	能源消耗量/GJ	二氧化碳排放量/t	绿色度
FE0WB21	3.59	9.97	0.96	4.715
FE5WB21	3.46	9.38	0.90	4.468
FE10WB21	3.33	8.79	0.84	4.221
FE15WB21	3.21	8.21	0.78	3.981

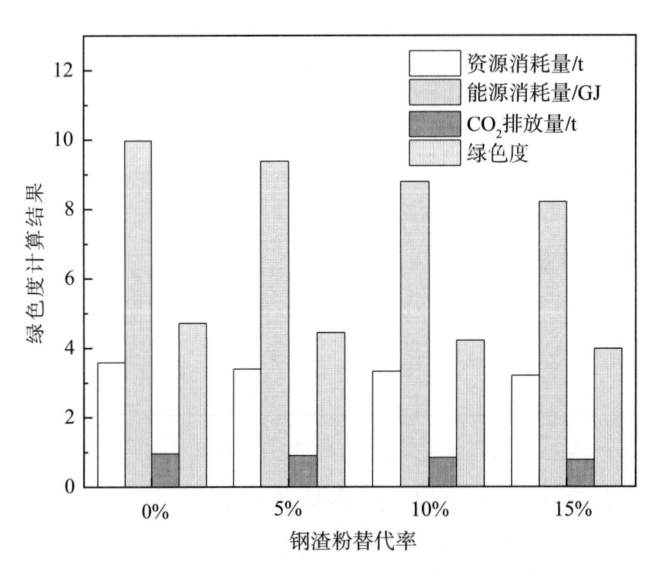

图 3-18　钢渣粉替代率对绿色度的影响

通过试验得到随着钢渣粉替代率的增加，超高性能混凝土所造成的资源消耗量、能源消耗量以及二氧化碳的排放量都显著下降。同时通过研究超高性能混凝土生产阶段对环境的影响，可以发现：大替代率的钢渣超高性能混凝土相较于前一个小替代率的钢渣超高性能混凝土资源消耗量分别下降了 5.29%、2.06%、3.60%，能源消耗量下降了 5.92%、6.29%、6.60%，二氧化碳排放量下降了 6.25%、6.67%、7.14%。由此可见，虽然钢渣是一种工业固体废物，但是将其利用于超高性能混凝土的制备中能有效地使超高性能混凝土变得更加低能耗、更加绿色化。

3.6 小结

《中华人民共和国国民经济和社会发展第十四个五年规划和2035年远景目标纲要》提出“推动绿色发展 促进人与自然和谐共生”。在此大背景之下，本章通过整理大量混凝土相关研究文献，特别是掺钢渣粉混凝土研究文献，基于颗粒最紧密堆积理论，应用修正的Andreasen-Andersen颗粒堆积模型，研究了掺钢渣粉混凝土的制备方法及试验方案，结合钢渣超高性能混凝土的微观构造进而分析了掺钢渣粉混凝土的材料性能，然后对其微观结构及水化机制进行研究，最后再基于可持续发展理念，分析了掺钢渣粉超高性能混凝土对生态环境的影响。本章主要得出以下结论：

随着钢渣粉替代率和水胶比的增加，超高性能混凝土的流动性也将增大；钢渣粉的掺入会使得超高性能混凝土的干燥收缩值下降，同时随着钢渣粉替代水泥的比例逐渐增加，超高性能混凝土的干燥收缩值逐渐减小；钢渣粉替代率和水胶比都会显著影响超高性能混凝土的宏观力学性能，随钢渣粉替代率和水胶比的增加，钢渣超高性能混凝土的抗压强度和抗折强度都会下降；随着钢渣粉替代率增多，水化产物的生成量随之下降，水胶比较低的超高性能混凝土产生的水化产物将胶凝材料牢牢包裹，具有致密的浆体结构；水胶比的改变不会影响超高性能混凝土的最终吸热，但是会在一定程度上影响超高性能混凝土的质量损失；随着钢渣粉的替代率的增加，超高性能混凝土的质量损失基本持平，但是超高性能混凝土的吸热程度将会随之增加。

可以得出采用钢渣粉作为超高性能混凝土中水泥的替代，既可以在一定程度上满足超高性能混凝土作为高性能建材的使用要求，又可以使钢渣废物获得有效利用，大大降低制备超高性能混凝土的资源与能源的消耗以及环境污染。掺钢渣粉混凝土具有可应用于实际工程的优良性能，这在一定程度上实现了钢渣资源化利用技术向低能耗、大用量的可持续应用方向发展，顺应我国发展绿色建筑和绿色建材的大趋势。

参考文献

[1] 朱锦章，刘幸，MEYER C. 混凝土与可持续发展 [J]. 混凝土，2006 (4)：21－22，69.

[2] 牛振国，孙桂凤. 近10年中国可持续发展研究进展与分析 [J]. 中国人口资源与环境，2007 (3)：122－128.

[3] 程岚. 双掺秸秆灰钢渣绿色混凝土配合比设计及性能研究 [D]. 张家口：河北建筑工程学院，2019.

[4] 吴中伟. 绿色高性能混凝土与科技创新 [J]. 建筑材料学报，1998 (1)：3 - 5.

[5] 吴中伟. 高性能混凝土：绿色混凝土 [C] //中国硅酸盐学会. 中国混凝土科学一代宗师：吴中伟院士纪念文集. 北京：中国建材工业出版社，2004：9.

[6] 王景萍. 浅谈钢渣微粉技术的应用 [J]. 四川水泥，2014 (11)：205 - 206.

[7] 冷光荣，朱美善. 钢渣处理方法探讨与展望 [J]. 江西冶金，2005 (4)：44 - 47.

[8] 赵立杰，张芳. 钢渣资源综合利用及发展前景展望 [J]. 材料导报，2020，34 (s2)：1319 - 1322，1333.

[9] 王戎. 钢渣粉对混凝土性能的影响 [J]. 山东农业大学学报 (自然科学版)，2019，50 (2)：221 - 224.

[10] 崔孝炜，狄燕清，徐朝阳，等. 掺钢渣粉尾矿高性能混凝土的制备 [J]. 混凝土与水泥制品，2016 (9)：78 - 81.

[11] BISKRI Y，ACHOURA D，CHELGHOUM N，et al. Mechanical and durability characteristics of High Performance Concrete containing steel slag and crystalized slag as aggregates [J]. Construction and Building Materials，2017，150：167 - 178.

[12] 丁天庭，李启华，陈树东，等. 磨细钢渣对混凝土力学性能和耐久性影响的研究 [J]. 硅酸盐通报，2017，36 (5)：1723 - 1727.

[13] CHOI S Y，KIM I S，YANG E I. Comparison of drying shrinkage of concrete specimens recycled heavyweight waste glass and steel slag as aggregate [J]. Materials，2020，13 (22)：5084.

[14] WANG S X，ZHANG G F，WANG B，et al. Mechanical strengths and durability properties of pervious concretes with blended steel slag and natural aggregate [J]. Journal of Cleaner Production，2020，271：122590.

[15] 黄莉捷，张仁巍，郑仁亮. 高强钢渣混凝土的耐久性试验研究 [J]. 常州工学院学报，2020，33 (5)：7 - 11.

[16] 黄侠. 钢渣砂混凝土的性能试验研究 [D]. 合肥：合肥工业大学，2020.

[17] 刘金玉. 钢渣石混凝土的性能试验研究 [D]. 合肥：合肥工业大学，2020.

[18] 王建立. 矿物掺合料对全钢渣集料水泥混凝土抗压强度影响研究 [J]. 交通世界，2021 (24)：18 - 19，27.

[19] 杨波，史林. 钢渣混凝土研究现状分析 [J]. 中国新技术新产品，2011，7 (13)：11 - 12.

[20] Liu J，Guo R H，Zhang P. Applications of Steel Slag Powder and Steel Slag Aggregate in Ultra-High Performance Concrete [J]. Advances in Civil Engineering，2018 (1)：1426037.

[21] ZHANG X Z，ZHAO S X，LIU Z C，et al. Utilization of steel slag in ultra-high performance concrete with enhanced eco-friendliness [J]. Construction and Building Materials，2019，214：28 - 36.

[22] 明阳，李顺凯，沈尔卜，等. 低水化热低收缩超高性能混凝土 (超高性能混凝土) 试验研究 [J]. 混凝土与水泥制品，2019 (3)：6 - 9.

[23] 祖庆贺，臧军，沈晓冬. 粗粒度区间钢渣微粉在超高性能混凝土中的应用研究 [J]. 混凝土

与水泥制品，2019（8）：1-4.
[24] LI S K，CHANG S K，MO L W，et al. Effects of steel slag powder and expansive agent on the properties of Ultra-High performance concrete（超高性能混凝土）：Based on a Case Study [J]. Materials，2020，13（3）：683.
[25] 杨婷，刘中宪，杨烨凯，等. 超高性能混凝土高温后性能试验研究 [J]. 土木与环境工程学报（中英文），2020，42（3）：115-126.
[26] 明阳，陈平，李玲，等. 超细矿物掺合料的制备及其用于超高性能混凝土中的试验研究 [J]. 新型建筑材料，2021，48（3）：47-50，62.
[27] 王思雨，曾敏，胡方杰，等. 利用钢渣粉制备生态型超高性能混凝土的研究 [J]. 混凝土与水泥制品，2022（2）：87-91.
[28] 唐咸远，郭彬，马杰灵，等. 钢渣微粉对超高性能混凝土（UHPC）性能的影响 [J]. 混凝土与水泥制品，2021（11）：82-84，89.
[29] LIU G，SCHOLLBACH K，LI P，et al. Valorization of converter steel slag into eco-friendly ultra-high performance concrete by ambient carbon dioxide pre-treatment [J]. Construction and Building Materials，2021，280（7）：5-8.
[30] 李灿华. 我国钢渣资源化利用最新进展 [J]. 中国废钢铁，2008（5）：37-39.
[31] 刘自强，李新林. 改性钢渣粉在混凝土中的应用研究 [J]. 江西建材，2018（13）：15-18.
[32] 任贺. 超细粉对超高性能混凝土流动性及力学性能的影响 [D]. 北京：北京交通大学，2018.
[33] 倪博文. 使用未处理海砂制备超高性能混凝土及性能研究 [D]. 长沙：湖南大学，2018.
[34] 郑永超，周钰沦，房桂明，等. 利用钢渣制备矿物掺合料对混凝土性能的影响 [J]. 混凝土与水泥制品，2020（7）：87-91.
[35] 周海峰. 钢渣骨料混凝土基本强度及变形性能研究 [D]. 包头：内蒙古科技大学，2020.
[36] ESTEVES L P. On the hydration of water-entrained cement-silica systems：Combined SEM，XRD and thermal analysis in cement pastes [J]. Thermochimica Acta，2011，518（1）：27-35.
[37] 张冠军. 钢渣骨料在混凝土中的应用研究 [J]. 水泥技术，2022（2）：74-79.
[38] 李慧. 钢渣混凝土在铁路隧道结构中的应用 [J]. 建筑机械化，2019，40（5）：18-21.
[39] RICHARD P，CHEYREZY M. Composition of reactive powder concretes [J]. Cement and Concrete Research，1995，25（7）：1501-1511.
[40] WORRELL E，PRICE L，MARTIN N，et al. Carbon dioxide emissions from the global cement industry [J]. Annual Review of Energy and the Environment，2001，26（1）：303-329.
[41] 赵平，同继锋，马眷荣. 建筑材料环境负荷指标及评价体系的研究 [J]. 中国建材科技，2004（6）：1-7.
[42] 龚平，彭家惠. 墙体材料绿色度评价模型研究 [J]. 新型建筑材料，2006（9）：28-32.
[43] 张凯峰，尚建丽. 钢渣建材综合利用的生态化及绿色度评价的研究 [J]. 中国陶瓷，2011，47（10）：40-42.

第 4 章　掺铁尾矿粉/砂混凝土

4.1　引言

4.1.1　铁尾矿资源再处理现状

近几十年来，随着改革开放、西部大开发、“一带一路”等一系列发展战略的实施，以及新型城镇化建设的推进，各类基础设施的数量和规模不断扩大，工业化进程正处于高速发展阶段。与此同时，在工业化进程中，企业必然需要足够的资源储备才能高效进行生产。过去，由于企业生产的无序扩张与资源的浪费，导致资源尤其是矿产资源短缺，同时带来严重的环境问题。

我国作为目前世界上使用规模最大的建材消耗国，对建筑原材料的需求量极高。砂作为混凝土骨料的组成成分，当前的需求量也日趋旺盛。在传统生产过程中，混凝土所需要的砂大多数来源于河、湖里的天然砂。但是伴随着近些年来天然砂的大肆开采，砂资源已经濒临枯竭，导致天然砂价格飞涨、质量下降，再加上民间乱挖滥采现象非常严重，对环境造成了不可恢复的破坏，对人们的正常生活带来很多负面影响。近年来，随着环境问题越来越严峻，如何有效利用废物，变废为宝，进而提高废物资源循环能力并降低生产成本具有非常重要的价值。铁尾矿属工业固体废物，堆存量巨大，严重危害生态环境，随着工业的发展，排放量逐年上升。若将铁尾矿作为混凝土原材料，既解决了河砂的供应问题，又降低了铁尾矿造成的危害，缓解了环境压力，节约了材料成本，符合“绿色可持续”的发展理念。

近年来，对于铁尾矿的再处理主要集中于三个方面，分别是：①利用铁尾矿开发绿色高性能混凝土；②利用有机废物，选用合适的植物种子将尾矿中的粉尘固化、降解，进而达到综合利用的目的；③将铁尾矿库上方填土进行绿化造林。在以上三种处理方法中，以利用铁尾矿开发绿色高性能混凝土最为高效便利。

就目前的发展趋势而言，简化和低成本的 UHPC 生产方法是一个重要的研究方向。用可负担的本地资源替代昂贵的组件，如水泥、钢纤维和硅粉[1]，有效节约资源以及能源，不破坏现有环境，并促进环境的可持续发展，以便满足当代以及后代人的发展需求[2]。因此，合理处理固体废物，开发绿色高性能混凝土将是未来建材领域发展的必然需求[3]。

4.1.2 铁尾矿粉/砂的成分与制备过程

金属尾矿是一种复合的矿物，主要是由石英、长石等矿脉围岩以及由其蚀变的黏土、云母类铝硅酸盐矿物和方解石、白云石等钙镁碳酸盐矿物组成。尾砂的化学组成主要含有 SiO_2、Al_2O_3、Fe_2O_3、CaO、MgO，还含有少量的 K_2O、Na_2O，以及 S、P 等元素[4]。其中含量最高的元素为硅、铝，这也是金属尾矿在建材行业应用的前提条件。将铁尾矿作为制备建筑材料的原材料，是当今较为常见的研究以及应用领域，如果加以处理，铁尾矿还可以应用于填筑材料和化工产品的生产[5]。目前对于尾矿再处理充当建筑材料方面的研究，主流上有两种处理方法，分别是尾矿砂替代普通砂充当混凝土细骨料和尾矿砂磨成尾矿粉部分替代水泥加强混凝土的工作性能。

用铁尾矿砂替代普通砂作为混凝土细骨料，可以使得大量的尾矿砂得到回收利用[5-7]，所制备得到的混凝土还能应用于建筑工程，进而节约施工成本。因此，加大对铁尾矿砂的开发利用，使之替代天然河砂用于配制混凝土是行之有效的手段。在“一带一路”倡议的背景下，据 2014 年度尾矿报告指出，尾矿年产量已达 16.49 亿吨，现有量已达 146 亿吨。据 2015 年度报告，所有尾矿中，铁尾矿砂占比最大且利用率较低[6]。

根据以往掺铁尾矿砂混凝土的研究表明[5]，铁尾矿砂相对于普通砂来说，整体颗粒直径较小，级配较差，大多属于细砂、特细砂。这是由于铁矿石在选矿过程的工艺所决定的，并且由于其粒径原因，在单独作为细骨料配制混凝土泵送时容易堵塞，需掺加部分机制砂或天然砂组合形成混合砂。另外，铁尾矿砂在选矿过程中需要经历机械打磨过程，使得其棱角更为分明，颗粒更加坚固，但同时伴随着颗粒裂缝多、缺陷多，容易在颗粒内部发生破坏等缺点。因此，掺铁尾矿砂的混凝土的力学性能相较于普通混凝土来说更为复杂。

铁尾矿粉加工工艺更为复杂。根据铁尾矿矿物及化学组成等特点，可将其研究开发为混凝土矿物掺合料来部分代替水泥用料，以此来提高其附加值并降低混凝土成本[7]。但由于铁尾矿主要是以非活性晶体矿物组成，要将铁尾矿开发为矿物掺合料并将其大量应用到混凝土当中，必须将其改性，对铁尾矿先进行活性激发处理。将铁尾矿在适当的条件下，经过一定的活化处理后，其结晶程度降低，晶格缺陷变大，颗粒变细，具有一定的火山灰胶凝活性。对铁尾矿进行活化的实质在于使铁尾矿晶体结构发生深度转化，同时提高其反应能力和活性。目前可选择的对铁尾矿进行活性激发的方法有以下几种[8]：

（1）机械活化法

机械活化法是进行活性激发的有效方法之一。在机械活化过程中，尾矿被球磨、棒磨，通过物理性的方式粉碎、磨细，使其粒径变小并增大比表面积。在其颗粒尺寸减小的同时，会产生相应的物理和化学效应：其内部结构变得规整，自由能的增加并形成大量活性质点，增强了铁尾矿的反应活性，进而达到尾矿颗粒活化的作用[9,10]。铁尾矿经过机械活化处理后具有一定的火山灰胶凝活性，可充分利用工业固体废物资源开发新型的胶凝材料，从而进一步实现铁尾矿的大宗无害化利用[11]。

（2）化学活化法

化学活化法是将尾矿通过掺入一定量的有机或无机化学激发剂的方式来激发其活性的方法。在不具备火山灰特性的铁尾矿中加入一定量的激发剂，并采用化学方法对其进行处理，可以让其具有一定的胶凝性质。在此过程中，玻璃体中原有 SiO_4^{4-} 四面体结构中的共价键断裂，再重新组合，形成新的结构。

（3）热活化法

热活化法是采用热活化来实现激发矿物掺合料的潜在活性，并通过将矿物加热至高温煅烧的方法来实现。煅烧含有结构水的物料时，脱除结构水会使物料处于介稳状态中。与常温常压下的水相比较，煅烧热活化作用下释放出的结构水极性较强，将会对周边固体物料产生较强的蚀变作用。并且在高温作用的条件下，固相的反应生成了介稳态物质，体系的活性得到了明显的提高。

4.1.3 铁尾矿粉/砂的研究现状

超高性能混凝土（UHPC）一般被称为水泥基材料，具有优异的力学性能和延性、耐久性[12,13]。由于其优异的性能，UHPC 被广泛推荐并应用于建筑与土木工程领域[14]。然而，UHPC 也存在一些缺点：CO_2 的高排放量和原材料高成本。这使得 UHPC 的应用受到了极大的限制，无法成为一种可持续的建筑材料[15,16]而广泛利用。

众所周知，UHPC 的优异性能是通过使用大量胶凝材料的基础上去除粗骨料，优化骨料的颗粒级配，并且使用低水胶比等与普通混凝土不同的独特配合比设计来实现的[17,18]。由于 UHPC 的水胶比低，水泥水化度只有 30%～40%，而 UHPC 中其余部分的水泥仅作为填料[19,20]。在这种情况下可以使用其他工业副产品或废物代替未水化水泥来减少水泥的使用量，进而减少水泥生产过程中的 CO_2 排放[21,22]。此外，混凝土（包括超高性能混凝土）生产中对细河砂或石英砂的大量需求增加了成本和自然资源短缺的风险[23,24]。由上述原因可以发现现阶段国家需要开发 UHPC 混合物中未水化水泥和细砂的应用替代品。

铁尾矿石是铁矿石选矿后排放的固体废物[25-27]。随着国家工业领域对于钢的需求量与日俱增，矿山企业不断提高铁矿石产量。随着铁矿石产量的不断提高，铁尾矿石排放量飙升，但利用率却一直止步不前。在 2018 年我国铁尾矿石产量达 4.75 亿吨，但利用率只有 7%[28,29]。企业生产排放的铁尾矿石占用大量地表，污染附近水资源，造成高昂的管理成本和其他经济损失[30]。我国每年铁尾矿石处置总成本可达 7 000 万元及以上[31]。因此，提出正确的铁尾矿石回收利用的方法至关重要。

研究人员已经开展了许多相关研究来研究铁尾矿石在具体混凝土设计中的工作潜力，以提高铁尾矿石的利用率。Shettima 等[32]在混凝土混合物中用铁尾矿砂部分替代河砂。研究发现使用铁尾矿砂替代 25%细骨料的混凝土表现出更好的强度性能和更少的干缩。杨如仙等[33]研究了不同替代率的铁尾矿砂对喷射混凝土力学性能的影响，得到了相似的结果，即 20%的替代率混凝土具有更好的性能。研究发现实验组混凝土尽管强度低于相应的普通混凝土，这是因为矿山企业出于提高金属回收率的需要，升级了选矿技术，使得排放的铁尾矿砂的颗粒直径减小并且沉积，使得铁尾矿砂在普通混凝土中的使用被限制了[34]。此外，铁尾矿石的主要化学成分是 SiO_2、Fe_2O_3 和 Al_2O_3，这使得铁尾矿石可以研磨成铁尾矿粉制成矿物掺加剂，部分替代混凝土混合物中的胶凝材料用于混凝土的制备中[35]。因此，可以在 UHPC 设计中利用铁尾矿石来提高其适用性。

近年来，研究人员已经进行了许多研究来研究铁尾矿粉在 UHPC 中的利用。赵寅山等[25]以铁尾矿粉部分替代 UHPC 混合物中的水泥，发现铁尾矿粉以 15%的替代率掺入 UHPC 中，可以表现出更好的机械性能。出现这种现象的原因是因为铁尾矿粉的掺入加速了水泥的水化。朱志刚等[36]还通过研究铁尾矿粉掺入 UHPC 的实验结果，发现当铁尾矿粉的替代率为 15%时，UHPC 的强度性能达到最高。史波、何旺[37]还发现，在 UHPC 的制备过程中掺加适当的铁尾矿粉（一般需要小于 15%）可以提高其强度并且优化孔隙结构。此外，他还研究了铁尾矿粉在 UHPC 设计中的应用。穆创国[38]研究了铁尾矿砂替代率对 UHPC 抗压强度和渗透性的影响。随着铁尾矿砂替代率的增加，UHPC 的抗压强度增加并达到最大值。另外，在实验中张延年等还发现实验组 UHPC 的渗透性普遍有所改善。然而这个实验结果与朱志刚等的实验得出的结果有所不同[39]，朱志刚等通过实验得出结论，发现 UHPC 的抗压强度随着铁尾矿砂的替代率的增加而降低。当蒸汽固化的 UHPC 试样的铁尾矿砂的替代率为 50%时，其抗弯强度达到峰值。这一点在王宏等的研究中也发现了类似的结果[40]。UHPC的抗压强度随着铁尾矿砂替代率的增加而降低，当铁尾矿砂的替代率达100%时，抗压强度的降低率达16%左右。两种相互矛盾的结果可能是由于替代细骨料的铁尾矿砂的等级不同造成的。在多数研究中铁尾矿砂与河砂或石英砂的筛分曲线和细度模数不同，影响了UHPC的孔隙率。因此，铁尾矿砂（ITS）对UHPC性能的影响机制仍不清楚。

以往的研究，研究人员大多都只是单独研究铁尾矿砂或铁尾矿粉含量对UHPC性能的影响，却很少研究在UHPC混合物中同时使用铁尾矿砂和铁尾矿粉进行替代。此外，由于铁尾矿砂与河砂或石英砂的形状和矿物组成不同，保水性较差，进而影响了混凝土的干缩。考虑到混凝土的干燥收缩是混凝土和建筑长期性能的重要特征之一，需要对掺铁尾矿石的UHPC的收缩性能进行测试。因此，在本研究中，采用铁尾矿粉和铁尾矿砂分别用于部分替代UHPC混合物中的水泥和石英砂，研究掺铁尾矿石的UHPC的力学性能、耐久性和长期工作性能，以及掺铁尾矿石的UHPC微结构、孔结构和水化产物，探讨掺加铁尾矿石对UHPC的影响机制。

4.2 掺铁尾矿粉/砂混凝土的制备方法

4.2.1 掺铁尾矿粉/砂混凝土的原材料及其基本特性

铁尾矿（Iron Tailings，简称IT）是一种固体废物，物理化学成分可参照表4-1。

表4-1 铁尾矿物理化学成分

物质	Na_2O	Fe_2O_3	MgO	Al_2O_3	SiO_2	P_2O_3	SO_3	K_2O	CaO	TiO_2	烧失量
含量/%	2.94	0.767	12.103	5.201	3.130	18.635	0.062	8.160	2.225	28.505	1.355

水泥、骨料、粉煤灰、硅灰的化学成分参考3.2.1掺铁矿渣混凝土的原材料及其基本特性。

4.2.2 掺铁尾矿粉/砂混凝土的配合比设计

掺铁尾矿粉/砂混凝土的配合比设计方法参考3.2.2掺钢渣粉混凝土的配合比设计。试验所用配合比如表4-2所示。

表4-2 试验材料配合比　　单位：kg/m³

序号	水泥	铁尾矿粉末	粉煤灰	硅灰	石英砂	铁尾矿砂	铁纤维	钢渣粉	水
K1	819.0	0	164	109	1 092	0	156	22.14	196.6
K2	737.1	81.9	164	109	1 092	0	156	22.14	196.6
K3	655.2	163.8	164	109	1 092	0	156	22.14	196.6
K4	573.3	245.7	164	109	1 092	0	156	22.14	196.6

表 4-2（续）

序号	水泥	铁尾矿粉末	粉煤灰	硅灰	石英砂	铁尾矿砂	铁纤维	钢渣粉	水
K5	737.1	81.9	164	109	819	273	156	22.14	196.6
K6	737.1	81.9	164	109	546	546	156	22.14	196.6
K7	737.1	81.9	164	109	273	819	156	22.14	196.6
K8	737.1	81.9	164	109	0	1 092	156	22.14	196.6

4.2.3 掺铁尾矿粉/砂混凝土的制备方法

掺铁尾矿粉/砂混凝土的制备方法参考 3.2.3 掺钢渣粉混凝土的制备方法。

4.2.4 掺铁尾矿粉/砂混凝土的试验方法

4.2.4.1 抗弯强度试验

将掺铁尾矿粉/砂混凝土的原材料混合后，制备 100 mm×100 mm×450 mm 的试样，采用最高温度为 60 ℃、总持续时间为 72 h 的蒸汽固化方案。试件的抗弯强度采用四点加载试验，承重跨度为 300 mm，每种混合料做三个试样，以平均强度值作为混合料的抗弯强度。

4.2.4.2 抗压强度试验

将掺铁尾矿粉/砂混凝土的原材料混合后，制备 100 mm×100 mm×100 mm 的试样，采用最高温度为 60 ℃、总持续时间为 72 h 的蒸汽固化方案。测试抗压强度，对每种混合物做三个试样，取平均强度值作为混合物的抗压强度。详情请参考 3.2.4.2 基本力学试验。

4.2.4.3 断裂韧性测试

进行标准四点弯曲试验以确定根据 ASTM C78 标准制定的试样的断裂模量。100 mm×100 mm×450 mm 棱柱样品的弯曲测试在 600 kN 容量的机器上进行，加载速率 0.5 mm/min，并使用连接在棱柱中间跨度的一个 LVDT 测量挠度。通过使用数据记录器记录负载偏转数据。数据记录器的读数被传输到计算机以绘制测试期间的负载-变形曲线。

4.2.4.4 干缩试验

根据 ASTM C157 标准使用 25.4 mm×25.4 mm×160 mm 棱柱试样来测量干燥收缩率。每个棱柱都装有 DEMEC 量规，并使用比长仪测量收缩值。在整个收缩监测期间，将试样置于正常实验室条件下（温度 21～24 ℃和湿度约 40%），并蒸汽固化 3 d 后测量干燥收缩率。之后，将试样转移到温度为（20±2)℃和相对湿度为 50%±5%的控制室中，直到测试时间，在空气中干燥 1 d、3 d、7 d、14 d、28 d、45 d、60 d、90 d 和 120 d 后测定收缩值，称为干燥收缩率。

4.3 掺铁尾矿粉/砂混凝土的性能指标

4.3.1 掺铁尾矿粉/砂混凝土的工作性能

工作性能是指混凝土拌合物在施工时的易操作性，主要由三个部分组成，分别是保水性、流动性和黏聚性。三种性能各有各的评测指标，无法通过单一指标来表征混凝土工作性能的好坏，在试验中我们也只好通过坍落度试验（详情请参考2.3.2.1和易性）来测定流动性来大致概括混凝土工作性能的好坏。混凝土的掺合料的组分与级配、水胶比、胶砂比、水泥的品种、纤维的掺量、减水剂的种类等都是影响UHPC流动性的主要因素。试验所使用的UHPC应根据4.2.2中的流程进行制备。根据BS-EN-1015-3评估新拌UHPC的可加工性。接下来，对UHPC进行流动性试验：将新拌的UHPC浆料倒入截锥圆模后将基体垂直提起，然后在UHPC停止流动时测量直径。沿垂直方向测量两次，取平均值作为测试结果。测试结果见图4-1所示。

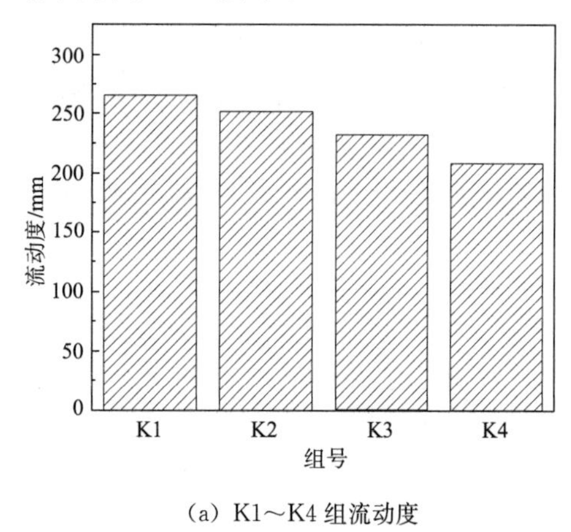

(a) K1～K4组流动度

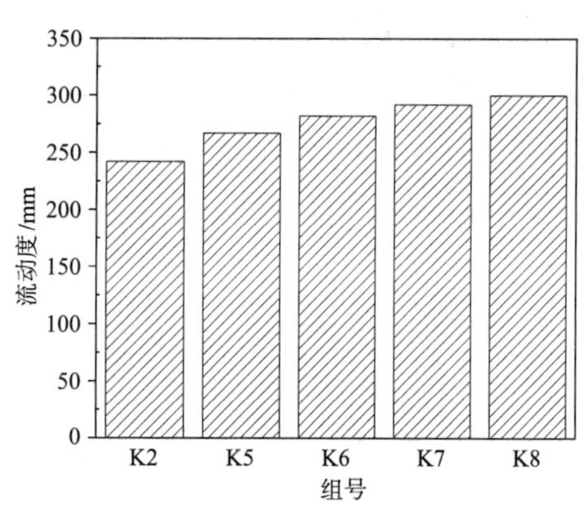

(b) K2、K5～K8组流动度

图4-1 UHPC流动度统计图

由图4-1（a）可以看出，相较于其他掺加了铁尾矿粉的UHPC来说，控制组K1的流动性较好，为272 mm。在UHPC中掺加铁尾矿粉会对其流动性产生负面影响。试验组的UHPC试样在掺入铁尾矿粉后流动性出现了不同程度的下降，下降速率先急速下降，后保持稳定。当使用铁尾矿粉替代10%、20%和30%的水泥时，UHPC的坍落度分别降低11.03%、4.96%和6.52%。但值得注意的是，虽然UHPC的流动性随着掺加铁尾矿粉的比率上升而一直下降，其流动性仍大于210 mm，保持在了一个较好的状态。造成该现象的主要原因是：铁尾矿粉相较于水泥颗粒来说吸水性能更好。将铁尾矿粉掺入UHPC后，在相同配合比下，混凝土整体含水量减少，流动性降低。同时，又因为铁尾矿粉的加工工艺问题，铁尾矿粉表面更为粗糙，这也在一定程度上增大了UHPC内部的摩擦，降低了UHPC的流动性。另外，在铁尾矿粉掺加量增加的同时，上述两种原因造成的影响效果也在慢慢减弱，这就是为什么 UHPC 流动性下降速率逐渐降低的原因。

由图 4-1（b）可以看出，UHPC 在掺加了铁尾矿粉的基础上，掺加部分铁尾矿砂来替代原 UHPC 中的细骨料的试验组 K5～K7 组的试验数据呈现出一个与 K1～K4 组截然不同的结果。在掺加了铁尾矿粉的 UHPC 中掺加铁尾矿砂对其流动性产生了正面影响：UHPC 在掺加了铁尾矿粉的基础上继续掺加铁尾矿砂，其流动性会随着掺加铁尾矿砂的比率上升而提高，但提高的速率会随着掺加量的上升而逐渐减小。出现这种现象的原因是：铁尾矿砂相较于普通河砂，吸水性能减弱，使得掺加尾矿砂的混凝土的含水量提高。并且由于掺铁尾矿砂混凝土的相关规范要求，需掺加部分机制砂或天然砂组合形成混合砂，这使得铁尾矿混合砂的粒径更为合理，这也在一定范围内提升了 UHPC 的流动度。最后，当铁尾矿砂的掺加量增大到一定程度后，上述原因对 UHPC 造成的影响也逐渐减小，使得 UHPC 的流动性增加速率逐渐降低。

4.3.2 掺铁尾矿粉/砂混凝土的抗压性能

掺合料的颗粒级配、纤维的掺量、水泥的种类、养护条件、纤维的种类、水胶比等都是影响 UHPC 抗压强度的重要因素。在本次试验中，根据 4.2.2 的配合比进行混合获得新拌 UHPC。按照蒸汽养护的相关规范，采用最高温度 60 ℃、总持续时间 72 h 的蒸汽养护方法对新拌 UHPC 进行养护，制备 100 mm×100 mm×100 mm 的 8 组试样，每组三个试样。对每组试样进行抗压强度测试，取平均强度作为混合物的抗压强度，测试结果见图 4-2 所示。

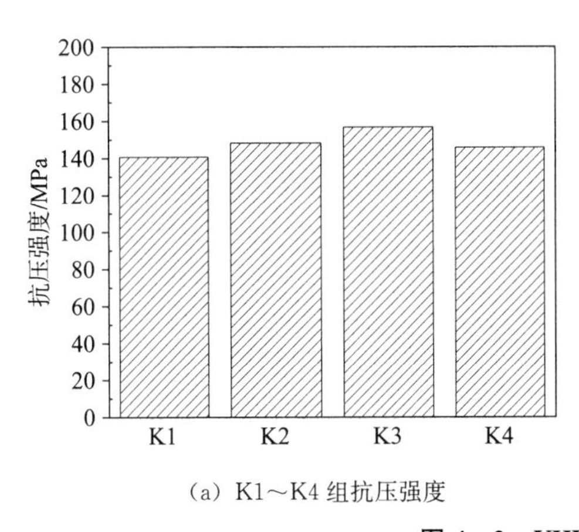

(a) K1～K4 组抗压强度

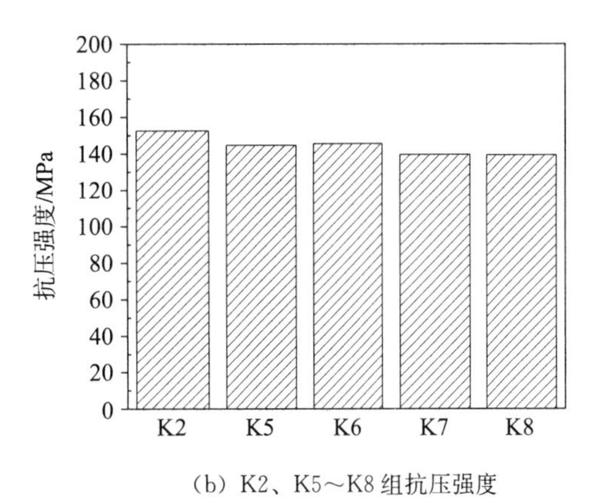

(b) K2、K5～K8 组抗压强度

图 4-2 UHPC 抗压强度统计图

由图 4-2（a）可知，单掺铁尾矿粉的试验组 K1～K4 的抗压强度整体呈现出先增大后减小的趋势，但即使是单掺铁尾矿粉量最大的 K4 的抗压强度，仍大于对照组 K1 的抗压强度。造成该现象的原因是：掺入的铁尾矿粉会优化混凝土内部微观结构，使得试验组的 UHPC 试样的抗压强度有了一定幅度的提升。另外，掺入的铁尾矿粉自身也会进行火山灰反应，也在一定程度上弥补了替代的那部分水泥水化反应提供的抗压强度。以上两点原因共同作用，是试验组 K2 与 K3 抗压强度增大的主要原因。但过量地掺入铁尾矿粉则会反过来抑制 UHPC 试样抗压强度的增长。这是因为掺入过量的铁尾矿粉，UHPC 中铁尾矿粉对混凝土内部微观结构的优化以及其自身火山灰反应提供的那部分抗压强度已不足以抵消替代的那部分水泥本身水化反应提供的抗压强度，这也是 K4 组 UHPC 抗压强度相对于 K3 组 UHPC 抗压强度下降的主要原因。

由图 4-2（b）可知，复掺铁尾矿粉与铁尾矿砂的试验组抗压强度整体上呈现出小幅度下降的趋势，当铁尾矿粉掺量为 10%，铁尾矿砂掺量大于 75%时，UHPC 的抗压强度保持在 139 MPa 左右不再变化。试验组抗压强度整体出现小幅度下降的原因是：铁尾矿在经历了一系列的选矿工艺后加工为铁尾矿砂，在强度方面有了一定的提升，但总体上强度仍略低于河砂。另外，因为选矿工艺问题，铁尾矿砂内部裂缝与缺陷增多，容易在内部发生破坏，表现在宏观上则是铁尾矿砂呈现出脆性特征。综合表现为 UHPC 抗压强度有限度的下降，在大替代率时 UHPC 抗压强度保持稳定的结果。

4.3.3 掺铁尾矿粉/砂混凝土的弯曲韧性

影响 UHPC 抗折强度的因素有骨料级配、养护条件和纤维等。纤维对 UHPC 的抗折强度影响最大，长度直径比、纤维类型和添加剂的数量都对抗折强度有着较大的影响。在本次试验中，根据 4.2.2 的配合比进行混合获得新拌 UHPC。按照蒸汽养护的相关规范，采用最高温度 60 ℃、总持续时间 72 h 的蒸汽养护方法对新拌 UHPC 进行养护，制备 100 mm×100 mm×400 mm 的 8 组试样，每组三个试样。对每组试样进行抗折强度测试，取平均强度作为混合物的抗折强度，测试结果见图 4-3。

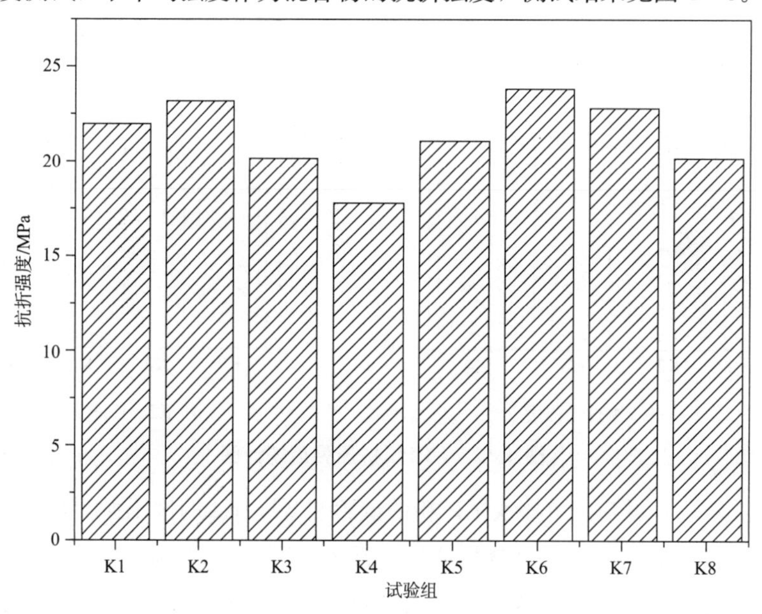

图 4-3 UHPC 抗折强度统计图

基于 K1～K4 的试验测试结果，分析得出掺入 10%铁尾矿粉的 K2 组具有较高的抗折强度，并在后续的 K5～K8 组的配合比设置中，采用掺量为 10%的铁尾矿粉替代水泥，并设置了 4 种铁尾矿砂掺量（25%、50%、75%和 100%）替代基础配合比中的石英砂，研究铁尾矿砂的掺入对铁尾矿 UHPC 抗折强度的影响。通过试验发现，随着铁尾矿粉的掺量的增加，铁尾矿 UHPC 的抗折强度先增加后减小，在 10%铁尾矿粉的掺量下，抗折强度可达 23.2 MPa。但当铁尾矿粉掺量达到 30%时，抗折强度下降到 17.8 MPa，可见 10%的铁尾矿粉的掺入，可以一定程度提高铁尾矿 UHPC 的材料性能。随后，在铁尾矿粉掺量为 10%的铁尾矿 UHPC 中，继续采用铁尾矿砂替代基础配合比中的石英砂材料，试验发现，随着铁尾矿砂掺量的增加，铁尾矿 UHPC 的抗折强度呈先增大后减小的趋势，在 50%的铁尾矿砂掺量下，铁尾矿 UHPC 的抗折强度达 23.8 MPa，但当铁尾矿砂全部替代石英砂后，其抗折强度下降到 20.2 MPa。

4.3.4　掺铁尾矿粉/砂混凝土的劈裂抗拉性能

在本次试验中，根据 4.2.2 的配合比进行混合获得新拌 UHPC。按照蒸汽养护的相关规范，采用最高温度 60 ℃、总持续时间 72 h 的蒸汽养护方法对新拌 UHPC 进行养护，制备 100 mm×100 mm×100 mm 的 8 组试样，每组三个试样。对每组试样进行劈裂抗拉强度测试，取平均强度作为混合物的劈裂抗拉强度，测试结果见图 4-4。

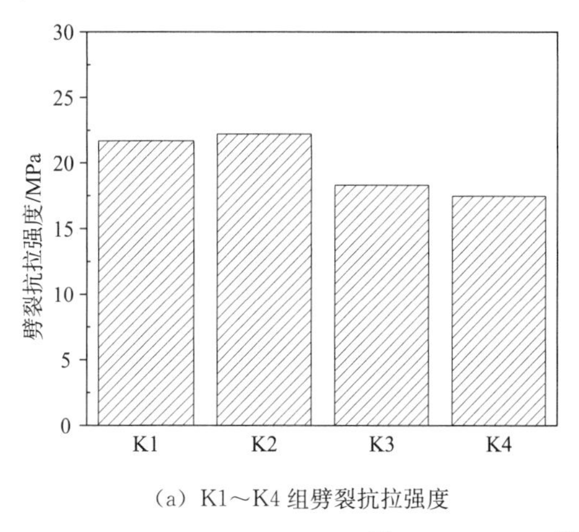

（a）K1～K4 组劈裂抗拉强度

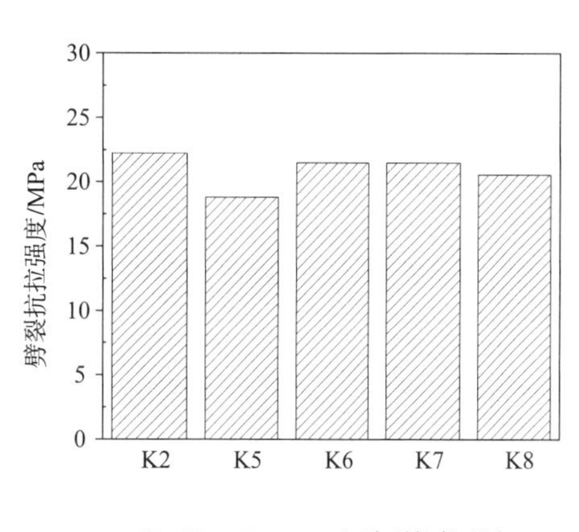

（b）K2、K5～K8 组劈裂抗拉强度

图 4-4　UHPC 劈裂抗拉强度统计图

由图 4-4（a）可知，单掺铁尾矿粉的试验组 K1～K4 组的劈裂抗拉强度整体呈现出先保持不变后小幅下降的趋势，并在铁尾矿粉的掺加量大于等于 30%时保持在 18 MPa 左右。出现这种现象的原因是：在 UHPC 中掺加的铁尾矿粉与基体纤维联系并不紧密，使得 UHPC 内部出现若干裂缝。当 UHPC 试件进行试验时，试件会沿着裂缝劈裂，使得试件劈裂抗拉强度出现小幅降低。

由图 4-4（b）可知，复掺铁尾矿砂和铁尾矿粉的试验组 K5～K8 组的劈裂抗拉强度始终稳定在 20 MPa 左右轻微波动。这反映出掺铁尾矿砂并不能改变 UHPC 的劈裂抗拉性能，铁尾矿砂对 UHPC 的劈裂抗拉强度影响不大。

4.3.5 掺铁尾矿粉/砂混凝土的干燥收缩性能

自收缩是指混凝土在干燥环境，由于水泥基材料体系内部相对湿度的降低而所致的收缩变形。根据 Panda 等[41]的研究，普通混凝土的极限自收缩应变最大仅为 100×10^{-6} 微应变，因此从实用角度出发可忽视其影响，而只需考虑干燥收缩的作用。而高强混凝土因为胶凝材料用量大、水灰比小，表现出的自收缩更早、更快、更明显。有关文献[42]证实高强混凝土的干燥收缩远小于自收缩（大约为 3∶7），而高强混凝土的自收缩在初始阶段急剧增加，尔后随时间慢慢增大，90%以上的自收缩都发生在前 28 d，因此对于干燥条件下的高强混凝土必须同时考虑自收缩和干燥收缩。

在本次试验中，根据 ASTM C157 标准选用 25.4 mm×25.4 mm×160 mm 棱柱试样来测量干燥收缩率。每个棱柱都装有 DEMEC 量规，并使用多长度千分表测量收缩应变。在整个收缩监测期间，将试样置于正常实验室条件下（温度 21～24 ℃和湿度约 40%），并蒸汽固化 3 d 后测量干燥收缩率。之后，将试样转移到温度为 20 ℃±2 ℃和相对湿度为 50%±5%的控制室中，直到测试时间，在空气中干燥 1 d、3 d、7 d、14 d、28 d、45 d、60 d、90 d 和 120 d 后测定收缩值，称为干燥收缩率。试验结果如图 4-5 所示。

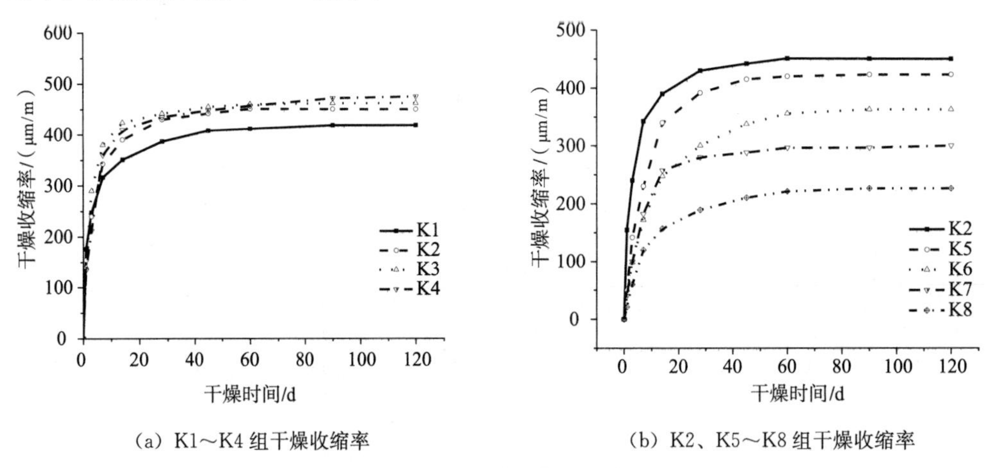

(a) K1～K4 组干燥收缩率　　(b) K2、K5～K8 组干燥收缩率

图 4-5 UHPC 干燥收缩率统计图

根据图 4-5（a）可以发现，K1～K4 四组试样在前 12 h 时，就已经完成了大半部分的自收缩量，此时的自收缩量占到了总收缩量的 70%以上，并且在 24 h 时自收缩量已达到总收缩量的 90%以上。此时 UHPC 试样已基本完成了自收缩。另外，根据图中的各组曲线的位置关系可知铁尾矿粉掺量基本与 UHPC 自收缩量呈正相关关系。随着铁尾矿粉掺量的增加，UHPC 自收缩量也在小幅度地增加。出现这种现象的原因是：在试验初期时 UHPC 试件仍处于塑性阶段，此时的变形主要源于胶凝

材料水化产生的化学减缩和自收缩。尽管凝结以前胶凝材料的水化程度相对较小，但试件变形的能力较大，因此表现出早期自收缩发展速率很快且自收缩值较大。当初始结构形成之后，体系内部相对湿度降低，干燥收缩开始逐渐发展，虽然水化反应较之前得到加强，但试件的变形能力由于受到自身结构的限制而减弱，相应的自收缩速率逐渐降低，同时自收缩值几乎维持不变。UHPC 自收缩主要集中在前 12 h，之后试件的自收缩值变化较小。另外，因为铁尾矿粉的掺入，降低了水泥的密度，虽然水化反应得到了加强，但还是会部分影响 UHPC 自收缩量，使得试件自修复量降低。

根据图 4－5（b）可知，K2、K5～K8 组的自收缩曲线在整体上呈现出与 K1～K4 组相同的变化规律，均表现为前 12 h 完成自收缩 70％的收缩量，在 24 h 时基本完成自收缩。另外，根据图中曲线的变化趋势可知在掺加了铁尾矿粉的基础上，掺加铁尾矿砂可以有效减小试验组 UHPC 的自收缩量，最大可减小将近一半的收缩量。

4.3.6 掺铁尾矿粉/砂混凝土的水化热

混凝土水化反应包括升温和降温两个过程，为区分探究两个过程对 UHPC 的影响，以水化反应起始为初始状态，当水化反应达到温度峰值时为转折状态，而水化反应结束时为最终状态。在本次试验中，根据 4.2.2 的配合比进行混合获得新拌 UHPC。按照蒸汽养护的相关规范，采用最高温度 60 ℃、总持续时间 72 h 的蒸汽养护方法对新拌 UHPC 进行养护，制备 4 组试样，对每组试样进行水化反应测试，测试结果见图 4－6。

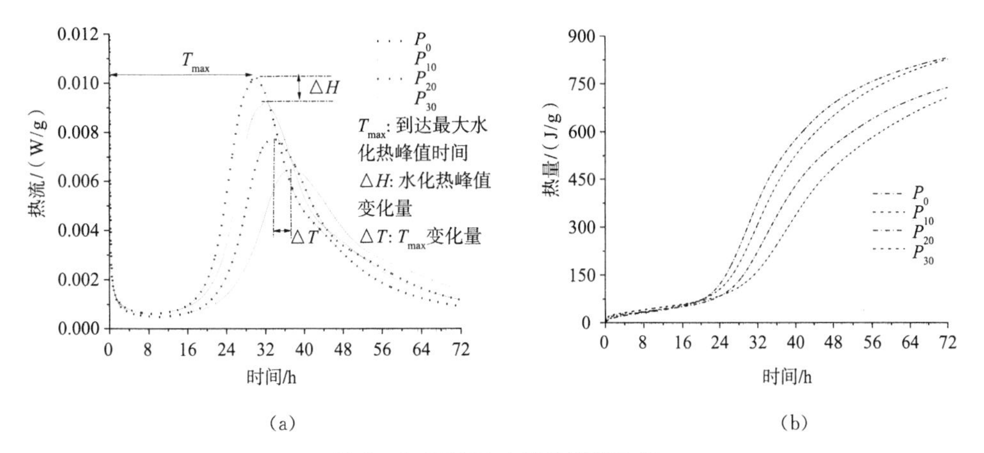

图 4－6 UHPC 水化热测试结果

由图 4－6（a）可知，整体上所有试验组的 UHPC 试件的水化反应主要发生在最初的 48 h 内。试验组 UHPC 到达最大水化热峰值的时间与铁尾矿粉掺加量呈正相关，随着铁尾矿粉掺加量的增加而不断延长。值得注意的是，随着铁尾矿粉掺加量的提高，试验组最大水化热峰值不断降低，曲线形状逐渐由高窄变得矮宽。这意味着铁尾矿粉的掺加使得 UHPC 中水泥的掺量减小，而掺入的铁尾矿粉相较于水泥来说活性更低，使得 UHPC 整体水化反应量减小，最大水化热峰值不断降低，这同时也在图 4－6（b）中得到了验证。另外，由于水泥掺量减小导致水泥密度减小，使得 UHPC 整体上的水化反应速率较低，这也是为什么到达水化热峰值的时间随着铁尾矿粉掺加量的增加而增长的主要原因。

4.4 掺铁尾矿粉/砂混凝土的环境可持续性评价

矿产资源是我国能源以及原材料的主要来源[43]。现代工业能否稳定运行，直接决定了一个国家的整体发展能否保持稳定，而要想维持工业稳定的局面不被破坏，就应该首先确保工业原料尤其是矿产资源的稳定供应。矿产资源的稳定供应，关系到工业生产中必需的主要原材料以及能源和消耗品的供给[44]。上述相关产品，无一例外都是通过矿产资源加工而得来的，且在各行各业中广泛使用。另外，矿产资源大多集中于偏远地区，也使得矿产资源的开发成为当地政府发展经济的首选方案。在上述诸多因素影响下，随着科学技术的进步，矿产资源的开采活动快速扩张。但在矿山开采的整个过程中，不可避免地产生部分尾矿无法处理，且伴随着矿石产量的提升以及大量贫矿的开采，尾矿产量也在急速增长，尾矿处理已逐渐成为矿山生产过程中一个棘手的问题。

根据《中国资源综合利用年报（2014）》[45]显示，截至 2013 年底，全国共有 1 146 亿吨的尾矿砂存放在尾矿库。国内矿山平均每年产出 16 亿吨尾矿砂，其中铁尾矿砂约 5.7 亿吨，占全部生产量的三分之一，成为堆存量最大的工业固体废料之一。尾矿的堆存也带来了很多问题[46]：

（1）尾矿库占用了大量土地。近年来，随着矿山生产量的提高，产生的尾矿砂量大幅提高。尾矿砂产量的增大，迫使企业将大量的尾矿砂存储于尾矿库，并伴随着旧尾矿库容量的饱和，不断建立新尾矿库来储存尾矿砂。这必然导致矿山企业不断寻找新地来存储尾矿砂。

（2）尾矿在选矿过程中吸附的化学药剂会污染环境。我国虽然矿产资源丰富，但矿石品位普遍较低。为了在开采得到的矿石中采集所需元素，需要使用各类化学药剂对矿石进行选矿。此类化学药剂在选矿完毕后，会不可避免地残存部分在尾矿砂中，随着尾矿砂堆积在尾矿库内，化学药剂在尾矿经历风雨侵蚀后会渗入土地之中，甚至渗入地下水中，影响当地的生态环境。

（3）随着尾矿库堆存量的提高、使用年限的增加，尾矿库的安全性逐渐下降。一般情况下，尾矿库会被企业布置在人员稀少的地段。但由于我国人口众多，人口密度大，尾矿库无论如何布置也无法避免对当地人民生活产生影响。并且伴随着使用年限的增加，尾矿库自身的安全问题也愈发严重，对当地人民的生命安全造成了严重威胁。

因此，国家对尾矿的治理非常重视：1992 年，我国在《中国 21 世纪议程》等文件中就将尾矿处置、管理等列入优先执行的项目计划之中，这标志着我国将矿山尾矿资源综合利用与开发摆在了非常重要的位置[47]；将加强工业固体废物治理、优化尾矿资源再利用与促进循环经济列入国家“十三五”规划中，受到了各级政府与部门的重视；2010 年，工业和信息化部、科学技术部、自然资源部、国家安全生产监管管理总局等有关部门组织编制了《金属尾矿综合利用专项规划（2010—2015）》和《金属尾矿综合利用先进适用技术简介》，介绍了当前 51 种应用较为成熟的尾矿回收技术[48]。

对尾矿特别是铁尾矿进行利用，将废物变废为宝，创造新价值，进而提高废物资源循环能力并降低生产成本，可以有效减少尾矿砂对环境造成的危害。铁尾矿属工业固体废物，堆存量巨大，严重危害生态环境，随着工业的发展，排放量逐年上升。若将铁尾矿作为混凝土原材料，既降低了铁尾矿造成的危害，又缓解了环境压力，同时也节约了材料成本，符合“绿色可持续”的发展理念。

目前，随着我国钢铁产业的蓬勃发展，我国钢铁行业已经处于国际领先水平，但随之而来的便是环境问题的日益严重，铁尾矿的大量堆积不仅占用了土地，而且不利于矿业的可持续性发展[49-51]。

如今，如何将尾矿作为一种资源有效利用，已经成为世界性难题。世界各地的科研人员致力于尾矿综合利用的研究，从尾矿资源的再回收、再利用到将尾矿作为填充材料、再到将尾矿进行一定的物理处理后作为建材和胶凝材料[52,53]。在利用铁尾矿库复垦植被以及利用尾矿制作建筑材料等方面均已取得一定的成果。但其中有许多不尽如人意的地方，利用尾矿再选和回收有价元素，尽管可以提高资源的回收率，但是尾矿本身某些元素的含量不高而且成分复杂，这些因素提高了回收成本，使提取工艺变得更加复杂且效率低下，即使成功解决上述问题，以后需回收利用的尾矿仍然很多，并不能根本性地解决问题，达到减量化的目的。因此，利用铁尾矿制作建筑材料，既利用了废物、节约了资源，又减少了环境污染，同时尾矿利用率高、用量大，是实现尾矿彻底利用的有效途径。但利用过程中因为尾矿活性低，掺量高时会降低建筑材料的力学性能，因此激发尾矿活性，增加添加量，实现其大宗利用，对于发展矿山循环经济，实现节能减排，促进矿产业的可持续发展具有十分重要的意义[54,55]。目前，将铁尾矿运用于沥青混合料也是一项可以探讨的可持续方案，铁尾矿中存在一些密度和硬度较低的矿物，其解理性好，但材料本身对沥青的黏结性能存在不利影响，虽铁尾矿的常规物理性能不如天然集料，但可以满足规范要求，在技术上易于实现[56]。

参考文献

[1] 陈忠仕. 低成本 UHPC 性能研究与工程应用 [C] //江西省土木建筑学会，江西省建工集团有限责任公司. 第 28 届华东六省一市土木建筑工程建造技术交流会论文集. 北京：《城市建筑空间》编辑部，2022：4.

[2] 张舒. 新型建筑材料实现城市园林与道路绿化的可持续发展研究 [J]. 建材发展导向，2023，21 (24)：15 - 17.

[3] 吴振兵. 绿色建筑材料在建筑工程施工中的应用 [J]. 工程与建设，2022，36 (3)：825 - 826.

[4] 李亚民，黄凌云，李汶交，等. 有色金属矿山尾矿资源化利用研究进展 [J]. 矿冶，2023，32 (4)：93 - 103.

[5] 刘兴，张延年，崔长青，等. 铁尾矿基多元固废混凝土强度及孔结构研究 [J]. 新型建筑材料，2024，51 (4)：100 - 105.

[6] 刘璇，张强，李有仓. 我国铁尾矿综合利用途径的研究进展 [J]. 商洛学院学报，2024，38 (2)：51 - 58.

[7] 牟志财，吕南，张双成. 铁尾矿砂混凝土的结构力学性能研究 [J]. 工程机械与维修，2024 (3)：64 - 66.

[8] 梁志鹏，孙畅，毕万利，等. 高硅型铁尾矿机械活化效果及机理研究 [J]. 硅酸盐通报，2022，41 (8)：2810 - 2818.

[9] 张延年，刘柏男，顾晓薇，等. 铁尾矿多元掺合料机械活化机理 [J]. 沈阳工业大学学报，2022，44 (1)：95 - 101.

[10] 张平. 利用机械活化法对我国磷矿进行优选的研究 [D]. 海口：海南大学，2014.

[11] 顾晓薇，殷士奇，张伟峰，等. 机械活化对铁尾矿火山灰活性的影响 [J]. 东北大学学报 (自然科学版)，2022，43 (8)：1168 - 1175，1200.

[12] 陈建康. 超高性能混凝土 (UHPC) 力学性能研究进展 [J]. 中国科学：物理学 力学 天文学，2024，54 (5)：148 - 167.

[13] 卫军，张晓玲，赵霄龙. 混凝土结构耐久性的研究现状和发展方向 [J]. 低温建筑技术，2003 (2)：1 - 4.

[14] 陈亚豪，贺雄飞，陆伟宁，等. 超高性能混凝土性能试验研究进展综述 [J]. 山西建筑，2024，50 (8)：122 - 128.

[15] 杜衡. 绿色环保型钢渣 UHPC 的制备与性能研究 [D]. 武汉：武汉工程大学，2022.

[16] 赵筠，廉慧珍，金建昌. 钢-混凝土复合的新模式：超高性能混凝土 (UHPC/UHPFRC) 之四：工程与产品应用，价值、潜力与可持续发展 [J]. 混凝土世界，2014 (1)：48 - 64.

[17] 王鹏刚，高义志，陈际洲，等. 新拌低水胶比水泥浆体流变性能影响因素及流变参数预测方法 [J]. 复合材料学报，2024，42：1 - 10.

[18] 陈翠翠，张倩倩，杨勇，等. 减水剂种类对低水胶比水泥浆体静动态流变性能的影响 [J]. 江苏建材，2023 (3)：18 - 20.

[19] 李港来，史才军，吴泽媚，等. 低水胶比水泥基材料后续水化的研究进展 [J]. 硅酸盐通报，2021，40 (10)：3316 - 3325.
[20] 王朝阳. UHPC的组成设计及其流变特性研究 [J]. 江西建材，2020 (增刊1)：38 - 42.
[21] 王晨，张瑞，葛文杰，等. 经济环保型超高性能混凝土力学性能试验研究 [J]. 建筑技术，2024，55 (1)：102 - 107.
[22] 温聪聪. 环保型粗骨料超高性能混凝土制备与性能研究 [J]. 市政技术，2023，41 (3)：35 - 39，145.
[23] 王威，刘润清，商晓阳. 超高性能混凝土的石英砂级配效应研究 [J]. 混凝土，2024 (1)：128 - 133.
[24] 陈国新，邢有红，黄国泓，等. 磨细河砂与粉煤灰混掺在碾压混凝土中的应用研究 [J]. 水力发电，2009，35 (1)：27 - 29，70.
[25] 赵寅山，张小兵. 超疏水铁尾矿石的制备及其对混凝土性能的影响 [J]. 混凝土与水泥制品，2023 (8)：97 - 100.
[26] 申铁军. 铁尾矿渣代换碎石用于水泥混凝土的可能性研究 [J]. 青海交通科技，2021，33 (3)：150 - 158.
[27] 田帅，张功，胡文静，等. 铁尾矿石骨料特征及在混凝土中的应用实验研究 [J]. 辽宁科技大学学报，2021，44 (4)：294 - 301.
[28] 卜娜蕊，马相楠，白润山，等. 铁尾矿石混凝土的现状及发展 [J]. 建材与装饰，2017 (5)：191 - 192.
[29] 任才富，王奕仁，王栋民，等. 铁尾矿石透水性混凝土制备及性能研究 [J]. 混凝土，2017 (5)：137 - 139，148.
[30] 宋裕增，刘淑婷，蔡基伟，等. 铁尾矿砂混凝土的和易性与强度特点 [J]. 工程质量，2009，27 (6)：62 - 65.
[31] 白润山，闫彭亮，张会芳，等. 铁尾矿在混凝土中的应用研究进展 [J]. 河北建筑工程学院学报，2015，33 (4)：1 - 4.
[32] SHETTIMA A U，HUSSIN M W，AHMAD Y，et al. Evaluation of iron ore tailings as replacement for fine aggregate in concrete [J]. Construction and Building Materials，2016，120：72 - 79.
[33] 杨如仙，刘书程，朱志刚. 铁尾砂细集料配制喷射混凝土的试验研究 [J]. 中国港湾建设，2021，41 (9)：34 - 38.
[34] 牟志财，吕南，张双成. 铁尾矿砂混凝土的结构力学性能研究 [J]. 工程机械与维修，2024 (3)：64 - 66.
[35] 王艳艳，朱月雷，丁益，等. 铁尾矿砂替代率对混凝土性能的影响 [J]. 安徽建筑，2023，30 (9)：102 - 103，109.
[36] 朱志刚，李北星，周明凯，等. 铁尾矿砂应用于混凝土的可行性研究 [J]. 武汉理工大学学报（交通科学与工程版），2016，40 (3)：428 - 431，436.
[37] 史波，何旺. 铁尾矿砂超高性能混凝土的冻融循环耐久性分析 [J]. 金属矿山，2022 (12)：

65－69.

[38] 穆创国. 铁尾矿改性超高性能混凝土强度和渗透性研究 [J]. 粉煤灰综合利用，2021，35（6）：68－72，136.

[39] 朱志刚，李北星，周明凯. 梯级粉磨铁尾矿制备超高性能混凝土的研究 [J]. 功能材料，2015，46（20）：20043－20047.

[40] 王宏，王丹丹，朱平，等. 胶砂比对 UHPC 高温力学性能及微观结构的影响 [J]. 混凝土与水泥制品，2022（7）：14－19.

[41] PANDA S，ZADE N，SARKAR P，et al. Chemical durability evaluation of copper grit aggregate concrete against Alkali-Silica-Reaction，carbonation and chloride penetration [J]. Journal of Building Engineering，2024，87：109040.

[42] 杨硕，陈铁军，陈永亮，等. 高钙铁尾矿对多孔陶瓷烧结温度和性能的影响 [J]. 非金属矿，2024，47（2）：37－41，46.

[43] 张杰西，赵斌，房彬. 我国铁尾矿排放现状及综合利用研究 [J]. 再生资源与循环经济，2015，8（9）：5.

[44] 张晨曦. 巴彦哈尔尾矿库稳定性分析及安全评估研究 [D]. 阜新：辽宁工程技术大学，2020.

[45] 国家发展和改革委员会. 2015 年循环经济推进计划：发改环资〔2015〕769 号 [J]. 中国资源综合利用，2015，33（4）：2－6.

[46] 尹韶宁，张智强，余林文. 铁尾矿砂砂浆力学性能和收缩性能研究 [J]. 硅酸盐通报，2019，38（6）：7.

[47] 向鹏成，谢英亮. 尾矿利用的经济性潜力分析 [J]. 矿产保护与利用，2002（1）：50－54.

[48] 陈甲斌，李瑞军，余良晖. 铜矿尾矿资源调查评价方法及其应用 [J]. 自然资源学报，2012，27（8）：9.

[49] 郑金姝. 铁尾矿砂配制普通砂浆和节能砂浆的应用技术研究 [D]. 泉州：华侨大学，2010.

[50] 张锦瑞. 金属矿山尾矿资源化 [M]. 北京：冶金工业出版社，2014.

[51] 李继芳，刘向阳. 铁尾矿在新型干法水泥生产线上的应用 [J]. 新世纪水泥导报，2005，11（4）：3.

[52] 许发松. 尾矿砂石在混凝土中的研究与应用 [J]. 商品混凝土，2006（3）：7.

[53] 崔伟勇，张覃，邱跃琴，等. 捕收剂 GJBW 作用下胶磷矿浮选动力学研究 [J]. 化工矿物与加工，2015，44（1）：4.

[54] 冬莲，汪桥，曹先敏，等. 胶磷矿磨矿特性对浮选效果影响研究 [J]. 非金属矿，2014，37（6）：3.

[55] 王永龙. 微细粒胶磷矿浮选行为与机理研究 [D]. 武汉：武汉科技大学，2014.

[56] 李若兰，金弢，何海涛，等. 澳大利亚某硅质胶磷矿浮选试验研究 [J]. 化工矿物与加工，2013，42（10）：5.

第 5 章　掺铸造废砂混凝土

5.1　引言

5.1.1　铸造废砂的成分与特点

废砂高性能纤维混凝土作为近 30 年来最具创新性的建筑材料，在未来必将成为材料领域热门研究的方向之一[1]。天然砂是废砂高性能纤维混凝土的主要原材料之一，目前我国面临砂资源短缺问题，且过度开采会危害自然环境，因此寻找环保且成本低廉的天然砂替代品是一个重要的研究方向。

我国每年废弃材料产量巨大，种类众多，如废弃橡胶、废弃玻璃、废弃混凝土等，将其用于混凝土制备，不仅可以缓解废弃材料对环境带来的巨大压力，保护环境，还可以降低混凝土生产成本，具有良好的环境效益与经济效益[2]。研究表明，采用铸造废砂替代细骨料制备混凝土，具有一定可行性，且在控制替代率的前提下，所制备出的混凝土性能相比普通混凝土还会有一定提升[3,4]。

铸造废砂的化学成分主要为 SiO_2，并伴随有少量的 Al_2O_3 和 Fe_2O_3 等杂质。此外还含有极少量的 MgO、CaO、SO_2、SO_3、Na_2O、TiO_2。铸造废砂的环境化学特征主要包括有毒、有害重金属与有机物的含量及其可能的环境危害。这些微量物质主要来自于胶结材料和熔融金属：随着高温接触和冷热循环，高温熔化的黑色金属和有色金属与铸造废砂熔合在一起，导致铸造废砂颗粒表面附着有毒有害金属；胶结材料发生分解，致使其中的有害成分滞留在铸造废砂的表面和开放的空隙中。铸造废砂原料为天然硅砂，其常量组分主要有硅、铝、铁、钙、镁等，同时还含有一些微量元素，如铜、锰、镍、铬、铅、锌等重金属元素。由于在使用过程中添加黏土、树脂、碳粉等成分，使得铸造废砂的成分变得复杂和多样。铸造废砂及尾矿砂的主要成分为SiO_2，煤粉废砂、水玻璃废砂中二氧化硅的含量分别达到了81.82%和88.86%，对于含量差异较大的其他成分，三氧化二铝在铸造废砂（黑砂）中的含量为5.39%，在铸造废砂（黄砂）中的含量为1.47%。究其原因为：铸造废砂（黑砂）在铸造成型过程中的黏结剂为黏土，黏土中三氧化二铝的含量较高；铸造废砂（黄砂）在成型过程中的黏结剂为水玻璃，其主要成分为硅酸钠。两种铸造废砂的其他成分的含量较接近。尾矿砂的SiO_2含量达到了54.56%，可见两种铸造砂虽然外观差别较大，其实际主要成分为硅砂。尾矿砂虽然是铁尾矿，但其含铁量并不高。黑砂中由于含有碳粉，因此烧失量较黄砂要大。尾矿砂中由于CaO含量较高，因此烧失量较大，但不影响作为水泥胶砂细集料的使用[3,4]。

铸造废砂技术特点在一定程度上取决于铸造砂的技术参数和铸造工艺过程。按矿物组成不同，铸造砂可分为石英砂和特种砂两大类，其中的石英砂俗称硅砂，主要化学成分为SiO_2，根据其粒度和加工工艺不同，又可分为天然硅砂、精选天然硅砂和人工硅砂三种[5]。为提高铸件产量和铸造效率，在铸造过程中一般都会掺用水玻璃和酚醛树脂等黏结剂，从而改变了铸造废砂的表面形态和化学组成。铸造砂在铸造过程中经历了一系列打磨、洗铸和落砂等铸造工序，改变了铸造废砂的粒径和形貌。铸造废砂技术特点主要表现为：粒径较小，细度模数小，颗粒级配较差，一般属于细砂或特细砂，比表面积较大，具有较大的吸水性，其表面一般包裹着一层惰性膜（主要成分为硅酸钠）[3,4]。

铸造废砂颗粒粒径较小，且具有棱角形状，纹理粗糙，表面有很多铸造过程中残留的灰烬、化学黏结剂等杂质，以及高温导致铸造废砂内部黏结断裂，形成一些细小的破碎颗粒。如图5-1所示，为铸造废砂的SEM图片。

图5-1 铸造废砂的SEM图片

5.1.2 铸造废砂的来源与用途

铸造工艺是将金属材料熔化成液体，再浇入预先制作好的铸型中，待其凝固冷却后，获得具有一定形状、尺寸和性能的各种铸件，图 5－2 为铸造废砂的形成过程。铸造用模具使用型砂制作，型砂一般由优质硅砂和黏结剂组成，黏结剂作用为将硅砂粘在一起，以保持其形状。在铸造完成后，会产生大量旧砂，这部分旧砂通常被回收再利用，直到它的性能退化到不可能进一步使用的程度，之后它就从铸造厂被丢弃。这种被丢弃的材料称为铸造废砂。虽然我国铸造废砂的回收率已经达到了 80%～90%，但是全国每年铸造废砂仍大约有 1 000 万吨。当前对铸造废砂的资源化再生利用还处于探索阶段，大部分仍以堆放闲置为主，对当前社会日益紧张的有限资源是一种极大的浪费，且还将引起环境污染，因此探寻铸造废砂的资源化再生利用方法，已成为当前亟待解决的技术难题。

（a）铸造模具　　（b）砂型铸造　　（c）铸造废砂

图 5－2　铸造废砂的形成过程

有研究表明，铸造废砂本质上是经过一定处理的天然砂，因此采用铸造废砂部分或完全替代天然河砂制备混凝土具有一定可行性，在控制替代率的前提下，所制备出的混凝土的力学性能、耐久性能相比普通混凝土更加优异，说明采用铸造废砂替代细骨料是对其资源化利用的合理方式之一。废砂高性能纤维混凝土作为桥梁建造材料是未来发展的热门方向之一，其原材料较为昂贵，因此采用废弃材料替代细骨料制备废砂高性能纤维混凝土将是未来的热门研究方向之一。目前，还没有关于采用铸造废砂替代细骨料制备废砂高性能纤维混凝土的研究，由于将铸造废砂掺入普通混凝土中可以提高其性能，因此将铸造废砂掺入废砂高性能纤维混凝土中有望在一定程度上提升其性能。基于上述原因，本研究计划对铸造废砂部分替代细骨料后对废砂高性能纤维混凝土性能的影响规律进行一定探讨，分析铸造废砂用于废砂高性能纤维混凝土制备的可行性，为铸造废砂的资源化利用提供新的途径。

5.1.3 铸造废砂制备混凝土的研究现状

5.1.3.1 国内研究现状

截至目前，国内关于铸造废砂在混凝土中的应用主要集中在使用铸造废砂替代细骨料制备混凝土或水泥。2013 年，谢一飞等[5]在实验中选用已处理和未经处理的铸造废砂替代传统工艺中的天然砂制备混凝土，并且研究团队将铸造废砂处理后的混凝土性能与基准混凝土做了对比分析，实验结果中我们可以看出，与对照组的基准混凝土相比，当天然砂被未处理的铸造废砂替代时，随着铸造废砂替代率的提高，混凝土的流动性总体呈现下降趋势，同时，混凝土抗压强度也呈现下降趋势。用已处理的铸造废砂替代天然砂进行性能测试时，随着铸造废砂替代率的提高，其流动度与抗压强度的变化趋势与掺入未经处理的铸造废砂时相同，但抗压强度有所提高，然而，仅仅将天然砂中的细砂取代时，混凝土的抗压强度基本不受影响。

2014 年，沈淑霞[6]将铸造废砂以一定比例作为细骨料替代天然砂进行混凝土各项试验，试验结果表明铸造废砂在铸造过程中残留下来的黏结剂会对试验成果产生较大的影响。铸造废砂在铸造过程中使用的黏结剂为水玻璃，水玻璃的主要成分为硅酸钠，化学式为 $Na_2SiO_3 \cdot 9H_2O$，在 100 ℃的温度下会失去 6 个结晶水，铸造过程中温度很高，水玻璃会失去大部分结晶水，在混凝土拌和时，水玻璃分子会吸收水分形成硅酸钠水溶胶。同时，水玻璃对水的争夺导致水化反应受阻，混凝土本身的强度、韧性等力学性能无法得到充分释放。

2018 年，巫昊峰[7]研究了铸造废砂对硬化混凝土强度和耐久性的影响，试验结果如图 5－3 所示，铸造废砂混凝土抗压强度随着龄期增长而增大，并未出现强度下降回缩的现象。但与天然砂制备的传统混凝土相比，铸造废砂混凝土抗压强度在龄期为 3 d、28 d、90 d 时降低幅度分别为 31%、11%、6%。因此得出结论，铸造废砂的加入会显著降低混凝土早期抗压强度，但随着时间的增长，混凝土抗压强度又出现大幅度的增加，进而逐渐接近基准混凝土的强度。出现这种情况的原因在于，铸造废砂表面的惰性膜和有害杂质经过热碱溶液浸泡处理之后会被部分消除，但其

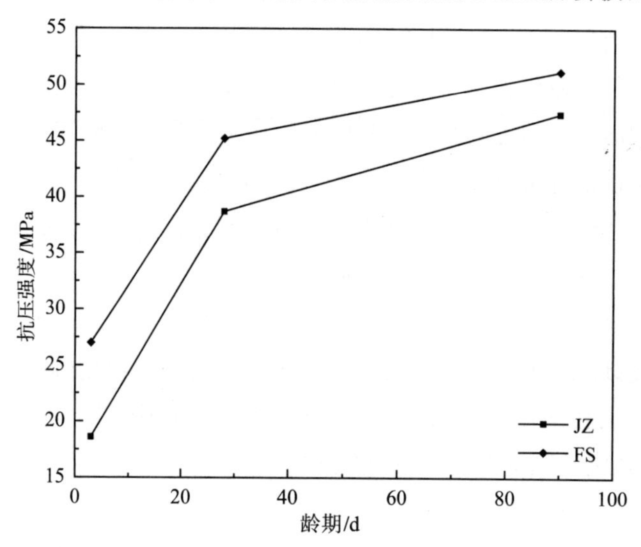

图 5－3　铸造废砂对混凝土抗压强度的影响[8]

中残存的杂质仍然会对水泥中的石膏产生消耗，进而形成铝酸盐等水化产物，这些水化产物最终会影响混凝土的强度。另外，由于铸造废砂中粉煤灰掺量较大且早期活性低，导致废砂混凝土的早期强度较低；但随着时间的推移，混凝土龄期增大，粉煤灰的活性提高，致使后期强度出现较大增长，并且随着粉煤灰掺量增大，其对强度的增长影响就越明显。除此之外，铸造废砂混凝土后期强度的增长也与其较低的水胶比有关。

由图 5－4 可知，随着养护时间增加，相较于天然河砂制备的基准混凝土，混凝土的碳化程度在铸造废砂的影响下加深，在早期碳化方面尤为突出，之后掺铸造废砂混凝土与基准混凝土在碳化深度方面差距越来越小。总而言之，铸造废砂的掺入会降低混凝土的抗碳化性能，当养护龄期增加时，在龄期达到 28 d 后其抗碳化性能与基准混凝土相近。

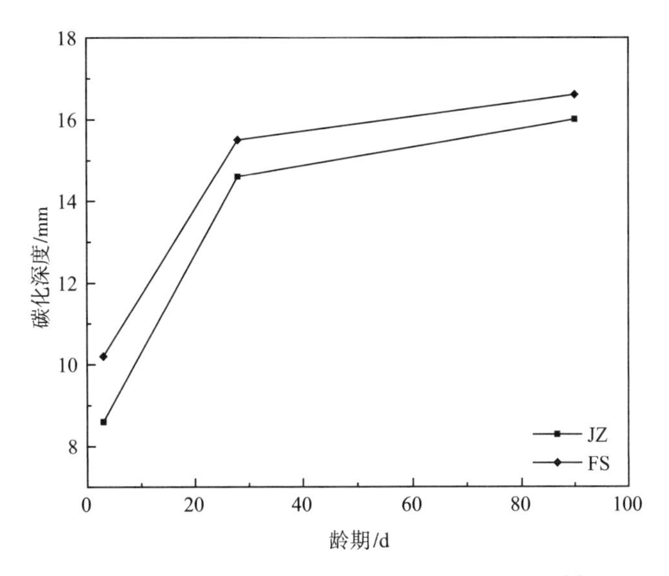

图 5－4　铸造废砂对混凝土抗碳化性能的影响[8]

混凝土孔结构是影响其性能变化的最重要参数之一，研究中可采用蒸发水含量法测试得到铸造废砂混凝土龄期 90 d 时的孔结构。混凝土的总孔隙率可以通过将完全保水的试件在 105 ℃下烘干 24 h 并得到恒重后，通过得到的失水量求得；对于混凝土的气孔及粗毛细孔孔隙率则可以通过完全保水的试件在相对湿度为 90％时的失水量求得，总孔隙率与气孔及粗毛细孔孔隙率的差值为细毛细孔孔隙率。

在图 5－5 中可以看出，在总孔隙率中，细毛细孔孔隙率占比较大，掺入铸造废砂会增大混凝土各级孔隙的孔隙率，但总体上看，掺铸造废砂混凝土的孔隙率与基准混凝土的孔隙率相差不大。一般认为，小孔和微孔会对渗透性起到影响作用，但对于强度并无不利影响；而孔径较大的孔对水泥基材料的力学性能会产生较大影响。

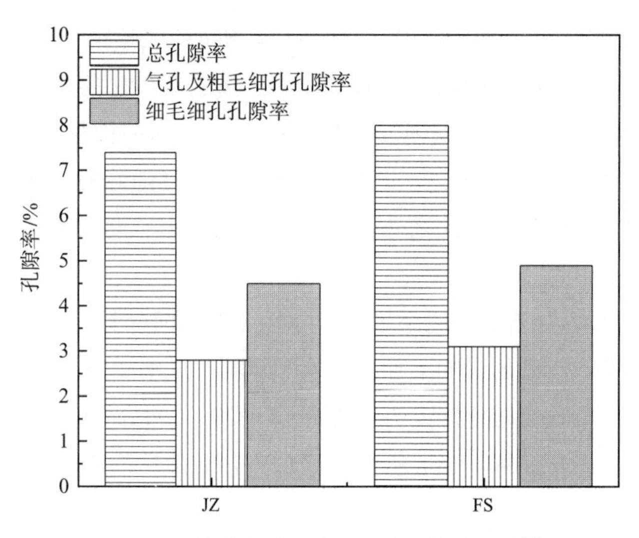

图 5-5　铸造废砂对混凝土孔结构的影响[8]

总体上，混凝土早期抗压强度会因铸造废砂的加入而显著降低，但其后期的强度将会逐渐与基准混凝土靠近。此外，铸造废砂的加入还会增加混凝土的干燥收缩、影响混凝土的抗碳化性能。随着龄期的增加，铸造废砂对孔结构的劣化影响减小，其后期的孔结构与基准混凝土相近。

2018 年，梁虹[8]开展了铸造废砂完全取代天然河砂制备泵送混凝土的应用研究，从表 5-1 可以看出，相比于以天然河砂为细集料的混凝土，铸造废砂的加入会降低混凝土的坍落度，使其无法达到泵送施工的要求。此外，从表 5-1 可以看出，降低砂率、增加粉煤灰掺量虽然有利于增加混凝土的坍落度，但无法抵消铸造废砂对混凝土坍落度带来的不利影响。

表 5-1　铸造废砂混凝土配合比[9]　　单位：kg/m^3

编号	水泥	粉煤灰	细集料	粗集料	减水剂	水	坍落度
JZ	310	70	830（天然河砂）	1 015	7.6	175	310
FS	296	84	738（铸造废砂）	1 107	7.6	160	150

在表 5-2 中可以看出，铸造废砂对不同龄期混凝土抗压强度的影响可以通过对混凝土在龄期为 3 d、28 d、90 d 的抗压强度的测试得到。从表 5-2 可以得出，铸造废砂混凝土相较于基准混凝土在龄期为 3 d 时，抗压强度显著降低了 29%，后期抗压强度才有所增长；当龄期达到 28 d 时，铸造废砂混凝土的抗压强度才能满足 C30 混凝土的配制要求，之后逐渐接近基准混凝土的抗压强度。较低的水胶比有助于增加铸造废砂混凝土的抗压强度，然而，由于铸造废砂粒径较小、比表面积大、颗粒级配较低，使浆体对骨料包裹不均匀，进而使其强度降低。粉煤灰早期活性较低，不利于其早期抗压强度的发展，使早期强度较低，但后期粉煤灰活性增大，粉

煤灰的掺量增大，有利于混凝土后期强度的发展。

表 5-2 混凝土抗压强度[9]

龄期/d	JZ/MPa	FS/MPa
3	23.4	16.7
28	42.5	39.8
90	48.8	47.8

5.1.3.2 国外研究现状

目前，国外针对铸造废砂用于混凝土制备的研究主要集中在将其替代部分细骨料。2013 年，Manoharan Thiruvenkitam 等[9]研究了铸造废砂以 0%～25%的质量替代率替代细骨料，结果表明混凝土的抗压强度、劈裂抗拉强度等力学性能均因铸造废砂的掺入而提高，最大可提升 15%，且抗氯离子渗透性和耐磨性等耐久性能也更加优异。当替代率为 20%时，铸造废砂混凝土各项性能最优，且在此掺量下每立方米混凝土可降低 86 元的成本。2015 年，Amrullah Abdul Rahim Zai 等[10]通过试验研究了铸造废砂和玻璃纤维对高强混凝土的力学性能和耐火性能的影响，结果表明在铸造废砂掺量为 40%和玻璃纤维掺量为 1%时，混凝土 28 d 抗压强度、劈裂抗拉强度和抗弯强度分别提升了 12.5%、18.57%和 8.33%，且耐火性能也得到了提升。2019 年，Coppio 等[11]研究了将铸造废砂完全替代细骨料对混凝土抗压强度的影响，结果表明铸造废砂中残留物越多，对细骨料替代率越高，所制备的混凝土抗压强度则越低，说明铸造废砂不适合全部替代细骨料。除了用铸造废砂替代细骨料，还有部分学者对采用铸造废砂替代水泥制备混凝土做了研究。2018 年，Natt Makul 等[12]对汽车发动机零件铸造过程中产生的铸造废砂进行研究，结果表明其可替代水泥制备混凝土，对采用 10%、20%、30%及 40%水泥替代率所制备的混凝土的性能进行测试，结果表明，采用铸造废砂替代水泥后，混凝土的密度、抗压强度和劈裂抗拉强度均会下降，而凝结时间和抗酸碱腐蚀能力则会提升，最高替代量不应大于 30%。由此可见，铸造废砂替代细骨料相比于替代水泥是更好的选择，在控制替代率前提下，可提升力学性能和耐久性能。

综合国内外研究现状，可以看到铸造废砂在经过一定处理后用作混凝土的制备，替代细骨料相比于替代水泥是更好的选择，在控制替代率前提下，可一定程度提升力学性能和耐久性能。然而，目前国内外并没有关于铸造废砂替代细骨料制备废砂高性能纤维混凝土的研究。废砂高性能纤维混凝土与普通混凝土有所不同，主要表现为二者配合比有较大差别，废砂高性能纤维混凝土采用较低的水胶比且不采用粗骨料，因此铸造废砂在普通混凝土中应用的研究结果显然不能直接用于废砂高性能纤维混凝土。因此，有必要对铸造废砂替代细骨料制备废砂高性能纤维混凝土进行专门研究，对其各项性能进行测试，综合评价铸造废砂用于废砂高性能纤维混凝土制备的可行性。

5.2 掺铸造废砂混凝土的制备方法及试验方案

废砂高性能纤维混凝土是由水泥、硅灰、粉煤灰、细骨料（砂）、减水剂和水按照一定比例拌和，经硬化而成的一种高性能材料。废砂高性能纤维混凝土的组成材料的性能和配合比决定了其各项性能，而工作性能决定了其施工性能，力学性能和耐久性能是其在土木工程中被大量应用的重要原因，微观性能则是其各项性能尤其是力学性能变化的根源。本章首先对废砂高性能纤维混凝土各项组成材料进行介绍，然后进行废砂高性能纤维混凝土的配合比设计，最后提出废砂高性能纤维混凝土各项性能的测试方法。

5.2.1 掺铸造废砂混凝土的原材料及其基本特性

掺铸造废砂混凝土的原材料及其基本特性请参考 3.2.1 掺钢渣粉混凝土的原材料及其基本特性。

5.2.1.1 胶凝材料

水泥、硅灰、粉煤灰的形态及化学成分和物理特性分别见图 5-6、图 5-7、图 5-8 和表 5-3 至表 5-7。

图 5-6 水泥

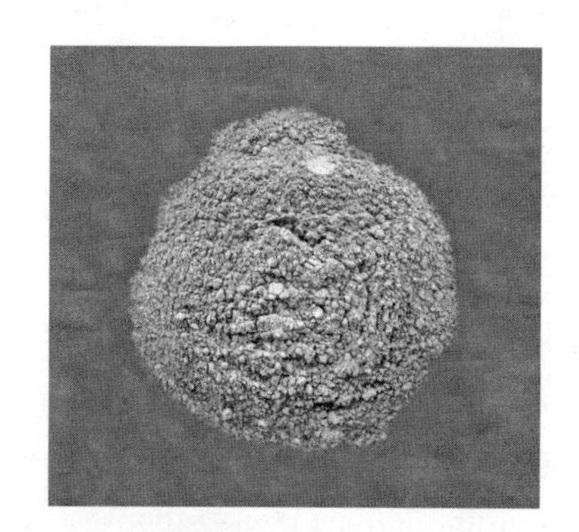

图 5-7 硅灰

图 5-8 粉煤灰漂珠

表 5-3　水泥化学成分

化学成分	Na_2O	MgO	Al_2O_3	SiO_2	CaO	SO_3	Fe_2O_3
含量/%	0.21	2.36	3.47	22.88	64.75	2.44	2.48

表 5-4　硅灰化学成分

化学成分	SiO_2	Al_2O_3	CaO	Fe_2O_3	Na_2O	MgO	SO_3
含量/%	94.60	0.25	0.36	0.15	0.13	0.47	0.69

表 5-5　硅灰物理特性

项目	实测结果	规范要求
烧失量/%	1.9	≤4.0
氯含量/%	0.02	≤0.1
比表面积/(m^2/g)	21.4	≥15
含水量/%	1.1	≤3.0
活性指数/%	127	≥105
密度/(kg/m^3)	210	—

表 5-6　粉煤灰化学成分

化学成分	SiO_2	Al_2O_3	CaO	Fe_2O_3	Na_2O	SO_3	MgO
含量/%	46.44	40.19	7.50	3.12	0.33	0.69	0.23

表 5-7　粉煤灰物理特性

项目	实测结果	规范要求
烧失量/%	0.7	≤5.0
细度(45 μm 方孔筛筛余)/%	0	≤12.0
需水量比/%	87	≤95
密度/(g/cm^3)	2.4	≤2.6
强度活性指数/%	104	≥70.0
比表面积/(m^2/g)	457	—

5.2.1.2　骨料

为减少材料内部缺陷，提升匀质性，优化孔隙结构，以获得优异的力学性能与耐久性能，在废砂高性能纤维混凝土的配制中剔除了粗骨料，使用如图 5-9 所示的粤江新材料公司生产的白色磨细石英砂作为细骨料，其主要粒径范围为 0.6～1.18 mm，表观密度为 2 650 kg/m^3。

图 5-9　石英砂

本试验所选取的废砂取自湖北省武汉市的一家汽车铸造厂，属于水玻璃废砂。废砂的化学成分如表 5-8 所示，以 SiO_2 为主要成分，并伴随有少量的 Al_2O_3 和 Fe_2O_3 等杂质。从铸造厂收集废砂后，对其进行清洗和晾晒，并且剔除较大的碎片。原始废砂的粒径分布与石英砂的粒径差距较大，因此对其进行了筛分，取出 0.3～0.6 mm 和 0.6～1.18 mm 两个粒径范围的废砂，并按照 2∶1 的比例进行混合。经过筛分后的废砂如图5-10 所示，密度为 1.688 g/cm^3，细度模数为 1.23。

表 5-8　废砂化学成分　　单位:%

化学成分	SiO_2	Al_2O_3	Fe_2O_3	MgO	CaO	SO_3	K_2O	Na_2O	TiO_2
废砂	85.63	5.02	3.62	1.89	0.54	0.41	1.11	0.65	0.25

除石英砂外，本试验废砂高性能纤维混凝土中还添加了由石英砂研磨而成的石英粉，如图 5-11 所示，其能够有效填充废砂高性能纤维混凝土的孔隙结构，如 C-S-H 颗粒、水泥颗粒与砂粒界面过渡区的孔隙。所选取的石英粉为 325 目，平均粒径 40 μm，外观为白色粉末状。

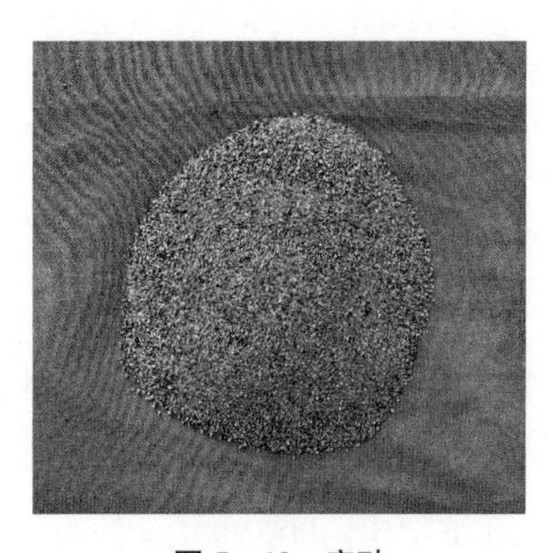

图 5-10　废砂

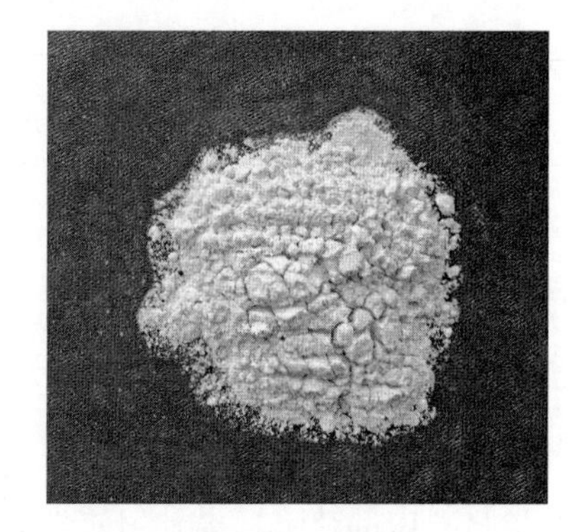

图 5-11　石英粉

5.2.1.3　钢纤维

钢纤维可以使废砂高性能纤维混凝土的抗拉强度和弯曲韧性得到较大提升。本试验选用松泽复合材料公司生产的镀铜钢纤维，外表为金黄色，如图 5－12 所示，各项性能指标如表 5－9 所示。由于钢纤维表面经过了镀铜处理，因此能够有效抵御腐蚀。

图 5－12　钢纤维

表 5－9　钢纤维性能参数

长度/mm	直径/mm	长径比	抗拉强度/MPa	密度/(g/cm^3)
13	0.22	59	≥2 850	7.8

5.2.1.4　减水剂

减水剂是保证废砂高性能纤维混凝土低水胶比的关键，能够改善废砂高性能纤维混凝土的流动性，降低废砂高性能纤维混凝土拌合过程中的需水量，本试验选用如图 5－13 所示的由武汉中交二航局实验中心的废砂高性能纤维混凝土实验室自主研制的聚羧酸高性能减水剂，其减水率大于 38%。

图 5－13　减水剂

5.2.1.5　水

本试验中采用的水来自盐城工学院土木实验室自来水，其满足混凝土用水《混凝土用水标准》(JGJ 63—2006) 的规定。

5.2.2 掺铸造废砂混凝土的配合比设计

掺铸造废砂混凝土的配合比设计参考 3.2.2 掺钢渣粉混凝土的配合比设计。经过不断拟合，得出废砂高性能纤维混凝土最佳级配曲线，如图 5－14 所示。

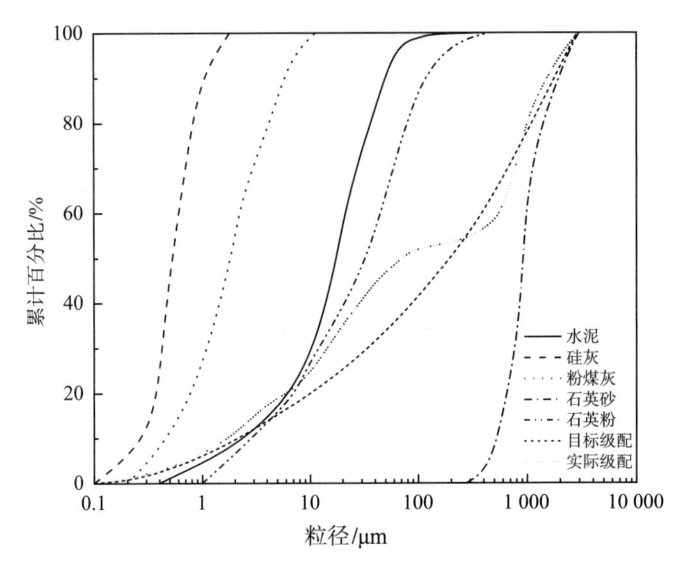

图 5－14 废砂高性能纤维混凝土级配优化曲线

相关研究表明，水胶比是影响废砂高性能纤维混凝土各项性能的重要因素之一。若水胶比较大，则会使废砂高性能纤维混凝土流动性好，但力学性能及耐久性能下降。若水胶比较小，则会导致废砂高性能纤维混凝土力学性能及耐久性能有所增强，但流动性较差。因此，本试验引入了水胶比作为另一个变量，设置水胶比 0.16、0.18、0.20，探究水胶比对废砂高性能纤维混凝土的性能影响规律。本试验最终配合比如表 5－10 所示，钢纤维体积掺量为 2%，减水剂掺量为胶凝材料质量的 2%。

表 5－10 废砂高性能纤维混凝土配合比 单位：kg/m³

编号	水泥	硅灰	粉煤灰	石英砂	废砂	石英粉	钢纤维	减水剂	水
R0WC16	865	115	173	1 153	0	216	156	23	184
R0WC18	865	115	173	1 153	0	216	156	23	207
R0WC20	865	115	173	1 153	0	216	156	23	231
R10WC16	865	115	173	1 038	115	216	156	23	184
R10WC18	865	115	173	1 038	115	216	156	23	207
R10WC20	865	115	173	1 038	115	216	156	23	231
R20WC16	865	115	173	922	231	216	156	23	184
R20WC18	865	115	173	922	231	216	156	23	207

表 5-10（续）

编号	水泥	硅灰	粉煤灰	石英砂	废砂	石英粉	钢纤维	减水剂	水
R20WC20	865	115	173	922	231	216	156	23	231
R30WC16	865	115	173	807	346	216	156	23	184
R30WC18	865	115	173	807	346	216	156	23	207
R30WC20	865	115	173	807	346	216	156	23	231

5.2.3 掺铸造废砂混凝土的制备方法

在配合比设计完成后，按照配合比称取各项原材料，然后准备拌和。值得注意的是，由于水泥、硅灰、粉煤灰遇水容易结块，不利于颗粒的分散，而且钢纤维具备较高的韧性，搅拌过程中容易成团，进而导致搅拌不均匀，这些问题都会导致废砂高性能纤维混凝土中各项材料分布不均匀，严重影响其各项性能。因此，在材料搅拌时，参照《活性粉末混凝土》（GB/T 31387—2015）规定，按照以下步骤进行：

（1）将胶凝材料（水泥、硅灰、粉煤灰）倒入搅拌机，干拌约 4 min，至各材料基本均匀分布；

（2）将水和减水剂在容器中拌和均匀，并将其缓慢、匀速地倒入搅拌机，搅拌约 4 min，直至形成匀质的浆体；

（3）使用孔径为 5 mm 的筛网将钢纤维均匀、缓慢地撒入搅拌机，并继续搅拌约 7 min，直至钢纤维达到均匀分布。

在搅拌结束后，将废砂高性能纤维混凝土拌合物装入模具，同时取少量拌合物进行新拌性能测试。在装入模具后，利用振动台对其进行振捣，并用抹刀将其抹平，持续振动直至其表面出浆且无明显的大气泡出现。振捣完毕后，将试件覆膜并放入室内养护 1 d 后脱模，接着将其放入 80 ℃的蒸汽养护箱中养护 3 d 取出，随后对其进行各项性能试验。

5.2.4 掺铸造废砂混凝土的试验方法

5.2.4.1 工作性能测试方法

废砂高性能纤维混凝土的工作性能一般用流动度进行表征。在本试验中，在搅拌完毕后，依据《普通混凝土拌合物性能试验方法标准》（GB/T 50080—2016），将新拌废砂高性能纤维混凝土装入坍落度筒内，将筒垂直平稳提起，测量两个相互垂直方向上废砂高性能纤维混凝土扩展面直径，并取二者平均值作为流动度测试结果，如图 5-15 所示。

图 5-15 流动度测试

5.2.4.2 力学性能测试方法

1. 抗压强度测试

抗压强度测试参考 3.2.4.2 基本力学试验。相关的图和公式见图 5－16 和式（5－1）。

图 5－16 抗压强度测试

$$f_{cu}=\frac{F}{A} \tag{5-1}$$

式中：f_{cu}——立方体抗压强度（MPa）；

F——破坏荷载（N）；

A——试件承压面积（mm^2）。

2. 劈裂抗拉强度测试

劈裂抗拉强度依据《混凝土物理力学性能试验方法标准》（GB/T 50081—2019）中的要求进行测试，选用 100 mm×100 mm×100 mm 的立方体试件，在垫块与试件之间放置宽 20 mm、厚 3 mm、长 100 mm 的垫条，加载速率取 0.1 MPa/s，如图 5－17 所示。劈裂抗拉强度值按照式（5－2）计算，取三个试件所得结果的平均值。

图 5－17 劈裂抗拉强度测试

$$f_{ts}=\frac{2F}{\pi A}=0.637\frac{F}{A} \tag{5-2}$$

式中：f_{ts}——劈裂抗拉强度（MPa）；

F——破坏荷载（N）；

A——试件劈裂面积（mm^2）。

3. 弯曲韧性（抗折强度）测试

弯曲韧性反映了混凝土材料弯曲强度与变性能力的强弱，体现了材料弹塑性变形能力。在本试验中，对于弯曲韧性，根据《纤维混凝土试验方法标准》（CECS 13:2009）的规定进行测试，如图 5－18 所示。选用 100 mm×100 mm×400 mm 的棱柱体试件，挠度测试装置包括框架、固定螺栓、角钢。弯曲韧性采用三分点加载，试件有效跨度 300 mm，采用位移控制加载，在加载初期，加载速度设置为 0.1 mm/min，在试件开裂后，加载速度调整为 0.05 mm/min，当荷载减小至峰值荷载的 40%时，加载速度调整为 0.2 mm/min。当荷载减小至 1 kN 以下时，结束试验。

图 5-18　弯曲韧性测试

在相关研究中，弯曲韧性试验的数据处理可参照《纤维混凝土试验方法标准》(CECS 13：2009) 或者《钢纤维混凝土》(JG/T 472—2015)，其中，前者在计算弯曲韧性指标时，必须确定试件加载过程中的初裂点，但仅靠人为观察来确定初裂点有很大的不确定性，《钢纤维混凝土》(JG/T 472—2015) 参照日本 JSCE 规范，无须确定试件初裂点即可计算弯曲韧性指标，因此依据该规范，进行废砂高性能纤维混凝土试件弯曲韧性指标计算。

试件达到峰值挠度前的弯曲韧性以初始弯曲韧度比 $R_{e,p}$ 表征，按下式求得：

$$R_{e,p}=\frac{f_{e,p}}{f_{ftm}} \tag{5-3}$$

$$f_{e,p}=\frac{\Omega_p L}{bh^2\delta_p} \tag{5-4}$$

式中：$f_{e,p}$——等效初始弯拉强度 (MPa)；

f_{ftm}——弯拉强度，即抗折强度 (MPa)；

Ω_p——峰值荷载对应的荷载-挠度曲线所围成的面积 (N·mm)；

L——两支座之间的距离 (mm)；

b——试件截面的宽度和高度 (mm)；

h——试件截面的高度 (mm)；

δ_p——峰值荷载下的跨中挠度 (mm)。

试件峰值挠度后的弯曲韧性以残余弯曲韧度比 $R_{e,k}$ 表征，计算方法如下：

$$R_{e,k}=\frac{f_{e,k}}{f_{ftm}} \tag{5-5}$$

$$f_{e,k}=\frac{\Omega_{p,k}L}{bh^2\delta_{p,k}} \tag{5-6}$$

$$\delta_{p,k}=\delta_k-\delta_p \tag{5-7}$$

式中：$f_{e,k}$——跨中挠度为 δ_k 时的弯拉强度（MPa）；

$\Omega_{p,k}$——挠度 δ_p 和 δ_k 对应的荷载-挠度曲线所围成的面积（N·mm）；

$\delta_{p,k}$——δ_p 和 δ_k 的差值（mm），δ_k 为计算跨中挠度（mm），按 L/k 计算，k 分别为 500、300、250、200、150。

根据试件破坏荷载，按照下式计算试件抗折强度值，取三个试件所得结果的平均值。

$$f_{ftm}=\frac{Fl}{bh^2} \tag{5-8}$$

式中：F——试件破坏荷载（N）。

5.2.4.3　耐久性测试方法

良好的耐久性能是确保混凝土结构能够长期正常使用且受力安全的前提。引起混凝土耐久性劣化的原因众多，其中氯离子侵蚀是最普遍也是危害最大的因素，氯离子渗透引起的混凝土膨胀比普通水渗透引起的膨胀大 2～2.5 倍。而且，氯离子侵蚀会导致钢筋锈蚀，引起钢筋与混凝土的黏结性劣化。虽然废砂高性能纤维混凝土的耐久性能通常十分优异，但在掺入废砂后，废砂高性能纤维混凝土的耐久性能会受到何种影响尚不明确。本试验选取抗氯离子渗透性能作为评价废砂高性能纤维混凝土耐久性能的指标，对其进行测试。测试步骤依据《普通混凝土长期性能和耐久性能试验方法标准》（GB/T 50082—2009），使用电通量法进行，制备去除钢纤维的圆柱体试件，直径和高度分别取 100 mm 和 50 mm，每隔 5 min 记录一次电流读数，如图 5-19 所示，按照式（5-9）和式（5-10）计算试件的电通量。

图 5-19　抗氯离子渗透性能测试

$$Q=900\times(I_0+2I_{30}+2I_{60}+\cdots+2I_t+\cdots+2I_{330}+I_{360}) \quad (5-9)$$

$$Q_s=Q\times(95/100)^2 \quad (5-10)$$

式中：Q——总电通量（C）；

I_0——初始电流（A）；

I_t——在时间 t（min）的电流（A）；

Q_s——通过直径为 95 mm 试件的电通量（C）。

5.2.4.4　微观性能测试方法

1. X 射线衍射试验

X 射线衍射试验参考 3.2.4.3 微观形貌观测。废砂高性能纤维混凝土中存在石英、水化产物等诸多非晶相物质，其在 X 射线下会形成衍射图谱，对照标准图谱，即可得到废砂高性能纤维混凝土中的晶相，在此基础上可分析胶凝材料的水化情况。借助 X 射线衍射对废砂高性能纤维混凝土的成分进行分析，测试过程如图 5-20 所示。首先在试件的中部和表面进行随机取样，然后将其置于无水乙醇中浸泡以终止水化，最后将试样研磨成粉末，并在干燥后进行 X 射线衍射试验。试验所用射线为 Kα 射线，2θ 范围选择 10°～70°，扫描速度 0.5°/s。在对衍射后的信号特征进行处理后，即可得到衍射图谱，对照标准图谱，可获得材料的成分信息。

图 5-20　XRD 测试

2. 扫描电子显微镜试验

扫描电子显微镜试验参考 3.2.4.3 微观形貌观测。

3. 压汞测孔试验

孔隙结构是影响废砂高性能纤维混凝土各项性能的重要因素，本试验采用压汞法（Mercury Intrusion Porosimetry，简称 MIP）测试废砂高性能纤维混凝土的孔隙结构，如图 5-21 所示，其原理是借助汞自身的对于一般固体非浸润的液态特性，将其压入材料内部，再测量出在一定压力下压进某孔级的汞体积，即可换算得到多孔材料的孔径分布情况。具体步骤为：首先制备边长约为 1 cm 的立方体块，然后将其放入无水乙醇中终止水化，1 d 后取出并放入 60 ℃烘箱中进行干燥，完成上述步骤后进行 MIP 试验测试废砂高性能纤维混凝土孔隙结构情况，试验最高压力选择 415 MPa。

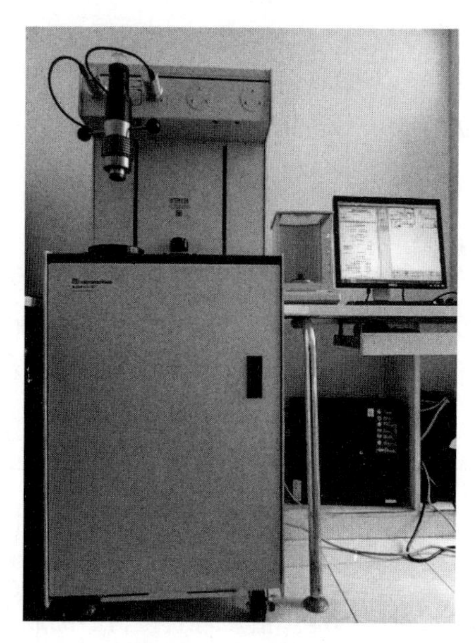

图 5 - 21　MIP 测试

5.3　掺铸造废砂混凝土的性能指标

废砂高性能纤维混凝土具备优异的性能，而掺入废砂后，所形成的废砂高性能纤维混凝土的各项性能的变化规律有待明确，这是实现废砂在废砂高性能纤维混凝土制备过程中应用的前提。本节在材料宏观性能测试结果的基础上，分析废砂替代率和水胶比对于废砂高性能纤维混凝土各项性能的影响规律，并从微观性能方面，探究废砂对于废砂高性能纤维混凝土各项性能的影响机制。

5.3.1　掺铸造废砂混凝土的工作性能

图 5 - 22 为废砂高性能纤维混凝土的流动度测试结果，结果显示，废砂替代率为 0%的对照组在各水胶比条件下流动度均超过 225 mm。总体趋势上，随着水胶比的增加废砂高性能纤维混凝土的流动度呈上升态势，这是由于水胶比增大，水的用量随之增多进而使流动度增加。以废砂掺量为 10%时为例，当水胶比为 0.16、0.18、0.20 时废砂高性能纤维混凝土的流动度分别为 223.3 mm、243.9 mm、254.4 mm。

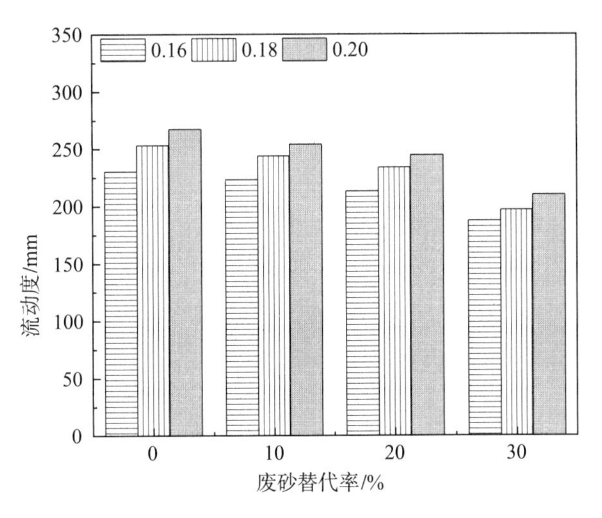

图 5-22　废砂高性能纤维混凝土流动度

从图 5-22 可以看出，随着废砂替代率的上升废砂高性能纤维混凝土的流动度呈下降趋势。当废砂替代率较低时，即图中废砂替代率小于 20%时，流动度随废砂替代率增加变化不明显，而当废砂替代率大于 30%时流动度开始快速下降。当水胶比为 0.20 时，在废砂掺量从 0%增加到 10%的区间内，流动度从 267.5 mm 降低到 254.4 mm，相比对照组降低了 4.9%；在废砂掺量从 10%增加到 20%的区间内，流动度从 254.4 mm 降低到 244.6 mm，相比于对照组降低了 8.6%；在废砂掺量从 20%增加到 30%的区间内，流动度从 244.6 mm 降低到 210.1 mm，相比于对照组降低了 21.5%。

流动度之所以随废砂掺量提高而降低，主要有以下两个原因：一方面，试验中所用到的废砂粒径既有属于 0.6～1.18 mm 范围的，同时也有 0.3～0.6 mm 范围的，因此，废砂的比表面积大于对照组中石英砂的比表面积，比表面积越大在混凝土拌合过程中吸水量也就越大。另一方面，废砂中还含有少量铸造残留物，这些残留的灰烬、化学黏结剂等物质具有较强的吸水性，这也会导致拌合过程中细骨料废砂的吸水量增多。

在废砂掺量大于 30%之后，试验对象的流动度下降变快的主要原因是，当废砂掺量大于一定程度时，其较大的比表面积使废砂中杂质的吸水作用才得以表现出来。而当废砂替代率小于 30%时，因其量太少，故无法体现出废砂的强吸水性。

5.3.2　掺铸造废砂混凝土的抗压性能

图 5-23 为不同配合比下的废砂高性能纤维混凝土抗压强度试验结果，从总体上看，在水胶比相同时，随着废砂替代率的增大，试件的抗压强度先增大后减小，当废砂替代率为 20%时，抗压强度达到最大，而后开始降低。如在水胶比为 0.20 时，在废砂掺量从 0%增加到 10%的区间内，抗压强度从 131.5 MPa 增大到 138.5 MPa，相比对照组增大了 5.0%；在废砂掺量从 10%增加到 20%的区间内，

抗压强度从 138.5 MPa 增加到 144.2 MPa，相比于对照组增大了 9.7%；在废砂掺量从 20%增加到 30%的区间内，抗压强度从 144.2 MPa 减小到 133.5 MPa，相比于对照组增大了 1.5%。

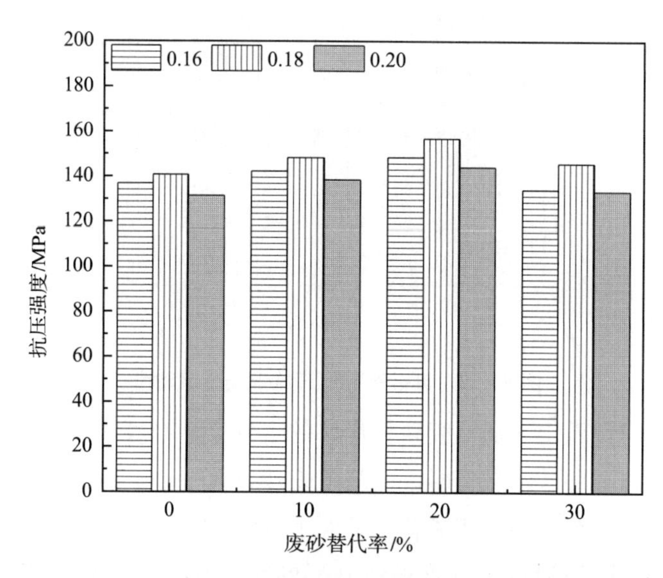

图 5－23　废砂高性能纤维混凝土抗压强度

此外，在废砂掺量一定时，随着水胶比的增大，试件的抗压强度先增大后减小。根据对照组与水胶比为 0.16、0.18、0.20 三个试验组的试验结果相比较，推断在水胶比接近 0.18 时试件的抗压强度达到最大。

抗压强度随废砂掺量增加出现先增大后减小的趋势主要原因有两点：首先，废砂的粒径为 0.3～0.6 mm 和 0.6～1.18 mm，这部分废砂能优化原材料的级配，补充原材料中空缺的粒径范围，使原材料颗粒堆积更紧密，从而减少可能出现的孔隙，使试件有更好的抗压性能。其次，粒径为 0.3～0.6 mm 的废砂比普通细骨料石英砂的粒径更小，可以填充石英砂颗粒所无法进入的孔隙，使得试件结构更为致密，抗压强度因此增大。

抗压强度随水胶比变化而变化的现象主要是由于废砂高性能纤维混凝土因掺入废砂而导致其流动性较差，在拌合过程中加入的材料无法混合均匀导致试件性能不佳。加入水量增加，水胶比增大时废砂高性能纤维混凝土的自流平性能增强、流动度增大，各材料在拌合时混合更加均匀，使试件抗压强度得以提升。但是水胶比不能过高，当水胶比过高时会导致加入的水量将超出废砂高性能纤维混凝土的需水量，同时，多余的水在孔隙水压力的作用下会发生泌水和迁移现象，使孔隙率增大，从而导致抗压强度的下降。

5.3.3　掺铸造废砂混凝土的弯曲韧性

基于废砂高性能纤维混凝土的弯曲韧性测试所得的荷载-挠度曲线，进行抗折强度和各项弯曲韧性指标的计算，结果如表 5－11 所示。对于废砂高性能纤维混凝土的弯曲韧性，选取初始弯曲韧度比 $R_{e,p}$ 和残余弯曲韧度比 $R_{e,300}$ 和 $R_{e,150}$ 作为弯曲韧性指数的代表值进行分析，$R_{e,p}$ 越大，则意味着峰值荷载前掺铸造废砂的废砂高性能纤维混凝土的弯曲韧性越好，而 $R_{e,300}$ 和 $R_{e,150}$ 越大，则说明峰值荷载后废砂高性能纤维混凝土的残余弯曲强度和持荷能力越好。

表 5－11　废砂高性能纤维混凝土弯曲韧性试验结果

编号	f_{tm}/MPa	$f_{e,p}$/MPa	$R_{e,p}$	$R_{e,500}$	$R_{e,300}$	$R_{e,250}$	$R_{e,200}$	$R_{e,150}$
R0WC16	19.2	7.29	0.75	—	0.78	0.75	0.70	0.62
R0WC18	20.0	7.44	0.79	—	0.82	0.80	0.77	0.71
R0WC20	18.7	6.79	0.69	—	0.73	0.71	0.68	0.61
R10WC16	20.8	7.43	0.78	—	0.81	0.78	0.76	0.70
R10WC18	21.9	7.78	0.82	—	0.86	0.84	0.81	0.74
R10WC20	20.9	7.21	0.72	—	0.77	0.74	0.72	0.65
R20WC16	23.6	7.81	0.83	—	0.85	0.82	0.80	0.72
R20WC18	24.9	8.01	0.89	—	0.93	0.90	0.88	0.81
R20WC20	23.4	7.51	0.78	—	0.82	0.79	0.77	0.72
R30WC16	20.5	7.12	0.74	—	0.78	0.77	0.74	0.68
R30WC18	21.4	7.33	0.80	—	0.85	0.83	0.80	0.71
R30WC20	19.7	6.99	0.71	—	0.73	0.71	0.69	0.64

图 5－24 为不同水胶比下的废砂高性能纤维混凝土弯曲韧度比，从图中可知钢纤维体积掺量相同，废砂高性能纤维混凝土的弯曲韧性与抗折强度随废砂替代率的增大发生显著变化，当废砂替代率小于 20％时，废砂高性能纤维混凝土的初始弯曲韧度比、残余弯曲韧度比、抗折强度均随着废砂替代率的增大而增大；而当废砂掺量大于 30％时，弯曲韧度比、残余弯曲韧度比、抗折强度将随着废砂掺量的增大而减小。

不同废砂替代率下废砂高性能纤维混凝土的弯曲韧性指标随水胶比的变化情况如图 5－25 所示，当水胶比小于 0.18 时，随水胶比的增大，废砂高性能纤维混凝土的弯曲韧性指标也增大；当水胶比大于 0.18 时，随水胶比的增大，废砂高性能纤维混凝土的弯曲韧性指标减小。

弯曲韧性与抗折强度随废砂掺量增长而变化的原因在于：钢纤维拉伸性能和韧性增强效果的利用率是影响废砂高性能纤维混凝土弯曲韧性与开裂后的抗折强度的主要因素，废砂加入后能降低骨料的平均粒径，使钢纤维在拌合过程中能够更均匀地分布，从而提高钢纤维的利用率，提高废砂高性能纤维混凝土弯曲韧性。但是，废砂所具有的强吸水性导致细骨料吸收大量水分，从而减缓甚至阻止胶凝材料的水化，水化不充分使得生成的水化产物以及基体与钢纤维的黏结力降低，废砂高性能

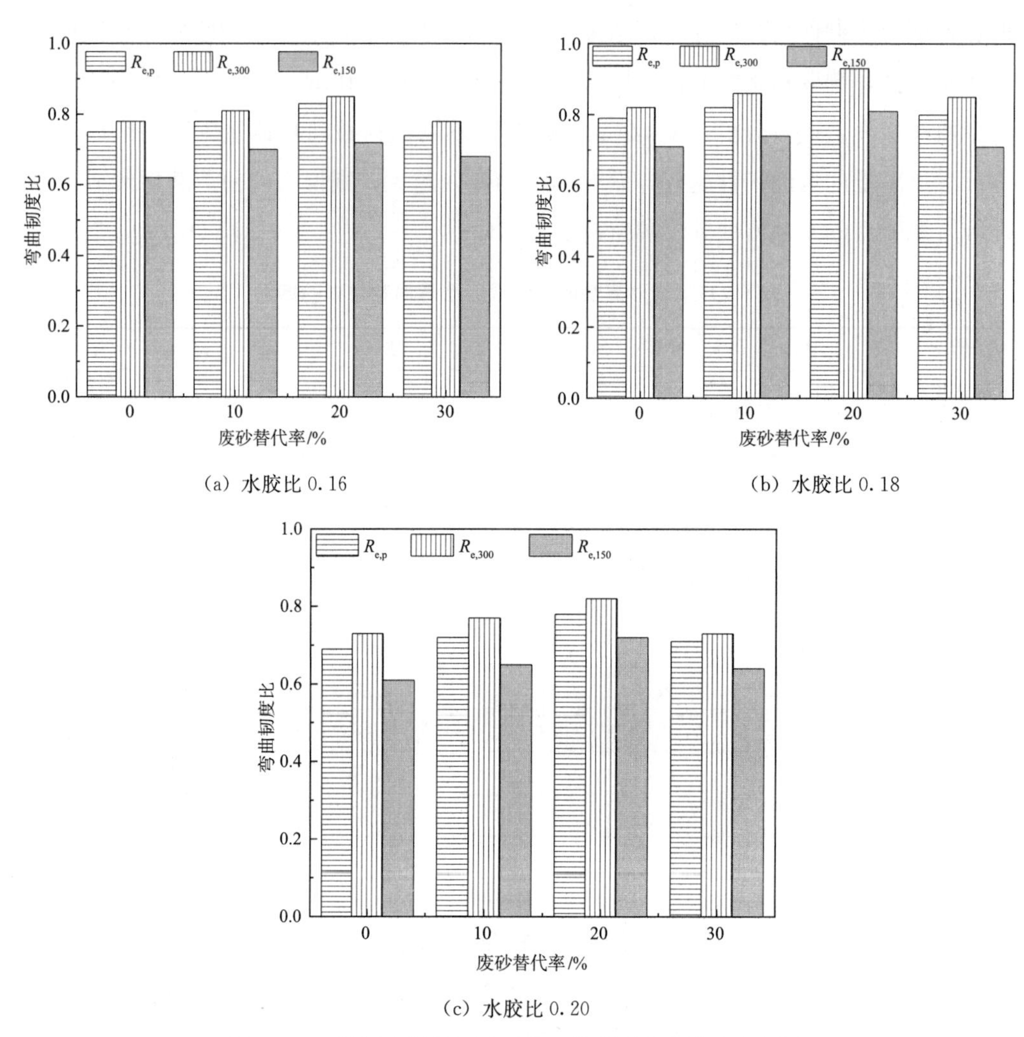

(a) 水胶比 0.16

(b) 水胶比 0.18

(c) 水胶比 0.20

图 5-24　不同水胶比下废砂高性能纤维混凝土弯曲韧性

纤维混凝土弯曲韧性因此降低。此外，当跨中挠度增大时，试件内的钢纤维被抽出也会导致弯曲韧性的降低。

弯曲韧性和抗折强度随水胶比的变化而变化的原理是：水的加入量过少会影响胶凝材料的水化反应，使水化反应不充分，而过多加入水也会导致加入水量超过所需水量，甚至在孔隙水压力作用下出现泌水和迁移等不良现象。只有在加入水量适宜时弯曲韧性和抗折强度才能达到最大值，加入水过多或过少都会导致钢纤维与基体结合不够紧密、二者之间空隙大、黏结力小，对弯曲韧性和抗折强度产生不利影响。

5.3.4　掺铸造废砂混凝土的劈裂抗拉性能

由图 5-26 可看出，废砂高性能纤维混凝土劈裂抗拉强度随废砂替代率的变化而变化的情况为，随着废砂替代率的增大，试件的劈裂抗拉强度呈现先增大后减小的趋势。如在水胶比为 0.20 时，在废砂掺量从 0%增加到 10%的区间内，劈裂抗拉

强度从 17.8 MPa 增大到 18.3 MPa，相比对照组增大了 2.8%；在废砂掺量从 10%

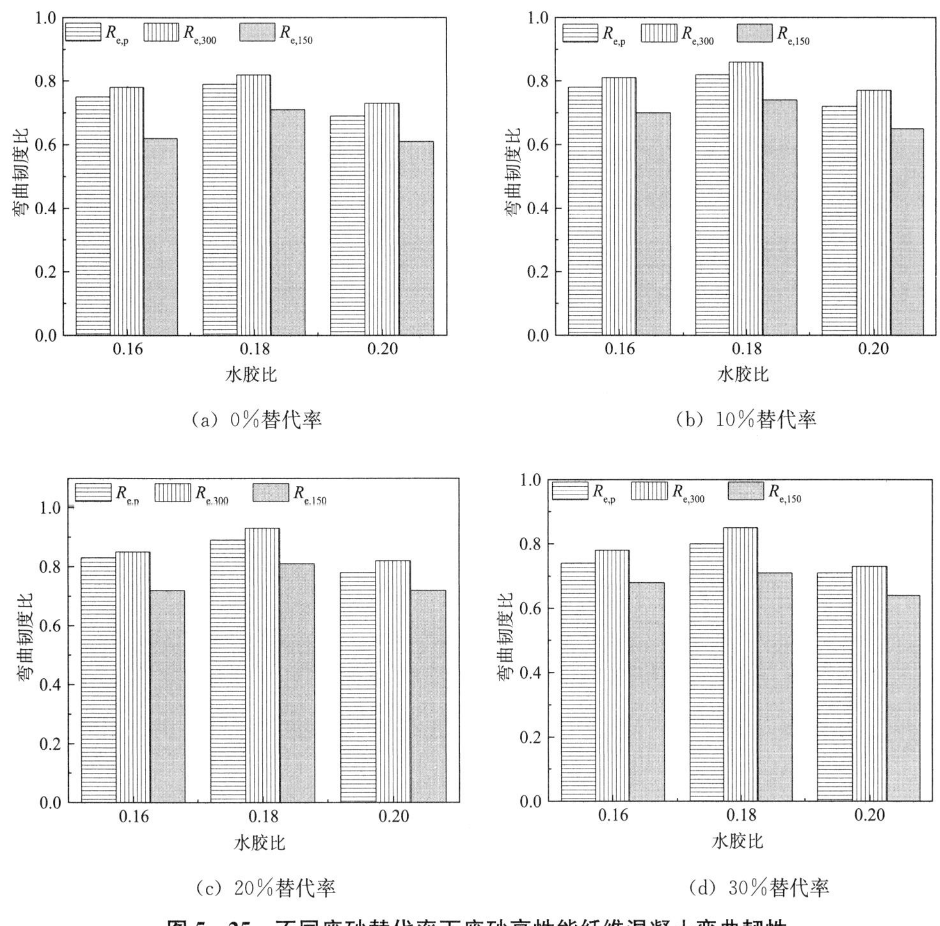

(a) 0%替代率

(b) 10%替代率

(c) 20%替代率

(d) 30%替代率

图 5-25　不同废砂替代率下废砂高性能纤维混凝土弯曲韧性

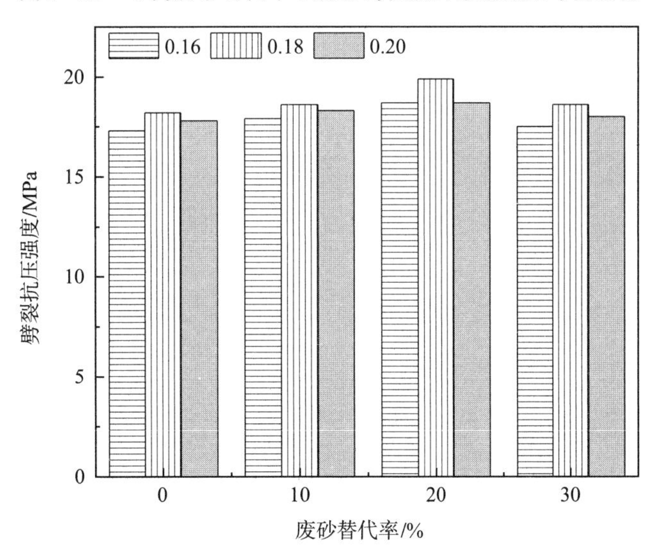

图 5-26　废砂高性能纤维混凝土劈裂抗拉强度

增加到20%的区间内，劈裂抗拉强度从18.3 MPa增加到18.7 MPa，相比于对照组增大了5.1%；在废砂掺量从20%增加到30%的区间内，劈裂抗拉强度从18.7 MPa减小到18.0 MPa，相比于对照组增大了1.1%。总体上看，劈裂抗拉强度在废砂替代率小于20%时，呈逐步上升趋势；在废砂替代率大于20%时，劈裂抗拉强度呈降低趋势。当废砂替代率大于30%时，试件劈裂抗拉强度将会进一步降低，直至最终小于对照组数据。

在废砂替代率相同时，水胶比的变化也会影响试件劈裂抗拉强度值。具体关系为，当水胶比在0.16～0.18时，随着水胶比的增大，劈裂抗拉强度也增大；当水胶比大于0.18时，劈裂抗拉强度随水胶比增大而减小。故可推测，废砂替代率一定，当水胶比近似为0.18时，试件的劈裂抗拉强度最大。

劈裂抗拉强度在废砂替代率小于20%时随着废砂替代率的提升先增大的原因主要在于，废砂的粒径小于石英砂，并处于0.6～1.18 mm和0.3～0.6 mm区间之间，较小的粒径能很好地填充石英砂颗粒无法进入的孔隙，使体系内各材料堆积更加密集，进而提高了试件的劈裂抗拉强度。然而，当废砂替代率大于20%时，由于废砂平均粒径小、比表面积大，且其中含有的杂质颗粒具有很强的吸水性，故废砂的加入会阻碍水化浆体与骨料的结合，水化反应也会因此进行不充分，其产生的负面效果与废砂加入产生的正面效果相抵消，试件的劈裂抗拉强度在两种效果的叠加作用下，故在废砂替代率大于20%时劈裂抗拉强度降低。

水胶比对劈裂抗拉强度产生影响的原因主要在于，加入水能增强水的流动度改善自流平性能，同时，过多的水也会导致微小孔隙增多产生负面影响。二者相叠加，对劈裂抗拉强度产生影响。

5.3.5 掺铸造废砂混凝土的抗氯离子渗透性能

图5-27为废砂高性能纤维混凝土的抗氯离子渗透试验的结果，由图上信息可得，在不同废砂替代率与不同水胶比条件下，各试件所通过的电通量均小于100 C，可认为掺加废砂的废砂高性能纤维混凝土具备优异的抗氯离子侵蚀性能。同时，不同废砂替代率下试件电通量差异明显，说明废砂的加入对试件的抗氯离子渗透性能影响很大，总体趋势为随废砂替代率的增大，试件电通量先减小后增大，预示着试件的抗氯离子渗透性能先增大后减小。如在水胶比为0.20时，在废砂掺量从0%增加到10%的区间内，电通量从82.3 C减小到63.4 C，相比于对照组减小了23.0%；在废砂掺量从10%增加到20%的区间内，电通量从63.4 C减小到42.3 C，相比于对照组减小了48.6%；在废砂掺量从20%增加到30%的区间内，电通量从42.3 C增大到58.9 C，相比于对照组减小了28.4%。总体上看，电通量在废砂替代率小于20%时，呈逐步下降趋势；在废砂替代率大于20%时，劈裂抗拉强度呈增大趋势。

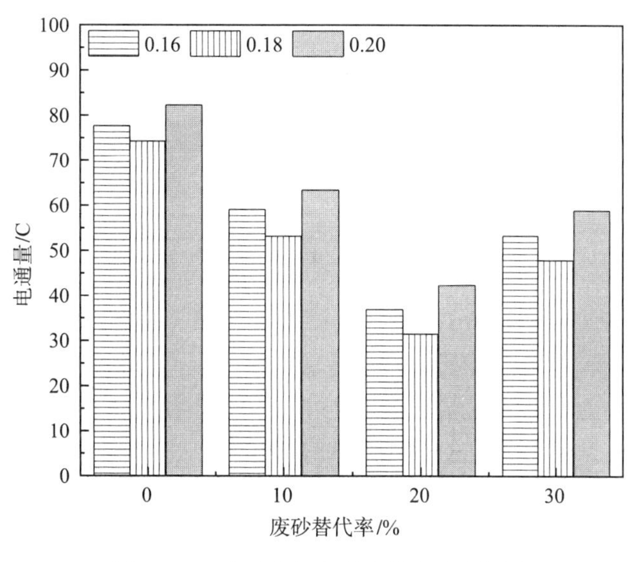

图 5－27　废砂高性能纤维混凝土电通量

在废砂替代率相同时，水胶比的变化也会影响试件电通量。具体关系为，当水胶比在 0.16～0.18 时，随着水胶比的增大，电通量减小；当水胶比大于 0.18 时，电通量随水胶比增大而增大。故可推测，废砂替代率一定，当水胶比近似为 0.18 时，试件的电通量最小。

试件电通量在废砂替代率小于 20％时，随着废砂替代率的提升先增大后减小的原因主要在于，废砂的粒径小于石英砂，并处于 0.6～1.18 mm 和 0.3～0.6 mm 区间之间，较小的粒径能很好地填充石英砂颗粒无法进入的孔隙，使体系内各材料堆积更加密集、孔隙率降低、结构更加致密均匀，进而提高了试件的抗氯离子渗透能力。然而，当废砂替代率大于 20％时，由于废砂平均粒径小、比表面积大，且其中含有的杂质颗粒具有很强的吸水性，故废砂的加入会阻碍水化浆体与骨料的结合，水化反应也会因此进行不充分，导致孔隙数量增多，其产生的负面效果与废砂加入产生的正面效果相抵消，试件的抗氯离子渗透能力在两种效果的叠加作用下，在废砂替代率大于 20％时抗氯离子渗透能力降低。

抗氯离子渗透性随着水胶比的增大而先变强后变弱的原因可以从以下几个方面来解释：水胶比处于较低状态时，随着加入水量增加，水化反应程度加深，水化产物生成增加，生成的水化产物能够较好地填充孔隙，改善孔隙结构。孔隙率降低使得体系堆积更加紧密，可以有效地防止混凝土受氯离子渗透侵蚀。当水胶比小于 0.18 时抗氯离子渗透性能随水胶比增大而增大，当水胶比大于 0.18 时，抗氯离子渗透性能随水胶比增大而减小，故可推断 0.18 为最佳水胶比。当水胶比过小时，拌合时拌合物流动度较低，拌合不够均匀，体系无法达到紧密堆积状态。当自由水过多时，由于孔隙水压力等因素的影响，材料出现迁移和泌水等不良现象，孔隙率上升，试件抗氯离子渗透能力降低。

5.4 掺铸造废砂混凝土的微观结构及其水化机制

5.4.1 掺铸造废砂混凝土的微观形貌

SEM 结果分析：

图 5-28 所示为 SEM 试验中所得到的石英砂和废砂的微观形貌，由结果图可以看出，石英砂颗粒的表面较为光滑，粒径较大，表面没有明显的杂质附着；而废砂颗粒表面较为粗糙，粒径较小，且表面有一定的铸造过程中残留的灰烬与化学黏结剂等杂质的残留，此外，铸造过程中的高温使废砂中出现不同程度的黏结断裂，并且形成破碎颗粒，这些杂质和破碎颗粒会导致胶凝材料的水化不够充分。

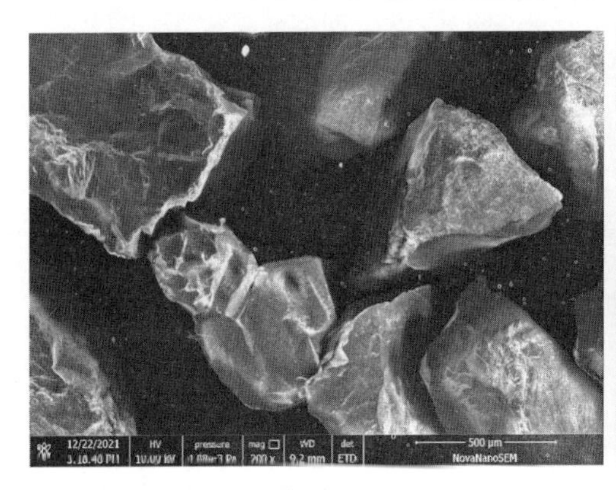
(a) 石英砂

(b) 废砂

图 5-28 细骨料微观形貌

图 5-29 所示是编号为 R20WC18 的废砂高性能纤维混凝土中细骨料与基体的结合区域的微观形貌，从图中可以看出，石英砂、钢纤维与水化产物结合较为紧密；而铸造废砂和钢纤维周围的水化反应进行得并不充分，使得废砂和钢纤维与未充分

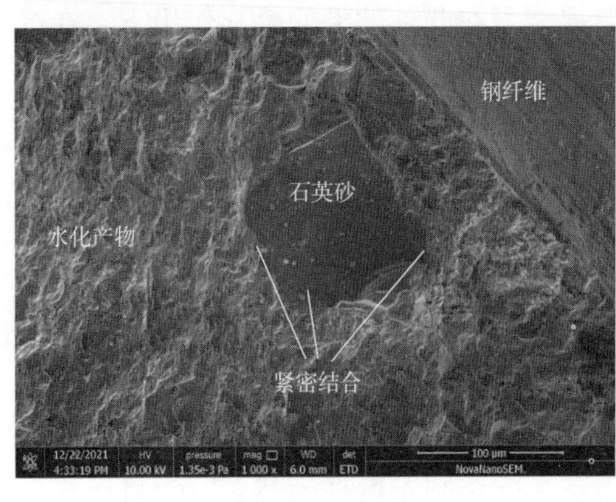

(a) 石英砂（R20WC18）

(b) 废砂（R20WC18）

图 5-29 细骨料与基体结合情况

水化反应产物的结合并不紧密，废砂与基体之间存在明显的孔隙。试验结果印证了水胶比过低导致试件各性能降低的原因在于，材料之间的结合不够紧密、水化反应进行不够充分。

图 5－30 展示了不同配合比下的废砂高性能纤维混凝土中的钢纤维与基体的结合界面过渡区的微观形貌，反应了不同配合比时废砂高性能纤维混凝土中的钢纤维与材料中其他物质的结合状况。从微观图中可以看出，在没有加入废砂时，钢纤维与水化产物紧密结合，钢纤维与基体之间没有明显孔隙，这使体系能够形成紧密堆积，有效地提高了试件的力学性能以及耐久性。相反的是，在废砂替代率较高的 R30WC18 的废砂高性能纤维混凝土中，钢纤维与基体之间存在着明显的孔隙，二者之间没有紧密黏结；同时，水化反应进行不彻底，钢纤维周围布满未充分水化产物，出现这种现象的原因是铸造废砂中所含有的杂质和废砂本身所具有的较大比表面积造成吸水过多，导致水化反应进行不充分。结构松散导致其各种力学性能有所下降。

(a) R0WC18

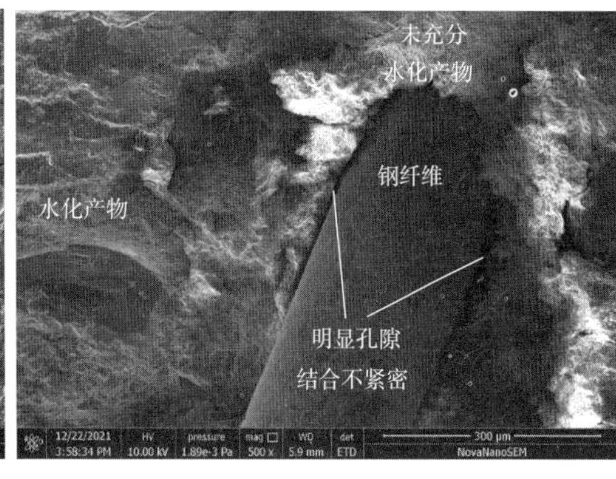

(b) R30WC18

图 5－30　钢纤维与基体结合情况

5.4.2　掺铸造废砂混凝土的成分分析

XRD 结果分析：

本节借助 XRD 分析结果对废砂高性能纤维混凝土水化产物进行分析。以图 5－31所示的水胶比为 0.18 的四组废砂高性能纤维混凝土的 XRD 图谱为例，研究胶凝材料水化程度和水化产物与废砂替代率之间的关系，从而揭示废砂替代石英砂作为细骨料对废砂高性能纤维混凝土性能的影响原理。

根据图 5－31 我们可以看出，废砂高性能纤维混凝土中存在的物质主要有以下七种：石英（SiO_2）、硅酸二钙（C_2S）、硅酸三钙（C_3S）、氢氧化钙［$Ca(OH)_2$］、水化硅酸钙（C－S－H）、碳酸钙（$CaCO_3$）、钙沸石等，从图中看出 A 物质（石英）的衍射峰最多，并且在 60°附近时衍射峰最高，可以推断石英为石英砂、石英粉以及废砂的主要成分，此外，粉煤灰和硅灰的主要成分也为石英。除了少量硅灰

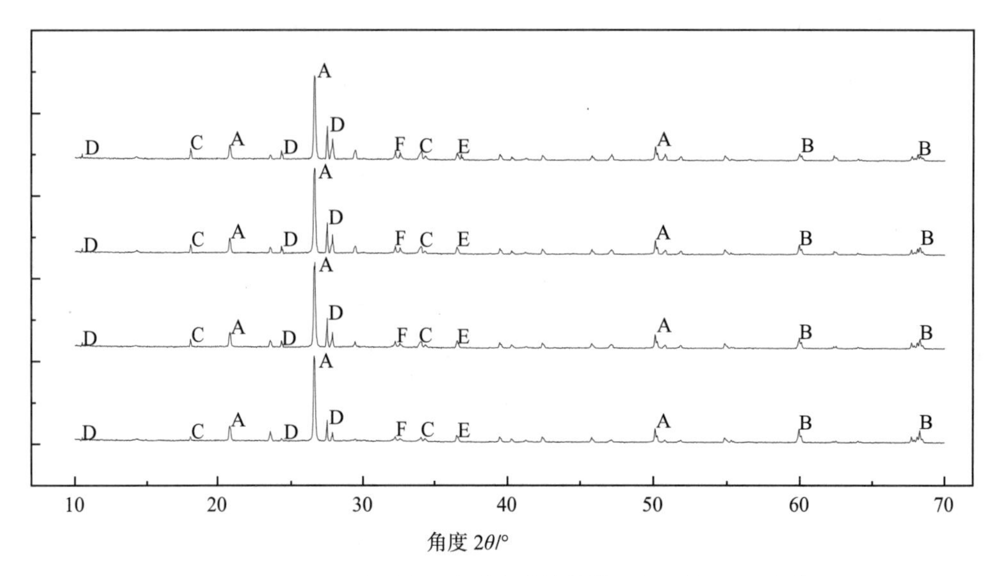

图 5－31　0.18 水胶比下废砂高性能纤维混凝土的 XRD 图谱

和粉煤灰参与火山灰反应之外，其余物质基本上不参与水化反应。

从图 5－31 中还可以看出，水泥主要成分 C_3S 和 C_2S 的衍射峰较为明显，其与水化产物 C－S－H 和 $Ca(OH)_2$ 呈现此消彼长的关系，随着废砂替代率的提升，水化反应进行程度越来越差，水化产物也越来越少，造成矿物成分 C_3S 和 C_2S 的衍射峰逐渐升高，但 C－S－H 和 $Ca(OH)_2$ 的衍射峰逐渐降低，当废砂替代率由 20%增大至 30%时这种现象尤为突出，证明在此阶段废砂的加入对水化反应的影响很大，废砂加入越多对水化反应的抑制效果就越显著。与此相对应，对照组中 C－S－H 和 $Ca(OH)_2$的衍射峰比较高，说明对照组的水化程度较高。此外，部分水化产物可能与空气中的 CO_2 发生反应，生成了 $CaCO_3$，造成衍射谱中 $CaCO_3$ 衍射峰的出现。

5.4.3　掺铸造废砂混凝土的孔结构

MIP 结果分析：

混凝土内部存在各种类型的孔隙会对混凝土的强度、韧性、抗渗性等各种性能产生显著的影响。本研究从孔的结构特征出发，运用压汞测孔试验对最佳水胶比下的废砂高性能纤维混凝土的孔径分布情况进行测试。图 5－32 为试验所得的累计孔径分布曲线，从图线中可以看出，不同废砂替代率下废砂高性能纤维混凝土的孔径均为 0.001～1 000 μm，且图中所示孔径主要位于 0.3 μm 以下，0.3 μm 以上孔径的很少，整体上以无害孔居多，少害孔次之，有害孔和多害孔很少。

对图 5－32 进一步分析，可以获得废砂高性能纤维混凝土孔隙结构的各项关键参数，这些参数可以更直观地表征孔结构的特征。采用最大汞压入量表征孔隙总体积，并计算各组废砂高性能纤维混凝土的孔隙率。此外，为更清晰地表征孔结构变化情况，参照吴忠伟对于混凝土孔隙结构的研究方法，对 0.18 水胶比下的 4 组废砂

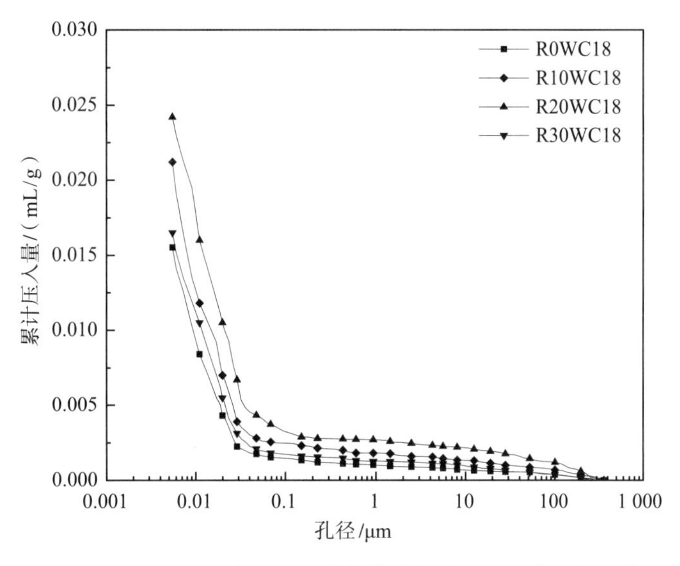

图 5-32　0.18 水胶比下废砂高性能纤维混凝土的孔径分布

高性能纤维混凝土的孔隙等级进行划分，孔隙结构特征参数如表 5-12 所示。

表 5-12　0.18 水胶比下废砂高性能纤维混凝土孔隙结构特征参数

编号	孔隙总体积/(mL/g)	孔隙率/%	孔径分布/%			
			无害孔(<20 nm)	少害孔(20～50 nm)	有害孔(50～200 nm)	多害孔(>200 nm)
R0WC18	0.015 5	7.22	59.3	10.2	26.7	3.8
R10WC18	0.021 2	5.97	67.0	8.3	21.5	3.2
R20WC18	0.024 2	4.91	75.2	8.3	14.1	2.4
R30WC18	0.016 5	6.76	66.7	11.2	19.0	3.1

从表 5-12 可以看出，在废砂替代率为 0%、10%、20%、30%时，孔隙率从 7.22%降低到 5.97%，再降低到 4.91%，最后又回升到 6.76%，呈现先减小后增大的总体趋势。具体到每一个废砂替代率下不同种类孔径的占比大小我们能看出，对于废砂替代率为 0%的对照组，其中无害孔占比最大为 59.3%，其次为有害孔占比 26.7%，少害孔与多害孔较少；对于废砂替代率为 10%的对照组，其中无害孔占比最大为 67.0%，其次为有害孔占比 21.5%，少害孔与多害孔较少；对于废砂替代率为 20%的对照组，其中无害孔占比最大为 75.2%，其次为有害孔占比 14.1%，少害孔与多害孔较少；对于废砂替代率为 30%的对照组，其中无害孔占比最大为 66.7%，其次为有害孔占比 19.0%，少害孔与多害孔较少。数据相比较可发现，随着废砂替代率的增大，无害孔占比先增大后减小，而有害孔占比先减小后增大。故可得出结论，当废砂替代率从 0%到 20%时，孔隙率下降、无害孔增加，孔结构得

到明显改善，结构最为致密，从而使各项性能达到最佳，即20%为废砂最优替代率，主要原因在于废砂的平均粒径较小，能够很好地填充结构中的孔隙，使结构更为致密。然而，当废砂替代率由20%提升至30%时，汞累计压入量的曲线开始上升，且与对照组相近，说明体系的孔隙率开始上升。出现这种现象的原因是，废砂中的杂质和吸水颗粒以及废砂本身较大的比表面积会阻碍水化反应的进行，导致没有足够的水化产物对孔隙进行填充，流动性变差导致混合不均匀也会增大孔隙率。废砂掺量较高时，其带来的负面影响远大于其正面影响，导致孔隙率增大，各项性能指标下降。

5.4.4 掺铸造废砂混凝土的水化及硬化机制

水泥主要矿物成分 C_3S 和 C_2S 与水发生水化反应生成水化产物 C-S-H、$Ca(OH)_2$，此外，部分水化产物还会与空气中的二氧化碳发生反应生成 $CaCO_3$。这就是材料发生水化反应的基本情况。

而废砂表面含有许多铸造后残留下来的灰烬、化学黏结剂以及一些吸水颗粒，使得水化反应因缺少水而受阻，导致水化反应不充分，无法得到充分水化产物。

将废砂加入后，随着废砂替代率的增大，废砂高性能纤维混凝土的流动度、抗压性能、弯曲韧性、劈裂抗拉性能以及抗氯离子渗透性能都会发生遵循一定规律的变化。总体变化情况是，随废砂掺量增大，体系的流动度会下降，抗压强度、劈裂抗拉强度弯曲韧性以及抗氯离子渗透性能先增大后减小，且后三种性能的分界点为废砂掺量20%，即废砂掺量小于20%时，随掺量提高，各项性能指标升高；废砂掺量大于20%后，随掺量提高，各项性能指标降低，故可推断20%为最优废砂掺量。究其原因，主要与废砂材料的粒径、残留的灰烬、化学黏结剂等杂质以及其本身较强的吸水性有关。废砂材料的粒径小，能较好地填充内部空隙，使体系结构更加致密；废砂材料比表面积比石英砂大，加之其含有少量吸水性颗粒，致使其吸水能力较强。此外，含水量过多时孔隙水压力造成的迁移和泌水以及钢纤维的均匀程度和含量都会对废砂高性能纤维混凝土材料的性能造成一定的影响。

5.5 掺铸造废砂混凝土的环境可持续性评价

我国是铸件生产大国，铸件产量现已位居世界第二位，其中铸造业中的绝大部分（80%～90%）为砂型铸造。砂型铸造的生产需要大量型砂，从统计数据上看，我国每生产1 t合格铸件同时会产生约1.2 t废砂。每年排放的大量的铸造废砂，要占据很多废砂场地。此外，由于各种有机、无机黏结剂的广泛使用，导致废砂中含有越来越多有害成分，例如残留的甲醛、硫化物、异氰、苯、酚、酸类、水玻璃、碱类等成分。雨水浸蚀过含有这类成分的废砂以后，雨水浸出的有害物质将污染下游水源，甚至污染生活水源；同时，废砂中含有大量的粉尘会随风飘扬，污染空气。特别是水玻璃废砂的强碱性和树脂砂中含有的异氰、酚类等成分，造成的环境污染更为严重，必须加以治理[13]。

一方面，铸造废砂如处理的方法不适当，将会严重污染土壤和水体；另一方面，铸造废砂的物理和工程性质与很多行业所需原材料的性质相近，有巨大的回收利用价值。因此，铸造废砂的回收再利用可产生巨大的环境效益和经济效益，近年来逐渐在世界各国开始受到重视。例如，美国国家环境保护局从2009年将铸造废砂资源化作为优先考虑项目，并制定了铸造废砂在2015年的回用率达到50%的目标。目前，铸造废砂回收再利用过程中的主要问题是缺乏对铸造废砂环境安全性的系统研究。基于铸造工艺和原材料的多样化，铸造废砂中的污染物种类和含量相差巨大。由于目前针对铸造废砂污染物及其环境毒性的研究十分缺乏，实际回收利用时缺少可供参考的准确数据，使得铸造废砂回收再利用的环境安全性不明确，严重限制了铸造废砂回收再利用的实践与推广，从而使得大量铸造废砂被作为固体废物随意排放和填埋，严重污染了环境并浪费了大量珍贵的自然资源[14]。

本章中涵盖的实验基于对铸造废砂无害化利用的问题导向，研究了在不同水胶比、不同废砂掺量的条件下掺铸造废砂混凝土的力学性能、流动性、耐久性等混凝土基本物理化学性能，大致得出了各基本性能在何种水胶比、何种废砂掺量下能达到最优水平，为掺铸造废砂混凝土的无害化回收利用提供了参考意见以及大致方案。土木工程行业是一个需要大量生产资料的耗能行业，而各种工业生产中产生的工业垃圾也日渐增多，将工业垃圾无害化、资源化从而用于耗能行业将是环保事业的一个新方向，同时也是土木工程行业发展的大趋势，工业垃圾的无害化利用是社会可持续发展的重要环节。

5.6 小结

本章对废砂高性能纤维混凝土材料试验的准备工作进行了介绍，主要包括以下内容：

（1）对制备废砂高性能纤维混凝土的各项原材料的化学成分及物理性能进行详细介绍。

（2）基于MAA颗粒堆积模型，对废砂高性能纤维混凝土基准配合比进行了设计，在此基础上设计废砂替代率和水胶比取值，确定废砂高性能纤维混凝土的配合比，并对试件的制备和养护方式进行介绍。

（3）对废砂高性能纤维混凝土的工作性能、力学性能、耐久性能和微观性能的测试项目、测试仪器、测试方法等进行阐述。

除上述结论外，本章在废砂高性能纤维混凝土基本性能试验结果的基础上，从宏观和微观两个角度详细探讨了废砂对细骨料替代率以及水胶比对于废砂高性能纤维混凝土的性能的影响规律和相应的机制，主要得到以下结论：

（1）废砂高性能纤维混凝土的流动度会受到废砂替代率和水胶比的影响。总体上，随废砂替代率增大，流动度会减小，最佳废砂替代率为20%左右；随水胶比的增大，流动度逐渐上升。此外，在废砂掺量较低时（小于20%）流动度变化不明显；在废砂掺量较大时（大于30%）流动度变化较明显。

（2）废砂高性能纤维混凝土的各项力学性能随着废砂替代率和水胶比的改变而变化。总的来看，随着废砂替代率的增大，废砂高性能纤维混凝土的抗压强度、劈裂抗拉强度、抗折强度、弯曲韧性均呈现先增大后降低的变化态势。水胶比的增大会使废砂高性能纤维混凝土的各项力学性能先增强后降低。即当水胶比为0.18且废砂替代率为20%时，废砂高性能纤维混凝土的弯曲韧性、抗压强度、劈裂抗拉强度达到最佳。

（3）废砂高性能纤维混凝土的抗氯离子渗透性能会受到废砂替代率和水胶比的影响。废砂替代率和水胶比都会对试件的抗氯离子渗透性能产生影响，随废砂替代率的提高，试件的抗氯离子渗透能力先增强后降低，但即使在30%废砂替代率下加入废砂的试件抗氯离子渗透能力仍要强于对照组，说明掺入废砂后，试件抗氯离子渗透能力优异。此外，随水胶比的提升试件的抗氯离子渗透性能也会出现先增强后降低的趋势。且当水胶比较大时，其对试件抗氯离子渗透性能的削弱能力更为明显。实验中所有组别的电通量均小于100 C，证明其抗氯离子渗透性能优异。此外，在20%替代率和0.18水胶比下，抗氯离子渗透性能达到最佳。

（4）废砂的掺入会显著影响废砂高性能纤维混凝土的微观性能。在XRD试验中，随着废砂替代率的提高，矿物成分 C_3S 和 C_2S 衍射峰逐渐升高，水化产物C-S-H和 $Ca(OH)_2$ 衍射峰逐渐降低，这是因为废砂会抑制水化反应的发生。废砂相比于石英砂有更大的比表面积，其表面有更多的杂质，导致钢纤维、废砂、基体之间有明显孔隙，不能很好地结合，废砂掺量过高时会降低混凝土各方面性能。而当废砂掺量较低时（小于20%），随着废砂掺量增加，孔结构得以改善，孔隙率得以降低，试件的各项性能都得到一定程度的提升。废砂掺量较大时（大于30%），试件的孔隙结构变差，孔隙率上升，试件各项性能有所下降。

（5）对于废砂高性能纤维混凝土宏观性能和微观性能分析所得的结论可以相互印证，基于实验中得出的对废砂高性能纤维混凝土工作性能、力学性能、微观形貌、耐久性能结果的分析，我们可以得出结论：用废砂部分代替石英砂作为细骨料制备废砂高性能纤维混凝土的工业方法是可行的，在合适的配合比下，废砂高性能纤维混凝土的各项指标均能满足要求，甚至在某些方面超越普通混凝土。实验表明，

20%是废砂对于细骨料的最佳替代率，0.18 为最佳水胶比，在这种条件下，废砂高性能纤维混凝土各项性能达到最佳。

参考文献

[1] 陈宝春，韦建刚，苏家战，等. 超高性能混凝土应用进展 [J]. 建筑科学与工程学报，2019，36 (2)：11.

[2] 李中顺. 固体废弃物在混凝土中的应用研究 [D]. 大连：大连交通大学，2019.

[3] 宋安安. 铸造废砂的资源化利用途径及其环境影响 [J]. 铸造工程，2020，44 (5)：57 - 62.

[4] 牟艳秋，巴吾东，刘世森，等. 铸造废砂的再利用 [J]. 铸造技术，2010 (10)：3.

[5] 谢一飞，楼浙湘，田寅. 铸造废砂对混凝土强度的影响 [J]. 混凝土与水泥制品，2013 (12)：3.

[6] 沈淑霞. 铸造废砂、尾矿砂用作水泥胶凝材料细集料的研究 [D]. 济南：山东大学，2014.

[7] 巫昊峰. 铸造废砂混凝土强度、干燥收缩和抗碳化性能研究 [J]. 硅酸盐通报，2018，37 (12)：5.

[8] 梁虹. 铸造废砂在混凝土中的研究与应用 [J]. 市政技术，2018，36 (2)：4.

[9] THIRUVENKITAM M，PANDIAN S，SANTRA M，et al. Use of waste foundry sand as a partial replacement to produce green concrete：Mechanical properties，durability attributes and its economical assessment [J]. Environmental Technology & Innovation，2020，19：101022.

[10] ZAI A，SALHOTRA S. Effect of waste foundry sand and glass fiber on mechanical properties and fire resistance of high-strength concrete [J]. Materials Today：Proceedings，2022，33 (3)：1733 - 1740.

[11] COPPIO G，LIMA M D，LENCIONI J W，et al. Surface electrical resistivity and compressive strength of concrete with the use of waste foundry sand as aggregate [J]. Construction and Building Materials，2019，212 (10)：514 - 521.

[12] MAKUL N. Innovative utilization of foundry sand waste obtained from the manufacture of automobile engine parts as a cement replacement material in concrete production [J]. Journal of Cleaner Production，2018，199：305 - 320.

[13] 何小丽，张方. 铸造废砂污染的防治 [J]. 大型铸锻件，2008 (3)：3.

[14] 张海凤，王玉珏，王劲璘，等. 铸造废砂的环境毒性研究 [J]. 环境科学，2013，34 (3)：7.

第 6 章 掺废旧轮胎纤维混凝土

6.1 引言

随着人民生活水平的提高和社会的发展，对汽车的需求逐年增加，造成了废旧金属的“黑色污染”，如图 6-1（a）所示。根据国家统计局的数据，我国的废旧轮胎产量在 2020 年达到了 1 390 万吨。为应对废旧轮胎对全球生态环境的污染，国家高度重视废旧轮胎的回收和处理，通过制定相关法律、设立专项资金、实施财政补贴、税收优惠等措施，引导我国废旧轮胎利用行业快速、高质量发展。

如图 6-1（b）所示，废旧轮胎可使用适当的回收设备进行回收，生产轮胎油、橡胶颗粒、炭黑、钢纤维和聚合物纤维（尼龙纤维）。轮胎油可应用于工业锅炉和重

（a）轮胎污染

（b）轮胎回收处理设备

图 6-1 轮胎污染及其处理设备

油发电机等；橡胶颗粒可用于铺装沥青路面和体育场跑道，也可用于制造人造草皮、轮胎和传送带等；炭黑用于生产橡胶、建筑材料、塑料和涂料；钢纤维和聚合物纤维通常被用于掺加到超高性能混凝土（Ultra High Performance Concrete，简称UHPC）中，以改善 UHPC 的物理和机械性能。因此，在废旧轮胎中的钢纤维和聚合物纤维具有很高的环境和商业价值。

UHPC 是一种抗压强度在 100 MPa 以上的超高强度、高韧性和优良耐久性的水泥基复合材料，其主要原理是减少内部缺陷，主要措施旨在：①减少组成颗粒的尺寸，提高结构均匀性；②使用不同的颗粒级配分布，以达到最密的状态；③加入高效减水剂以降低水灰比和孔隙率；④加入纤维，以增加体积稳定性和延性；⑤采用热养护以加速水化反应并减少微结构缺陷。

在 UHPC 的实际应用中，由于造价高、生产工艺复杂等问题使得其大面积推广应用受到了限制，而且现有研究表明钢纤维体积掺量仅为 1%，成本就超过了 UHPC 其他材料的成本。降低 UHPC 的成本是目前推广应用的重点，目前主要是通过以下三种途径去降低 UHPC 的成本：①混杂不同材料、长度和形状的纤维去降低钢纤维的掺量；②掺加一定量的粗骨料来减少胶凝材料使用；③采用常温条件养护替代高压高温养护。这些措施中，混杂纤维是最有效的降低成本的方式，而且混杂不同种类的纤维可达到更佳的增韧和增强效果。掺加到 UHPC 中高弹性模量的钢纤维和低弹性模量的聚丙烯纤维能够取长补短，发挥各自的优势，在不同的层次和阶段改善纤维在基体中分布的均匀性，发挥“正混杂效应”，进而从整体上达到优化纤维水泥基材料力学性能的目的。在此情况下，研究如何在工作性能不受到较大影响的前提下，用废旧轮胎回收得到的混杂纤维代替昂贵的混杂纤维掺入 UHPC 中，将是未来 UHPC 研究的一大方向。

6.1.1 废旧轮胎纤维的成分与特点

从废旧轮胎中回收出的纤维大致可分为钢纤维与聚合物纤维两种。从报废轮胎中获得的钢纤维一般是线性的，部分轻微变形，其物理特性由长度与直径的比率决定。钢纤维的直径一般为 0.23～1.8 mm，具体直径取决于所使用的分离方法：通过粉碎旧轮胎分离的钢纤维直径约为 0.23 mm；通过微波热解分离的钢纤维直径为 0.8～1.5 mm。从报废轮胎中获得的聚合物纤维的表面相对粗糙，有许多橡胶颗粒和其他杂质无法去除。

6.1.2 废旧轮胎纤维的来源与用途

在工业生产中，废旧轮胎通常在环境温度下被粉碎，以获得钢纤维或聚合物纤维。纤维提取一般分两个阶段进行：先使用适当的加工机械将废旧轮胎切割成环状、条状或块状，然后在金属纤维分离器中进一步分离。在制备 UHPC 时可以将这两种纤维混合掺入以改善其物理和机械性能。

钢纤维直径较小，这使其可以随即分散在混凝土中，在施工中进行混凝土的拌合时，可加入钢纤维来提高混凝土的延性及韧性，并减小混凝土梁跨度较大、受拉区混凝土裂缝较宽和脆性破坏等缺点；聚合物纤维则可用于控制混凝土收缩、干缩、温度变化等因素引起的微裂缝，大大改善混凝土的阻裂抗渗、抗冲击及抗震能力。

6.1.3 废旧轮胎纤维制备混凝土的研究现状

对于 UHPC 的研究最早是由国外开始进行的，并最早较为成熟地运用于实际工程中。

2001 年，Feylessoufi 等[1]使用三种不同的分析技术对 RPC 样品的结构发展进行组合分析，详细描述了 UHPC 材料的凝固动态及其连续结构发展状态所涉及的不同机制。

2009 年，Korpa 等[2]对普通混凝土和超高性能混凝土体系在 28 d 水化过程中的相发展进行了定量比较。发现两者的主相没有很大差异，但 UHPC 各个配合比的相发展在数量和动力学上与普通混凝土有所不同。这与使用的不同组分及其相关反应有关。

2012 年，Park 等[3]针对掺入不同形状的混杂纤维 UHPC 进行试验，探究掺加混杂纤维对 UHPC 拉伸应力-应变响应的影响，结果表明：混杂纤维 UHPC 拉伸应力-应变曲线的整体形状主要取决于宏观纤维而非微观纤维的类型，随着微纤维数量的增加，σ_{pc}、σ_{cc}和微裂缝数量等拉伸性能显著改善，而宏观纤维数量的增加对σ_{cc}的影响显著。

2013 年，Camiletti 等[4]研究了单独或联合加入微纳米 $CaCO_3$ 作为水泥部分替代物对 UHPC 早期性能和抗压强度的影响，结果表明：无论养护温度如何，在水泥中加入纳米和微纳米 $CaCO_3$ 都能显著缩短凝结时间；与对照混合物相比，加入微纳米 $CaCO_3$ 和/或纳米 $CaCO_3$ 使 UHPC 混合物具有更高的流动性。

2015 年，Abbas 等[5]研究了钢纤维长度和用量对 UHPC 力学性能和耐久性的影响，结果表明：随着钢纤维的加入，UHPC 的抗压强度略有提高，而纤维长度对 UHPC 的抗压强度影响不大。

2016 年，Hannawi 等[6]研究了不同类型纤维对超高性能混凝土 UHPC 微观结构和力学性能的影响，特别是对机械荷载下的开裂过程的影响。通过使用 SEM 和测量孔隙率、固有磁导率和纵波速度来研究其微观结构，采用单轴压缩试验，结合气体渗透性和声发射测量研究其力学性能，试验结果表明：与钢纤维和矿物纤维相比，合成纤维具有多孔纤维/基质界面区；与普通 UHPC 以及钢纤维或矿物纤维 UHPC 相比，合成纤维增强的 UHPC 具有相对较高的孔隙率和固有透气性以及相对较低的 P 波速度。

2017 年，Ibrahim 等[7]研究了水胶比、胶凝组合、硅粉量、骨料类型、最大骨料粒径、钢纤维含量等不同材料组分及养护温度对 UHPC 力学性能和断裂力学性能的影响，研究发现：固化温度越高，抗压强度越高；粉煤灰有利于提高 28 d 和 90 d 龄期的抗压强度；钢纤维体积掺量高达 2%时，可显著提高 UHPC 的抗压强度、极限弯曲强度、弯曲韧性和断裂参数。

2018 年，Smarzewski 等[8]研究了不掺加纤维的 UHPC 和掺加混杂纤维的 UHPC 的力学性能、断裂能和微观结构之间的区别，试验结果表明：UHPC 的劈裂抗拉强度随钢纤维体积含量的增加而增加；钢纤维的含量对 UHPC 的抗弯强度有着明显影响。

2019 年，Yoo 等[9]研究了直钢纤维类型对超高性能纤维增强混凝土（UHPFRC）的纤维拔出和拉伸性能的影响，试验结果表明：在倾角为 30°或 45°时，UHPC 中所有直的和变形的钢纤维均表现出最高的平均黏结强度，而它们的滑移能力随着倾角增加到 60°而不断增加；UHPFRC 与变形钢纤维的纤维拔出和拉伸试验之间的相关性相对较弱。

2020 年，Sujay 等[10]进行了混杂纤维 UHPC 的耐久性能试验，通过吸附性试验发现，添加纳米二氧化硅明显降低了系统中的氯离子渗透率，氯离子渗透率随着纳米二氧化硅用量的增加而降低；15%超细粉煤灰和 3%纳米二氧化硅是最佳的组合。

对于废旧轮胎纤维的研究，国外学者最早从 1996 年开始尝试在混凝土的制备中掺加废旧轮胎卷帘布纤维对纤维混凝土的收缩性能和抗弯强度进行研究[11]。随后的研究更多地关注废旧轮胎钢纤维混凝土的可行性、工作性能、力学性能和长径比等[12]。Aiello 等[13]研究了废旧轮胎再生钢纤维混凝土的力学性能，发现了再生钢纤维与混凝土的黏结也有较好的黏结性能，混凝土的抗压强度几乎不受不规则的纤维存在的影响，再生钢纤维混凝土可以与普通钢纤维混凝土的开裂后行为相当。Serdar 等[14]用再生轮胎聚合物纤维代替聚丙烯纤维进行试验研究，发现再生轮胎聚合物纤维拥有与聚丙烯纤维相似的抗裂性能。Papastergiou 等[15]把废橡胶带钢纤维与废旧轮胎纤维混杂进行拉伸和弯曲试验，研究发现：在相同掺量下，废钢纤维的开裂后强度和抗折能力比普通纤维更大。Isa 等[16]以回收钢丝帘线（RTSC）和回收轮胎钢纤维（RTSF）等为原料配制了 12 种不同比例的 UHPC，发现纤维上的橡胶及其他杂质会显著降低 UHPC 的强度，通过 RTSC 与 RTSF 混杂或者掺更高掺量的回收纤维可以实现达到与人造纤维 UHPC 相同的强度。

相对于其他国家，我国开展 UHPC 的研究时间较晚。国内最早的研究是在 20 世纪末由覃维祖教授带领开展的[17]。近年来，国内的学者们开展一系列关于 UHPC 各方面性能的研究，并取得了一系列成果。

2010 年，丑凯[18]探究了矿物掺合料的火山灰反应和堆积密实效应对具有不同的水胶比和不同掺量的矿物掺合料 UHPC 硬化性能的影响，研究发现：掺加硅灰后混凝土的抗压强度会得到很大提升，且受矿物掺合料的堆积密实效应和化学效应的共同作用，不同水胶比下掺入硅灰的混凝土的堆积密实度与抗压强度有相似的变化趋势，体系堆积密实度越大，其抗压强度也越大，这说明在成型密实的情况下，硅灰的堆积密实效应充分发挥了作用，堆积密实度与抗压强度具有一定的相关性。

2012 年，曹方良[19]探究了纳米二氧化硅和碳酸钙对 UHPC 工作性能、抗压强度和抗折强度的影响，试验发现：在 UHPC 中单掺纳米 SiO_2 和纳米 $CaCO_3$ 都会降低其流动性，并且在复掺纳米 SiO_2 时流动性下降幅度更大；两种纳米材料的掺入提高了 UHPC 的强度和折压比，有效改善了 UHPC 的力学性能，起到了增韧的效果。

2013 年，肖江帆[20]研究了常规工艺下 UHPC 的材料组成对流动性、收缩性和强度等的影响，结果发现：在影响 UHPC 各项性能的因素中，水胶比影响最大。水胶比的大小会显著影响 UHPC 的流动性、强度与自收缩量；硅灰的掺入可以在不改变强度的基础上对 UHPC 试件变形性能产生显著影响。

2015 年，孙博超[21]对大流动性的 UHPC 进行试验研究，研究结果表明：掺入消泡剂可在常规养护条件下大幅降低 UHPC 拌合物的含气量，进而提高其抗压强度；在 UHPC 中掺入消泡剂主要减少了 UHPC 内部的大气孔，并没有对水泥水化过程产生明显影响。

2017 年，谢林兵[22]通过冲击试验和弯曲试验去探究在 UHPC 中单掺钢纤维或将不同形状的钢纤维混掺对其动态和静态力学性能的影响，试验结果表明：相较于端钩型钢纤维，细直纤维对 UHPC 的挠度和韧性的贡献程度更高；掺混杂纤维的 UHPC 相较于单掺组其冲击强度更高，且随着端钩型纤维掺量的增加，抗冲击强度先增后减，在直纤维与端钩型纤维的掺量均为 1%时抗冲击强度最大。

但在研究的过程中，还存在着诸多问题，例如此类混凝土的生产成本过高、成型条件复杂、养护条件苛刻、缺少对此类混凝土抗弯性能以及掺加混杂纤维的混凝土物理力学性质的研究等，这些都需要进行进一步的研究。

6.2　掺废旧轮胎纤维混凝土的制备方法及试验方案

6.2.1　掺废旧轮胎纤维混凝土的原材料及其基本特性

掺废旧轮胎纤维混凝土的原材料及其基本特性参考 3.2.1 掺钢渣粉混凝土的原材料及其基本特性。

6.2.1.1　水泥

水泥的相关内容参考 3.2.1 掺钢渣粉混凝土的原材料及其基本特性。

6.2.1.2　硅灰

硅灰的相关内容参考 3.2.1 掺钢渣粉混凝土的原材料及其基本特性。

6.2.1.3　粉煤灰

粉煤灰的相关内容参考 3.2.1 掺钢渣粉混凝土的原材料及其基本特性。

6.2.1.4 高效减水剂

高效减水剂的相关内容参考 3.2.1 掺钢渣粉混凝土的原材料及其基本特性。

6.2.1.5 砂

砂的相关内容参考 3.2.1 掺钢渣粉混凝土的原材料及其基本特性。

6.2.1.6 纤维

聚丙烯纤维是高强度束状纤维，能够有效地控制混凝土收缩、干缩、温度变化等因素引起的微裂缝，大大改善 UHPC 的阻裂抗渗、抗冲击及抗震能力。本试验选用的聚丙烯纤维如图 6-2（a）所示，具体参数见表 6-1。为提高混凝土的延性及韧性，UHPC 中通常需要加入钢纤维，本试验选用河南某公司生产的钢纤维如图 6-2（b）所示，具体参数见表 6-2。

（a）聚丙烯纤维

（b）钢纤维

图 6-2 聚丙烯纤维与钢纤维

表 6-1 聚丙烯纤维性能指标

密度/(g/cm^3)	弹性模量/GPa	极限伸长率/%	直径/μm	抗折强度/MPa	抗拉强度/MPa	裂缝降低系数/%
1.18	7.2	22	19	5.9	560	92

表 6-2 钢纤维性能指标

直径/mm	长度/mm	抗拉强度/MPa	长径比	密度/(g/cm^3)
0.22	13.00	2 959	59	7.8

本次选用的废旧轮胎钢纤维和聚合物纤维如图 6-3 所示。

（a）废旧轮胎钢纤维

（b）废旧轮胎聚合物纤维

图 6-3 废旧轮胎纤维

6.2.2 掺废旧轮胎纤维混凝土的配合比设计

本节基于最紧密堆积理论，考虑材料的粒径分布进行超高性能混凝土的配合比设计，利用改进 A&A 模型设计出具有最大堆积密实度的超高性能混凝土配合比。

总体上的设计过程为：首先确定试验所用的原材料（水泥、砂、粉煤灰和硅灰），利用激光粒度分析仪确定各材料的颗粒级配曲线，进而确定模型的边界条件（如最大粒径和最小粒径等）；然后根据最小二乘法（LSM）的优化算法，调整混合物中每一种材料的比例，使实际混合物的级配曲线无限接近于理想的改进 A&A 模型曲线，如图 6-4所示，使其达到最大堆积密实度，从而确定各材料组分的体积比，再进一步计算出超高性能混凝土混合物中各材料的具体含量；最后通过以往的研究确定高效减水剂和水的量，最终确定基于改进的 A&A 模型的最佳超高性能混凝土配合比。

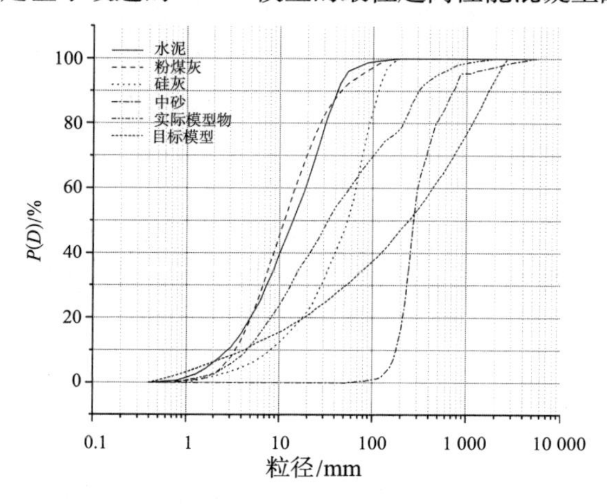

图 6-4 超高性能混凝土混合物中各材料实际模型及目标模型曲线

配合比设计过程中的分布模量 q 取 0.25，整个配制过程就是以残差平方和表征曲线不断拟合的过程，使得残差平方和最小化，如式（6-1）所示，通过 LSM 算法计算得到的决定系数（R_2）来表征实际混合物配合比与理想配合比的拟合情况，如式（6-2）所示。

$$R_{ss}=\sum_{i=1}^{n} e_i^2=\sum_{i=1}^{n}[P_{mix}(D_i^{i+1})-P_{tar}(D_i^{i+1})]^2 \rightarrow \mathrm{MIN} \tag{6-1}$$

$$P_{tar}(D_i^{i+1})=\frac{(D_i^{i+1})^q-D_{min}^q}{D_{max}^q-D_{min}^q} \tag{6-2}$$

$$\forall D_i^{i+1}\in[D_{min},D_{max}],D_i^{i+1}=\sqrt{D_i D_{i+1}},i=1,\cdots,n-1$$

$$R^2=1-\frac{\sum_{i=1}^{n}[P_{mix}(D_i^{i+1})-P_{tar}(D_i^{i+1})]}{\sum_{i=1}^{n}[P_{mix}(D_i^{i+1})-\overline{P_{mix}}]^2} \tag{6-3}$$

式中：P_{mix}——原材料间混合的配合比；

P_{tar}——根据模型计算出的理想配合比。

实际的级配曲线不断向目标曲线拟合的过程中，所有固体颗粒的总体积为变量，如下：

$$V_{\text{sol}}^{\text{tot}}=\sum_{k=1}^{m-2}V_{\text{sol},\ k}\text{，}\ v_{\text{sol},\ k}=\frac{V_{\text{sol},\ k}}{V_{\text{sol}}^{\text{tot}}} \tag{6-4}$$

每种固体组分的体积比例 $v_{\text{sol},k}$ 通过式（6－5）影响实际混合物的级配。

$$P_{\text{mix}}=\frac{\sum_{k=1}^{m-2}\frac{v_{\text{sol},\ k}}{\rho_{\text{sol},\ k}^{\text{spe}}}Q_{\text{sol},\ k}(D_i)}{\sum_{i=1}^{n}\sum_{k=1}^{m-2}\frac{v_{\text{sol},\ k}}{\rho_{\text{sol},\ k}^{\text{spe}}}Q_{\text{sol},\ k}(D_i)} \tag{6-5}$$

式中：$Q_{\text{sol},k}(D_i)$ ——筛 i 上过筛材料 k 的残余物；

$\rho_{\text{sol},k}^{\text{spe}}$——材料 k 的密度。

实际混合物的累计筛余分数，即尺寸小于 D 的固体比例为：

$$P_{\text{mix}}(D_i^{i+1})=\begin{cases}P_{\text{mix}}(D_{i-1}^{i})-Q_{\text{mix}}(D_i) & i=1,2,\cdots,n-1\\ 1 & i=n\end{cases} \tag{6-6}$$

整个级配设计过程中的约束条件为：$V_{\text{sol}}^{k}>0$；$V_{\text{sol}}^{\text{tot}}+V_{\text{水}}+V_{\text{空气}}+V_{\text{减水剂}}=V_{\text{水}}+V_{\text{水泥}}+V_{\text{空气}}+V_{\text{砂}}+V_{\text{硅灰}}+V_{\text{减水剂}}+V_{\text{粉煤灰}}=1$；减水剂为胶凝材料的 2.5%；水胶比为 0.20；钢纤维体积掺量为 2%，密度为 7.8 g/cm^3；聚丙烯纤维的体积掺量为 0.2%，密度为 1.18 g/cm^3；空气成分占比 4%。最终通过优化过程确定出最佳体积比为：$V_{\text{粉煤灰}}:V_{\text{硅灰}}:V_{\text{砂}}:V_{\text{水泥}}$=0.053 0∶0.023 9∶0.481 6∶0.351 4。再通过计算确定出所有材料的配合比，如表 6－3 中编号为 1 的配合比，表 6－3 中其余编号为不同的废旧轮胎纤维体积替代率下的配合比。

表 6－3　不同体积替代率的 UHPC 配合比

组别	C	FA	S	MS	减水剂/%	水胶比	SF/%	PF/%	WTSF/%	WTPF/%
1	0.35	0.05	0.02	0.48	2.5	0.20	2	0.2	0	0
2	0.35	0.05	0.02	0.48	2.5	0.20	1.5	0.2	0.5	0
3	0.35	0.05	0.02	0.48	2.5	0.20	1	0.2	1	0
4	0.35	0.05	0.02	0.48	2.5	0.20	0.5	0.2	1.5	0
5	0.35	0.05	0.02	0.48	2.5	0.20	2	0.15	0	0.05
6	0.35	0.05	0.02	0.48	2.5	0.20	2	0.1	0	0.1
7	0.35	0.05	0.02	0.48	2.5	0.20	2	0.05	0	0.15

注：C 代表水泥；FA 代表粉煤灰；S 代表硅灰；MS 代表中砂；SF 代表钢纤维；PF 代表聚丙烯纤维；WTSF 代表废旧轮胎钢纤维；WTPF 代表废旧轮胎聚合物纤维。

6.2.3 掺废旧轮胎纤维混凝土的制备方法

掺废旧轮胎纤维混凝土制备的流程如下：①将水泥、硅灰、粉煤灰和细骨料按照表 6－3 的配合比一起低速（150 r/min）搅拌 5 min；②加入水和减水剂，继续低速搅拌 5 min；③将搅拌机转速调至 90 r/min，缓慢均匀撒入废旧轮胎混杂纤维（3 min 内完成）；④将混合物高速（300 r/min）搅拌 6 min。混凝土浆体浇筑完成后覆盖塑料薄膜，放置 24 h 后拆模，然后置于（20±2）℃水中养护至规定龄期进行测试。

6.2.4 掺废旧轮胎纤维混凝土的试验方法

制备掺废旧轮胎纤维混凝土需要进行工作性能试验、力学性能试验、微观性能试验，可参考 3.2.4 掺钢渣粉混凝土的试验方法。

6.2.4.1 工作性能试验

根据规范要求，使用 NLD－3 型水泥胶砂流动度测定仪测试新拌 UHPC 的流动性。具体的步骤为：①使用湿抹布润湿跳桌表面和测试器具；②将拌制好的 UHPC 分两次装进圆锥试模，并用捣棒均匀捣压，捣实后抹平；③轻轻垂直提起试模并迅速打开开关，跳动频率为 1 秒/次，完成 25 次的跳动；④在新拌 UHPC 浆体扩展面上，取相互垂直的长径和短径，测量其长度，并取其平均值作为流动度。

6.2.4.2 力学性能试验

力学性能试验的相关内容参考 3.2.4.2 基本力学试验。

立方体试件尺寸为 100 mm×100 mm×100 mm，棱柱体试件的尺寸为 100 mm×100 mm×100 mm，每个配合比均有 3 组平行试验。标准养护至指定龄期（3 d/7 d/28 d）后进行测试，如图 6－5 所示为试验测试装置。应用式（3－4）计算抗折强度，计算的抗折强度应精确至 0.1 MPa。

(a) 抗压强度测试装置

(b) 抗折强度测试装置

图 6－5 力学性能测试装置

6.2.4.3 微观性能试验

扫描电镜试验和 X 射线衍射详情请参考 3.2.4.3 微观形貌观测。

热重-差热分析（TG－DTA 分析）是研究 UHPC 在高温下质量变化及吸热和

放热反应的常规手段。进行取样时，需要将做完立方体抗压强度试验的混凝土试件敲碎，取中间的小块，放入无水酒精中浸泡 48 h 使水化反应终止，然后将其研磨成粉体，放入 50 ℃的烘箱中 24 h，烘干后，采用 STA449C 型综合热分析仪对混凝土进行分析。试验保护气体为 N_2，每次试验取 10 mg 左右样品，以 10 ℃/min 的升温速率从 20 ℃左右升至 1 000 ℃，获得 TG、DTA 和 DSC 曲线。

6.3 掺废旧轮胎纤维混凝土的性能指标

6.3.1 掺废旧轮胎纤维混凝土的工作性能

混凝土的掺合料的组分与级配、水胶比、胶砂比、水泥的品种、纤维的掺量、减水剂的种类等都是影响 UHPC 流动性的主要因素。在本节中测试了不同种类和不同替代率的废旧轮胎纤维对混杂纤维 UHPC 流动性的影响。

不同掺量的废旧轮胎钢纤维 UHPC 的流动性结果如图 6－6 所示。对于四种不同替代率的预拌 UHPC，在聚合物纤维体积相当的情况下，UHPC 的流动性随着废旧轮胎钢纤维替代率的增加而下降，并且流动性的下降率保持稳定，后又急剧增加。流动性的下降可能与以下三个因素有关：

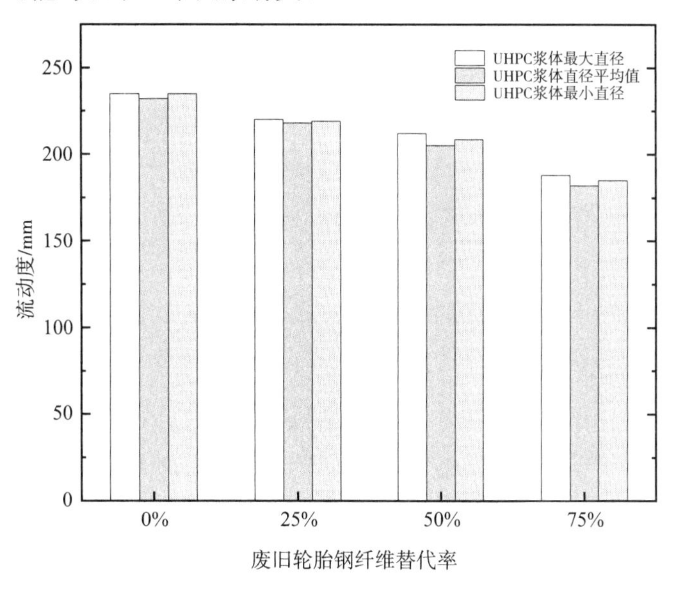

图 6－6 废旧轮胎钢纤维对 UHPC 流动性的影响

（1）形状不规则的废旧轮胎钢纤维。从废旧轮胎中回收得到的钢纤维大多不是直的纤维，而是弯曲的纤维。回收得到的一些钢纤维的顶端还带有端钩，弯曲的纤维和端钩增加了废旧轮胎钢纤维与基体之间的摩擦黏结和固定效果，端钩促进了团聚现象，降低了 UHPC 的流动性。

（2）纤维长度。通常使用的镀铜短钢纤维只占从旧轮胎中回收的钢纤维的1/3～

1/5。一方面，在 UHPC 中加入较长的废旧轮胎钢纤维会降低纤维的分散性，增加混凝土的结块效应，进而阻碍浆料的自由流动；另一方面，回收的钢纤维大大降低了 UHPC 浆料边缘的“侧壁效应”影响。废旧轮胎钢纤维对浆料自由流动的影响比普通钢纤维更大，导致 UHPC 的流动性降低。

（3）在回收得到的钢纤维表面存在橡胶颗粒。因为钢纤维表面的橡胶颗粒会吸收水分，橡胶颗粒也会进一步加强纤维和浆液之间的摩擦力。

如图 6－7 所示，展示了用不同的废旧轮胎聚合物纤维替代率来改变 UHPC 的流动性的结果。对于这些不同体积替代率的预拌混凝土 UHPC，在相同体积的钢纤维掺量下，UHPC 的流动性与废旧轮胎聚合物纤维替代率成反比，而且下降的速度随着替代率的增加而增加。UHPC 的流动性降低的主要原因如下：

（1）回收得到的废旧轮胎聚合物纤维的表面粗糙。与传统的聚合物纤维相比，回收得到的废旧轮胎聚合物纤维的表面非常粗糙，极大增加了水黏附在表面的能力，导致 UHPC 的流动性大大降低。

（2）废旧轮胎聚合物纤维的结块。随着废旧轮胎聚合物纤维的结块越来越显著，UHPC 的流动性会大大降低。

（3）橡胶颗粒与来自废旧轮胎的聚合物纤维混合。在聚合物纤维的加工过程中，橡胶颗粒不可避免地与纤维混合，这也导致了 UHPC 的流动性下降。研究还发现，在相同的纤维替代率下，废旧轮胎钢纤维对 UHPC 浆料的流动性的影响比聚合物纤维更大。

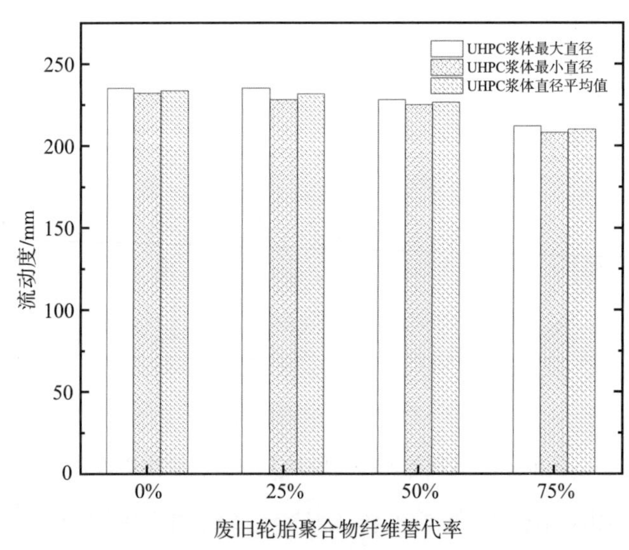

图 6－7　废旧轮胎聚合物纤维对 UHPC 流动性的影响

6.3.2　掺废旧轮胎纤维混凝土的抗压性能

掺合料的颗粒级配、纤维的掺量、水泥的种类、养护条件、纤维的种类、水胶比等都是影响 UHPC 抗压强度的重要因素。在本节中，对在标准含量条件下，混合有废旧轮胎纤维的UHPC立方体在3 d、7 d和28 d龄期时的抗压强度进行了7种比例的测试，详情请参考4.3.2掺铁尾矿粉/砂混凝土的抗压性能，测试结果如表6-4所示。与废旧轮胎纤维混合的UHPC基体的初始强度增加得非常快，图6-8中空白部分显示了3 d时立方体的抗压强度，3 d时的强度可以达到28 d时强度的55%～63%。图6-8中密点部分显示的是3～7 d的强度增幅情况，从图6-8中可以看出，试验组整体上3～7 d的强度增加情况比前一时期要低。图6-8中疏点部分显示了后期7～28 d之间强度的增加，表明后期7～28 d之间强度的增加仍然是显著的。

表6-4　抗压强度试验结果　单位：MPa

组别	3 d抗压强度	7 d抗压强度	28 d抗压强度
1	88.13	100.53	155.03
2	83.77	93.30	132.00
3	80.53	80.67	129.30
4	74.67	76.57	123.03
5	85.80	97.77	142.97
6	83.43	95.37	135.40
7	82.57	93.73	132.53

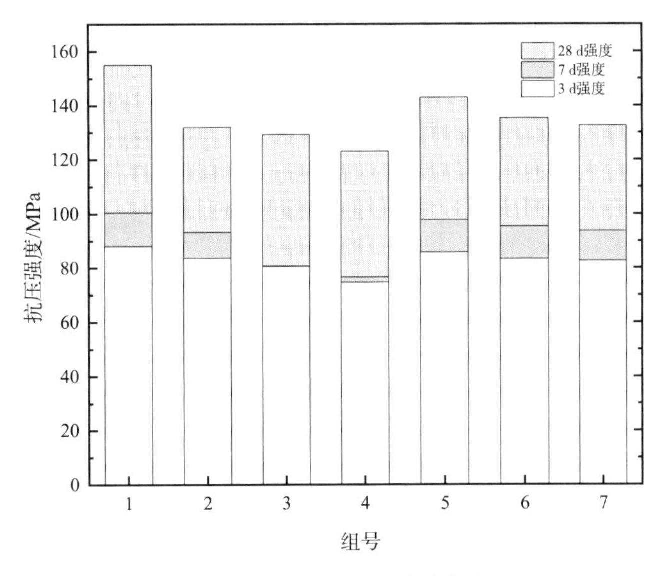

图6-8　抗压强度增幅统计直方图

6.3.2.1　废旧轮胎钢纤维

图6-9显示了不同体积的废旧轮胎钢纤维替代率（0%、25%、50%和75%）对UHPC的抗压强度和强度增长率的影响。从图6-8中第1、第2、第3、第4组

的比较中可以看出，随着废旧轮胎回收钢纤维含量的增加，试验组混凝土的 3 d 抗压强度增长的速率逐步下降，但差异较小，而试验组混凝土的 7 d 抗压强度增长率继续下降。这表明从废旧轮胎中回收得到的钢纤维对 3～7 d 的前期强度的增长有很大的影响。这是因为在 UHPC 的早期阶段，水泥还没有充分水化，钢纤维对抗压强度的贡献更大。随着水泥的水化程度越来越高，所有这些组的 UHPC 的抗压强度都变得更高，抗压强度都在 120 MPa 以上，并且 7～28 d 的强度增长率差别不大，强度随着钢纤维替代率的增加呈现下降的趋势，但第 28 d 的强度增长率却呈现出先增后减的趋势。比较图 6-8 中第 2、第 3 和第 4 组的抗压强度，发现第 2、第 3 和第 4 组抗压强度呈现出下降的趋势。其原因：一方面是在 UHPC 中加入废旧轮胎钢纤维，发现废旧轮胎钢纤维可以与基体紧密结合，在 UHPC 内形成网状结构来增加抗压强度，通过“环箍效应”限制了 UHPC 的横向变形并提高了抗压强度，但废旧轮胎钢纤维的表面也粘了高弹性的橡胶颗粒，当受到力的作用时会引起明显的变形，相当于 UHPC 基体中的“孔隙”，减少了混凝土的受压面积，使得抗压强度有了明显的下降；另一方面是废旧轮胎中的钢纤维尺寸较长，一些钢纤维的末端存在端钩会使钢纤维进一步团聚，钢纤维在 UHPC 质量中分散不均，抗压强度降低。

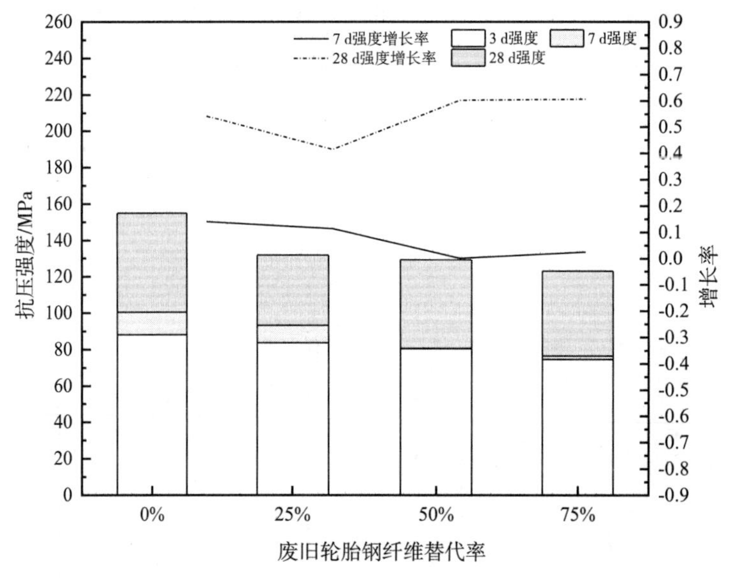

注：7 d 强度增长比率是 7 d 的抗压强度相对于 3 d 抗压强度的增长比率；
28 d 强度增长比率是28 d的抗压强度相对于 7 d 抗压强度的增长比率。

图 6-9 废旧轮胎钢纤维对 UHPC 抗压强度的影响

6.3.2.2 废旧轮胎聚合物纤维

图 6-10 展现了不同替代率的废旧轮胎聚合物纤维（0%、25%、50%和 75%）对 UHPC 的抗压强度和强度增长率的影响。结合图 6-8 中第 1、第 5、第 6 和第 7 组的比较显示，随着废旧轮胎聚合物纤维数量的增加，3 d 抗压强度差别不大，强

度值在82～85 MPa之间，7 d抗压强度增长和7 d抗压强度增长比也差别不大，7～8 d强度增长率逐渐下降，28 d抗压强度增长率先降后升，但抗压强度逐渐降低。与未添加废旧轮胎聚合物纤维相比，图6-8中第5、第6和第7组的抗压强度都随着替代率的增加而降低。其原因是由废旧轮胎聚合物纤维中的橡胶颗粒等杂质造成的，这些杂质本身不能承受力，影响了UHPC的内部结构并降低了其抗压强度。抗压强度降低也被认为是由于废旧轮胎聚合物纤维的粉碎回收过程导致的，由于回收过程中需要打磨废旧轮胎来回收聚合物纤维，导致聚合物纤维表面更粗糙，更容易结块，影响了UHPC基体的均匀性。在较高的纤维替代率下，来自废旧轮胎的钢纤维比聚合物纤维显示出更明显的强度下降，这表明钢纤维比聚合物纤维对UHPC的抗压强度贡献更大。

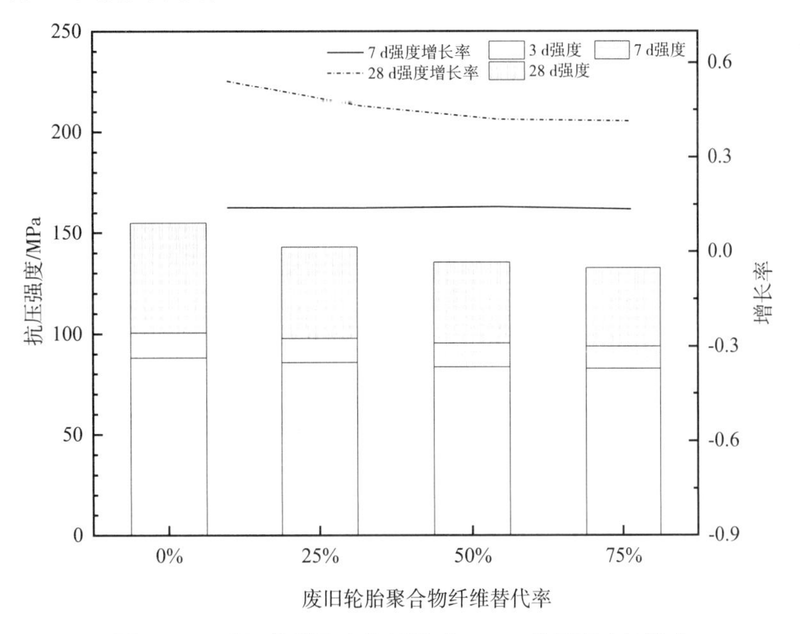

图6-10 废旧轮胎聚合物纤维对UHPC抗压强度的影响

6.3.3 掺废旧轮胎纤维混凝土的弯曲韧性

UHPC的弯曲韧性可以通过其抗折强度来量化，这也是宏观力学性能中一个非常重要的强度指标。影响UHPC抗折强度的因素有骨料级配、养护条件和纤维等。纤维对UHPC的抗折强度影响最大，长度直径比、纤维类型和添加剂的数量都对抗折强度有着较大的影响。在UHPC的制备中，短切镀铜钢纤维被掺加到UHPC浆体中，以确保钢纤维可以均匀地分布在UHPC中。钢纤维在UHPC内形成了一个空间网状结构，它可以在基体产生裂缝之前很好地控制混凝土微裂缝的产生，从而推迟混凝土中微裂缝的发育。一旦基体开裂，基体和纤维之间的结合就会吸收混凝土内产生的拉应力，控制微裂缝的发育，并大大改善基体的抗折强度和韧性。在本试验中，对在标准固化条件下几种配合比的UHPC在3 d、7 d和28 d的抗折强度

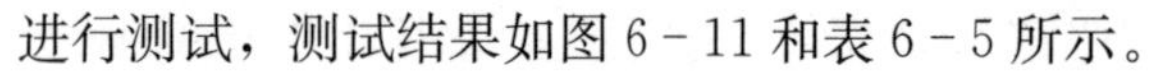

进行测试，测试结果如图 6 - 11 和表 6 - 5 所示。

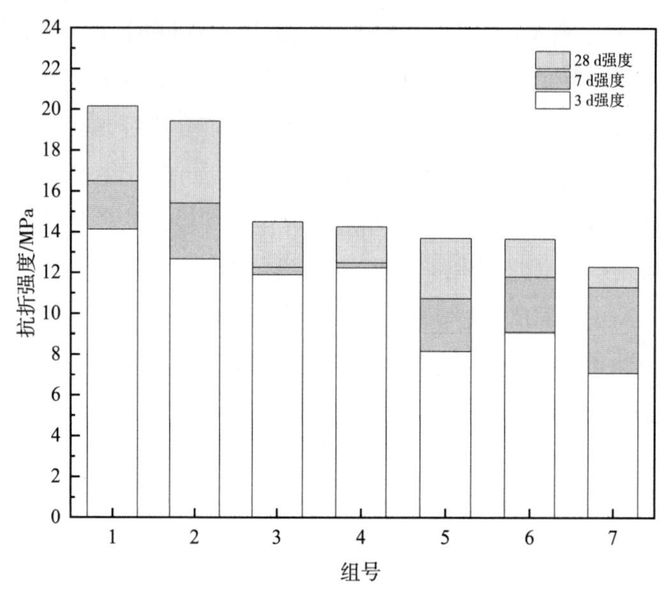

图 6 - 11　抗折强度增幅统计直方图

表 6 - 5　抗折强度试验结果

组别	3 d 抗折强度/MPa	7 d 抗折强度/MPa	28 d 抗折强度/MPa
1	14.14	18.85	26.17
2	12.67	18.16	26.19
3	11.90	12.63	17.13
4	12.24	12.74	16.31
5	8.16	13.33	19.61
6	9.11	14.50	23.61
7	7.11	15.49	25.86

6.3.3.1　废旧轮胎钢纤维

图 6 - 12 展现了不同体积替代率（0%、25%、50%和 75%）的废旧轮胎钢纤维对 UHPC 的抗折强度和抗折强度增长率的影响，比较图 6 - 11 中第 1、第 2、第 3 和第 4 组可以看出，当钢纤维的体积替代率低于 50%时，3 d、7 d 和 28 d 的抗折强度和强度增加的相对比率与对照组没有显著差异，当钢纤维替代率超过 50%时，7 d 和 28 d 的抗折强度及其增长比率明显下降，但掺加不同回收钢纤维替代率的组别 3 d 抗折强度之间的差异很小。当废旧轮胎钢纤维的体积替代率较低时，UHPC 的

抗弯强度受到的影响较小。造成上述现象的原因是因为添加到 UHPC 中的废旧轮胎钢纤维具有与普通钢纤维类似的架桥作用，可以防止开裂以及增加 UHPC 的抗折强度；另外，由于纤维与基体之间的锚固作用可以被废旧轮胎钢纤维尾端和表面存在的端钩加强，且其回收工艺导致纤维表面粗糙程度加大，进而使得纤维与基体黏结得更加牢固。这些原因都能够降低废旧轮胎钢纤维对 UHPC 抗折性能的影响程度。随着废旧轮胎钢纤维替代率的增加，混凝土的抗折强度相对于对照组的抗折强度下降明显，主要是因为废旧轮胎钢纤维表面橡胶颗粒的增加逐渐抵消了再生纤维的积极作用，而且废旧轮胎钢纤维的长度比普通钢纤维长很多，在钢纤维的长度增加到一定程度后，会降低而不是增加钢纤维和混凝土之间的黏合效果，同时混凝土抗折强度也会下降，这出现在体积替代率大于 50％的第 3 组和第 4 组中，表现为试件抗折强度明显下降。

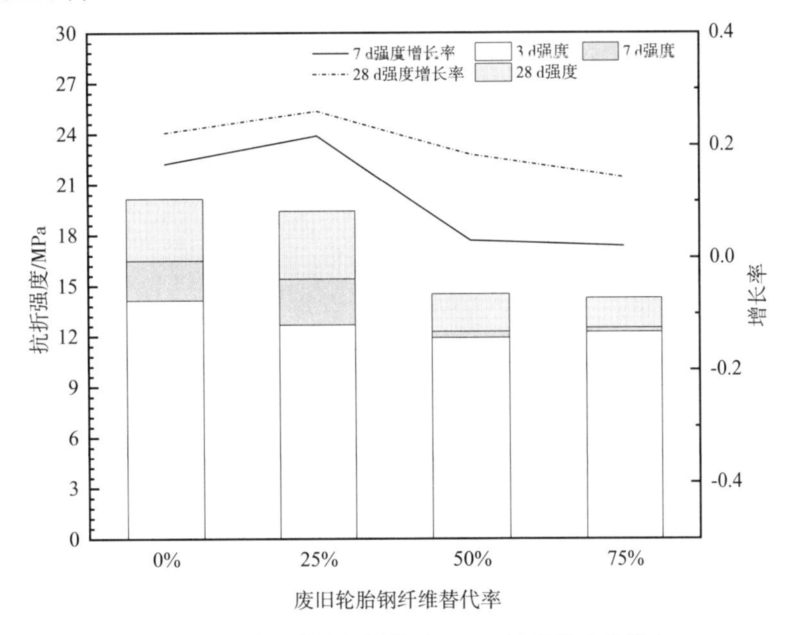

图 6－12　废旧轮胎钢纤维对 UHPC 抗折强度的影响

6.3.3.2　废旧轮胎聚合物纤维

图 6－13 显示了不同体积替代率（0％、25％、50％和 75％）的废旧轮胎聚合物纤维对 UHPC 的抗折强度和强度增长率的影响，对比图 6－11 中第 1、第 2、第 3 和第 4 组可以看到：在较低的废旧轮胎聚合物纤维替代率下，3 d、7 d 和 28 d 后的抗折强度会有较大的下降。随着废旧轮胎聚合物纤维体积替代率的增加，抗折强度增长率在 3～7 d 逐渐增加，在 7～28 d 逐渐减少。

总的来说，UHPC 的抗折强度出现了较大的下降，这主要是由于废旧轮胎聚合物纤维中混入了大量的橡胶颗粒和其他杂质，导致 UHPC 的微观结构发生了明显的变化，同时在应力作用下产生了大量的微裂缝，影响了抗折强度。此外，由于废旧轮胎聚合物纤维的回收过程不可避免的工艺问题导致其在掺入 UHPC 后容易在基体中出现“成团现象”，使 UHPC 中的废旧轮胎聚合物纤维分布极不均匀，这反过来又影响了抗折强度。随着废旧轮胎聚合物纤维替代率的增加，掺加聚合物纤维表现出的强度下降的幅度要明显大于钢纤维所表现出的，这表明混在废旧轮胎聚合物纤维中的高含量杂质和橡胶颗粒对 UHPC 的抗折强度有明显影响。

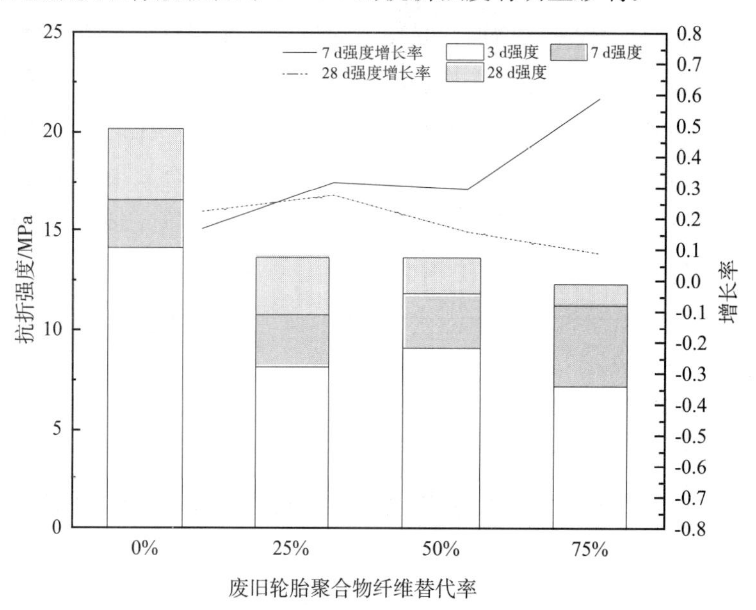

图 6－13　废旧轮胎聚合物纤维对 UHPC 抗折强度的影响

6.3.4　掺废旧轮胎纤维混凝土的劈裂抗拉性能

对 UHPC 的劈裂和拉伸性能的研究主要与弹性模量有关，弹性模量主要与构成 UHPC 的四相（纤维、基质、孔隙和聚集体的数量和类型）有关，与不掺加钢纤维的混凝土相比，掺加了钢纤维的 UHPC 的弹性模量增加了约 10 GPa，这是由于掺加了钢纤维的混凝土的弹性模量远远高于不掺加钢纤维的混凝土的弹性模量，从而使 UHPC 的弹性模量有了显著提高。在本次试验中，用动弹性模量分析仪对用不同替代率和不同类型的废旧轮胎纤维的七种配合比的 UHPC 进行测试，结果见图 6－14。通过分析可得：无论掺入再生钢纤维还是再生聚合物纤维，UHPC 的动弹性模量都会随着替代率的增加而降低，而且降低的速率也会随着替代率的增加而增加，这主要是因为一方面掺入的废旧轮胎纤维会与橡胶颗粒（其弹性模量仅约为 2 GPa）混合，而且橡胶颗粒也占据了部分掺入 UHPC 的废旧轮胎纤维的质量，使得混合的再生聚合物纤维的实际数量减少，导致 UHPC 的动弹性模量下降；另一方面掺入废旧轮胎纤维会使 UHPC 的流动性下降，进而导致 UHPC 基体内出现更多的孔隙，孔隙所占的体积也降低了 UHPC 的动弹性模量。

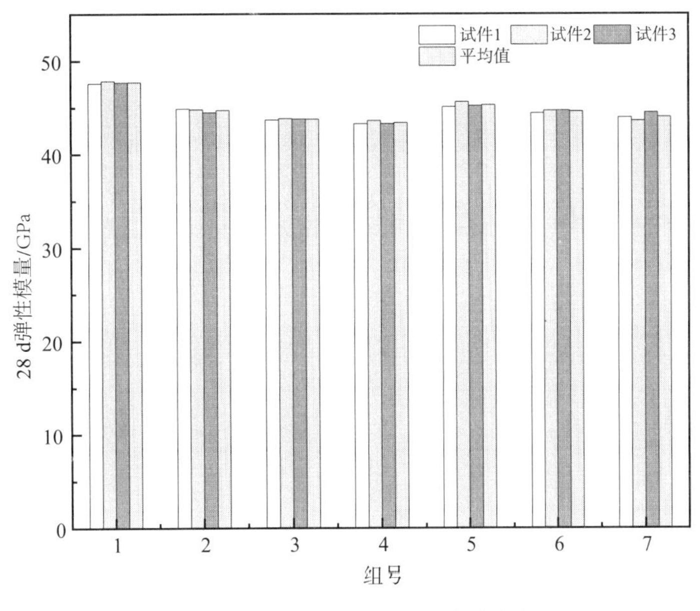

图 6-14 UHPC 动弹性模量统计直方图

6.4 掺废旧轮胎纤维混凝土的微观结构及其增韧机制

6.4.1 掺废旧轮胎纤维混凝土的微观形貌

混凝土是一种多孔、多相、异质的建筑材料，其微观结构能反映并显著影响混凝土的宏观力学性能。UHPC 的微观结构受固体的堆积密度、水化反应和火山灰反应的影响，因此有必要观察 UHPC 的内部微观形态，以了解微观结构影响宏观力学性能的机制。

在本次试验中，使用 Nova Nano SEM 450 型扫描电子显微镜来观察不同配合比 UHPC 试样的微观结构形态。图 6-15 为对照组第 1 组的 3 d、7 d 和 28 d 龄期 UHPC 内部的微观结构。图中显示聚合物和钢纤维的表面都附有水化产物，使纤维与水泥基体紧密结合在一起。此外，UHPC 基体早期的一些微裂缝正在逐渐被水化产物填充，从而形成更密实的结构，随着 UHPC 龄期的增加，水化产物簇会相互连接形成更密实的结构，基体表现得更均匀、更密实，这也是强度提高的源头。

6.4.1.1 废旧轮胎钢纤维

由于废旧轮胎钢纤维对 UHPC 水化反应的影响有限，本节只分析四组废旧轮胎钢纤维替代率为 75%的 UHPC 基材的微观结构。随着龄期的增加，掺入废旧轮胎钢纤维的 UHPC 的内部微观结构发展模式与对照组基本相同，早期龄期 UHPC 的孔隙和微裂缝被水化产物组填充并压实。可以看出，随着龄期的增加，掺入废旧轮胎钢纤维的 UHPC 内部微观结构的发展规律与对照组基本一致，早期 UHPC 的孔

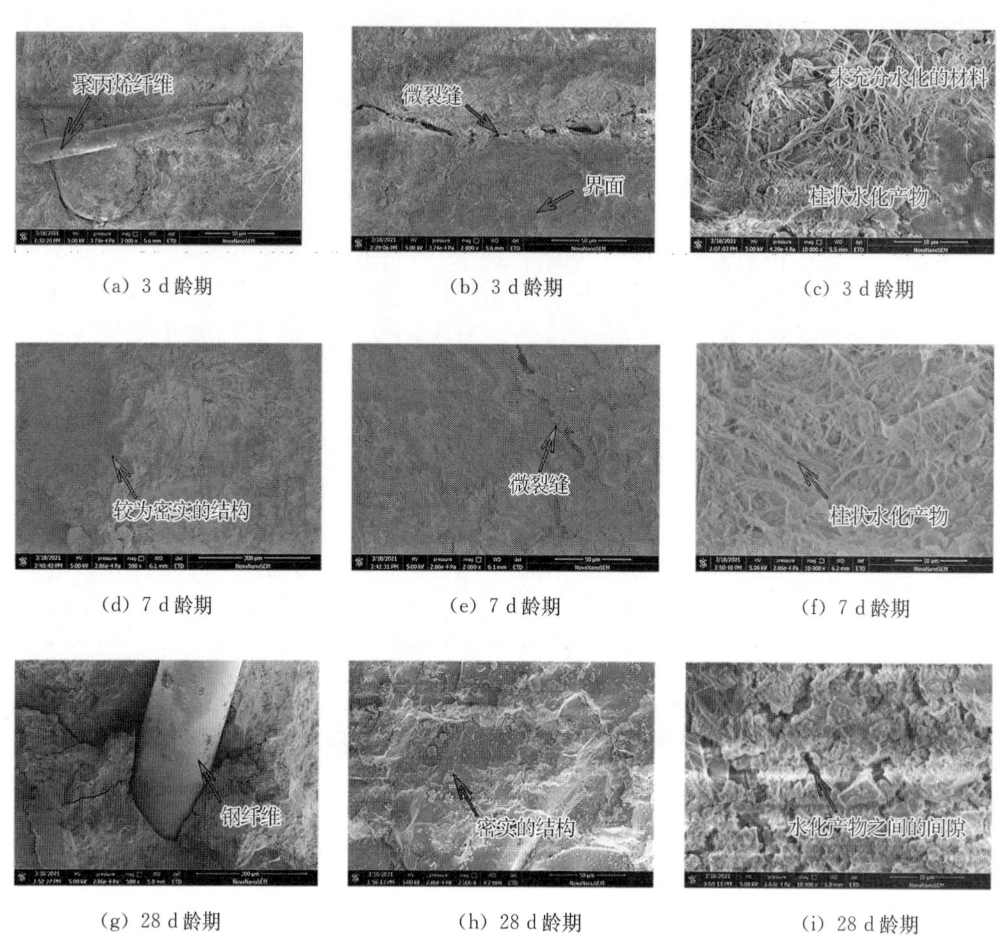

(a) 3 d 龄期　(b) 3 d 龄期　(c) 3 d 龄期

(d) 7 d 龄期　(e) 7 d 龄期　(f) 7 d 龄期

(g) 28 d 龄期　(h) 28 d 龄期　(i) 28 d 龄期

图 6-15　对照组第 1 组 UHPC 不同龄期的 SEM 图

发展成更加紧密的基体，这是 UHPC 强度增长的来源。

从图 6-16 可以发现，随着龄期不断增大，掺加废旧轮胎钢纤维的 UHPC 内部微观结构的发展规律与对照组基本一致，较早龄期 UHPC 的孔隙及微裂缝正在被成簇的水化产物填充密实，到 28 d 龄期时，孔隙和裂缝已经被水化产物填充，发展为更加密实的基体，这是 UHPC 强度得到增长的源头。此外，可以看到一些水化产物附着在废旧轮胎钢纤维的表面，并且纤维表面存在划痕和损坏等情况，这是其回收处理工艺造成的结果。从图 6-16（b）可以看出，致密部分的基质与稍不致密的基质相比，颜色更为均匀，周围的界面裂缝也很明显。从图 6-16（a）和（d）可以看出，聚丙烯纤维和废旧轮胎钢纤维的表面都有絮状的水化产物；与图 6-16（c）（f）（i）相比，可以看出 28 d 的 UHCP 基质比较早龄期的 UHPC 基质更密、更均匀。

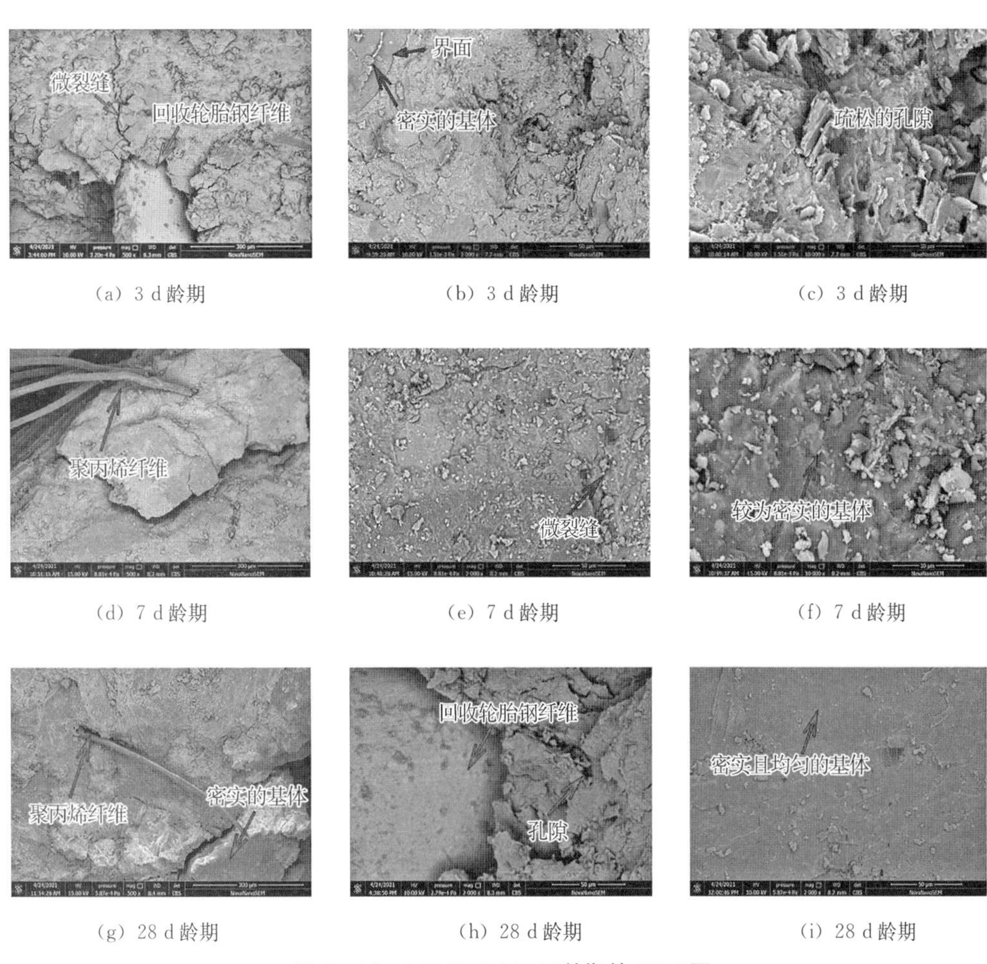

(a) 3 d 龄期　(b) 3 d 龄期　(c) 3 d 龄期

(d) 7 d 龄期　(e) 7 d 龄期　(f) 7 d 龄期

(g) 28 d 龄期　(h) 28 d 龄期　(i) 28 d 龄期

图 6－16　4 组 UHPC 不同龄期的 SEM 图

6.4.1.2　废旧轮胎聚合物纤维

由于废旧轮胎聚合物纤维对 UHPC 的水化反应影响有限，本节只对 7 组聚合物纤维含量为 75％的旧轮胎 UHPC 基材的试验进行分析。图 6－17 显示，在废旧轮胎聚合物纤维的表面也存在一些絮状水化产物，由于回收处理的工艺问题，其表面比普通聚丙烯纤维的表面更粗糙。此外，图 6－17（g）显示，在致密的基体和周围稍不致密的基体之间有明显的界面裂缝；图 6－17（d）显示，在基体中钢纤维过渡的部分存在微裂缝；图 6－17（h）显示，28 d 龄期的 UHPC 基体具有均匀的层状基体，层间有明显的分离裂隙；图 6－17（i）显示，可以看出 28 d 龄期的 UHPC 基体比老龄基体更密实、更均匀。掺入废旧轮胎聚合物纤维的 UHPC 基体的内部微观结构与对照组第 1 组的发展规律相似，随着龄期的增加，UHPC 的孔隙和微裂缝被水化产物填充和增厚，逐渐形成更致密的基体，进而提高 UHPC 的强度。

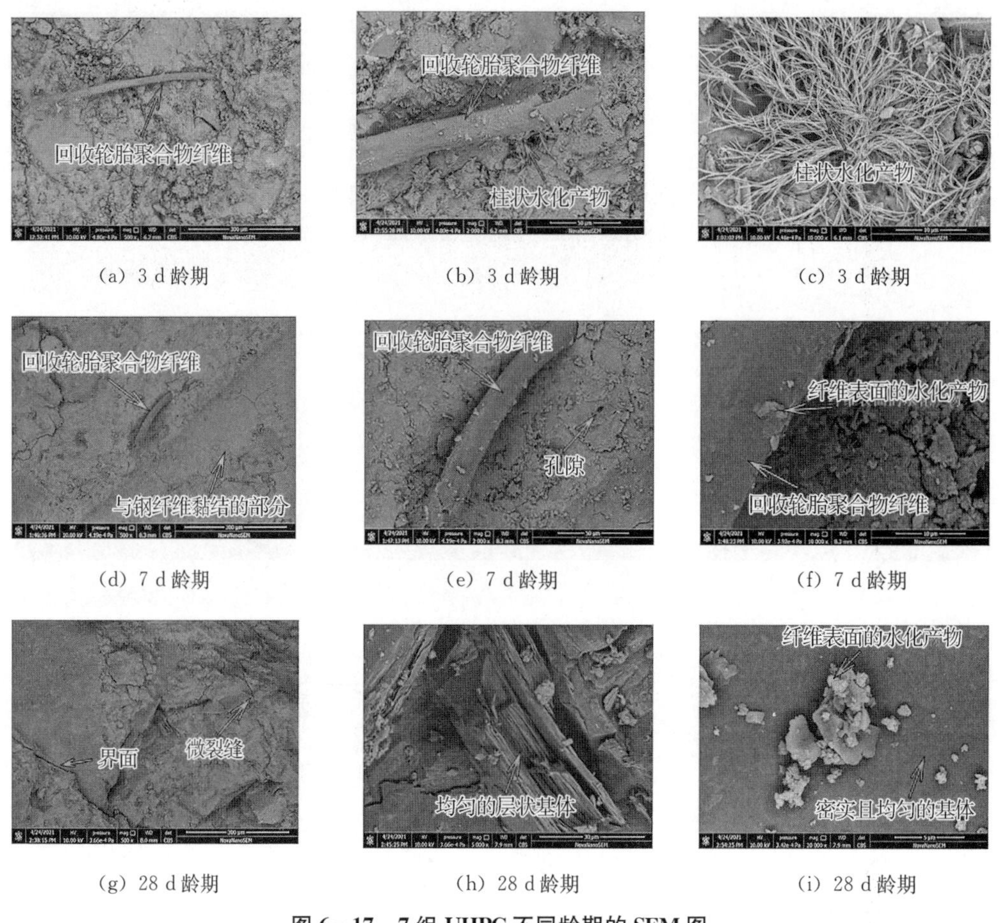

(a) 3 d 龄期　(b) 3 d 龄期　(c) 3 d 龄期

(d) 7 d 龄期　(e) 7 d 龄期　(f) 7 d 龄期

(g) 28 d 龄期　(h) 28 d 龄期　(i) 28 d 龄期

图 6-17　7 组 UHPC 不同龄期的 SEM 图

6.4.2　掺废旧轮胎纤维混凝土的成分分析

6.4.2.1　能谱分析

由于所测试的 7 组 UHPC 配合比之间的差异只是纤维的变化，对 UHPC 的水化反应影响有限，所以只对第 1 组中不同龄期的样品进行能谱分析、XRD 分析和热重-差热分析。在此次测试中，不同龄期的 UHPC 基体样品通过能谱分析进行表面扫描，以了解样品中各元素的分布，结果见图 6-18。

与密度稍低的部分相比，UHPC 基质中代表 Ca、O、Si 密集区域的灰白色特别明显，而且 UHPC 基质中的元素，龄期大的分布密度更高。此外还可以看出，钢纤维和聚合物纤维区域的白色十分明显，其他元素在这一区域变得较暗，这表明使用能谱分析可以清楚地区分 UHPC 基体和纤维。

6.4.2.2　水化产物分析

在本次试验中，使用 X′Pert3Powder 型 X 射线衍射仪对不同龄期的 UHPC 样品进行 X 射线衍射分析，对 UHPC 的矿物成分进行定性和定量分析，研究 UHPC 的水化产物随龄期的变化，揭示 UHPC 的矿物成分与微观力学性能之间的关系。

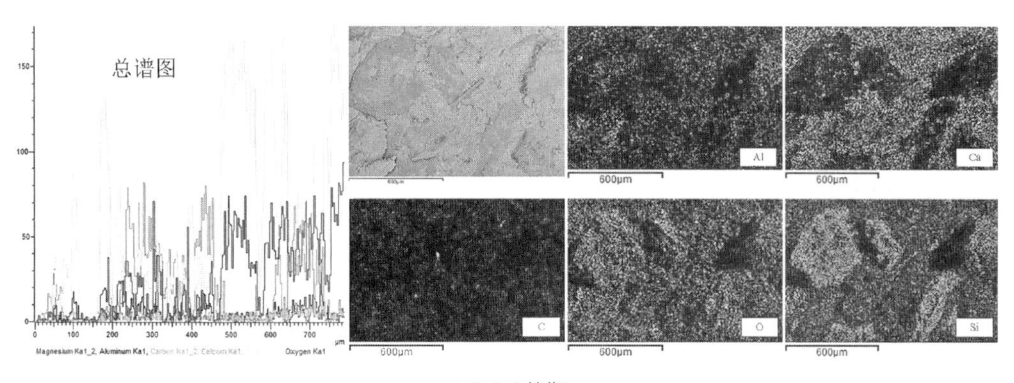

(a) 3 d龄期

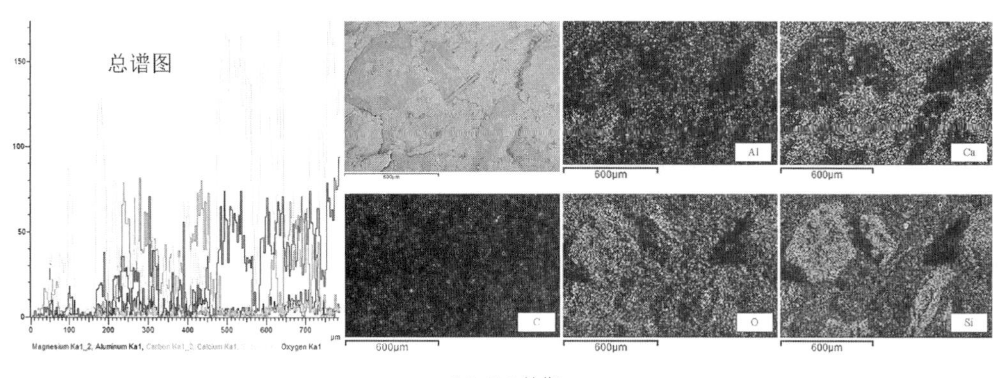

(b) 7 d龄期

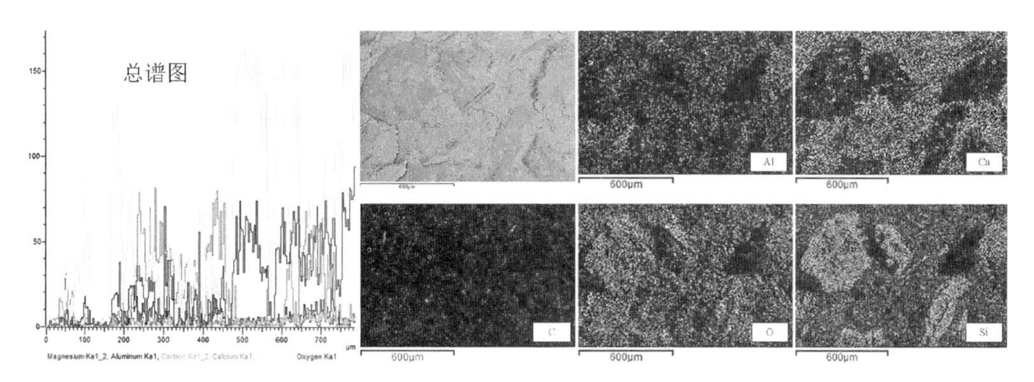

(c) 28 d龄期

图 6-18　对照组第 1 组不同龄期的 EDS 分析图

图 6-19 展示了对照组第 1 组的 UHPC 试样在 3 d、7 d 和 28 d 龄期的 X 射线衍射图谱，从图中可以看出，第 1 组 UHPC 试样中的主要物相有 $CaCO_3$、SiO_2、C-S-H、$Ca(OH)_2$、C_2S、Al_2O_3、C_3S 和钙沸石等，3 个龄期的所有样品中 SiO_2 衍射峰异常显著，这是因为原材料中掺加大量的砂和微硅灰，这两种材料的主要化学成分都是 SiO_2，然而砂较为稳定不参与任何水化反应，除了微硅灰后期参与二次水化反应（火山灰反应）会消耗一部分微硅灰，使得 SiO_2 衍射峰异常显著。图 6-

19 显示了对照组 UHPC 样品在 3 d、7 d 和 28 d 时的 X 射线衍射图，显示第 1 组 UHPC 样品的主要物相是 $CaCO_3$、SiO_2、C－S－H、$Ca(OH)_2$、C_2S、Al_2O_3、C_3S 和钙质沸石等。所有样品中的 SiO_2 衍射峰都异常大，但砂比较稳定，不参与微硅酸盐灰以外的水化反应，消耗了部分微硅酸盐灰，导致 SiO_2 衍射峰异常大。

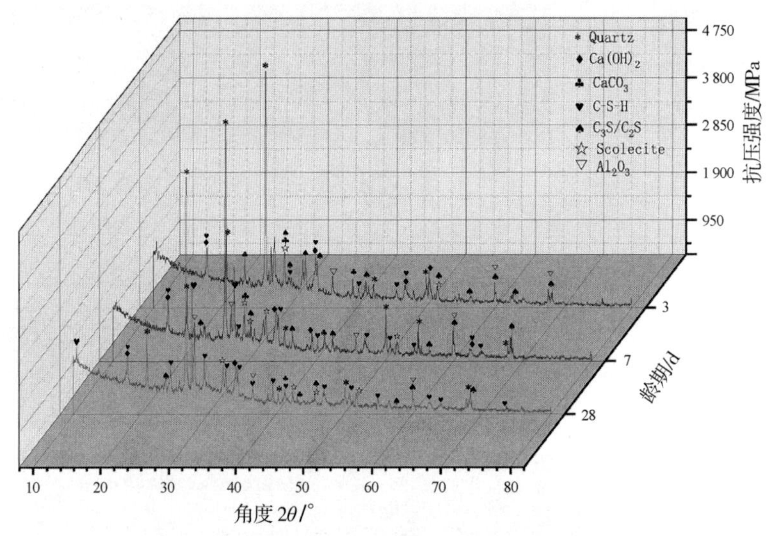

图 6－19　对照组第 1 组不同龄期的 XRD 衍射图

在材料相中，可以观察到少量的 $CaCO_3$ 的衍射峰存在，这可能是由于在最初的水化反应中形成的 $Ca(OH)_2$ 与空气中的 CO_2 发生反应生成的。此外，C_2S 和 C_3S 的衍射峰也较大，这可能是由于 UHPC 较低的水胶比，导致所有 3 d、7 d 和 28 d 的 UHPC 样品的水化程度较低，只在一定程度上相对增加。

通过比较 3 d、7 d 和 28 d 的衍射图案，可以看出随着水泥水化过程的继续，C－S－H 和钙沸石的衍射峰逐渐变得突兀，而熟料矿物 C_2S 和 C_3S 的衍射峰逐渐变得不明显。储存 3 d 和 7 d 后，$Ca(OH)_2$ 的衍射峰变得更加明显，但储存 28 d 后，$Ca(OH)_2$ 的衍射峰又变得不明显，这与现实相符。这是因为在水泥水化反应过程中，大量的矿物成分 C_2S 和 C_3S 在熟料中被消耗掉，形成钙沸石、$Ca(OH)_2$ 和 C－S－H 等。$Ca(OH)_2$ 在 C_2S 和 C_3S 形成的初始阶段，随着水化过程的继续，$Ca(OH)_2$ 和硅灰、粉煤灰再次发生水化反应，进一步形成 C－S－H，从而使 UHPC 的结构得到进一步发展。

6.4.2.3　热重-差热分析

热重-差热分析（TG－DTA 分析）是研究 UHPC 在高温下的质量变化和吸热、放热反应的常规手段，而 DTA 曲线反映了 UHPC 样品的质量变化率。TG 曲线显示了 UHPC 样品在控制温度下的质量变化规律，DSC 曲线反映了 UHPC 的焓值变化，通过 DSC 曲线反映了 UHPC 中化合物的分解反应情况。

在本节中，对对照组第 1 组不同龄期的 UHPC 样品进行了 TG－DTA 分析（控制温度范围从 20～1 000 ℃），如图 6－20 所示。3 d、7 d 和 28 d 龄期的 UHPC 粉末样品的 DSC 曲线都是标准的吸热反应曲线，三条曲线的形状相似，其最高温度都在 500 ℃左右。3 个龄期的 UHPC 粉末样品的 DTA 曲线产生了 3 个显著的吸热峰，并且 TG 曲线显示了三次质量损失现象。DTA 曲线显示在 50～100 ℃之间有一个热吸收峰，这是由 UHPC 自由水蒸发和 C－S－H 失去结合水所导致的[23]，在 400～500 ℃有第二个热吸收峰，这是由于 UHPC 试样中的 $Ca(OH)_2$ 分解反应为 CaO 并失去其结晶水所导致的[24]。曲线的第三个热吸收峰在 650～750 ℃之间，是由于 $CaCO_3$ 被 UHPC 样品中吸收的热量分解成 CaO 和气态的 CO_2[25]。对不同龄期的 UHPC 样品的 DTA 和 TG 曲线的比较表明，随着龄期的增加，曲线中的第一个吸热峰和质量损失变得更加明显，而第二个和第三个吸热峰和质量损失变得不那么明显。这表明，尽管最初的 $Ca(OH)_2$ 含量很高，但随着 UHPC 的龄期增加，$Ca(OH)_2$ 与粉煤灰和二氧化硅会进行二次水化反应，降低了它们的浓度，导致曲线的第一个质量损失随着时间的推移更加明显，而第二个和第三个质量损失则不太明显。

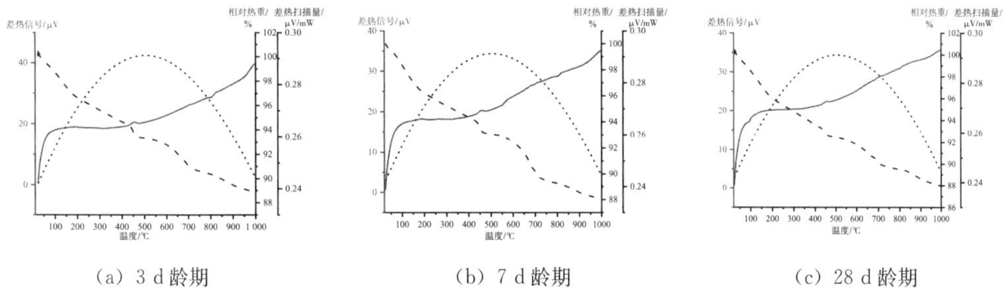

(a) 3 d 龄期　　(b) 7 d 龄期　　(c) 28 d 龄期

图 6－20　对照组第 1 组不同龄期 TG-DTA 分析图

6.4.3　掺废旧轮胎纤维混凝土的增韧机制

UHPC 的流动性随着废旧轮胎钢纤维和聚合物纤维替代率的提高而降低，但下降的速率水平略有区别。废旧轮胎钢纤维对 UHPC 的初始抗压强度有明显的影响，废旧轮胎钢纤维的体积替代率越高，对 7 d 和 28 d 的抗折强度贡献越大。废旧环形聚合物纤维对 UHPC 的抗折强度贡献较大，但对抗压强度贡献较小。UHPC 的动弹性模量随着钢纤维和聚合物纤维替代水平的增加而下降。SEM 结果显示，随着龄期的增加，柱状水化产物的集群相互关联，导致基质更加均匀、致密。第 1 组的 UHPC 样品的 XRD 分析显示，SiO_2 衍射峰在所有三个龄期段的 UHPC 中都异常显著；UHPC 样品的能谱显示，UHPC 基体中密度较大的部分的 Ca 为橙色，O 为绿色，Si 为粉红色，都比密度较小的部分要亮一些；随着水泥水化进程的不断继续，熟料矿物成分 C_2S、C_3S 等的衍射峰变得逐渐不明显，C－S－H 和钙沸石的衍射峰变得显著；通过第 1 组 UHPC 的热重-差热分析结果可以发现：随着龄期的增长，曲线第一次吸热峰和失重现象越来越明显，但第二次和第三次吸热峰和失重现象越来越不明显。

6.5 掺废旧轮胎纤维混凝土的环保可持续性评价

在UHPC的实际应用中，由于造价高、生产工艺复杂等问题使其大面积推广应用受到了限制，并且现有研究表明，其成本高低主要是由钢纤维的成本、混凝土养护成本等所决定的。从环保的角度考虑，如何在考虑环保的前提下，最大限度上降低成本，是目前UHPC研究的重点问题。

研究如何使用从废旧轮胎中回收得到的钢纤维和聚合物纤维去替代UHPC原先掺加的钢纤维，除了可以大幅降低UHPC的造价，还可以拓宽从废旧轮胎中回收得到的钢纤维和聚合物纤维的利用渠道，进而促进废旧轮胎回收行业的繁荣发展。加强对废旧轮胎的回收力度，不仅是为了发挥其商业价值，更是解决废旧轮胎“黑色污染”问题的必由之路，是关系到我们身体健康和生活美好的环境问题。

6.6 小结

本章首先基于最紧密堆积理论，应用修正的Andreasen-Andersen颗粒堆积模型设计出具有高密实度并可在常温养护条件下保证一定强度的UHPC配合比，研究了废旧轮胎钢纤维和聚合物纤维对UHPC流动性、抗折强度、抗压强度和动弹性模量的影响，结合XRD、SEM、热重-差热分析和能谱分析结果研究UHPC宏观性能的作用机制，取得的主要研究成果如下：

废旧轮胎聚合物纤维对UHPC抗压强度的影响较小，但是对抗折强度影响较大，废旧轮胎钢纤维会显著影响UHPC的早期抗压强度，较高替代率的废旧轮胎钢纤维影响其7 d和28 d的抗折强度增长；UHPC的流动性随着废旧轮胎钢纤维和聚合物纤维替代率的增大而减小，但下降的速率略有区别；UHPC的动弹性模量会随着废旧轮胎钢纤维和聚合物纤维替代率的增大而下降；通过第1组UHPC的能谱分析结果可以发现较为密实的UHPC基体区域代表Ca元素的橘红色、代表O元素的绿色和代表Si元素的玫红色（在图6-18中，Ca、O、Si的密集区域显示为灰白色）相比于稍不密实的部分格外亮；通过SEM试验结果可以发现随着龄期的不断增长，成簇的柱状水化产物会相互联结从而使基体更加均匀密实；通过第1组UHPC的热重-差热分析结果可以发现：随着龄期的增长，曲线第一次吸热峰和失重现象越来越明显，但第二次和第三次吸热峰和失重现象越来越不明显；通过第1组UHPC的XRD分析结果可以发现，三个龄期的UHPC样品中SiO_2衍射峰均异常显著；随着水泥水化进程的不断继续，熟料矿物成分C_2S、C_3S等的衍射峰变得逐渐不明显，C－S－H 和钙沸石的衍射峰变得显著。

由于本课题研究的时间有限，试验设计部分还有不完善的部分，因此以本课题研究为基础，未来还可以从以下几个方面进行深入研究：

（1）本章研究了废旧轮胎聚合物纤维对 UHPC 性能的影响，但是未确定废旧轮胎聚合物纤维的种类，在今后的研究中可先确定纤维的种类再进行相关研究。

（2）通过本章的研究可知，废旧轮胎钢纤维和聚合物纤维中混杂的橡胶颗粒对 UHPC 各方面的性能都有较大的影响，在今后的研究中可先对回收得到的纤维进行预处理，尽可能去除混杂的橡胶颗粒以减小其对性能的影响。

参考文献

[1] FEYLESSOUFI A，TENOUDJI F C，MORIN V，et al. Early ages shrinkage mechanisms of ultra-high-performance cement-based materials [J]. Cement and concrete research，2001，31 (11)：1573－1579.

[2] KORPA A，KOWALD T，TRETTIN R. Phase development in normal and ultra high performance cementitious systems by quantitative X-ray analysis and thermoanalytical methods [J]. Cement and Concrete Research，2009，39 (2)：69－76.

[3] PARK S H，KIM D J，RYU G S，et al. Tensile behavior of ultra high performance hybrid fiber reinforced concrete [J]. Cement and Concrete Composites，2012，34 (2)：172－184.

[4] CAMILETTI J，SOLIMAN A M，NEHDI M L. Effects of nano-and micro-limestone addition on early-age properties of ultra-high-performance concrete [J]. Materials and structures，2013，46 (6)：881－898.

[5] ABBAS S，SOLIMAN A M，NEHDI M L. Exploring mechanical and durability properties of ultra-high performance concrete incorporating various steel fiber lengths and dosages [J]. Construction and Building Materials，2015，75：429－441.

[6] HANNAWIK，BIAN H，PRINCE-AGBODJAN W，et al. Effect of different types of fibers on the microstructure and the mechanical behavior of ultra-high performance fiber-reinforced concretes [J]. Composites Part B：Engineering，2016，86：214－220.

[7] IBRAHIM M A，FARHAT M，ISSA M A，et al. Effect of material constituents on mechanical and fracture mechanics properties of ultra-high-performance concrete [J]. ACI Materials Journal，2017，114 (3)：453.

[8] SMARZEWSKI P，BARNAT-HUNEK D. Property assessment of hybrid fiber-reinforced ultra-high-performance concrete [J]. International Journal of Civil Engineering，2018，16 (6)：593－606.

[9] YOO D Y，KIM S，KIM J J，et al. An experimental study on pullout and tensile behavior of ultra-high-performance concrete reinforced with various steel fibers [J]. Construction and

Building Materials, 2019, 206: 46 - 61.

[10] SUJAY H M, NAIR N A, RAO H S, et al. Experimental study on durability characteristics of composite fiber reinforced high-performance concrete incorporating nanosilica and ultra fine fly ash [J]. Construction and Building Materials, 2020, 262: 120738.

[11] WU H C, LIM Y M, LI V C. Application of recycled tyre cord in concrete for shrinkage crack control [J]. Journal of materials science letters, 1996, 15 (20): 1828 - 1831.

[12] TLEMATH, PILAKOUTAS K, NEOCLEOUS K. Stress-strain characteristic of SFRC using recycled fibres [J]. Materials and structures, 2006, 39 (3): 365 - 377.

[13] AIELLOM A, LEUZZI F, CENTONZE G, et al. Use of steel fibres recovered from waste tyres as reinforcement in concrete: pull-out behaviour, compressive and flexural strength [J]. Waste management, 2009, 29 (6): 1960 - 1970.

[14] SERDAR M, BARICEVIC A, JELCIC R M, et al. Shrinkage behaviour of fibre reinforced concrete with recycled tyre polymer fibres [J]. International Journal of Polymer Science, 2015 (1): 1 - 9.

[15] HU H, PAPASTERGIOU P, ANGELAKOPOULOS H, et al. Mechanical properties of SFRC using blended recycled tyre steel cords (RTSC) and recycled tyre steel fibres (RTSF) [J]. Construction and Building Materials, 2018, 187: 553 - 564.

[16] ISA M N, PILAKOUTAS K, GUADAGNINI M, et al. Mechanical performance of affordable and eco-efficient ultra-high performance concrete (UHPC) containing recycled tyre steel fibres [J]. Construction and Building Materials, 2020, 255: 119272.

[17] 覃维祖，曹峰. 一种超高性能混凝土：活性粉末混凝土 [J]. 工业建筑，1999 (4): 18 - 20.

[18] 丑凯. 超高性能混凝土堆积密实度和火山灰效应量化研究 [D]. 长沙：湖南大学，2010.

[19] 曹方良. 纳米材料对超高性能混凝土强度的影响研究 [D]. 长沙：湖南大学，2012.

[20] 肖江帆. 常规工艺下超高性能混凝土的制备及性能研究 [D]. 长沙：湖南大学，2013.

[21] 孙博超. 大流动性 UHPC 制备与体积稳定性研究 [D]. 哈尔滨：哈尔滨工业大学，2015.

[22] 谢林兵. 混杂纤维在超高性能混凝土薄板中增强增韧作用的研究 [D]. 长沙：湖南大学，2017.

[23] ESTEVES L P. On the hydration of water-entrained cement-silica systems: Combined SEM, XRD and thermal analysis in cement pastes [J]. Thermochimica Acta, 2011, 518 (1): 27 -35.

[24] YE G, LIU X, DE SCHUTTER G, et al. Influence of limestone powder used as filler in SCC on hydration and microstructure of cement pastes [J]. Cement and Concrete Composites, 2007, 29 (2): 94 - 102.

[25] PANE I, HANSEN W. Investigation of blended cement hydration by isothermal calorimetry and thermal analysis [J]. Cement and Concrete Research, 2005, 35 (6): 1155 - 1164.

第 7 章　吸波混凝土

7.1　引言

7.1.1　电磁防护混凝土防护原理

变换的电场产生了变化的磁场，并且由于磁场变化又产生了电场，两者相互垂直并沿相同方向振荡耦合形成电磁波以波动的形式向前传播[1]。电磁波可以在空气、真空、液体和固体中传播，并在磁场与电场组合的平面中传播能量。

随着人们生活质量的提高，电子通信设备的急速发展，电磁污染引起的环境污染问题日益严重。解决电磁污染最有效的途径是制造微波吸收材料。电磁波在遇到微波吸收材料时，会被接收材料所反射、吸收和透射[2]，其示意图如图 7－1 所示。

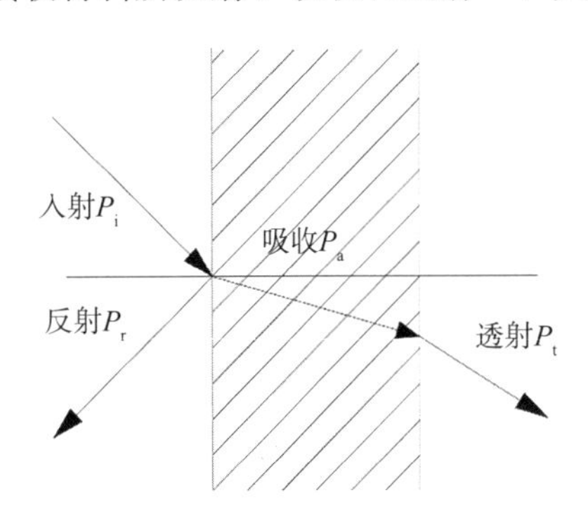

图 7－1　电磁波入射目标材料示意图

根据能量守恒定律，该过程可以表示为：

$$P_i = P_r + P_a + P_t \tag{7-1}$$

式中：P_i——入射电磁波的能量；

P_r——吸波材料所反射的电磁波的能量；

P_a——吸波材料吸收或者损耗的能量；

P_t——透射波能量。

目标材料对电磁波的有效抵抗能力可以用材料对电磁波的吸收进行描述，通过增强材料对电磁波的耗损能力，减少反射波能量 P_r，从而有效减少电磁污染的影响。

为了预防和减少电磁辐射对人体的伤害，人们需要采取一定的防护措施。防护的根本目的是尽可能减小人体所处空间的磁场强度。根据电磁学基本理论，防护手段大致可分为两种方式：屏蔽和吸收。

（1）屏蔽。屏蔽是为了防止外界电场或磁场进入某个需要保护的区域。它是对两个空间进行金属的隔离，用以控制外场和电磁波从一个区域对另一个区域的电磁感应和辐射。具体地讲，就是用屏蔽体将元部件、组合件或系统的干扰源和接收电路、设备或整个系统包起来，以防止干扰电磁场的扩散和接收系统受到电磁场的影响。这是因为屏蔽体对干扰电磁场和内部电磁波有着反射能量和抵消能量的作用，反射体现在电磁波的界面反射，抵消体现在屏蔽层上反向电磁场的产生上。真正影响屏蔽效能的因素，其一是在屏蔽体表面上必须是导电连续的，其二是不能存在直接穿透屏蔽体的导体。倘若屏蔽体上有导电不连续的点，屏蔽体不同部分的结合处形成的不导电缝隙会产生电磁泄漏；若存在直接穿透屏蔽体的导体，则电磁波也会随导体而充满空间，失去屏蔽的作用。

（2）吸收。吸收是用某些材料将电磁辐射能的全部或部分吸收掉，以降低电磁辐射的强度。电磁波吸收的原理：当给定了电磁波的吸收材料时，外加电磁场与吸收材料中的电偶极子或磁偶极子相互作用，由于磁畴的转动和移动及滞后效应等原因使得电磁能量被消耗，这种能量将转化成热能，进一步使干扰源的能量被大大削减。

7.1.2　电磁防护材料种类与特点

混凝土是工程中应用最为广泛的建筑材料，虽然其具有良好的力学性能和结构性能，但是在干燥情况下，普通混凝土的电阻率较高，介于绝缘材料和导体材料之间，属于低损耗材料，不具有良好的吸收和屏蔽电磁波的性能。但是，混凝土材料可以通过掺加电磁防护材料对混凝土进行改性，达到赋予混凝土吸波性能的目的。

一般来说，电磁防护材料有几大特点：高电磁波衰减系数、高阻抗匹配性与宽电磁波吸收频带，另外在实际施工中，防护材料还需要一定的耐久性与防护稳定性。

但是由于一般电磁吸波材料由部分金属材料组成，填充量较大，吸波剂往往无胶凝活性，与水泥基没办法很好结合，对水泥强度造成衰减并增加自重。这些缺点严重制约着电磁防护材料的工程实用性。

为了实现接近理想的电磁波防护材料，最主要的还是通过优化设计实现阻抗匹配以及高衰减系数，这样电磁波在由自由空间进入吸收材料内部时，在一定频段内实现低反射甚至零反射。

目前，常用的吸波材料的类型有导电型吸波剂和磁性吸波剂等[2]。导电型吸波剂（石墨、碳纤维等）具有良好的导电性能，可以在混凝土等基体材料内部形成导电链或者导电网格，并在电场作用下吸收电磁波；磁性吸波剂（铁氧体、羰基铁等）可以通过磁滞损耗及涡流损耗等作用吸收电磁波的能量，达到吸波的目的[3]。吸波剂与基体材料结合，可以制备用于建筑及结构表面的吸波材料，实现防护结构对电磁波的吸收性能。

目前，使用最广泛的电磁防护材料有以下几类：

（1）碳纳米材料

碳纳米材料具有低密度、高比表面积、高介电常数和优异的导电率，作为最常用的高性能电磁波吸收剂，其可以通过与电场之间的相互作用、传导损耗、电子极化和界面极化等方式吸收电磁波。虽然其具有非磁性的特性，但其吸波能力有限，因此很多学者将其与其他吸波材料复合，制备出具有各种吸波机制的高性能吸波材料。通常用于电磁波吸收的碳纳米材料主要可以分为三类：石墨烯、碳纳米管和其他特殊结构的碳纳米材料。

（2）磁性吸波剂

铁氧体是铁、氧和其他金属离子组成的复合氧化物，其具备较高的初始磁导率和电阻率，在雷达、通信和计算机等技术方面都得到了广泛应用。

（3）MOF

MOF 即金属有机框架，是由有机配体和无机金属元素通过对官能团类型和金属盐种类的调控，以自组装的形式合成的特殊空间结构。MOF 具有大比表面积、可调的孔径尺寸和较强的功能性的特点，该结构不仅具备金属的活性，也具备有机材料的物理化学性能，可以通过自旋交叉引入双功能性、磁性和导电性特征，是新材料领域的研究热点。

（4）MXene

MXene 是一种由 MAX 材料用氢氟酸衍生出的新型二维材料。在这之前，MAX 层之间的强共价键和金属键使得其无法剥离。MAX 材料虽然具有很强的导电性，但是由于 MAX 层间作用力太强，使得该材料无法嵌入新离子，但是通过选择性刻蚀的 MXene 材料具备层状结构，十分利于外部离子的嵌入或者内部离子的脱嵌。

7.1.3 电磁防护混凝土制备的研究现状

近年来，以磁性超细粉末为吸波剂的相关混凝土改性研究较多。Zhang 等[4]选用锰锌铁氧体粉作为吸波剂，掺入水泥基材料中制备了吸波混凝土。试验发现当锰锌铁氧体掺量为水泥质量的 30%时，厚度为 3 cm 双层板试件在 8～18 GHz 频段内最小反射率为－15 dB，但结果显示，改性混凝土的强度较未改性混凝土的强度有所下降。平兵等[5]研究了掺量对镍锌铁氧体和锰锌铁氧体改性混凝土吸波性能和力学性能的影响。试验结果表明，改变铁氧体的掺量对改性吸波混凝土在 8～18 GHz 频段的吸波性能的提升效果不明显，反射率在－9 dB 以上，仅在 8 GHz 处反射率达到－11 dB。另外，不同龄期的改性混凝土的强度性能均随着铁氧体掺量的增加明显降低。焦隽隽[6]通过改变还原铁粉（Fe_3O_4）的掺量及吸波混凝土板的厚度，发现还原铁粉对水泥基材料的吸波性能提升有一定作用，但是提高效果较小。Ma 等[7]和 Guo 等[8]使用主要成分为 Fe_3O_4 的铜渣代替原混凝土中的细骨料进行吸波性能试验，发现铜渣可以使水泥砂浆材料具备一定的吸波性能，但反射率损失率达－10 dB 的带宽较小，整体吸波性能较差。何楠等[9]也以富含 Fe_2O_3 的铁尾矿粉为吸波剂制备了硫氧镁泡沫水泥复合材料，发现当铁尾矿粉掺量为 45%时，厚度为 15 mm 和 18 mm 的水泥基复合材料在 2～18 GHz 频段下都能实现－10 dB 以上的反射率损失值。He、Li 等[10]使用黏土和氧化铁材料制备了氧化铁陶粒，并使用该陶粒制备了具有电磁波吸收功能的改性混凝土材料，发现小于－10 dB 反射率的带宽为 8～18 GHz，吸波性能提升明显。He、Cui 等[11]通过化学沉淀法将氧化铁材料涂敷于磁性空心粉煤灰微球上，并将其与水泥基材料互掺制备改性混凝土材料，有效提升了混凝土材料的吸波性能，小于－10 dB 反射率的带宽为 8 GHz。

同样，以电损耗型吸波材料为吸波剂进行混凝土吸波性能改性的研究也较多。Cao 等[12,13]选用焦炭粉末掺入到水泥基材料中制备了改性混凝土材料，并进行了吸波性能试验，发现水泥基体中加入焦炭粉末后，混凝土材料的吸波性能下降，而电磁波的屏蔽效能增加。王闯、李克智等[14]在混凝土中加入不同掺量的碳纤维以制备改性碳纤维混凝土，当碳纤维的掺量为 0.4wt%时，厚度为 10 mm 试样，在 8～18 GHz 频段内最小反射率高达－19.6 dB，但小于－10 dB 反射率的带宽仅为 2 GHz。但是，王振军、李克智等[15]通过研究短切碳纤维对水泥基复合材料吸波性能的影响，发现在水泥基复合材料中，碳纤维的掺量存在阈值，若碳纤维的体积掺量超过该阈值，则会引起电磁波的反射，导致改性混凝土的吸波性能降低。Sun 等[16]自制了还原石墨烯/金属镍/多壁碳纳米管的填充浆料并掺入水泥基材料中制备改性混凝土材料，研究发现在 2～18 GHz 频段内改性混凝土的吸波性能有所提升，但最小反射率值最低仅达－10 dB，但 2～18 GHz 带宽范围内－5 dB 反射率的带宽为 16 GHz。Ha 等[17]将 0.2wt％的碳粉和多孔陶瓷材料制备成水泥基板材并测试了吸波性能，发现混凝土板的吸波性能有所提升，7 mm 厚度的板在 12.4 GHz 时的反射率损失值为－11.16 dB。

对于多种吸波剂复掺对改性水泥基复合材料吸波性能的研究则相对较少。张秀芝等[18]将两种晶尖型式的锰锌铁氧体复掺加入到水泥基材料中，发现在 8～18 GHz 频段内双掺组的吸波性能较单掺组有所提高，但反射率波动较大，且－10 dB 反射率的带宽较小。吕淑珍等[19]通过将石墨和普通镍锌铁氧体复掺制备复合吸波混凝土，并与单掺改性混凝土的吸波性能进行对比，发现在一定配比下，双掺组的吸波性能较单掺组更优，且不同吸波剂对不同频段电磁波的吸波性能的影响不同。Wang 等[20]将炭黑和镍锌铁氧体复掺加入混凝土材料中，发现改性混凝土的吸波性能显著提高，在 13.2 GHz 下反射率损耗为－22.3 dB，－8 dB 反射率的带宽为 6.4 GHz，但改性混凝土的抗压和抗弯强度均呈现下降趋势。Ren 等[21]采用 10wt％的中空玻璃微珠和 3wt％的碳粉制备了双层结构的水泥基复合材料，小于－10 dB 反射率的带宽为 5.2 GHz，且力学性能较好，达到了 C40 等级。程祥珍[22]测试了 2％的石墨烯和 60％发泡聚苯乙烯制备的 30 mm 厚混凝土板，发现试验板在 8～12 GHz 频段内的吸波性能良好，反射率损耗均大于－10 dB。然而，在熊国宣等[23]的研究中发现，普通铁氧体和石墨双掺后，其吸波性能均发生了较少降低，其原因可能是吸波剂两者间的匹配度较差，导致自身吸波性能不能得到良好的提升。可以看到，吸波剂复掺的混凝土的吸波性能与其掺入的吸波剂的配比度有关。两种吸波剂复掺时，单一吸波剂的掺量不是越高吸波性能就越好。

水泥基吸波材料的相关专利最早在 1972 年出现，但申请量较小。在 1999 年之后，水泥基吸波材料的申请量开始上升，但整体仍处于技术的萌芽期，每年仅有 2～3 篇的申请量。随着新材料合成及开发技术的不断发展，2008 年以来，水泥基吸波复合材料的相关专利申请量迅速增长[24]，年申请量达 18 项及以上。虽然，我国相较于其他国家，水泥基复合吸波材料的申请时间较晚，但 2002 年以后，随着我国对基础科学重视程度的增加以及大规模基础建设的需求，水泥基复合材料的研发工作开始增加，同时相关专利的申请量也急剧增加。2008 年以后，我国相关专利的年申请量已超过 16 项。从相关专利的水泥基复合吸波产品的发展上来看，水泥基复合吸波混凝土材料的发展主要是吸波剂材料的发展。1974—1998 年出现的 JP02153851A、US5346547A 等专利主要将具有导电性能且价格低廉的导电粉末及非金属纤维等吸波材料作为吸波剂实现了水泥基材料吸波性能的提升，但是由于制作工艺、技术的限制，改性吸波材料均存在吸波性能不足、带宽窄等问题。同时JP3325519B2申请了复掺多种吸波剂以提高整体材料吸波性能的专利。但是，传统吸波剂仍存在吸收频段带宽窄、材料稳定性差等问题，开发新的吸波剂材料或者对传统吸波剂进行改性逐渐成为主流。2004年以来，CN1657585A专利提出通过化学沉积法使得材料在表层和面层形成界面，以进行电磁波能量的衰减和损耗。2010年的CN101886330A也通过在碳纤维上涂敷Fe-Co磁性镀层，提升了改性碳纤维混凝土的吸波性能。CN101880133A也通过在传统吸波剂表面涂敷保护层以避免吸波剂与混凝土材料中各组分发生反应或被水化产物包裹而影响整体性能。同时，纳米材料技术也实现了新型吸波剂的开发，CN101186474A和CN104628326B使用纳米材料制备了在多频段均具有良好吸波性能的水泥基复合材料。

综上所述，近些年国内外学者对吸波混凝土材料的研究在不断深入，但总体上，吸波混凝土的评价指标单一，仅考虑了吸波混凝土的反射率值、带宽范围及相应的力学性能。这些指标已无法满足现今对防护结构的要求。吸波混凝土的耐久性，包括电导率、导热性能也需要进行相应的测试，以进行吸波混凝土性能的综合评价。另外，在已有的水泥基吸波复合材料研究中，多选用砂浆或普通混凝土材料作为吸波剂的基体材料。但是，普通混凝土的力学性能和耐久性能均较低，导致其整体的应用性受限。因此在研制具有较好吸波性能的吸波混凝土材料的同时，要重点关注其强度性能和耐久性能。

7.2　掺碳纤维电磁防护混凝土的制备方法及试验方案

7.2.1　掺碳纤维电磁防护混凝土的原材料及其基本特性

配制电磁防护混凝土所需用到的原材料主要是胶凝材料、细骨料、吸波材料以及其他外加剂，可参考3.2.1掺钢渣粉混凝土的原材料及其基本特性。

7.2.1.1　胶凝材料

混凝土中的胶凝材料由江苏利强建设工程有限公司的PO42.5型普通硅酸盐水泥和其他矿物掺合料组成。矿物掺合料由硅灰、粉煤灰及矿渣按一定比例混合，其中硅灰购自郑州卓凡环保科技有限公司，材料密度为2.24 g/cm^3，平均粒径在0.1 μm左右，比表面积为1.56×10^4 m^2/kg；粉煤灰为灵寿县德通矿产品加工厂的Ⅰ级粉煤灰，密度为2.43 g/cm^3，比表面积为655 m^2/kg；高炉矿渣购自灵寿县璋翰矿产品加工厂，材料密度为2.87 g/cm^3，比表面积为502 m^2/kg。表7-1为各胶凝材料在X射线荧光光谱分析（XRF）后得到的化学成分及含量。

表 7-1 胶凝材料化学成分 XRF 测试结果

	SiO_2/%	Al_2O_3/%	Fe_2O_3/%	CaO/%	MgO/%	SO_3/%	R_2O/%
水泥	21.14	5.51	3.86	62.38	1.70	2.66	0.80
粉煤灰	66.1	20.73	5.35	2.73	2.05	0.28	0.60
硅灰	93.5	0.40	0.70	0.20	0.30	0.50	0.30
矿渣	38.51	7.37	0.50	42.39	6.61	1.00	0.70

7.2.1.2 细骨料

细骨料购自灵寿县绅腾矿产品加工厂，采用 SiO_2 含量达 98.2%及以上的、粒径为 5～30 μm 的磨细石英粉和粒径为 100～600 μm 的石英砂作为混凝土骨料填充材料。

7.2.1.3 吸波材料

（1）碳纤维：短切碳纤维购自深圳中森领航科技有限公司，采用长 6 mm、抗拉强度≥90 MPa、抗拉模量≤1.4 GPa、密度为 1 900 kg/m^3、价格为 170 元/kg 的短切碳纤维。

（2）鳞片石墨：鳞片石墨购自郑州欣茂化工产品有限公司，采用粒径为 1～20 μm、密度为 1 900 kg/m^3、价格为 20 元/kg 的鳞片石墨，具体的性能指标见表7-2。

表 7-2 鳞片石墨主要性能指标

粒度/μm	碳/%	灰分/%	水分/%	密度/(kg/m^3)
1～20	≥90	≤1.4	≤0.5	1 900

（3）平面六角型铁氧体：铁氧体粉购自浙江绿创材料科技有限公司，采用平均粒径为 30 μm、价格为 700 元/kg 的平面六角型铁氧体。

（4）羰基铁粉：羰基铁粉购自兴荣源金属材料有限公司，规格 DT-50，平均粒度约为 3.1 μm，价格为 120 元/kg。

7.2.1.4 其他外加剂

（1）高效减水剂。采用江苏苏博特新材料股份有限公司的 PCA-Ⅰ型聚羧酸减水剂，减水率为 30%～40%，掺量占胶凝材料质量的 2.5%。

（2）分散剂。采用广州润宏化工有限公司的羟乙基纤维素醚，用以在制备碳纤维改性混凝土时对碳纤维材料进行预先的分散处理，防止碳纤维材料团聚。

7.2.2 掺碳纤维电磁防护混凝土的配合比设计

掺碳纤维电磁防护混凝土的配合比设计参考 3.2.2 掺钢渣粉混凝土的配合比设计。

7.2.2.1　基础配合比设计

初始混凝土材料选用石英砂、水泥、石英粉、硅灰、矿渣及粉煤灰作为掺合料，水胶比取 0.23，根据 Dinger-Funk 最紧密堆积理论对基础配合比进行设计，并按表 7-3 调整配合比，保持水泥基材料具有较好的强度性能和流动性。

表 7-3　配合比调整

水泥	粉煤灰	硅灰	石英粉	矿渣	石英砂	减水剂	流动度/mm	抗压强度/MPa	抗折强度/MPa
1	0	0.25	0.3	0	1.1	2.5%	165	112.4	20.8
1	0	0.25	0.15	0.15	1.1	2.5%	195	114.4	21.8
1	0	0.25	0	0.3	1.1	2.5%	271	114.9	22.4
0.7	0.3	0.25	0.3	0	1.1	2.5%	210	115.8	23.0
0.7	0.3	0.25	0.15	0.15	1.1	2.5%	245	116.8	23.9
0.7	0.3	0.25	0	0.3	1.1	2.5%	262	114.8	23.0

注：减水剂用量占胶凝材料总质量的 2.5%。

在混凝土制备过程中，采用矿渣取代 50% 的石英粉，并采用粉煤灰取代 30% 的水泥来调整流动性。根据表 7-3 的试验结果，使用矿渣替代部分石英粉或者使用粉煤灰替代水泥均可以提高水泥基材料的流动性，第 5 组配合比具有较好的流动度(245 mm)，且力学性能较好。因此选用该基础配合比作为控制组，见表 7-4。后续吸波混凝土的制备均基于该配合比开展。

表 7-4　最优配合比

组别	水胶比	水泥	粉煤灰	硅灰	石英粉	矿渣	石英砂	减水剂
控制组	0.23	0.7	0.3	0.25	0.15	0.15	1.1	2.5%

7.2.2.2　单掺吸波混凝土配合比设置

在水泥基材料中掺入不同体积分数的碳纤维，可以制备碳纤维吸波水泥基复合材料。所用掺量为 0.1%、0.3% 和 1.0% 的混凝土体积掺量，具体的配合比设计见表 7-5。

表 7-5　碳纤维吸波混凝土配合比

组别	水泥	粉煤灰	硅灰	石英粉	矿渣	石英砂	减水剂	碳纤维	价格
碳 1	0.7	0.3	0.25	0.15	0.15	1.1	2.5%	0.1	323
碳 2	0.7	0.3	0.25	0.15	0.15	1.1	2.5%	0.3	969
碳 3	0.7	0.3	0.25	0.15	0.15	1.1	2.5%	1.0	3 230

注：表中最后一列为制备 1 m^3 吸波混凝土所需吸波剂的总价，单位为元/m^3。

理论上，在水泥基复合材料中加入两种以上吸波剂，可以提高吸波材料的吸波带宽，提高电磁波的吸收频段范围。因此开展吸波剂双掺混凝土性能试验，测试不同吸波剂复掺对混凝土吸波性能的改性效果。主要考虑选用单掺组所综合确定的最优掺量进行双掺组的配合比设计，具体配合比设计见表 7－6，基本的制备流程与单掺组相似。

表 7－6　双掺吸波混凝土配合比

组别	水泥	粉煤灰	硅灰	石英粉	矿渣	石英砂	铁氧体	石墨	碳纤维	价格
铁-石	0.7	0.3	0.25	0.15	0.15	1.1	10	2.5	—	84 288
铁-碳	0.7	0.3	0.25	0.15	0.15	1.1	10	—	0.6	83 495
石-碳	0.7	0.3	0.25	0.15	0.15	1.1	—	2.5	0.6	2 328

注：表中最后一列为制备 1 m^3 吸波混凝土所需吸波剂的总价，单位为元/m^3。

考虑到复掺组另一掺合料对复掺混凝土吸波性能的影响，还需针对复掺组另一掺合料进行试验。其中，在水泥基材料中掺入不同质量分数的石墨粉，可以制备石墨吸波水泥基复合材料。所用掺量为混凝土胶凝材料质量的 1.0%、2.5%和 4.0%，具体的配合比设计见表 7－7。

表 7－7　石墨吸波混凝土配合比

组别	水泥	粉煤灰	硅灰	石英粉	矿渣	石英砂	减水剂	石墨	价格
石 1	0.7	0.3	0.25	0.15	0.15	1.1	2.5%	1.0	625
石 2	0.7	0.3	0.25	0.15	0.15	1.1	2.5%	2.5	1 562
石 3	0.7	0.3	0.25	0.15	0.15	1.1	2.5%	4.0	2 500

注：表中最后一列为制备 1 m^3 吸波混凝土所需吸波剂的总价，单位为元/m^3。

在水泥基材料中掺入不同质量分数的铁氧体粉末，可以制备铁氧体吸波水泥基复合材料。所用掺量为混凝土胶凝材料质量的 5%、10%和 15%，具体的配合比设计见表 7－8。

表 7－8　铁氧体吸波混凝土配合比

组别	水泥	粉煤灰	硅灰	石英粉	矿渣	石英砂	减水剂	铁氧体	价格
铁 1	0.7	0.3	0.25	0.15	0.15	1.1	2.5%	5	41 363
铁 2	0.7	0.3	0.25	0.15	0.15	1.1	2.5%	10	82 726
铁 3	0.7	0.3	0.25	0.15	0.15	1.1	2.5%	15	124 089

注：表中最后一列为制备 1 m^3 吸波混凝土所需吸波剂的总价，单位为元/m^3。

在水泥基材料中掺入不同质量分数的羰基铁粉末，可以制备羰基铁吸波水泥基复合材料。所用掺量为混凝土胶凝材料质量的 5%、10%和 15%，具体的配合比设计见表 7-9。

表 7-9 羰基铁吸波混凝土配合比

组别	水泥	粉煤灰	硅灰	石英粉	矿渣	石英砂	减水剂	羰基铁	价格
羰 1	0.7	0.3	0.25	0.15	0.15	1.1	2.5%	5	600
羰 2	0.7	0.3	0.25	0.15	0.15	1.1	2.5%	10	1 200
羰 3	0.7	0.3	0.25	0.15	0.15	1.1	2.5%	15	1 800

注：表中最后一列为制备 1 m^3 吸波混凝土所需吸波剂的总价，单位为元/m^3。

7.2.3 掺碳纤维电磁防护混凝土的制备过程

掺碳纤维电磁防护混凝土的制备流程如下：

（1）按照表 7-5 至表 7-9 配合比称量试验所需的胶凝材料、砂、水、高效减水剂、吸波材料以及其他外加剂。水泥干粉混合材料在加入水之前先用机械分散方式对干粉进行预物理发散。

（2）将预处理的水泥干粉与吸波粉体、其他粉料及外加剂倒入搅拌锅内干拌 30 s，再加入拌合水使用强制式搅拌机搅拌 4～6 min。特别注意，在制备碳纤维吸波混凝土时，为避免搅拌过程中的碳纤维的团聚现象，需要先使用纤维素醚溶液分散碳纤维。其中纤维素醚的用量为 5%碳纤维质量。将水与纤维素醚搅拌 1 min 混合成溶液，再定量称取碳纤维放入分散水溶液中搅拌 3 min，使其分散均匀后加入拌合水中，之后再按上述统一的制备流程进行吸波混凝土的制备。

（3）搅拌完成后，将浆料浇筑于试模中，并在振动台上振动 30～60 s 后，静置 24 h 后拆模，并放入 60 ℃蒸汽养护室内养护对应天数。

7.2.4 掺碳纤维电磁防护混凝土的试验方法

掺碳纤维电磁防护混凝土的试验方法参考 3.2.4 掺钢渣粉混凝土的试验方法。

7.2.4.1 流动性试验

拌合后浆料的流动度测量方法应参照《水泥胶砂流动度测定方法》（GB/T 2419—2005）[25]中的跳桌法测定。具体流程如下：

（1）润湿跳桌台、试模内壁等需与水泥基材料接触的用具，并将试模置于台面中央。

（2）之后将浆料分两层迅速装入试模，第一层装至约 2/3 高度处，并用小刀刮毛处理，用捣棒从试模边缘向中心捣压 15 次。随后装第二层浆料，至浆料高出试模约 20 mm 时停止，并用小刀刮毛，再次用捣棒捣压 10 次至浆料略高于试模。

(3) 捣压完毕后，取下模套，随后将模套向上提起，并开动跳桌，以 1 次/s 的频率完成 25 次跳动。最后，测量互相垂直的两个方向的直径，并取其平均值为浆料的流动度。

7.2.4.2　力学性能试验

试件的力学性能和流动度等物理指标参考《水泥胶砂强度检验方法（ISO 法）》(GB/T 17671—2021)[26] 进行测试。首先，制备棱柱体试件，试件尺寸为 40 mm×40 mm×160 mm（一组试验三个试件）。完成抗折强度测量后，测量折断后的试件的抗压强度。

抗折强度试验参考 3.2.4.2 基本力学试验。如图 7-2 所示，将棱柱体试件一侧面放置于试验台上，并通过圆柱进行支撑上，使用 YAW-600C 微机控制电液伺服万能试验机采取三点加载的方式以 50 N/s±10 N/s 的速率将荷载施加在棱柱体试件上，直至试件折断并记录荷载值。

图 7-2　棱柱体抗折强度试验

棱柱体试件的抗折强度 R_f 单位为 MPa，并按照式（7-2）进行计算：

$$R_f=\frac{1.5F_fL}{b^3} \tag{7-2}$$

式中：F_f——试件折断时所施加的荷载值（N）；

L——支撑点间的距离（mm）；

b——40 mm×40 mm×160 mm 试件截面的边长（mm）。

每组配合比有三个棱柱体试件，取三个棱柱体试件强度的平均值作为试验结果。

抗压强度试验参考 3.2.4.2 基本力学试验。取抗折试验结束后折断的棱柱体试件，使用 YAW-600C 微机控制电液伺服万能试验机进行抗压强度测量，受压面积为 40 mm×40 mm。在硫酸盐侵蚀试验中，使用 YAW-3000 微机控制电液压力试验机进行立方体试件抗压强度测量。放置及加载设置如图 7-3 所示。测试过程中，以 2.4 kN/s 的速率加载至试件破坏。抗压强度 R_c 以 MPa 为单位。

(a) 折断的棱柱体试件抗压强度测量

(b) 立方体试件抗压强度测量

图 7-3 抗压强度试验示意图

7.2.4.3 耐久性能试验

1. 抗冻融试验

改性吸波混凝土的抗冻融试验主要参照《普通混凝土长期性能和耐久性能试验方法标准》(GB/T 50082—2009)[27]中的快冻法开展试验，快速冻融试验机型号为KDR-A5。具体的试验步骤如下：

试件尺寸为100 mm×100 mm×400 mm，浇筑完成后覆膜24 h，至24 h后脱模；将试件放于蒸汽养护箱内养护3 d后移入18～20 ℃的水中浸泡4 d，并保证水面高出试件2～3 cm，如图7-4所示。随后进行试件抗冻融的测试。

把试件放置于标准试件盒内，并将试件盒放入冻融箱内，同时制备装有测温传感器的试件，并将其所在的试件盒置于冻融箱的中心，启动机器开始冻融试验，根据规范，该测温试件在冻融过程中的中心温度应控制在(−18±2)℃和(8±2)℃；试件每隔25次(在−15 ℃的温度中冻4 h，然后在10～20 ℃的温度范围融化2 h算一次)循环做一次冻融参数的测量，取出试件并使用干净抹布除去表面水分，现场测量试件的动弹性模量。随后，放回试件盒继续冻融循环试验。在200次之后，每50次冻融循环后测量混凝土试件的动弹性模量，当冻融循环次数达到300次后停止试验。

(a) KDR-A5 快速冻融试验机

(b) 混凝土试件冻融循环试验

图 7-4 混凝土冻融循环试验

2. 抗硫酸盐试验

吸波改性混凝土试件的抗硫酸盐侵蚀试验参照规范《普通混凝土长期性能和耐久性能试验方法标准》（GB/T 50082—2009）中的方法进行。每组制备3块100 mm×100 mm×100 mm的立方体混凝土试件进行侵蚀试验。具体的抗硫酸盐试验步骤如下：

首先，将试件蒸汽养护3 d，再将试件移入标准养护室继续养护4 d。在进行干湿循环试验前，将试件从养护室取出并擦干其表面水分，并放入约80 ℃烘箱中烘干2 d，并冷却至室温。随后，在试件盒内配制5wt%的Na_2SO_4溶液，并确保溶液液面高出试件表面2 cm以上，如图7-5所示。从试件放入溶液开始计时，每次循环中浸泡持续时间为（15±0.5）h。浸泡结束后，应及时取出样品，并将试件风干30 min。风干结束后，应将试件放入80 ℃烘箱内进行总时长6 h的烘干，随后进行2 h的室温下冷却。随后再次放入硫酸盐溶液中开展下一循环，即干湿循环的总时间应为（24±2）h。在前90 d，每15次干湿循环后测量混凝土试件的质量和抗压强度；在90 d后，每30次干湿循环测量混凝土试件的质量和抗压强度。当干湿循环次数达到150次时停止试验，并开展150次循环后试件抗压强度测量，确定抗压强度耐蚀系数K_f（n次干湿循环后，抗压强度与标准养护后试件抗压强度的比值）。

图7-5 混凝土在硫酸盐溶液中浸泡

7.2.4.4 导电性能试验

吸波混凝土的电阻率使用二电极法进行测量，如图7-6所示。取每组配合比力

图7-6 二电极法混凝土试件电阻率测定

学性能试验所用的 40 mm×40 mm×160 mm 棱柱体试件进行电阻率测量，每组测量 3 次，取 3 次平均值作为吸波混凝土的电阻率。测试过程中，将两片铜制电极与试件两端紧密接触，连接电源和万用表测量试件的电阻率。

7.2.4.5　导热性能试验

使用西安夏溪电子科技有限公司的热线法固体导热系数仪（TC3200）对吸波混凝土的导热系数进行测定，仪器的照片如图 7－7 所示。样品尺寸取边长为 4 cm、高度为 1～2 cm 的小混凝土试件，每个配合比取两个样品。

开始测量前，先进行干燥处理。测量时将两个待测试件取出放入导热系数仪的测温腔内，堆叠放置，并将热线置于两个待测样品之间；之后再将 500 g 砝码置于试件顶部，保证中部热线与试件接触面紧密接触，并封闭测温腔；随后启动仪器，打开导热系数检测软件，开始热平衡检测，当温度波动小于 0.1 ℃时，开始导热系数测量，每组试样重复 3 次，取 3 次平均值作为导热系数值。

图 7－7　TC3200 热线法导热系数测定仪

7.2.4.6　吸波性能

雷达反射率测试：采用弓形测试系统对吸波混凝土的吸波性能进行测试。

（1）混凝土板待测试件：选用尺寸为 180 mm×180 mm×t（厚度，mm）的混凝土板试件进行吸波性能试验。吸波剂掺量对吸波混凝土吸波性能影响的试验，选取 t 为 25 mm 的板进行；板厚度对吸波混凝土吸波性能影响的试验，选取 t 作为变量，取 15 mm、25 mm、35 mm、45 mm；以上试验，每组测量 1 个试件以描述吸波混凝土板的吸波性能。

（2）测试系统：弓形测试法测量系统主要由弓形支架和 Agilent 83624B 信号源、安捷伦网络分析仪等设备组成拱形轨道，再与 LD－10－26500－P－S 检波器、安立 S331D 驻波比测量仪、发射与接收喇叭天线（BHA9118 标准喇叭）、锥形吸波海绵和测试台组成测试系统。

（3）测试方法及原理。弓形测试法主要是根据吸波材料在不同的极化方式和入射角下具有不同的吸波性能，设计弓形框架，用以设置入射角度。首先保证标准板处于框架圆心，并测量标准板的反射，之后用吸波混凝土板代替标准板，得到对应吸波混凝土板的反射率。

7.3 掺碳纤维电磁防护混凝土的性能指标

7.3.1 碳纤维复掺电磁防护混凝土的工作性能

根据试验流程，对不同配合比的试样进行流动性测试，其结果如表 7 - 10 所示。

表 7 - 10 试验组混凝土流动性测试结果

组号	控制组	碳 1	碳 2	碳 3	石 1	石 2	石 3	铁 1
流动度/mm	25.60	21.35	20.80	15.10	20.85	19.30	18.25	22.55
组号	铁 2	铁 3	羰 1	羰 2	羰 3	铁-石	铁-碳	石-碳
流动度/mm	20.70	19.20	23.30	21.60	20.20	16.50	14.25	15.00

注：流动度取两个径向直径的平均值（mm）。

由表 7 - 10 可以看出，相较于其他改性吸波混凝土，控制组的流动性较好，混凝土在掺入不同种类的吸波剂后流动性均下降。掺碳纤维组由于纤维素醚和碳纤维（高比表面积）的加入，增加了水泥基浆体的黏性，随着碳纤维掺量的增加，混凝土材料的流动度下降，降低了浆体的工作性能。体积掺量为 1.0%的碳纤维混凝土浆料的流动度为 151 mm，工作性能欠佳。体积掺量为 0.1%和 0.3%的碳纤维混凝土浆料的流动度大于 200 mm，仍具有较好的流动度。掺石墨组由于石墨呈现一定的疏水性，加入水中后不宜分散，石墨的掺量越多，浆料的流动度越小；但随着掺量的增加，流动度下降幅度大幅降低。掺铁氧体组相比于其他掺量，10%掺量的铁氧体的混凝土的强度性能折损较少，且流动度为 207 mm，具有良好的工作性能。双掺组发现当三种吸波剂两两互掺时，其整体流动度较低，可以看出，单一吸波剂与碳纤维复掺后，流动度均发生较大的降低，工作性能欠佳。

7.3.2 碳纤维复掺电磁防护混凝土的力学性能

根据试验流程，对不同配合比的试样进行力学性能试验，试件抗折强度、抗压强度及强度折减率（相较于控制组，强度值的降低率）如表 7 - 11 所示。抗折强度和抗压强度取三个试件的强度的平均值。由表 7 - 11 可以看出，相较于其他改性吸波混凝土，控制组的力学性能较好，即掺入不同种类的吸波剂后，改性水泥基复合材料的力学性能下降。

表 7-11　试验组混凝土流动性及强度数据表

组号	抗折强度/MPa	强度折减率/%	抗压强度/MPa	强度折减率/%
控制组	23.2	0.00	122.1	0.00
碳 1	21.4	7.76	109.3	10.48
碳 2	22.0	5.17	108.7	10.97
碳 3	22.9	1.29	105.4	13.68
石 1	15.7	32.33	108.0	11.55
石 2	13.2	43.10	101.9	16.54
石 3	12.9	44.40	101.0	17.28
铁 1	21.0	9.48	118.3	3.11
铁 2	20.4	12.07	118.7	2.78
铁 3	20.1	13.36	111.4	8.76
羰 1	19.1	17.67	110.5	9.50
羰 2	17.8	23.28	106.6	12.69
羰 3	15.0	35.34	102.9	15.72
铁-石	16.1	30.60	102.2	16.30
铁-碳	18.2	21.55	104.4	14.50
石-碳	17.3	25.43	103.8	14.99

7.3.2.1　碳纤维混凝土

从表 7-11 可以看出碳纤维组的力学性能下降幅度较小，在加入高掺量的碳纤维后，试件的抗折强度得到提升，在 0.3%和 1.0%的体积掺量下，碳纤维混凝土的抗折强度有所提升，掺量越多，抗折强度相较于控制组的折减越少，最小降低了 1.29%，但整体不明显。该现象产生的主要原因是碳纤维的加入可以提高水泥基复合材料的抗裂性能。碳纤维的抗拉强度远大于混凝土材料，在拉力作用下，纤维可以承担一部分应力，抑制裂缝的发展，提高混凝土材料的韧性和抗拉强度；同时，改性混凝土的抗压强度随着碳纤维掺量的增加呈递减趋势。这主要是由于碳纤维的加入会在混凝土的搅拌过程中引入空气，会在碳纤维周围产生未密实的孔隙，导致改性混凝土材料内部的密实性和抗压强度降低。

7.3.2.2　石墨混凝土

石墨的自身强度较低，加入混凝土后，对混凝土强度的提升影响不大，但会影

响混凝土粉料间的黏结强度，造成整体力学性能下降。可以看到，随着石墨掺量的增加，抗折强度和抗压强度的折减率最高达到了 44.40％和 17.28％，石墨掺量越高，则混凝土的强度折减率越大。因此，就材料的力学性能来看，石墨材料不宜用于吸波混凝土材料的制备。

7.3.2.3　铁氧体混凝土

由表 7-11 可以看出，各掺量下铁氧体混凝土的力学性能均小于控制组混凝土，随着铁氧体掺量的增加，抗折强度和抗压强度变化呈下降趋势，但总体的强度折损率较小，抗折强度的最大折损率为 13.36％，且抗压强度折损率相对较小，仅为 8.76％。

7.3.2.4　羰基铁混凝土

由表 7-11 可以看出，各掺量下羰基铁混凝土的力学性能均小于控制组混凝土，随着羰基铁掺量的增加，羰基铁混凝土的强度性能呈明显的下降趋势，最大抗折强度的折损率在 35.34％，抗压强度最大折损率出现在 15％掺量的混凝土中，折损率为 15.72％。另外，羰基铁混凝土浆料的流动度仍较好。但综合相比，羰基铁混凝土虽有较好的工作性能，但是其总体的抗折强度和抗压强度较低，相比于铁氧体混凝土，其综合性能较差。

7.3.2.5　双掺混凝土

当三种吸波剂两两互掺时，其整体流动度较低，且抗折强度的折减率在 20％以上，最大折减率达 30.60％（铁氧体和石墨双掺组），而抗压强度的折减率近似 17％。三种双掺组力学性能的折减率均较高。

7.3.3　碳纤维复掺电磁防护混凝土的导电导热性能

吸波剂材料掺入混凝土材料中后，各导电颗粒和纤维材料会在混凝土内部形成导电网格，从而改善混凝土的电阻率，并可进一步有针对性地对其电磁防护效应进行开发。同时，不同的吸波剂具有不同于混凝土的导热系数，掺入混凝土之后，可以改善混凝土材料的导热系数。导热系数表征材料的传热效率，导热系数越高，材料的传热效率越高。较高的导热系数有利于消散吸波剂材料在损耗电磁波过程中转化成的热能，提高吸能效率。表 7-12 为各组混凝土干燥状态下的导热系数及电阻率。

表 7-12　混凝土导热系数及电阻率

组别	导热系数/[W/(m·K)]	电阻率/(Ω·cm)
控制组	1.082	6.43×10^5
碳 1	0.914	5.00×10^5
碳 2	0.828	4.40×10^5

表 7-12（续）

组别	导热系数/[W/(m·K)]	电阻率/(Ω·cm)
碳 3	0.686	4.35×10^5
石 1	1.054	6.10×10^5
石 2	1.148	4.22×10^5
铁 1	1.136	6.32×10^5
铁 2	1.204	6.18×10^5
铁 3	1.292	5.10×10^5
羰 1	1.082	6.32×10^5
羰 2	1.144	6.54×10^5
羰 3	1.187	5.92×10^5
铁-石	1.184	5.42×10^5
铁-碳	1.041	5.62×10^5
石-碳	1.128	4.5×10^5

由表 7-12 可以看出，干燥状态下的控制组混凝土的导热系数约为 1.082 W/(m·K)，在加入碳纤维后，吸波混凝土的导热系数降低，且随着碳纤维体积掺量的增加而降低。主要原因在于掺入碳纤维之后，碳纤维会在混凝土板的制备过程中引入空气［导热系数仅为 0.023 W/(m·K)］，导致整体导热系数下降。相反，其他粉体吸波材料加入水泥基材料后，相应混凝土试件的导热系数均随着掺量的增加而增加，但整体提升不大。

在混凝土电阻率上，由表 7-12 可以看出，干燥状态下控制组混凝土的电阻率为 6.43×10^5 Ω·cm，电阻率较大。根据相关资料发现，低电阻率材料对电磁波有较好的吸波效果。因此保证混凝土材料的电阻率在较低的水平，可以提高吸波材料的吸波性能。可以发现，在掺入碳纤维后，改性混凝土的电阻率显著降低，且随着碳纤维掺量的增加而降低。在混凝土内部，碳纤维的微观分布改变了碳纤维混凝土的电阻率值，碳纤维掺量越高，纤维的搭接程度越大，电子更容易在碳纤维之间传导，当碳纤维的体积掺量达 1%时，电阻率为 4.40×10^5 Ω·cm，相较于控制组降低了 31.57%。

同样，随着石墨掺量的增加，相应石墨混凝土的电阻率呈下降趋势。当石墨掺量为 4%时，电阻率为 4.22×10^5 Ω·cm，相较于控制组降低了 34.37%。石墨可以在水泥基复合材料内部形成导电链和导电网格，石墨掺量越高，电阻率越低。但是，电阻率的数量级变化不大。对于铁氧体和羰基铁材料，掺入该类铁族吸波剂后，其电阻率较大，加入水泥复合材料后，对降低混凝土电阻率的效果不明显。对于其他双掺试验组，其相应的电阻率均有所降低，但电阻率变化较小，效果不明显。

7.3.4 碳纤维复掺电磁防护混凝土的抗冻融性能

混凝土的动弹性模量在环境作用下的变化可以用来反映混凝土内部的劣化情况。动弹性测量主要依靠超声波对其进行测量。当超声波在混凝土内部进行传播时，如果遇到内部孔洞和裂缝等缺陷，超声波将会绕过该类缺陷，致使超声波传播路径增加，进一步导致传播声时值增加。混凝土受冻融侵害后，其结构内部密实度发生改变，孔隙水压力会对混凝土造成损伤。基于超声波对缺陷的敏感性，可以使用超声波声时值有效反映混凝土内部结构的损伤变化。

混凝土的抗冻性能研究主要记录混凝土在不同冻融循环后的动弹性模量及质量的变化。试验过程中记录了不同循环次数下的材料的动弹性模量数据及质量。

图 7－8 展示了不同吸波剂种类和掺量的水泥基复合材料经历不同冻融循环次数后相对动弹性模量的变化。根据规范《普通混凝土长期性能和耐久性能试验方法标准》（GB/T 50082—2009）中针对快冻法的相关规定，混凝土的抗冻等级以相对动弹性模量降低至 60%以上（或质量损伤小于 5%）时的最大冻融次数进行确定。可以看出，不同吸波混凝土的相对动弹性模量整体呈下降趋势，表明随着冻融次数的增加，混凝土内部出现损伤，控制组水泥基复合材料具有较好的抗冻性能，在 300 次冻融循环后，相对动弹性模量为 96.03%，相对动弹性模量仅减小了 3.97%。随着不同吸波剂的掺入，相应的改性混凝土的耐久性降低，碳纤维组的耐久性较好，双掺组的耐久性最低。随着不同吸波剂掺量的增加，吸波剂的掺量越高，相应改性混凝土的耐久性越差。但整体上，改性混凝土 300 次冻融循环后的相对动弹性模量

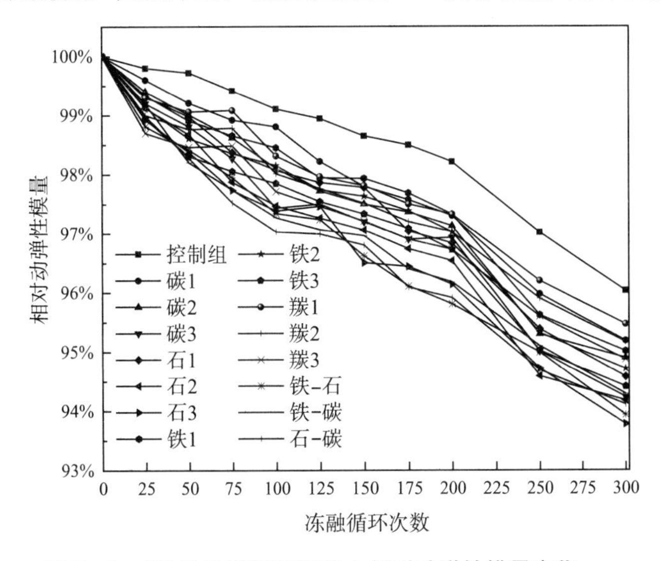

图 7－8　300 次冻融循环混凝土相对动弹性模量变化

最大仅降低至94%，混凝土抗冻等级已达到F300。同时根据不同冻融循环次数下混凝土试件的质量数据得出混凝土的质量损伤几乎为0%，说明改性吸波混凝土的整体耐久性突出。其主要原因是在该基础水泥基复合材料的制备中，选用了超高性能混凝土的制备理念，使用了细颗粒骨料，保证了内部较小的孔隙及不连通的孔结构，能有效抵抗液体浸入，保证了耐久性。

7.3.5 碳纤维复掺电磁防护混凝土的抗硫酸盐侵蚀性能

图7-9（a）表示不同吸波剂种类及掺量下的混凝土试件在硫酸盐溶液中质量损失率的变化。从图7-9（a）中可知，改性混凝土在前30 d的硫酸盐侵蚀过程中，混凝土试件的质量损失率为负值，说明在硫酸盐侵蚀初期，混凝土试件的质量增加，其主要原因是混凝土中的氢氧化钙和水化铝酸钙（$CaO \cdot Al_2O_3 \cdot 6H_2O$）可以与硫酸根反应生产石膏和钙矾石，从而填充混凝土的内部孔隙，使得混凝土更加密实，造成质量的增加。在一定时间的硫酸盐侵蚀之后，硫酸盐侵蚀所生成的产物会不断累积并膨胀，使得混凝土表面发生脱离现象，从而造成混凝土试件质量的损失。总体上看，经过150 d的硫酸盐侵蚀，不同种类的吸波混凝土的质量损伤均小于0.5%，说明改性吸波混凝土具有较好的抗硫酸盐侵蚀性能。

根据规范《普通混凝土长期性能和耐久性能试验方法标准》（GB/T 50082—2009）中的试验方法和流程，进行硫酸盐侵蚀0 d、30 d、60 d、90 d、120 d及150 d 6个阶段混凝土的抗压强度测量，并对抗压强度耐蚀系数进行绘制，如图7-9（b）所示。从图7-9（b）中可以看出在前60 d的硫酸盐侵蚀试验中，随着硫酸盐干湿循环次数的增加，抗压强度耐蚀系数下降，说明混凝土内部硫酸盐侵蚀程度增加，造成了整体抗压强度的下降。总体来说，改性混凝土的基体均为高性能水泥基材料，因而不同吸波剂加入后，改性吸波混凝土的耐久性仍较好。

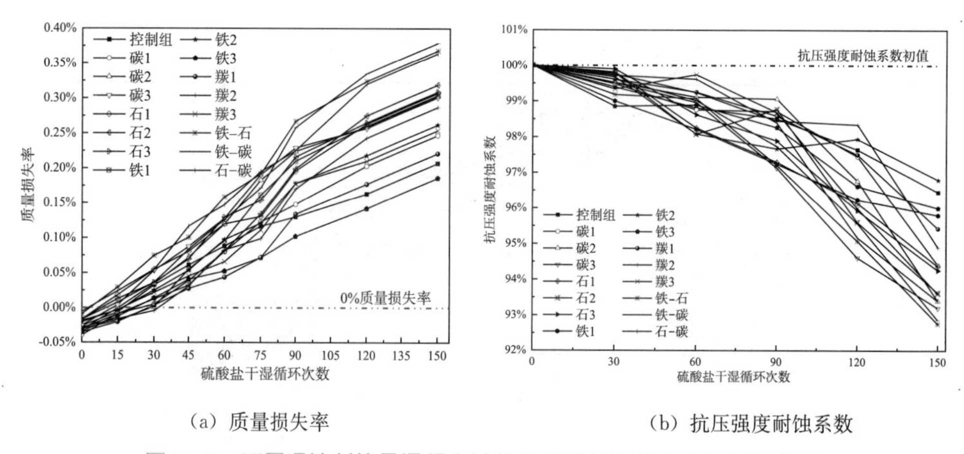

（a）质量损失率　　　　（b）抗压强度耐蚀系数

图7-9　不同吸波剂掺量混凝土试件在硫酸盐溶液中的质量损失率

7.3.6 碳纤维复掺电磁防护混凝土的吸波性能

7.3.6.1 普通混凝土

图 7-10 展示了不同厚度高强混凝土板对 2～18 GHz 段电磁波的反射率，从图中可见同一材料在不同厚度下电磁波的反射率不同，反射率值随频率的增长而升高。在 2～8 GHz 波段内，15 mm 厚的混凝土板的反射率在 5 GHz 时出现峰值，达到最小值－6.9 dB，说明在该波段内，15 mm 厚的混凝土板相对来说具有较好的吸波性能，但是总体来说，各厚度的混凝土板的吸波性能差距不大，且均小于－10 dB。整体上，在 2～8 GHz 波段范围内，45 mm 厚的混凝土板具有较好的吸波性能。2～8 GHz段电磁波的波长范围是 37.5～150 mm，波长跨度大，对于试验中选用的 15～45 mm 厚的混凝土板，无法完全覆盖该段电磁波波长。因此，混凝土板厚度的变化在 2～8 GHz 波段内，对雷达的反射率影响不大。

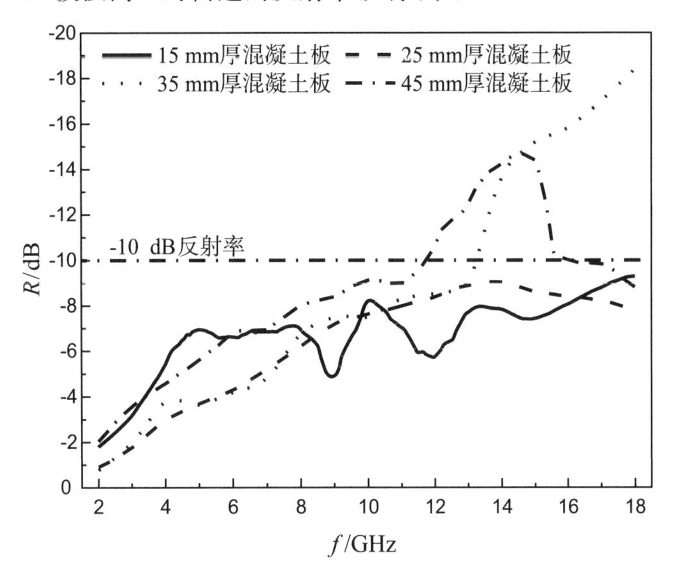

图 7-10 不同厚度混凝土板的吸波性能

随着电磁波频率的增加，不同厚度的混凝土板对电磁波的反射率呈单调降低，即吸波性能逐步增强。另外，从图 7-10 中可以看出，25 mm 厚的混凝土板与 35 mm 厚的混凝土板在 2～12 GHz段电磁波反射率数值相似。然而，当电磁波增加到 12 GHz 时，35 mm 厚的混凝土板的反射率迅速降低，反射率最大值降低至－18.3 dB，－10 dB 反射率的带宽为 4 GHz（14～18 GHz）。45 mm 厚的混凝土板在 12～16 GHz 波段内反射率值升高幅度明显，均超过－10 dB，带宽为 4 GHz，吸波峰值达到－17.9 dB。这主要是因为 8～18 GHz 段电磁波的波长为 16.7～37.5 mm，波长跨度较小，不同厚度的混凝土板能进行较好地覆盖。根据试验结果可知，增加混凝土板材的厚度可以提高混凝土板的吸波性能，在达到 35 mm 及以上时，混凝土板对高频波段的电磁波具有较好的吸收作用。

综上所述，考虑到当混凝土板厚从 25 mm 增加到 35 mm 时，改性水泥基板的吸波性能明显提高。因此，为降低混凝土板厚度对混凝土板吸波性能的影响，降低厚度对混凝土板吸波性能的干扰，考虑以 2～18 GHz 范围内反射率值均小于－10 dB 的 25 mm 厚的混凝土板作为主要研究对象，研究不同吸波剂种类和掺量的改性混凝土板的吸波性能。

7.3.6.2　碳纤维吸波混凝土

1. 不同碳纤维掺量的混凝土板的吸波性能

为了对比碳纤维的体积掺量对改性水泥基材料吸波性能的影响，选用 25 mm 厚的无吸波剂掺加的混凝土板作为对照组开展试验。从图 7－11 中可见，在 2～18 GHz频段内，不同碳纤维体积掺量的吸波混凝土板的反射率值均随频率的升高而增大，吸波性能均有提升。在 2～8 GHz 频段内，体积掺量为 0.1%的碳纤维混凝土板的反射率值均大于其他两组，吸波效果优于其他两组，但是差距并不大，吸波效果不明显。这主要是因为碳纤维的电磁波损耗机制是通过电磁波在碳纤维的导体表面产生电流，造成涡流损耗。随着电磁波频率的增加，电磁波的损耗增大。因此在低频率下，碳纤维对吸波混凝土的吸波性能提升并不明显。

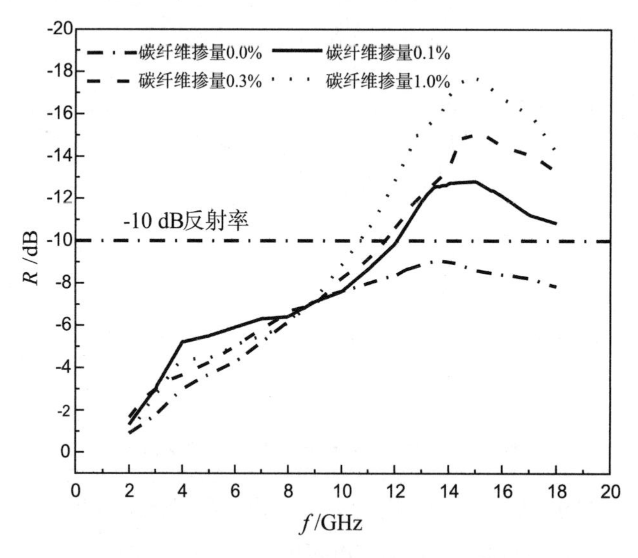

图 7－11　不同碳纤维掺量混凝土板的吸波性能

在 8～18 GHz 频段内，三种掺量的混凝土板随频率的变化规律相同，均在 14～18 GHz 频段范围出现了吸波峰值。0.1%和 0.3%体积掺量碳纤维混凝土板的－10 dB 反射率的带宽相近，0.1%体积掺量碳纤维混凝土板的－10 dB 反射率的带宽为 13～18 GHz，0.3%体积掺量碳纤维混凝土板的－10 dB 反射率的带宽为 12～18 GHz，峰值在 15 GHz 处，两种掺量的峰值大小分别为－12.8 dB 和－15.2 dB。1%体积掺量碳纤维混凝土板的－10 dB 反射率的带宽最广，为 11～18 GHz，在 15 GHz 处反射率值达到峰值，大小约为－16.3 dB。尽管 1%体积掺量碳纤维混凝土板的吸波峰值比 0.3%体积掺量碳纤维混凝土板的反射率峰值高出

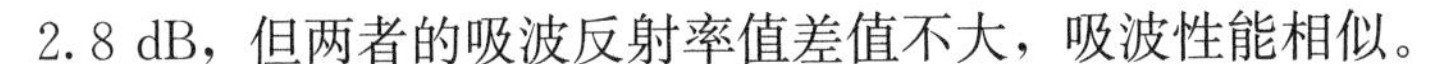
2.8 dB，但两者的吸波反射率值差值不大，吸波性能相似。

另外，考虑到碳纤维的吸波机制，当碳纤维掺量较多时，碳纤维会在混凝土内部相互靠近，形成导电网格，碳纤维间相互排斥，电场相互叠加，会对电磁波产生强反射作用，不利于吸波性能的提升。而对于低掺量短切碳纤维，其在混凝土内部随机分布，不易形成连续传导电流，并可作为谐振子，在外场作用下产生谐振感应电流，以衰减电磁波能量。虽然1%体积掺量碳纤维混凝土板具有较好的吸波性能，但是考虑到碳纤维分布的随机性，可能会造成高掺量下的碳纤维混凝土板产生强反射作用，不利于吸波性能的改善。同时考虑到前述内容中开展的吸波混凝土的力学性能、耐久性能的试验研究，0.3%体积掺量的碳纤维吸波混凝土具有较好的综合性能。

2. 混凝土板厚度对吸波性能的影响

图7-12为不同厚度掺0.3%碳纤维的混凝土板在2～18 GHz电磁波频段范围内的反射率。总体上，除了厚度15 mm的混凝土板在8～16 GHz频段范围内反射率会出现波动外，其他各厚度试件的反射率变化趋势相近，吸波性能均随着频率的增加而提高。在2～8 GHz电磁波频段范围，不同厚度的混凝土板的反射率相近，厚度为25 mm和45 mm的板的吸波效果相近。当频率增加到12 GHz时，厚度25 mm以上的混凝土板的反射率值均大于－10 dB。随着电磁波频率的继续增加，35 mm厚的混凝土板的吸波效果逐渐下降，并弱于25 mm厚的板，但是同时45 mm厚的混凝土板的反射率值继续增加，展现较为优异的吸波性能。25 mm厚和45 mm厚的混凝土板的－10 dB反射率的带宽均为12～18 GHz，而35 mm厚的混凝土板－10 dB反射率的带宽为12～17 GHz。由此可见，对于掺入0.3%体积掺量碳纤维的水泥基复合材料，在8～18 GHz波段内电磁波的吸收在25 mm及以上的厚度下均能实现较好的吸波性能。

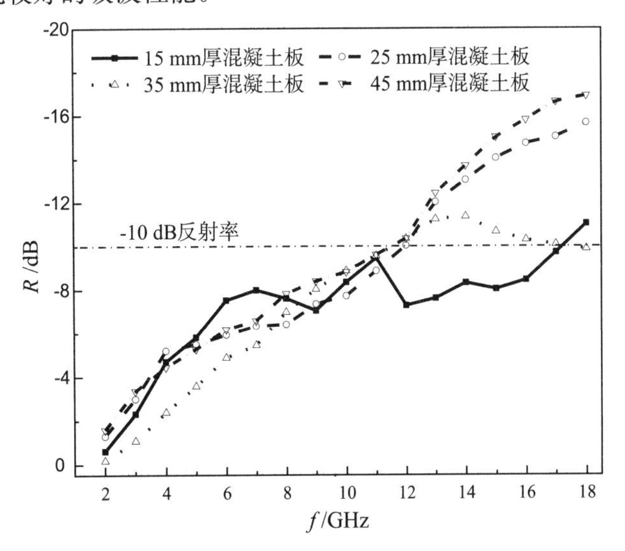

图7-12　不同厚度0.3%体积掺量碳纤维混凝土板反射率

7.3.6.3　*石墨吸波混凝土*

1. 不同石墨掺量的混凝土板的吸波性能

石墨为粉体电阻型吸波剂，石墨导电粉末在混凝土内部相当于偶极子，在电磁波作用下产生阻尼振动，造成电磁波的衰减。同时鳞片状石墨会对电磁波进行多重反射，并造成损耗。由图 7 - 13 可见，不同石墨掺量的混凝土板的电磁波反射率值的大小均随频率的增加而增加，即吸波效果增加。在 2～11 GHz 频段范围内，2.5％石墨掺量的混凝土板的反射率低于其他三组，吸波性能较优。另外，掺加石墨的混凝土板的吸波性能与未掺加石墨的吸波混凝土板差别不大，即在低频段范围内，石墨对吸波性能的提升不大。在 11～18 GHz 频段范围内，不同石墨掺量的混凝土板的反射率值随着频率的增加而增加，吸波性能提升。石墨掺量越高，吸波效果提升越大，4.0％石墨掺量的混凝土板吸波效果最好，－10 dB 反射率的带宽为 6 GHz（12～18 GHz），2.5％石墨掺量的混凝土板－10 dB 反射率的带宽为 5 GHz（13～18 GHz），而 1.0％石墨掺量的混凝土板－10 dB 反射率的带宽仅为 4 GHz（14～18 GHz）。

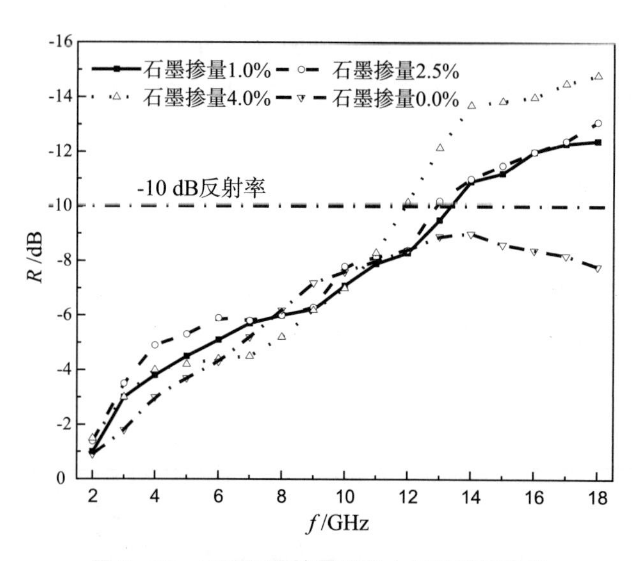

图 7 - 13　不同石墨掺量混凝土板的吸波性能

2. 混凝土板厚度对吸波性能的影响

由图 7 - 14 可见，不同厚度的混凝土板对电磁波的反射率值的影响有一定差异。厚度为 15 mm 和 35 mm 的混凝土板对 2～18 GHz 频段内的电磁波吸波效果最低，说明电磁波对 15 mm 和 35 mm 这两种厚度匹配不佳。厚度为 25 mm 和 45 mm 的混凝土板的吸波效果较好。在 2～6 GHz 频段范围内，厚度为 25 mm 的混凝土板的反射率值高于厚度为 45 mm 的混凝土板的反射率值，即 25 mm 厚的板的吸波效果较好。在 6～16 GHz 频段范围内，45 mm 厚的混凝土板的吸波效果较好，而在 16～18 GHz 频段范围内，25 mm 厚的混凝土板的吸波效果较好。25 mm 厚的混凝土板的−10 dB反射率的带宽为13～18 GHz，45 mm厚的混凝土板的−10 dB反射率的带宽为10～18 GHz，在14 GHz处出现反射率峰值，约为−13.5 dB。总体上，25 mm厚的混凝土板的吸波性能与电磁波频率呈正相关，且增长率较为稳定，但45 mm厚的混凝土板的吸波效果更好。

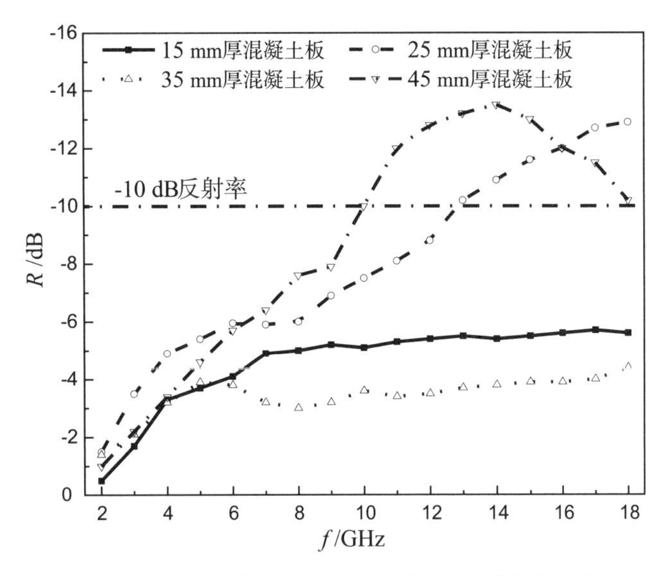

图 7-14　不同厚度2.5%掺量石墨混凝土板的吸波性能

7.3.6.4　铁氧体吸波混凝土

1. 不同铁氧体掺量的混凝土板的吸波性能

通过对不同碳纤维、石墨掺量的吸波混凝土板电磁波反射率试验可知，在低频电磁波入射下，碳纤维混凝土和石墨混凝土的吸收效果较差。但是，铁氧体是一种磁性材料，掺入到水泥基材料中可以提高吸波材料对低频段波的损耗效果。在电磁波通过铁氧体时，铁氧体内的磁感应强度会产生一定程度的改变，产生涡流损耗，实现电磁波能量的损耗。

图7-15展示了铁氧体掺量对2～18 GHz频段内电磁波反射率的影响。由图7-15可见，随着电磁波频率的增加，不同铁氧体掺量的混凝土板的反射率值呈递增趋势，即吸波性能提升。在2～10 GHz频段内，铁氧体掺量为10%的混凝土板的反射率值均较高，15%铁氧体掺量的混凝土板的反射率值较低。当电磁波频率继续增加，5%和10%铁氧体掺量的混凝土板的吸波性能均有所提高，但10%铁氧体掺量的混凝土板的吸波性能较好，−10 dB反射率的带宽为12～18 GHz。

2. 混凝土板厚度对吸波性能的影响

图7-16为不同厚度掺10%铁氧体水泥基复合板对2～18 GHz波段电磁波反射率的变化。由图7-16可以看到，15 mm、25 mm、35 mm、45 mm厚的混凝土板的反射率值呈增长趋势。15 mm厚和45 mm厚的混凝土板的反射率变化曲线较为

接近，且吸波效果不佳。只有 25 mm 厚的混凝土板在不同电磁波频率下反射率值增长稳定，且在 12～18 GHz 频段内实现－10 dB 的反射率。试验说明当在基础水泥基材料中掺入 10％铁氧体时，材料的吸波性能对不同的板厚有不同的匹配度，当混凝土板厚度为 25 mm 时，吸波性能最佳。

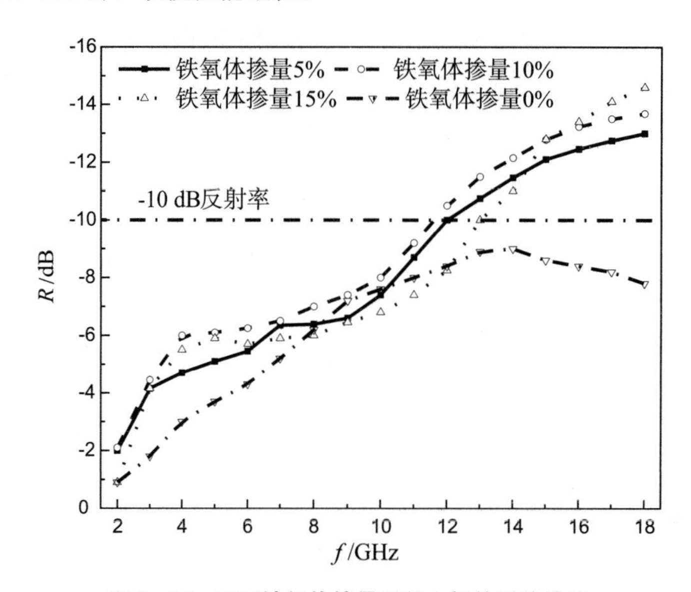

图 7－15　不同铁氧体掺量混凝土板的吸波性能

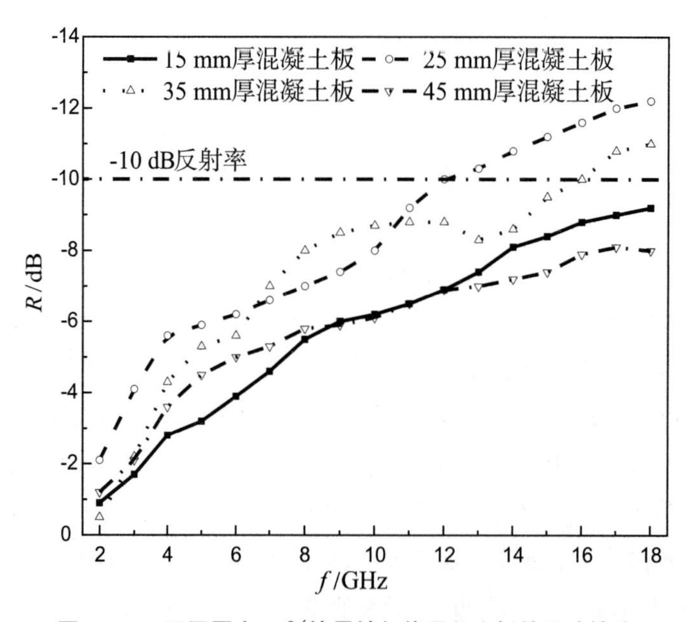

图 7－16　不同厚度 10％掺量铁氧体混凝土板的吸波性能

7.3.6.5　羰基铁吸波混凝土

1. 羰基铁掺量对吸波性能的影响

羰基铁作为一种磁性材料，可以改善复合材料对电磁波的损耗吸能效果。近年来，羰基铁已经被广泛用于有机基材中，制备出具有良好吸波效果的涂层材料。理论上，将羰基铁用于水泥基复合材料中，可以提升混凝土建筑材料的吸波性能，起到良好的防护效果。有鉴于此，本试验开展了羰基铁用于吸波混凝土的吸波性能研究。图 7－17 展示了不同羰基铁掺量的混凝土板在 2～18 GHz 频段内的吸波性能。可以看出，除了 10％掺量的混凝土板外，其余掺量的混凝土板的吸波性能均较低，与 10％掺量的混凝土板的反射率值差异不大。该试验结果说明羰基铁掺入水泥基复合材料后，羰基铁对混凝土的吸波性能提升不大。该现象的主要原因是水泥基复合材料内部，孔隙中溶液的 pH 值呈碱性，pH 值为 12 以上。而羰基铁粉具有较差的抗碱能力，容易发生氧化。

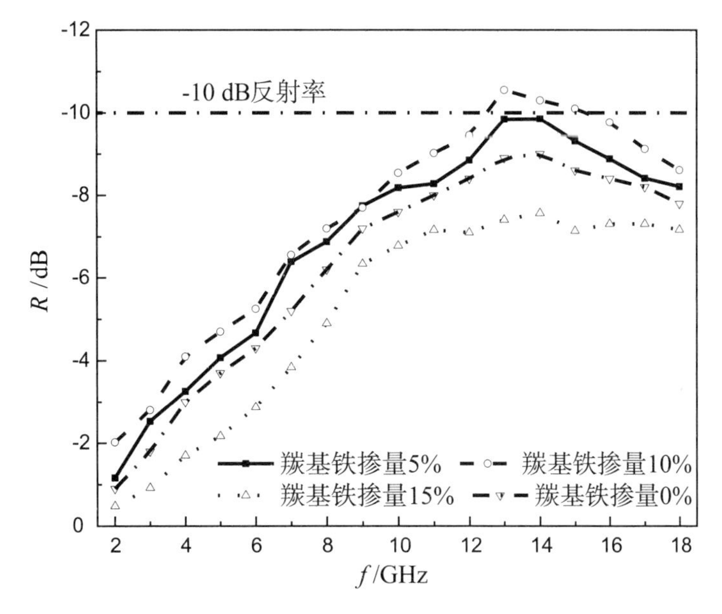

图 7－17　不同羰基铁掺量混凝土板的吸波性能

羰基铁在水泥基复合材料内部，会发生以下化学反应：

$$Fe^{3+}+3OH^{1}=Fe(OH)_3 \quad (7-3)$$

$$3Fe+2O_2=Fe_3O_4 \quad (7-4)$$

可以看到，羰基铁粉在碱性环境下会生成 $Fe(OH)_3$，氧化后会生成 Fe_3O_4，而这些产物并没有磁性，导致羰基铁无法发挥良好的吸波性能，最终导致羰基铁吸波混凝土在吸波性能的提升上较差。

2. 混凝土板厚度对吸波性能的影响

由图 7－18 可以看出，改变 10％掺量羰基铁混凝土板的厚度对其吸波性能的提升不明显。不同厚度的混凝土板在 2～18 GHz 频段内均出现了不同程度的波动。仅 45 mm 厚的混凝土板在 11～17 GHz 频段内反射率值大于－10 dB，有 6 GHz 的带宽。这一原因有可能是 45 mm 厚的高强混凝土板自身具有一定的吸波性能，掺入羰基铁后，碱性环境致使部分羰基铁失效，在 2～18 GHz 频段内主要由混凝土自身产生吸波效果。本试验说明，羰基铁吸波混凝土并不具有较好的吸波性能。因此在后续的吸波剂双掺试验中，暂不考虑掺加羰基铁进行后续吸波试验。

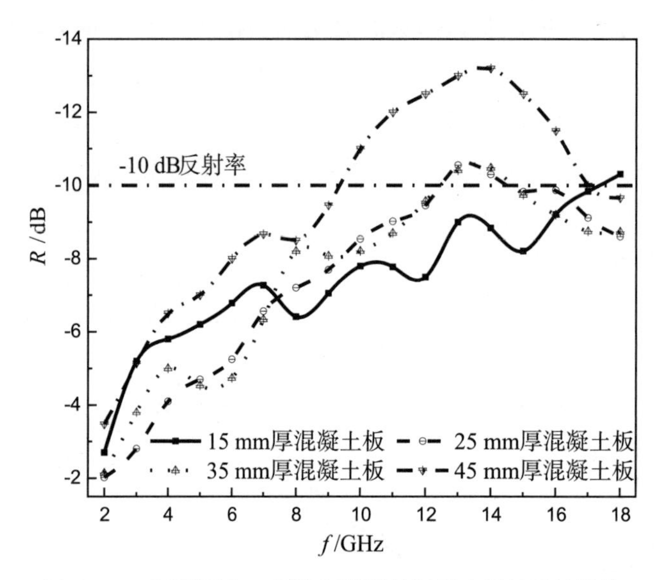

图 7-18　不同厚度 10%掺量羰基铁混凝土板的吸波性能

7.3.6.6　双掺对吸波性能的影响

图 7-19 展示了双掺不同吸波剂 25 mm 厚的混凝土板对 2～18 GHz 频段内电磁波反射率的影响，同时对未掺入吸波剂的混凝土板的反射率值也进行了绘制并展开对比。碳纤维的选用掺量为 0.3%体积掺量，铁氧体的选用掺量为 10%体积掺量，石墨的选用掺量为 2.5%体积掺量。三种吸波剂两两互掺与水泥基材料混合，制备 3 种 25 mm 厚的吸波混凝土板，分别为铁-石组、铁-碳组和石-碳组。

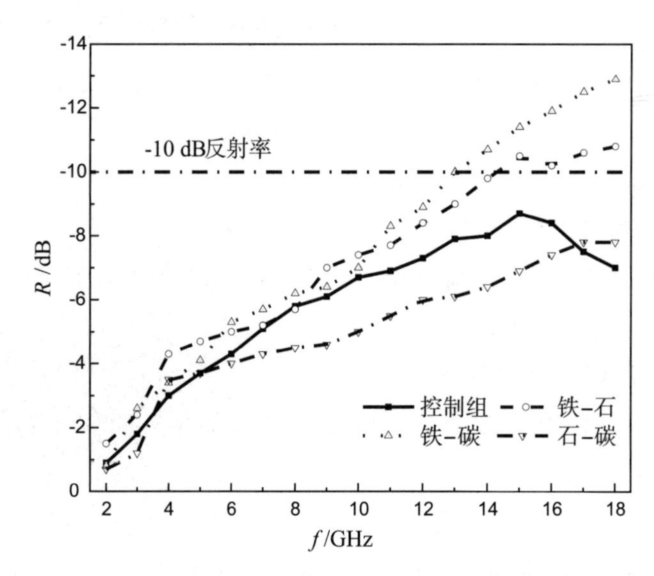

图 7-19　25 mm 厚双掺吸波剂混凝土板的吸波性能

总体上，复掺组的试件的吸波性能随频率的增加有所提升，但是吸波性能提升均较低，吸波剂的吸波效果并未发挥出来。在 2～12 GHz 频段内，铁-石组和铁-碳组的吸波效果略优于未掺入吸波剂的混凝土板的吸波效果，但差距不大。在12 GHz 以上，双掺组的吸波性能优于未掺入吸波剂的混凝土板，且铁-碳组的吸波性能较铁-石组更为优异。铁-碳组−10 dB 反射率的带宽为 13～18 GHz，铁-石组−10 dB 反射率的带宽则仅为 16～18 GHz。然而当铁氧体、石墨或者碳纤维单独掺加到水泥基材料中时，其各自单掺的混凝土板的吸波性能均优于双掺组，这说明了吸波剂的混合并没有提高水泥基材料吸波性能。其主要原因可能是两种吸波剂复掺后，导电粒子或者导电纤维两两间距减小，形成电子隧道跃迁，或者两两相互接触形成导电通道，导电网格得以逐渐完善，提升了混凝土材料对电磁波的反射效果，致使材料的吸波性能降低。

综合以上吸波性能试验，各组单掺和双掺吸波剂的混凝土板的吸波性能指标见表 7-13。在 2～18 GHz 频段内，25 mm 厚度对各吸波剂掺量的混凝土板具有较好的匹配度。厚混凝土板厚为 25 mm 时，双掺板的吸波性能较单掺组更差，单独吸波剂的吸波性能在水泥基材料中无法完全发挥；掺加体积掺量为 0.3%的碳纤维、10%的铁氧体或 2.5%的石墨的单掺组均能有效提升混凝土材料的吸波性能。

表 7-13　单掺和双掺吸波剂混凝土板吸波性能指标汇总表

吸波剂	掺量/%	25 mm 厚混凝土板−10 dB 反射率的带宽	带宽≥4 GHz	厚度/mm	优选掺量−10 dB 反射率的带宽	带宽≥4 GHz
未掺入吸波剂的混凝土	0	0 GHz	否	15	0 GHz	否
				25	0 GHz	否
				35	14～18 GHz（4 GHz）	是
				45	12～16 GHz（4 GHz）	是
碳纤维	0.1	12～18 GHz（6 GHz）	是	15	0 GHz	是
	0.3	12～18 GHz（6 GHz）	是	25	12～18 GHz（6 GHz）	是
	1.0	11～18 GHz（7 GHz）	是	35	12～17 GHz（5 GHz）	是
	—	—	—	45	12～18 GHz（6 GHz）	是
石墨	1.0	14～18 GHz（4 GHz）	是	15	0 GHz	否
	2.5	13～18 GHz（5 GHz）	是	25	13～18 GHz（5 GHz）	是
	4.0	12～18 GHz（6 GHz）	是	35	0 GHz	否
	—	—	—	45	10～18 GHz（8 GHz）	是

表 7-13（续）

吸波剂	掺量/%	25 mm 厚混凝土板 −10 dB 反射率的带宽	带宽 ≥4 GHz	厚度/mm	优选掺量−10 dB 反射率的带宽	带宽 ≥4 GHz
铁氧体	5	12～18 GHz（6 GHz）	是	15	0 GHz	否
	10	12～18 GHz（6 GHz）	是	25	12～18 GHz（6 GHz）	是
	15	13～18 GHz（5 GHz）	是	35	0 GHz	否
	—	—	—	45	0 GHz	否
羰基铁	5	0 GHz	否	15	0 GHz	否
	10	13～14 GHz（1 GHz）	否	25	13～14 GHz（1 GHz）	否
	15	0 GHz	否	35	13～14 GHz（1 GHz）	否
	—	—	—	45	12～17 GHz（5 GHz）	是
铁-石	—	—	—	25	16～18 GHz（2 GHz）	否
铁-碳	—	—	—	25	13～18 GHz（5 GHz）	是
石-碳	—	—	—	25	0 GHz	否

7.4　碳纤维电磁防护混凝土的环境可持续性评价

近年来，随着技术的不断发展和进步，各类环境问题频出，甚至威胁到人体健康。其中又以电磁污染发展最为快速、最为严重。例如电脑、4G/5G 手机、微波炉、磁悬浮等设施和产品都带有不同程度的电磁污染，使人们时时刻刻都处在电磁辐射场之中，给公众带来难以察觉的电磁伤害。因此，寻求减少电磁辐射引起的环境污染的解决方案，成为目前科研领域亟待解决的问题。

在建筑工程领域，混凝土是在施工中使用最为广泛的建筑材料之一，其历史悠久、性能良好，在人类社会发展的过程中充当了重要角色。如何配制出集高性能、多功能、绿色环保为一体的高性能混凝土，是当前研究的重点。因此，在评价混凝土的优劣时，应该在以下三个方面进行综合评价：对于碳纤维电磁防护混凝土在高性能和多功能方面的表现，已在本章前几节进行介绍，此处不再赘述。本节主要针对混凝土进行环境可持续性评价。对混凝土进行环境可持续性评价时，通常通过资源循环利用情况、新材料使用情况、环境污染治理情况等方面进行评价。

1）资源循环利用情况

碳纤维电磁防护混凝土在制备时需按实际情况掺加碳纤维等各式吸波材料以增强混凝土的电磁波吸收能力。在前几章中我们针对在混凝土中替换钢纤维等材料的情况进行了研究，使用废旧轮胎等材料中回收得到的材料替换原有的材料。这样既可以大幅降低混凝土的造价，又可以促进回收行业的繁荣发展，在解决工程实际问题的同时减少环境污染等问题，加强资源循环利用率。同时，由于该材料是在混凝土中掺加碳纤维、石墨等吸波材料，使得其在获得较强的电磁防护功能的同时提升了工作性能，将两种功能有机结合在一起，起到了综合防护的效果。

2）新材料使用情况

现代工业中，对碳纤维电磁防护混凝土的需求极大刺激了电磁波吸收材料的发展，促使相关行业进行吸波材料的研发。吸波材料不仅可以掺加在混凝土中，制备碳纤维电磁防护混凝土，还可以用于制作电子设备配件等来减少环境中的电磁污染。

碳纤维具有良好的导电性，对电磁波具有吸收与防护作用。随着工业化程度的不断提高，生活中的电磁污染现象逐渐严重，对碳纤维在电磁波防护和吸收方面的研究逐渐成为研究热点。目前针对碳纤维吸波复合材料的研究主要有以下三个方面：

（1）将石墨和石墨烯等碳基吸波功能粒子与碳纤维材料复合制备复合材料

石墨作为一种常见的原料，广泛用于导电和润滑材料等传统领域。近代以来，受社会与科技发展的影响，石墨材料逐渐开发出新的用途。将石墨材料用于电磁防护便是石墨的新用途之一。陈光华[28]研究发现在石墨基碳纤维复合材料中石墨粉可以通过增加碳纤维网格的导电能力，进而增大材料的反射损耗和屏蔽效能值来显著提高复合材料的吸波能力和屏蔽性能。

（2）将镍粉、铁粉等磁性材料与碳纤维材料复合制备碳纤维复合材料

研究表明，镍粒子具有的优秀的各向异性、磁性和吸收性有利于吸收电磁波，但其良好的导电性能会产生涡流损耗进而制约其电磁波的吸收能力。将镍粉与碳纤维材料结合既可以大幅降低涡流损耗减少电磁波的反射，又能大幅增强材料的吸波能力。

（3）将多种磁性功能粒子与碳纤维材料结合制备碳纤维复合材料

将多种磁性功能粒子与碳纤维材料复合制备碳纤维复合材料可以有效改善材料的电磁吸收和屏蔽性能。可将碳纤维材料与镍粉、羰基铁粉等复合制成涂层材料或与其他树脂、玻璃纤维等材料复合制成导电复合材料进而增强材料的吸波能力。

尽管各类磁性材料均可与碳纤维材料复合，使得复合材料的电磁波吸收和屏蔽作用增强，但却降低了复合材料的抗压性能。复合材料质地较硬、密度较高、制备工艺较为复杂，考虑如何在强度损失可以接受的范围内，增加复合材料的电磁波吸收和屏蔽作用，是当前电磁防护领域研究的重点问题。

碳纤维作为性能优异的电磁波吸波和屏蔽材料，拥有承载和隐身的双重功能。未来碳纤维的应用前景是：①复合化。未来趋向于碳纤维材料与电磁吸收和屏蔽性能优异或力学、热学性能良好的磁性功能粒子多元复合，制备具有良好综合性能的复合材料，不仅能降低制造成本、减轻质量，而且可以综合碳纤维与其他材料的优点，充分发挥各自的优势。②宽频化。今后将在进一步加强电磁理论探索的基础上，

趋向于尽可能拓宽碳纤维吸收和屏蔽电磁波的频宽，毕竟仅能对抗较小频宽的材料不能满足现代社会波频各异的要求。③功能一体化。未来要求的吸波和屏蔽材料，不仅要具有优异的防磁性能，同时还要兼具良好的力学性能、热学性能等，因此未来碳纤维应朝着功能一体化的方向发展。④智能化。碳纤维的应用前景还包括可以对环境作出及时响应，并依据周围环境的变化来调节自身的内部结构及电磁特性。

3）环境污染治理情况

碳纤维电磁防护混凝土的主要功能即为吸收与屏蔽电磁波，是减少电磁污染最有效的方式。由于其在电磁波防护方面的基本原理是将吸收的电磁波转换为其他形式的能量耗散掉，而不是像金属屏蔽结构那样将电磁波完全反射，所以该材料通常可以用于建造电磁保护环境，其不但能在工程设施中进行有效的电磁防护，而且即便有少量的电磁波透射，也很容易被结构中的其他部分所吸收，使人体免遭电磁波辐射的影响，减少因遭受电磁污染而产生的健康问题。

7.5 小结

综合已开展的吸波混凝土力学性能、耐久性能、导电导热性能以及吸波性能试验，以具备良好吸波性能的混凝土组为主要试验组，列表 7－14 描述各组混凝土材料的性能指标，优选吸波混凝土配合比。强度折减率为改性混凝土的强度值相对于控制组强度性能的降低率。

表 7－14　25 mm 厚优选单掺组及双掺组综合性能指标

指标		体积掺量 0.3%碳纤维	2.5%石墨	10%平面六角铁氧体	铁-石	铁-碳	石-碳
流动度/mm		20.50	20.00	21.20	17.50	15.25	15.50
强度性能	抗压强度/MPa	109.3	102.4	119.2	102.7	104.9	104.2
	抗折强度/MPa	22.5	13.8	21.3	16.6	18.8	17.6
强度指标		均大于 C30 混凝土（28 d 标准养护条件下，混凝土强度达 $30\text{ MPa}\leqslant f_{cu}<35\text{ MPa}$）					
强度折减	抗压强度	10.62%	16.57%	2.85%	16.30%	14.48%	15.08%
	抗折强度	5.46%	42.02%	10.64%	30.25%	21.01%	26.05%

表 7-14（续）

指标		体积掺量 0.3%碳纤维	2.5%石墨	10%平面六角铁氧体	铁-石	铁-碳	石-碳
300 次冻融循环相对动弹性模量		92.98%	91.76%	89.24%	86.51%	86.01%	87.04%
150 次干湿循环抗压强度耐蚀系数		91.00%	91.20%	94.40%	90.40%	90.50%	91.00%
导热系数/[W/(m·K)]		1.028	1.348	1.404	1.384	1.241	1.328
电阻率/(Ω·cm)		4.90×10^5	4.72×10^5	6.68×10^5	5.92×10^5	6.12×10^5	4.05×10^5
吸波性能	−10 dB 反射率的带宽	12～18 GHz (6 GHz)	13～18 GHz (5 GHz)	12～18 GHz (6 GHz)	16～18 GHz (2 GHz)	13～18 GHz (5 GHz)	0 GHz
吸波指标		达到	达到	达到	未达到	达到	未达到
混凝土所需吸波剂的价格		969 元/m³	1 562 元/m³	82 726 元/m³	84 288 元/m³	83 695 元/m³	2 531 元/m³

由表 7-14 可以看出，25 mm 厚度的体积掺量为 0.3%的碳纤维、2.5%石墨掺量及 10%铁氧体掺量的水泥基复合材料均具有较好的吸波性能，在−10 dB 反射率的带宽均大于 4 GHz，其中碳纤维组及铁氧体组的带宽达到了 6 GHz。在双掺组中，仅铁氧体和碳纤维复掺混凝土的−10 dB 反射率的带宽大于 4 GHz。因此在吸波性能方面，选取体积掺量为 0.3%的碳纤维组和 10%铁氧体组为优选组。为进一步优选吸波混凝土配合比方案，需平行对比相应混凝土材料的其他性能参数指标。

在工作性能上，体积掺量为 0.3%的碳纤维和 10%铁氧体掺量的混凝土的流动性较为一致。在力学性能上，10%铁氧体掺量的混凝土的抗压强度高于体积掺量为 0.3%的碳纤维混凝土，高出 9.9 MPa。而在抗折强度上，体积掺量为 0.3%的碳纤维混凝土的抗折强度略高于 10%铁氧体掺量的混凝土，但差距不大，即在力学性能上，10%铁氧体掺量的混凝土的力学性能较好。另外，在混凝土耐久性能上，由于其基体具有较好的耐久性，两种改性混凝土材料的耐久性均较好。在导热性能及电阻率上，两者的差距不大。

因此，选用 10%铁氧体掺量或体积掺量为 0.3%的碳纤维作为优选掺量，选用 25 mm 厚度作为吸波混凝土的优选匹配厚度所制备的混凝土板的吸波性能达到−10 dB反射率的带宽大于 4 GHz 的主要吸波性能指标要求，且具有良好的力学性能和耐久性能。虽然铁氧体改性混凝土的力学性能要优于碳纤维改性混凝土，但由于平面六角铁氧体材料的制备工艺要求高，成本也较高，为 700 元/kg，而短切碳纤维吸波剂的价格仅为170元/kg。另外，在制备每立方米混凝土材料时，购置短切碳纤维材料的成本仅约为购置平面六角铁氧体成本的1.17%，如表7-14所示。因此，选用体积掺量为0.3%的碳纤维为优选掺量，选用25 mm厚度作为吸波混凝土的优选匹配厚度为本项目中的优选配比，具有良好的综合效益。

基于前人在水泥基吸波混凝土材料上的成果及本项目所开展的水泥基吸波性能试验，水泥基吸波材料的发展主要有以下几个方面：

（1）开发新型吸波剂材料。随着生产工艺及技术的进步，开发新型高效的吸波剂是吸波材料发展的主要趋势和手段。明确现有吸波剂的优点和缺点，针对实际应用中材料吸波性能的不足，有针对性地开发吸波剂材料，是提升水泥基吸波性能的有效手段。

（2）将现有吸波剂进行改性。要使吸波剂在水泥基材料中起到良好的吸波效果，可以改性原有旧吸波材料、提高其在水泥基材料中的匹配度。可以考虑通过在粉体材料或者其他材料中，采取涂敷耐蚀涂料等手段使得吸波材料具有较好的耐酸碱能力，提高吸波材料的稳定性，但一般情况下，涂敷材料的制作工艺和粉体涂敷工艺较为复杂，研究成本也较高。

（3）从结构层面上对吸波混凝土材料进行改性。有鉴于电磁波自身的衍射、反射和折射现象，以及波能量的传播特征和叠加原理等，仅考虑材料对吸波混凝土性能的影响是不够的，还要利用波的特性改进混凝土材料结构。在实际应用中，可以通过选取在不同电磁波频段内具有优异吸波性能的混凝土板材，叠合为双层板结构，实现更广的−10 dB反射率的带宽。

参考文献

[1] PRZYSTUPA K，VASYLKIVSKYI I，ISHCHENKO V，et al. Assessment of electromagnetic pollution in towns [C] //IEEE. 2019 Applications of Electromagnetics in Modern Engineering and Medicine. [S. l.：s. n.]，2019：143-146.

[2] PRZYSTUPA K，VASYLKIVSKYI I，ISHCHENKO V，et al. Electromagnetic pollution：Case study of energy transmission lines and radio transmission equipment [J]. Przeglad Elektrotechniczny，2020，96 (2)：52-55.

[3] NYKYFOROV V，YELIZAROV M，SAKUN O，et al. Test-object activity and mortality depending on electromagnetic radiation intensity and duration [C] //IEEE. 2019 IEEE International Conference on Modern Electrical and Energy Systems (MEES). [S. l.：s. n.]，2019.

[4] ZHANG X Z. Microwave absorbing properties of double-layer cementitious composites containing Mn-Zn ferrite [J]. Cement and Concrete Composites，2010，32 (9)：726-730.

[5] 平兵. 吸波功能集料混凝土的制备与性能研究 [D]. 武汉：武汉理工大学，2015.

[6] 焦隽隽. 不同还原铁粉掺量下混凝土的电磁屏蔽和吸波特性 [J]. 中国科技论文，2020，15 (8)：895-899，920.

[7] MA B，JS B，LI W A，et al. Electromagnetic and microwave absorbing properties of cementitious composite for 3D printing containing waste copper solids [J]. Cement and Concrete Composites，2018，94：215-225.

[8] GUO H，WANG Z，AN D，et al. Collaborative design of cement-based composites incorporated with cooper slag in considerations of engineering properties and microwave-absorbing characters [J]. Journal of Cleaner Production，2020，283 (2)：124614.

[9] 何楠，郝万军，冯发念，等. 掺铁尾矿粉硫氧镁泡沫水泥复合材料的吸波性能 [J]. 材料科学与工程学报，2019，37 (3)：385-391.

[10] HE Y J，LI G F，LI H B，et al. Ceramsite containing iron oxide and its use as functional aggregate in microwave absorbing cement-based materials [J]. 武汉理工大学学报（材料科学英文版），2018，33 (1)：6.

[11] HE Y，CUI Y，LU L，et al. Microwave absorbing mortar using magnetic hollow fly ash microspheres/Fe_3O_4 composite as absorbent [J]. Journal of Materials in Civil Engineering，2018，30 (6)：04018112.

[12] CAO J. Colloidal graphite as an admixture in cement and as a coating on cement for electromagnetic interference shielding [J]. Cement & Concrete Research，2003，33 (11)：1737-1740.

[13] CAO J. Coke powder as an admixture in cement for electromagnetic interference shielding [J]. Carbon，2003，41 (12)：2433-2436.

[14] 王闯，李克智，李贺军，等. 表面热处理碳纤维及其增强水泥基复合材料的电磁屏蔽性能 [J]. 硅酸盐学报，2008，36 (10)：1348-1355.

[15] 王振军，李克智，王闯，等. 短切碳纤维水泥砂浆的电磁波反射性能 [J]. 功能材料，2010，41 (增刊 1)：89-93.

[16] SUN Y，CHEN M，GAO P，et al. Microstructure and microwave absorbing properties of reduced graphene oxide/Ni/multi-walled carbon nanotubes/Fe_3O_4 filled monolayer cement-based absorber [J]. Advances in Mechanical Engineering，2019，11 (1)：76-82.

[17] HA J H，LEE S，CHOI J，et al. A self-setting particle-stabilized porous ceramic panel prepared from commercial cement and loaded with carbon for potential radar-absorbing applications [J]. Processing and Application of Ceramics，2018，12 (1)：86-93.

[18] 张秀芝，孙伟. 铁氧体复合吸波剂对水泥基复合材料吸波性能的影响 [J]. 硅酸盐学报，2010 (4)：7.

[19] 吕淑珍，陈宁，王海滨，等. 掺铁氧体和石墨水泥基复合材料吸收电磁波性能 [J]. 复合材料学报，2010，27 (5)：73-78.

[20] LI K Z，WANG C，LI H J，et al. Effect of chemical vapor deposition treatment of carbon fibers on the reflectivity of carbon fiber-reinforced cement-based composites [J]. Composites Science & Technology，2008，68 (5)：1105-1114.

[21] REN M, LI F, GAO P, et al. Design and preparation of double-layer structured cement-based composite with inspiring microwave absorbing property [J]. Construction and Building Materials, 2020, 263: 120670.
[22] 程祥珍. 石墨烯/EPS颗粒填充水泥的宽频吸波性能 [J]. 安全与电磁兼容, 2019 (3): 6.
[23] 熊国宣. 水泥基复合吸波材料 [D]. 南京: 南京工业大学, 2005.
[24] 李超, 温馨, 杨凌艳, 等. 水泥基吸波材料专利技术分析 [J]. 中国科技信息, 2018 (11): 2.
[25] 水泥胶砂流动度测定方法: GB/T 2419—2005 [S]. 北京: 中国标准出版社, 2005.
[26] 水泥胶砂强度检验方法 (ISO法): GB/T 17671—2021 [S]. 北京: 中国标准出版社, 2021.
[27] 普通混凝土长期性能和耐久性能试验方法标准: GB/T 50082—2009 [S]. 北京: 中国建筑工业出版社, 2009.
[28] 陈光华. 碳系水泥基电磁屏蔽复合材料的研究 [D]. 南昌: 南昌大学, 2011.

第 8 章　掺渗透结晶材料自修复混凝土

8.1　引言

混凝土是目前使用量最大的建筑材料，由于其具备高强度、耐久性好和低成本等优点而广泛应用于现代土木工程领域。随着时代的发展，智能材料的技术愈发成熟，人们对混凝土材料的要求也越来越高。在混凝土的工程运用中，由于混凝土是一种抗拉强度低、抗变形能力差和易开裂的材料，并且由于混凝土结构脆性材料的本质，受自身塑性收缩变形、温度变化、各种载荷作用、沉降等因素的影响，会不可避免地产生裂缝，甚至进一步扩展发育形成宽裂缝进而产生断裂等现象。

混凝土在其硬化过程中，同时伴随着各种各样的应力产生，当这些应力超过了混凝土本身的抗拉强度，或其变形超过了混凝土的极限应变值，初始裂缝就会产生[1]。混凝土结构自制备到服役的整个过程中总会不可避免地出现各种裂缝，产生的裂缝也会对混凝土结构的诸多性能产生影响，例如降低抗压强度与防水抗渗性能、影响美观以及降低隔热性能等。这些极大影响了混凝土结构的使用寿命，并降低了混凝土建筑的使用寿命，产生极大的安全影响。因此，在混凝土产生裂缝后能够发现并及时采取相应的方法对混凝土进行修复，可以减缓混凝土工作性能的降低，提高混凝土的工作年限。

一般而言，在水化过程中形成的初始裂缝为小于 0.05 mm 的微观裂缝，该类裂缝在混凝土工程应用中对力学性能、耐久性能等方面影响较小。混凝土结构在使用过程中，会受到环境和荷载的各种作用，微裂缝不断扩展，最终成为了肉眼可以看见的宏观裂缝（宽度大于 0.05 mm 的裂缝），其中荷载作用下导致的裂缝开展为宏观裂缝产生的主要原因。

混凝土在荷载作用下裂缝的开展破坏过程，可分为四个阶段：第一阶段处于开始加载到极限荷载的 30%，在这个荷载阶段裂缝并没有明显的发展，荷载与变形成近似直线关系。当荷载超过极限荷载的 30%则进入到第二阶段，此时界面裂缝的数量、宽度以及长度都不断增大，然而水泥浆体部分尚未出现明显的裂缝。在此阶段，变形的速度大于荷载增加的速度，使得二者之间出现非线性关系，混凝土开始产生塑性变形。荷载继续增加，当其超过极限荷载的 70%后，界面裂缝继续开展而水泥浆体内部也出现了裂缝。第三阶段，部分裂缝连接在一起形成连续裂缝，变形速度进一步加快。第四阶段，当荷载超过极限荷载时，连续裂缝迅速增长形成贯穿裂缝，混凝土承载能力下降，荷载迅速减小而变形快速增大，直至混凝土构件完全破坏[2,3]。

目前混凝土结构修复主要有两大方向：一种是传统被动修复方法。这种方法通常是在混凝土结构已出现损伤或开裂时，在裂缝处利用灌浆、电化学聚合物浸入等方法填补防水砂浆或其他填充材料进行人工修补，以此来维持结构在宏观结构上的完整性。但由于检测技术的限制，在实际工程中很难快速、准确地检测出微观尺度的损伤。同时，传统的修复方法也难以有效修复结构内部裂缝，并且这种方法受到修复材料限制，在修复后极易出现重复性开裂。近年来，随着建筑材料领域智能化的不断发展，慢慢淘汰了这种方法。另一种则是新型自修复方法。为了解决混凝土服役中的微裂缝修复问题，提高混凝土性能，延长混凝土的使用寿命，开发可以实现裂缝的自我修复、提高结构的耐久性能及损伤后的力学性能、降低结构的维护成本的技术已成为混凝土发展的重要研究领域。为了弥补传统修补方法的缺点，近年来国内外研究人员相继提出一种混凝土自修复方案：它一般是在混凝土中掺加一些特殊的组分，在混凝土出现裂缝时，在混凝土中掺加的特殊组分随即发生反应流出修复液。修复液借助毛细力等作用力流入裂缝之中，从而达到修复混凝土基体的目的。

近几年，人们对自修复混凝土的研究主要集中在开发自主式自愈方法，通过在混凝土中添加微胶囊及渗透结晶材料提高混凝土的自修复能力。自修复技术是指在混凝土搅拌时加入修复剂，混凝土养护成型后，作为结构受力构件，混凝土受力出现裂缝时，修复剂流出，在毛细作用下渗入裂缝，在催化剂的作用下经过一段时间后将开裂的缝隙填充满，从而将裂缝修复，开裂的混凝土部分在自修复以后，就被黏接到一起，构件刚度不会降低，能作为整体承受荷载。

8.1.1 掺渗透结晶材料自修复混凝土的成分与特点

自修复材料是指掺入混凝土中，在混凝土产生裂缝时，可以主动发生反应自动修复或减小混凝土的损伤或裂缝的材料。掺加了自修复材料的混凝土具备了自修复的能力，可称为自修复混凝土。自修复混凝土可以根据结构内部损伤和位置，自主对裂缝进行修复，从而降低混凝土材料的内部损伤，降低结构的维护成本。目前，对自修复混凝土的研究主要集中在以下几个方面：结晶沉淀自修复、渗透结晶法、电沉积法、微胶囊自修复、基于氧化镁膨胀剂的自修复、纤维增强混凝土及微生物自修复。其中又以结晶沉淀自修复混凝土和纤维增强混凝土应用最为广泛。

结晶沉淀自修复是指用混凝土材料本身发生的碳酸钙结晶沉淀去修复已产生的微裂隙[4]，是在混凝土内部掺入或在表面涂刷渗透结晶材料。结晶沉淀修复裂缝的效果主要取决于结构所处的环境，当结构没有产生裂缝时，在混凝土中掺加的自修复材料所处的环境较为干燥，此时材料处于休眠状态，不参与水泥的水化反应。一旦混凝土结构产生裂缝，掺加在其中的结晶材料就会暴露在空气中。当裂缝有水渗入时，结晶材料便会在浓度与压力差的作用下随着水向下渗透到混凝土深部，在与水接触的混凝土附近的裂缝中生成活性物质，使水泥浆体的孔隙率下降，浆体致密化，进而修复裂缝，同时在空气中的二氧化碳与混凝土中的水分发生反应，生成的碳酸钙也可以促进裂缝的愈合。不同的养护环境对裂缝的修复效果不同，热养护效果最好。

水泥基渗透结晶型防水材料（Cementitious Capillary Crystalline Waterproofing Materials，简称 CCCW）即为一种通过结晶沉淀自修复进行修复的外加剂。

水泥基渗透结晶型防水材料是一种外加剂，是以硅酸盐水泥、石英砂为主要成分，配有活性化学物质的防水自修复材料。通过各组分与被处理的混凝土基体中未水化或水化不充分的胶凝材料发生化学反应，结晶生成水化硅酸钙等不溶于水的物质，填充被处理混凝土的孔隙或裂缝，使混凝土变得更为密实。

不同的水泥基渗透结晶型防水材料中所含的活性化学物质各不相同，根据其作用划分主要有两大类：一是各类混凝土外加剂，包含防水剂、引气剂、膨胀剂、表面活性剂等，不同的外加剂组分使水泥基渗透结晶型防水材料的具体功能和效果不一；二是活性阴离子催化剂，可以在极低浓度下进行反应生成水化硅酸钙并加快反应的速率。

纤维增强混凝土是指为了改善混凝土的性能在混凝土中掺加了纤维的混凝土材料。为了提高混凝土的强度，降低混凝土的脆性，在 20 世纪 60 年代初开发出纤维增强混凝土，采用的纤维包括玻璃纤维、钢纤维、天然纤维以及合成纤维等[5]。

随着对纤维增强混凝土的研究，人们发现纤维的加入不仅能提高混凝土韧性，还能提高混凝土的自修复能力。当基体发生裂缝时，由于纤维提供的桥联效应，使得每条裂缝的开口都将得到有效的控制和抑制。所以，不连续的和随机分布的纤维可以用于混凝土来缩小裂缝宽度，从而为任何形式的自愈合过程提供足够的支持。

研究表明，对于存在平均宽度为 7 μm 裂缝的聚丙烯纤维混凝土薄板，在自然养护的条件下放置 7～24 个月，混凝土的弹性模量基本恢复，其抗拉强度可以达到原来的 50%左右[6]。与普通混凝土相比，钢纤维增强混凝土的界面自修复程度较高[7]。

与此同时，聚乙烯纤维的自修复性能同样优异，随掺量的增加，混凝土的自修复性能增加[8]。亚麻纤维对混凝土进行增强后会有更好的弹性模量和抗压强度，且能够对宽度小于 30 μm 的裂缝进行自修复[9]。

总之，纤维混凝土能改善混凝土的脆性缺陷，还能提高材料的自修复性能。虽然纤维增强脆性材料的理论已经有了很长一段历史，但是由于材料愈合相关研究发展较晚，纤维增强混凝土自愈合性能的研究却很少。在配制混凝土时，为了提高其抗拉强度和韧性，通常需要加入钢纤维。钢纤维为圆直型，体积掺量一般为 2%。

8.1.2 掺渗透结晶材料自修复混凝土的研究现状

人们研究掺渗透结晶材料自修复混凝土的历史较为深远。1925 年 Abram 将损伤后的混凝土试件置于室外 8 年后再次进行抗压试验时发现其抗压强度高于原先的 2 倍多。进一步调查发现，混凝土材料本身发生的碳酸钙结晶沉淀有着自修复的特性，自此人们开始研究混凝土的自修复现象[10]。结晶沉淀修复裂缝的效果主要取决于结构所处的环境[11]，当结构的环境较为潮湿，与水接触的混凝土附近的裂缝中水泥浆体的孔隙率发生下降，浆体致密化，进而修复裂缝。同时，空气中的二氧化碳与混凝土中的水分反应生成碳酸钙也可以促进裂缝的愈合。不同的养护环境对裂缝的修复效果不同，热养护效果最好。尽管该方法有一定的修复效果，但修复效果不稳定，修复所需时间较长。

20 世纪 40 年代，德国为了解决水泥船的渗漏问题，化学家劳伦斯·杰逊发明了水泥基渗透结晶型防水材料[12]。随着经济的迅速发展，由于该材料抗渗性能、耐久性能和自修复性能良好，且对人体安全无害，人们对该方法进行了大量的研究。结晶外加剂能明显修复砂浆表面的裂缝，降低砂浆的渗透性，外加剂尽管会降低试样的力学性能，但会提高自修复能力，干湿循环下试样的力学性能恢复效果最佳[13]。Ferrara 等[14]发现结晶外加剂加速了混凝土裂缝的自修复和力学性能的恢复，并利用微观实验发现裂缝处的愈合产物与水泥水化产物相似，认为结晶外加剂能改善胶凝复合材料的自愈合能力。CCCW 能够减少混凝土中的收缩裂缝，从而降低混凝土孔隙率，提高其密实度和抗渗性能，进而恢复力学性能[15]。同时，由于 CCCW 需要雨水反应，因此在潮湿条件下养护的混凝土力学性能高于在大气条件下养护的混凝土[16]。近年来，水泥基渗透结晶型防水材料已广泛应用于各个防水结构工程中。为了规范市场，确保产品质量安全，我国于 2001 年首次颁布了相应的国家标准《水泥基渗透结晶型防水材料》（GB 18445—2001），并从 2002 年 3 月起开始实施。随着 CCCW 的发展，我国又修订了几次规范。目前最新的规范是 2012 年修订的

《水泥基渗透结晶型防水材料》(GB 18445—2012)，并于 2013 年 11 月正式实施[17]。匡亚川和欧进萍[18]研究了渗透结晶材料掺量对混凝土性能的影响并发现渗透结晶材料能够增加混凝土密实度，提高混凝土的自修复能力。

与此同时，人们也在进行纤维增强混凝土的研究。随着研究的深入，人们发现纤维的加入不仅能提高混凝土韧性，还能提高混凝土的自修复能力。研究表明，对于平均宽度为 7 μm 裂缝的聚丙烯纤维混凝土薄板，在自然养护的条件下放置 7～24 个月，混凝土的弹性模量基本恢复，其抗拉强度可以达到原来的 50%左右[19]。与普通混凝土相比，钢纤维增强混凝土的界面自修复程度较高[20]。同时，由于聚乙烯纤维的自修复性能同样优异，随掺量的增加，混凝土的自修复性能增加[21]。当亚麻纤维对混凝土进行增强后会有更好的弹性模量和抗压强度，且能够对宽度小于30 μm 的裂缝进行自修复[22]。Li 等[23]对工程用水泥基复合材料（ECC）的自修复性能进行了研究，通过原位环境扫描电子显微镜观察和超声共振频谱波检测证明了 ECC 的自修复性能，且发现其修复能力与裂缝宽度有关，并且修复后材料的弹性模量和刚度会得到明显的恢复。相似的是，Yang 等[24]采用相同的研究手段研究了 ECC 在干湿循环条件下的自修复性能，结果同样表明，存在裂缝的 ECC 在干湿循环的环境作用下经过一段时间的自修复，其刚度会得到明显的提高。尽管在自然环境中的 ECC 存在自我修复能力，与在可控的实验室条件相比，自然条件下的自修复能力较差[25]。Ferrara 等[26]以钢纤维的分布及养护条件为研究变量，分析了不同情况下的纤维增强混凝土的自修复性能。其中，钢纤维的分布分为平行分布和竖向分布两种方式，养护条件包括干湿循环及不同的湿度环境。首先通过弯曲试验人为制造裂缝，然后放在不同的养护环境下分别养护 1～6 个月，养护后对自修复性能进行评价。试验结果表明：钢纤维一定时，低水灰比和高胶凝材料量能够提高混凝土的自修复能力。在水中浸泡的条件下或者在湿度较高的空气养护条件下，混凝土未水化的水泥颗粒发生二次水化反应以填充裂缝。不同的养护条件对自修复能力影响不同，在水中浸泡和进行干湿循环的试件的自修复结果最好，并且空气湿度越高，自修复效果越好。总之，纤维增强混凝土能改善混凝土的脆性缺陷，还能提高材料的自修复性能，但人们对纤维增强混凝土的研究主要集中在力学性能及耐久性能方面，对自修复性能研究尚未完善。

总之，国内外对自修复混凝土进行了大量的研究，但大多数方法施工工艺复杂，造价较高。纤维增强混凝土和掺渗透结晶材料自修复混凝土具有一定的自修复效果，施工工艺较为简单，造价相对于其他方法较低，适用于潮湿的洞库环境，但人们未对两者共同作用进行研究。同时混凝土的耐久性能会严重影响结构的寿命，为保证自修复混凝土的正常工作，需要对损伤后的自修复混凝土的耐久性能进行调查。因此，需要对纤维混凝土和掺渗透结晶材料自修复混凝土的力学性能和耐久性能进行研究。

8.2　掺渗透结晶材料自修复混凝土的制备方法及试验方案

8.2.1　掺渗透结晶材料自修复混凝土的原材料及其基本特性

掺渗透结晶材料自修复混凝土的原材料及其基本特性请参考 3.2.1 掺钢渣粉混凝土的原材料及其基本特性。

试验所用水泥采用山水牌 PO42.5 型普通硅酸盐水泥，水泥的凝结时间、密度以及 28 d 抗折强度和抗压强度等各项基本性能如表 8-1 所示。

表 8-1　水泥的基本性能

项目	密度/(g/cm^3)	比表面积/(m^2/kg)	凝结时间/min		抗压强度/MPa		抗折强度/MPa	
			初凝	终凝	3 d	28 d	3 d	28 d
指标	3.11	>360	175	235	27.50	49	5.5	8.5
GB 175—1999	—	>300	>45	<600	>23.00	>42.50	>3.50	>6.50

粉煤灰属火山灰质材料，具有一定的活性。它在混凝土中的作用，一方面能与胶凝材料产生化学反应，对混凝土起增强作用；另一方面在混凝土的用水量不变的条件下，可改善混凝土拌合物的和易性。本次试验采用较常见的一级粉煤灰，密度为 2.43 g/cm^3，比表面积为 655 m^2/kg。

硅灰是一种高火山灰性材料，其颗粒尺寸很小，能有效填充水泥颗粒之间的空隙，具有良好的填充效应，另外，硅灰的高火山灰反应促进胶凝材料进一步水化，改善微观结构。因此，当硅灰掺量为 10%时，混凝土在 7 d 和 28 d 龄期下基本保持不渗透，可以有效减小混凝土中孔隙的孔径。本次试验所采用的硅灰外形为灰白色粉末，平均粒径为 0.18 μm，比表面积为 1.4×10^4 m^2/kg，密度为 2.31 g/cm^3。

矿渣粉是高炉矿渣经粉磨后达到规定细度的一种粉体材料，本次试验选取高炉矿渣，其密度为 2.86 g/cm^3，比表面积为 501 m^2/kg。

粗骨料采用粒径为 5~20 mm 的连续级配碎石，因碎石表面较为粗糙、棱角多，所以与水泥的黏结性能良好，能够提高混凝土材料的强度和抗渗性能。

细骨料用于混凝土材料中能够起到骨架和填充的作用，它赋予了混凝土较好的体积稳定性和耐久性。细骨料选用 SiO_2 含量达 99.6%及以上的石英砂作为混凝土填充材料。

减水剂是一种在保证混凝土工作性能不变的情况下，减少用水量的混凝土外加剂。减水剂大多属于阴离子表面活性剂，有木质素磺酸盐、萘磺酸盐甲醛聚合物等，加入混凝土拌合物后对水泥颗粒有分散作用，能改善其工作性，减少单位用水量，改善混凝土拌合物的流动性。减水剂在混凝土拌合物中发挥的作用主要有两方面：

一方面是在保持用水量相同的条件下，提高混凝土的流动性能；另一方面是在保持混凝土流动性不变的前提下，能够减少用水量，从而提高混凝土材料的强度。为了确定减水剂的影响，采用苏博特高效聚羧酸减水剂和普通聚羧酸减水剂两种。

聚丙烯纤维是高强度束状纤维，能够有效地控制混凝土收缩、干缩、温度变化等因素引起的微裂缝，大大改善混凝土的阻裂抗渗、抗冲击及抗震能力，具体参数见表 8-2。

表 8-2 聚丙烯纤维性能指标

密度/(g/cm^3)	弹性模量/GPa	极限伸长率/%	直径/μm	抗折强度/MPa	抗拉强度/MPa	裂缝降低系数/%
1.18	7.2	22	19	5.9	560	92

为提高混凝土的延性及韧性，UHPC 中通常需要加入钢纤维，本次试验选用河南某公司生产的钢纤维，具体参数见表 8-3。

表 8-3 钢纤维性能指标

直径/mm	长度/mm	抗拉强度/MPa	长径比	密度/(g/cm^3)
0.22	13.00	2 959	59	7.8

8.2.2 掺渗透结晶材料自修复混凝土的配合比设计

掺渗透结晶材料自修复混凝土的配合比设计请参考 3.2.2 掺钢渣粉混凝土的配合比设计。配合比设计如表 8-4、表 8-5 所示。其中，CCCW 的掺量有 0.5%、1%、1.5%、2%、2.5%、3%。

表 8-4 CCCW 作用下的配合比 单位：kg/m^3

编号	水泥	粉煤灰	碎石	砂	水	减水剂	CCCW	钢纤维
1	507.5	50.7	857	801	156	9.5	0	0
2	507.5	50.7	857	801	156	9.5	2.537 5	0
3	507.5	50.7	857	801	156	9.5	5.075	0
4	507.5	50.7	857	801	156	9.5	7.612 5	0
5	507.5	50.7	857	801	156	9.5	10.15	0
6	507.5	50.7	857	801	156	9.5	12.687 5	0
7	507.5	50.7	857	801	156	9.5	15.225	0

表 8-5 纤维与 CCCW 作用下的配合比　　单位：kg/m³

编号	水泥	硅灰	碎石	砂	水	减水剂	CCCW	钢纤维
8	507.5	50.7	857	801	156	9.5	0	0
9	507.5	50.7	857	801	156	9.5	0	78
10	507.5	50.7	857	801	156	9.5	2.537 5	78
11	507.5	50.7	857	801	156	9.5	5.075	78
12	507.5	50.7	857	801	156	9.5	7.612 5	78
13	507.5	50.7	857	801	156	9.5	10.15	78
14	507.5	50.7	857	801	156	6.5（高效）	2.537 5	78
15	507.5	50.7	857	801	156	6.5	2.537 5	78
16	507.5	50.7	857	801	156	6.5	5.075	78

8.2.3 掺渗透结晶材料自修复混凝土的制备方法

掺渗透结晶材料自修复混凝土试件的制备流程如下：

（1）称料。在计算试件体积时，考虑富裕系数，得到总体积，再根据所得总体积，依据配合比和材料密度，计算所需各种材料的质量，此外，用电子秤称取各相关材料以作备用。

（2）涂刷脱模剂。将模具擦拭干净后，为方便脱模，在模具内侧以及上边缘涂抹适量脱模剂，本次试验脱模剂选用机油。

（3）精度控制。制备之前，对骨料碎石进行冲洗，然后晾干备用，测量砂、石的含水率，并将搅拌平台铁板用水润湿且不可有明水残留，尽量保证实际水灰比和设计水灰比相符。

（4）搅拌顺序。本次试验采用先将骨料、水泥、钢纤维干料搅拌均匀，然后加水湿拌的方式，进行砂浆拌和，为了保证钢纤维分散均匀，还可附加采用钢棍进行辅助搅拌，试验时需根据搅拌机的容量，严格把控搅拌量。

（5）搅拌时间。总体上，搅拌时间不宜过长，对于纤维体积掺量高的试件的配制，可以适当增加搅拌时间，但需避免出现离析现象。

（6）浇筑。钢纤维混凝土搅拌好后应立即开始试件的制备，对于非定向试件，一次性装填入模，然后将试模放在振动台上并进行固定，防止试模自由跳动。开启振动台持续振动 15 s 左右，拌合物表面略有翻浆后，停止振动，刮去多余拌合物并将其表面抹平。对于定向试件，同样放置于振动台，不同之处在于需要采用电磁场设备在试模周围施加恒定匀强磁场。开启振动台，作用时间根据计算得到（20～

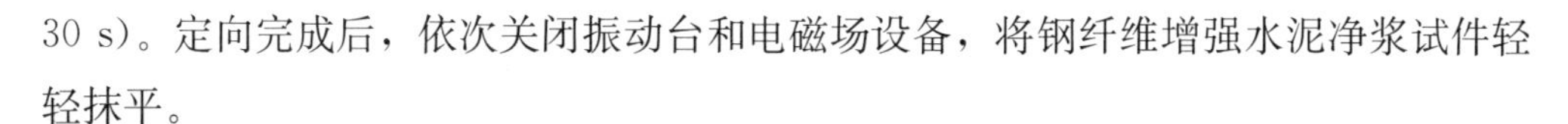

30 s)。定向完成后，依次关闭振动台和电磁场设备，将钢纤维增强水泥净浆试件轻轻抹平。

(7) 养护。将浇筑完成的试模置于室内环境，带模养护 24～48 h，硬化后脱模，编号，移入养护室进行标准养护（温度为 20 ℃±2 ℃，相对湿度≥95%），养护至规定的 28 d 龄期，养护结束后进行力学性能试验。需要注意的是要标记振捣后试件的上面和下面，这是由于纤维在振捣后会呈现上疏下密，承受荷载时，其力学响应不同。

8.2.4 掺渗透结晶材料自修复混凝土的试验方法

8.2.4.1 坍落度试验

坍落度试验请参考 2.3.2.1 和易性。

8.2.4.2 力学性能试验及自修复试验

1. 抗压强度试验

抗压强度试验请参考 3.2.4.2 基本力学试验。

2. 抗压试验后的自修复试验

对每组养护完成的混凝土试件取 6 个测得平均极限抗压强度（P_1）后，剩余的试件加载 60%P_1、80%P_1。

试件加载完成后，通过使用裂缝观测仪观察裂缝处的微观形貌及损伤情况。

置于水池浸泡 28 d 后取出，通过抗压试验测其抗压强度。

混凝土浸水养护后的自修复效果还可以通过混凝土强度恢复率进行表征，计算公式为：

$$K_I=\frac{I_R}{I_0}\times 100\% \tag{8-1}$$

式中：I_R——混凝土自修复后抗压强度；

I_0——设定龄期时混凝土抗压强度；

K_I——强度恢复率。

3. 抗折强度试验

抗折强度试验请参考 3.2.4.2 基本力学试验。

4. 抗折试验后的自修复试验

对每组养护完成的混凝土试件取 6 个测得平均极限抗折强度（P_2）后，剩余的试件加载 40%P_2、60%P_2。

试件加载完成后，通过使用裂缝观测仪观察裂缝处结晶体的微观形貌及损伤情况。

置于水池浸泡不同龄期后取出，通过抗折试验测其波速及抗折强度。

混凝土浸水养护后的自修复效果还可以通过混凝土强度恢复率进行表征，计算公式为：

$$K_{\mathrm{I}}=\frac{I_{\mathrm{R}}}{I_0}\times 100\% \tag{8-2}$$

式中：I_{R}——混凝土自修复后抗折强度；

I_0——设定龄期时混凝土抗折强度；

K_{I}——强度恢复率。

8.2.4.3 耐久性能试验及自修复后的耐久性能试验

1. 抗冻融试验

抗冻融试验请参考7.2.4.3耐久性能试验。当冻融达到以下三种情况之一时即可停止试验：

（1）已达到200次冻融。

（2）试件的相对动弹性模量下降到60%。

相对动弹性模量应按下式计算：

$$P_i=\frac{E_{\mathrm{d}i}}{E_{\mathrm{d0}}}\times 100\% \tag{8-3}$$

$$P=\frac{1}{3}\sum_{i=1}^{3}P_i \tag{8-4}$$

式中：P_i——经N次冻融后第i个混凝土试件的相对动弹性模量（%），精确到0.1；

$E_{\mathrm{d}i}$——经N次冻融后第i个混凝土试件的动弹性模量（MPa）；

E_{d0}——冻融循环试验前第i个混凝土试件的动弹性模量（MPa）；

P——经N次冻融后一组混凝土试件的相对动弹性模量（%），精确到0.1。

相对动弹性模量P应以两个试件结果的算术平均值作为测定值。当最大值或最小值与中间值之差超过中间值的15%时，应剔除此值，并应取其他两值的算术平均值作为测定值；当最大值和最小值与中间值之差均超过中间值的15%时，应取中间值作为测定值。

（3）试件的质量损失率达5%。

单个试件的质量损失率应按下式计算：

$$\Delta W_{ni}=\frac{W_{0i}-W_{ni}}{W_{0i}}\times 100\% \tag{8-5}$$

式中：ΔW_{ni}——n次冻融循环后第i个混凝土试件的质量损失率（%），精确到0.01；

W_{0i}——冻融循环试验前第i个混凝土试件的质量（g）；

W_{ni}——n次循环后第i个混凝土试件的质量（g）。

一组试件的质量损失率应按下式计算：

$$\Delta W_n=\frac{\sum_{i=1}^{3}\Delta W_{ni}}{3}\times 100\% \tag{8-6}$$

式中：ΔW_n——n 次冻融循环后一组混凝土试件的平均质量损失率（%），精确到0.1。

2. 自修复后的抗冻融试验

对每组养护完成的混凝土试件测得平均极限抗折强度（P_2）后，对试件加载40%P_2，用恒温水养护7 d后，进行冻融试验，试验方法参照《普通混凝土长期性能和耐久性能试验方法标准》（GB/T 50082—2009）中抗冻性能试验的快冻法进行。

3. 抗渗透试验

试验方法参照《普通混凝土长期性能和耐久性能试验方法标准》（GB/T 50082—2009）用逐级加压法进行，通过逐级施加水压力来测定以抗渗等级表示的混凝土的抗水渗透性能。混凝土抗渗仪应符合现行行业标准《混凝土抗渗仪》（JG/T 249）的规定，应能使水压按规定稳定地作用在试件上。试模应采用上口内部直径为175 mm、下口内部直径为185 mm和高度为150 mm的圆台体。密封材料宜用石蜡加松香或水泥加黄油等材料，也可采用橡胶套等其他有效密封材料。

试验时，水压应从0.1 MPa开始，以后应每隔8 h增加0.1 MPa水压，并应随时观察试件端面渗水情况。当6个试件中有3个试件表面出现渗水时，或加至规定压力在8 h内6个试件中表面渗水试件少于3个时，可停止试验，并记下此时的水压力。在试验过程中，当发现水从试件周边渗出时，应重新进行密封。混凝土的抗渗等级应以每组6个试件中有4个试件未出现渗水时的最大水压力乘以10来确定。第一次抗水渗透试验，将试件进行到全部渗水，脱模后将试件继续养护至28 d，然后进行第二次抗水渗透试验。混凝土的抗渗等级应按下式计算：

$$P=10H-1 \tag{8-7}$$

式中：P——混凝土抗渗等级；

H——6个试件中有3个试件渗水时的水压力（MPa）。

4. 锈蚀试验

为了研究自修复混凝土的抗锈蚀情况，设计锈蚀实验，按照《普通混凝土长期性能和耐久性能试验方法标准》（GB/T 50082—2009）进行，混凝土中钢筋锈蚀试验应采用100 mm×100 mm×300 mm的棱柱体试件，每组3块，适用于骨料最大粒径不超过30 mm的混凝土。试件中埋置的钢筋用直径为6.5 mm的普通低碳钢热轧盘条调直制成，其表面不得有小坑或者其他缺陷。每根钢筋长299 mm±1 mm，然后用12%盐酸溶液进行酸洗，经清水漂净后，用石灰水中和，并用清水清洗干净，擦干后在干燥器中存放至少4 h，然后用分析天平称取每根钢筋的初重，精确到0.001 g，并存放在干燥器中备用。试件成型前应将套有定位板的钢筋放入试模，定位板应紧贴试模的两个端板，安放完毕后应用丙酮擦净钢筋表面。试件成型1～2 d后编号拆模，然后用钢丝刷将试件两个端部混凝土刷毛，用1∶2水泥砂浆抹上 20 mm 厚的保护层，就地潮湿养护 1 d，并移入标准养护室养护 28 d。然后放入二氧化碳浓度为 20%±3%、湿度为 70%±5%、温度为（20±2)℃的碳化箱中，碳化时间为 28 d，碳化后移入标准养护室，在潮湿环境下存放 56 d 后破型，破型时不得损伤钢筋，刮去钢筋上黏附的混凝土，用同样的方法冲洗称重，计算钢筋失重率。

8.2.4.4 裂缝宽度检测

第一次抗压试验与抗折试验结束后及自修复结束后对试件的最大裂缝进行测量。用电缆连接显示屏和测量探头，打开电源开关，将测量探头的两支脚放置在裂缝上，在显示屏上可看到被放大的裂缝图像，稍微转动摄像头使裂缝图像与刻度尺垂直，根据裂缝图像所占刻度线长度，读取裂缝宽度值。

为研究裂缝的自修复情况，采用裂缝修复率衡量混凝土的自修复能力，计算公式如下：

$$R=\frac{R_1-R_2}{R_1}\times 100\% \tag{8-8}$$

式中：R——混凝土的裂缝自修复率；

R_1——抗压试验试件的最大裂缝（mm）；

R_2——抗压试验试件产生的最大裂缝在养护后对应的宽度（mm）。

8.3 掺渗透结晶材料自修复混凝土修复前后的力学性能及修复机制

8.3.1 掺渗透结晶材料自修复混凝土的工作性能

工作性能为混凝土拌合物在施工时候的易操作性，主要有三个性能，即保水性、流动性和黏聚性。保水性是指混凝土拌合物必须与水具有一定的黏结性能，不会导致在施工操作时发生较为严重的泌水而导致材料发生破坏现象。流动性是指混凝土拌合物具有一定的流动能力，必须能均匀且密实地与整个混凝土模板贴合。黏聚性是指混凝土拌合物具有足够的黏聚力，确保在施工过程中拌合物不会发生分层离析。综上所述，三种性能各有各的评测指标，且各不相同，无法通过一个指标来测定拌合物的工作性能好坏，试验中我们只能通过坍落度试验来测定其流动性，以大致概括其工作性能的好坏，这也使得对拌合物流动性的测定成为至关重要的一环。对应 8.2.2 节中 1～8 组混凝土的坍落度如图 8-1 所示，随着水泥基渗透结晶型防水材料替代率的增加，混凝土的坍落度减小，但只降低了 11 mm，同时混凝土拌合物在施工过程中未发生泌水现象和分层离析现象，表明在其他条件不变的情况下 CCCW 单一变量对混凝土的工作性能影响较小。

对应 8.2.2 节中 1～16 组混凝土的坍落度如图 8-1、图 8-2 所示，硅灰替代粉煤灰后混凝土拌合物的坍落度增加，钢纤维掺入后混凝土拌合物的坍落度明显下降。

随着水泥基渗透结晶型防水材料替代率的增加，混凝土拌合物的坍落度呈下降趋势。相比于普通减水剂，采用高效减水剂的混凝土拌合物的坍落度下降。矿粉替代硅灰后混凝土拌合物的坍落度变化较小。混凝土拌合物在施工过程中未发生泌水现象和分层离析现象，表明混凝土拌合物的工作性能良好。

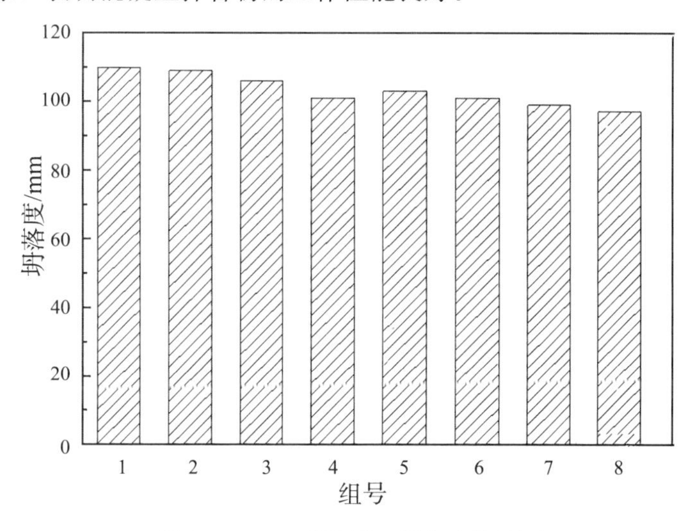

图 8－1　1～8 组混凝土坍落度统计图

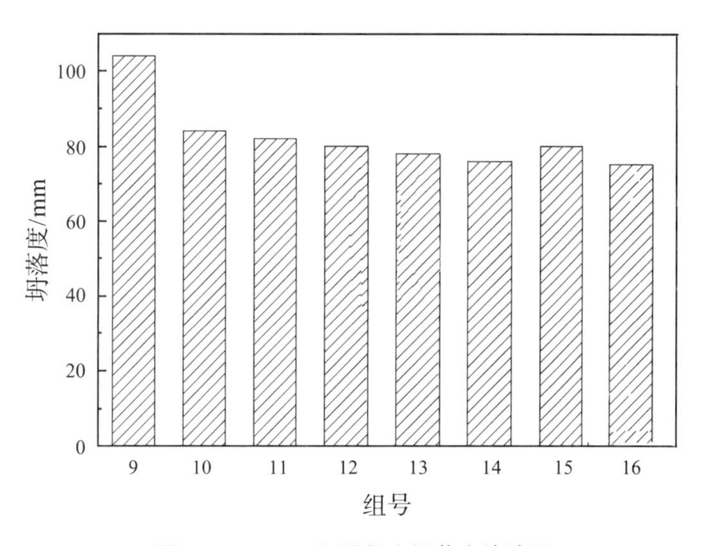

图 8－2　9～16 组混凝土坍落度统计图

8.3.2　掺渗透结晶材料自修复混凝土修复前后的抗压性能

8.3.2.1　第一次抗压试验

对每组养护完成的混凝土试件取 6 个测得平均极限抗压强度（P_1）后，剩余试件分别加载 60%P_1、80%P_1。试件加载完成后，通过使用裂缝测定仪观察裂缝处结晶体的微观形貌及损伤情况。内掺不同掺量水泥基渗透结晶型防水材料混凝土试件在试件成型后进行标准养护 28 d，通过抗压强度试验得到其第一次抗压强度，然后重新养护 28 d，再次进行第二次抗压试验得到第二次抗压强度。试件的破坏形态如图 8－3 所示。

图 8－3　抗压试验试件的破坏形态

混凝土试件在不同掺量水泥基渗透结晶型防水材料、钢纤维及不同类型的减水剂作用下的抗压强度试验结果如图 8－4 所示。钢纤维掺入后混凝土的抗压强度迅速提高，增长率超过 50%。随着水泥基渗透结晶型防水材料替代率的增加，混凝土的抗压强度逐渐减小，但下降幅度随掺量逐渐减小。当减水剂由普通减水剂变为高效减水剂后，混凝土的强度增加，但增加幅度较小。

不同配合比下第一次抗压试验的所有结果如图 8－4 所示，钢纤维和 CCCW 共同作用时混凝土的强度较高。两者会影响混凝土的抗压强度，但对混凝土拌合物的工作性能影响较小，减水剂的类型会影响混凝土拌合物的工作性能，但对抗压强度的影响较小。

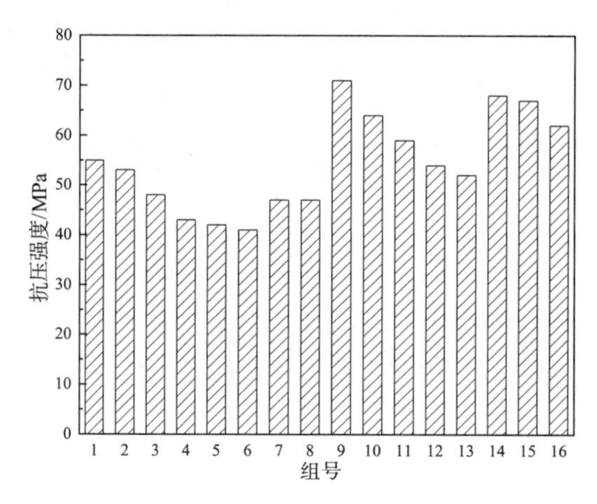

图 8－4　第一次抗压强度试验结果

8.3.2.2 抗压试验后的裂缝发展

抗压试验后裂缝的发展趋势如图 8－5 所示。当加载的最大荷载为试件极限荷载的 60％时，裂缝的宽度较小。随着 CCCW 的增加，最大裂缝宽度先减小后增大。当加载的最大荷载为试件极限荷载的 80％时，裂缝的宽度进一步增大，变化趋势与荷载为 60％时保持一致。由于试验环境的限制，每个试件的抗压强度存在一定的差异，因此进行第一次抗压试验后，水泥基渗透结晶型防水材料与钢纤维等材料对裂缝变化的趋势影响较小，同时本研究主要探讨裂缝的自修复能力，因此裂缝的发展情况主要与养护后的自修复情况有关。

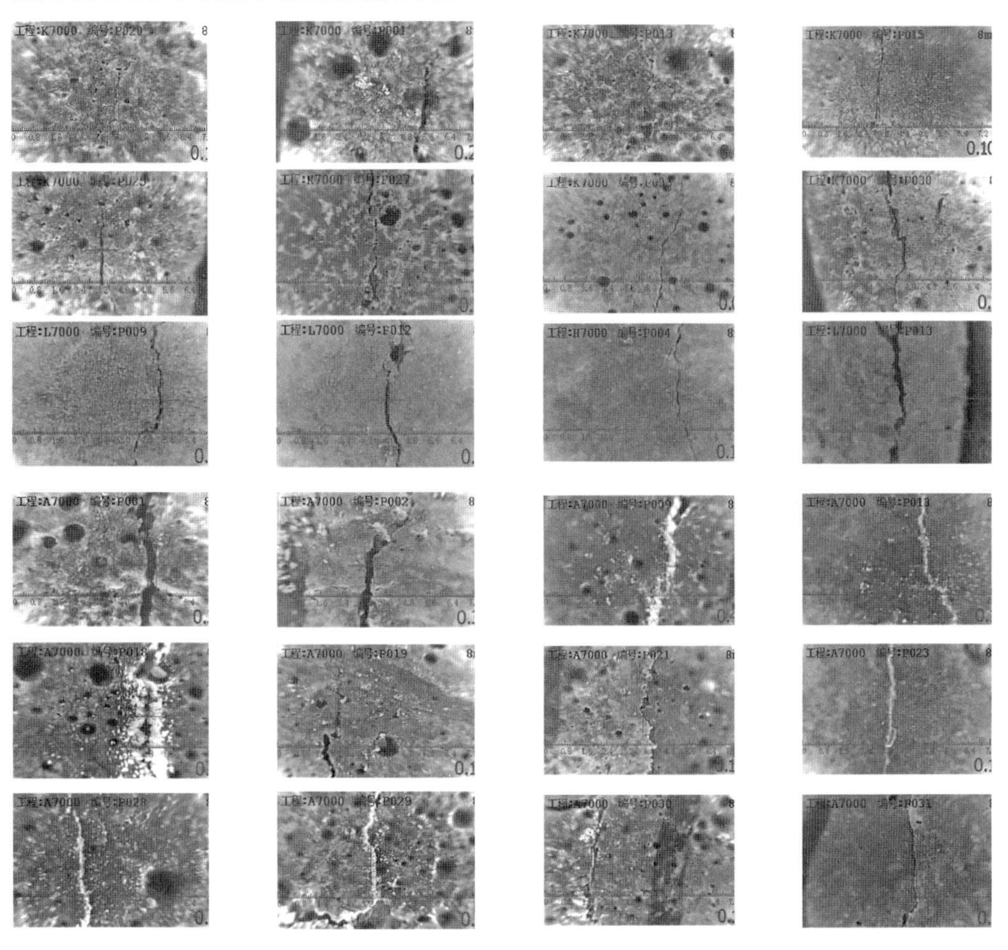

图 8－5　第一次抗压试验后裂缝的发展情况

抗压试验自修复后的裂缝修复率如图 8－6 所示。当水泥基渗透结晶型防水材料单独掺入时，随着替代率的增加混凝土的自修复能力增加，当抗压试验的最大荷载为试件极限荷载的 60％时，混凝土的裂缝修复率最大可到 29％，替代率从 0％到 3％时，混凝土的裂缝修复率分别为 7％、15％、23％、24％、26％、28％及 29％。当加载的最大荷载为试件极限荷载的 80％时，混凝土的裂缝修复率低于抗压试验的最大荷载为试件极限荷载的60%时的裂缝修复率，此时混凝土的裂缝修复率最大可到23%，替代率从0%到3%时，混凝土的裂缝修复率分别为5%、12%、20%、21%、23%、22%及22%。对比可知，当水泥基渗透结晶型防水材料的替代率为0%~1%时，裂缝修复率随替代率增加而快速增加，当水泥基渗透结晶型防水材料的替代率为1%~3%时，尽管裂缝修复率增加，但增加速率减慢甚至不变。

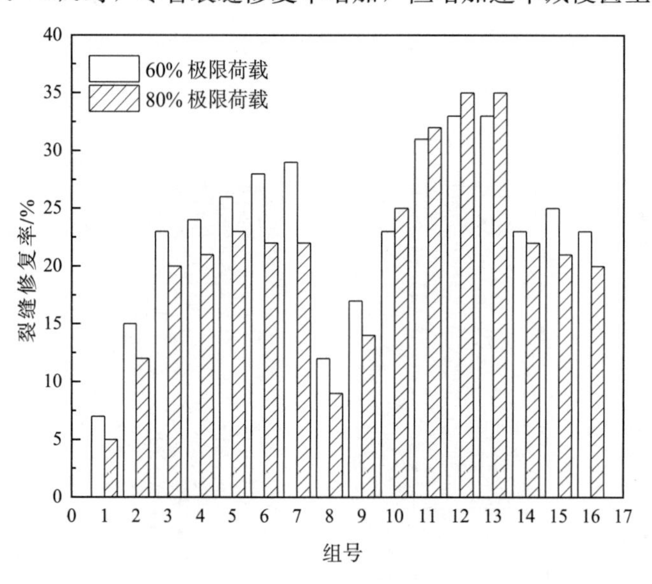

图 8-6　裂缝修复率

当钢纤维与水泥基渗透结晶型防水材料共同掺入时，裂缝修复率明显高于水泥基渗透结晶型防水材料单独掺入时的修复率。此时，随着水泥基渗透结晶型防水材料替代率的增加，裂缝修复率逐渐增加。当加载的最大荷载为试件极限荷载的60%时，钢纤维的掺入量不变，水泥基渗透结晶型防水材料的替代率从0%到2%时，混凝土的裂缝修复率分别为17%、23%、31%、33%及33%。当胶凝材料中的硅灰替代粉煤灰后，混凝土的裂缝修复率由7%增加到12%，表明硅灰能明显提高裂缝修复率。此时，高效减水剂的试件的裂缝修复率为23%、25%及23%，表明高效减水剂及矿粉对裂缝的修复影响较小。当水泥基渗透结晶型防水材料未掺入时，钢纤维掺入后混凝土的裂缝修复率由12%增加到15%，表明钢纤维能够提高裂缝的修复率。当加载的最大荷载为试件极限荷载的80%时，钢纤维的掺入量不变，水泥基渗透结晶型防水材料的替代率从0%到2%时，混凝土的裂缝修复率分别为14%、25%、32%、35%及35%。当水泥基渗透结晶型防水材料未掺入时，钢纤维掺入后混凝土的裂缝修复率由9%增加到14%，此时高效减水剂的试件的裂缝修复率为22%、21%及20%。

总之，当水泥基渗透结晶型防水材料的替代率为0%~1%时，裂缝修复率随替代率增加而快速增加，当水泥基渗透结晶型防水材料的替代率为1%~2%时，尽管裂缝修复率增加，但增加速率减慢甚至不变。对比粉煤灰、硅灰及矿粉对裂缝的影响可知，当混凝土掺入硅灰时裂缝修复的效果最好，钢纤维能够提高抗压试件的裂缝修复率。

8.3.2.3　第二次抗压试验

内掺不同掺量水泥基渗透结晶型防水材料、钢纤维及不同类型的减水剂的混凝土试件在试件成型后进行标准养护 28 d，通过抗压强度试验得到第一次抗压强度，然后对其他试件分别加载至试件极限荷载的 60％和 80％制造裂缝并重新养护 28 d，再次进行抗压强度试验得到第二次抗压强度。

混凝土试件 1～7 组在不同掺量水泥基渗透结晶型防水材料作用下的抗压强度试验结果如图 8－7 所示。将混凝土试件进行第一次抗压试验后，基体遭到破坏，继续标准养护 28 d，由于水泥基渗透结晶型防水材料的“渗透结晶”作用，混凝土裂缝得到了一定的修复。混凝土裂缝的修复效果对于水泥基渗透结晶型防水材料掺量变化的敏感性较大，不同掺量作用下，混凝土裂缝的自愈合程度有较大差异。

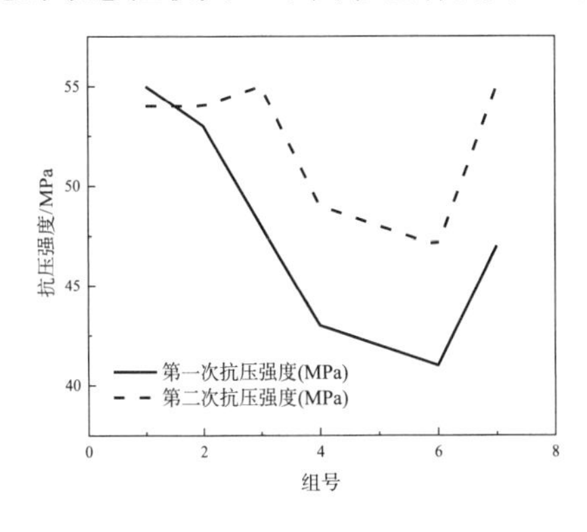

(a) 抗压强度（加载至试件极限荷载的 60％）

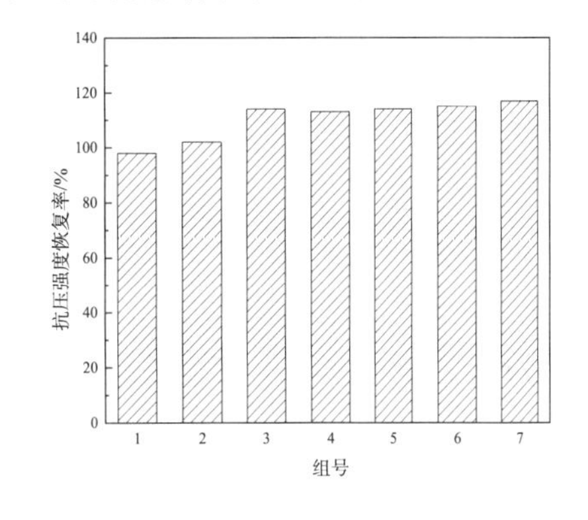

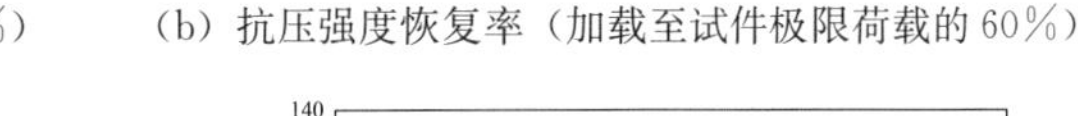

(b) 抗压强度恢复率（加载至试件极限荷载的 60％）

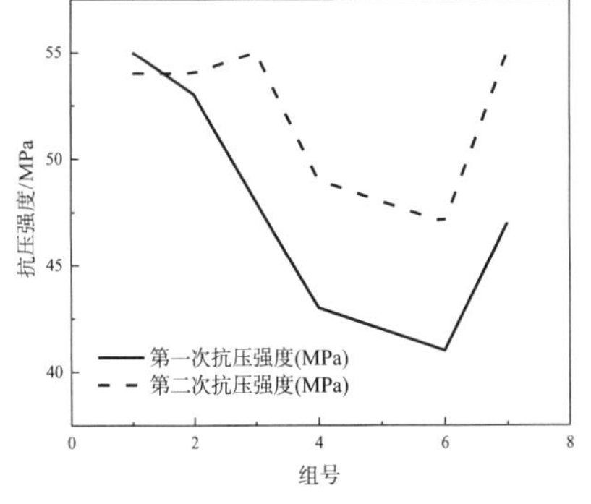

(c) 抗压强度（加载至试件极限荷载的 80％）

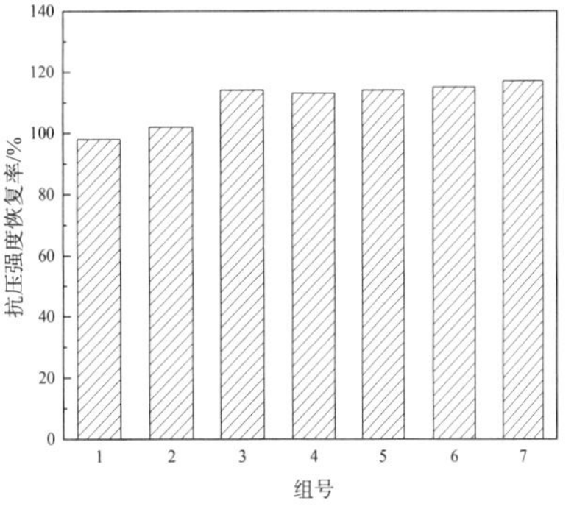

(d) 抗压强度恢复率（加载至试件极限荷载的 80％）

图 8－7　1～7 组试件的第二次抗压强度

当试件分别加载至试件极限荷载的 60％产生裂缝并标准养护 28 d 后，混凝土的抗压强度恢复率是随水泥基渗透结晶型防水材料替代率的增加而逐渐增加的，但由于水泥基渗透结晶型防水材料会影响第一次抗压强度，因此第二次抗压强度呈现随水泥基渗透结晶型防水材料替代率的增加先增大后减小的变化趋势。当水泥基渗透结晶型防水材料掺量从0%增加到1%时，混凝土的第二次抗压强度逐渐增加。当掺量由1%增加到2.5%时，混凝土的第二次抗压强度逐渐减小。当试件分别加载至试件极限荷载的80%产生裂缝并标准养护28 d后，第二次抗压强度与试件分别加载至试件极限荷载的60%时的第二次抗压强度变化规律相似。此时，抗压强度恢复率随水泥基渗透结晶型防水材料的增加先增大，之后恢复率基本保持不变。当水泥基渗透结晶型防水材料的掺量为1%时，第二次抗压强度最高且抗压强度恢复率最大，此时混凝土裂缝的自愈合效果最佳。

综上所述，未掺水泥基渗透结晶型防水材料的混凝土试件第一次抗压强度较高，对各组试件分别加载至试件极限荷载的80%制造裂缝且标准养护28 d后，第二次抗压强度仅达到第一次抗压强度的98%，其修复效果均低于其他各掺量的试样结果，表明水泥基渗透结晶型防水材料的掺入提高了混凝土裂缝的修复能力。尽管内掺水泥基渗透结晶型防水材料混凝土的抗压强度恢复率随着水泥基渗透结晶型防水材料替代率的增加而增加，由于水泥基渗透结晶型防水材料替代率会影响第一次抗压强度，因此水泥基渗透结晶型防水材料对于混凝土裂缝的修复效果而言有一定适用范围，并不是越多越好。

混凝土试件在水泥基渗透结晶型防水材料、钢纤维及减水剂作用下的抗压强度试验结果如图8-8所示。当钢纤维含量为0%时，混凝土的第一次抗压强度、第二次抗压强度及抗压强度恢复率均小于存在钢纤维的混凝土，表明钢纤维能够提高混凝土的抗压强度并能提供混凝土的自修复功能。在钢纤维及减水剂的掺量和类型恒定时，试件分别加载至试件极限荷载的60%和80%产生裂缝并标准养护28 d后，试件的抗压强度恢复率呈现逐渐增大的变化趋势。当水泥基渗透结晶型防水材料的掺量为1%时，混凝土的第二次抗压强度及抗压强度恢复率较好。高效减水剂替代普通减水剂后尽管混凝土的第一次抗压强度较高，但抗压强度恢复率小于采用普通减水剂的试件。

综上所述，对比不同掺量的水泥基渗透结晶型防水材料、钢纤维及不同类型的减水剂可知，当钢纤维掺量为2%且水泥基渗透结晶型防水材料的掺量为1%时，混凝土的第一次抗压强度、第二次抗压强度及强度恢复率最优。

8.3.3 掺渗透结晶材料自修复混凝土修复前后的抗折性能

8.3.3.1 第一次抗折试验

对每组养护完成的混凝土试件取6个测得平均极限抗折强度（P_2），如图8-9所示，剩余试件分别加载60%P_2、40%P_2。试件加载完成后，通过裂缝观测仪观察裂缝处结晶体的微观形貌及损伤情况。

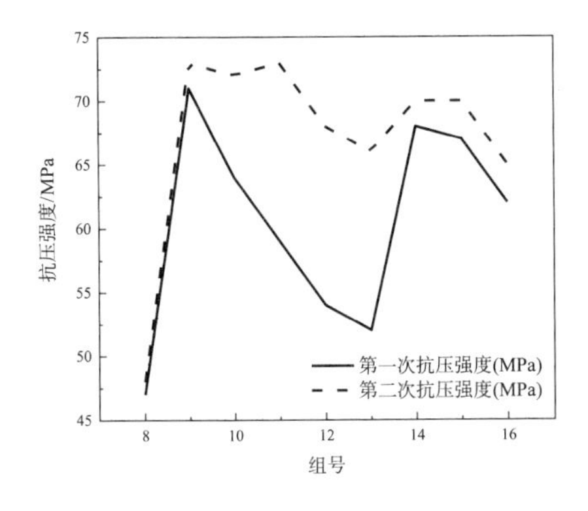

(a) 抗压强度（加载至试件极限荷载的 60%）

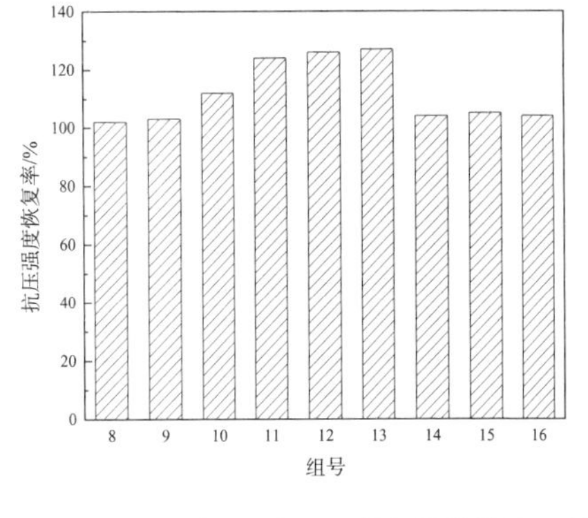

(b) 抗压强度恢复率（加载至试件极限荷载的 60%）

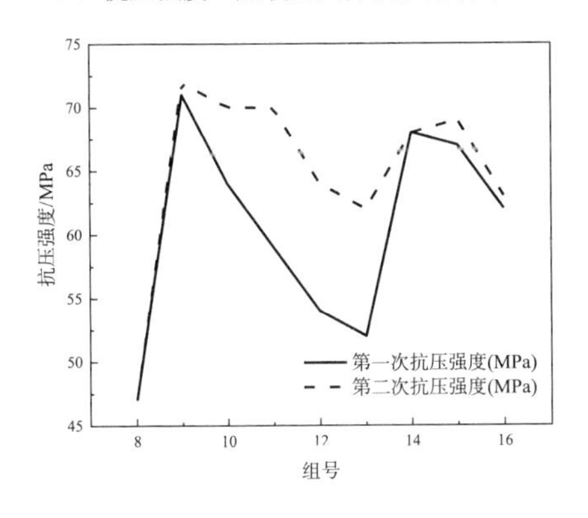

(c) 抗压强度（加载至试件极限荷载的 80%）

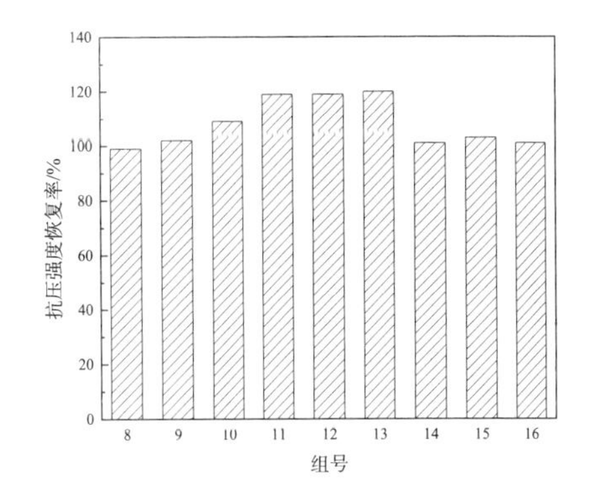

(d) 抗压强度恢复率（加载至试件极限荷载的 80%）

图 8-8　8～16 组试件的第二次抗压强度

图 8-9　抗折试验

混凝土试件在不同掺量水泥基渗透结晶型防水材料作用下的抗折强度如图 8-10 所示。随着 CCCW 掺量的增加，混凝土的抗折强度先减小后增大。添加水泥基渗透结晶型防水材料后混凝土的强度明显下降，但随着 CCCW 掺量的增加，抗折强度变化不明显。

混凝土试件在不同掺量水泥基渗透结晶型防水材料、钢纤维及不同类型的减水剂作用下的抗折强度如图 8-11 所示。相比于抗压强度，各材料对抗折强度的影响较小。掺入钢纤维后混凝土的抗折强度迅速提高，增长率超过 15%。随着 CCCW 掺量的增加，混凝土的抗折强度先减小后增大，但变化幅度随掺量逐渐减小。当减

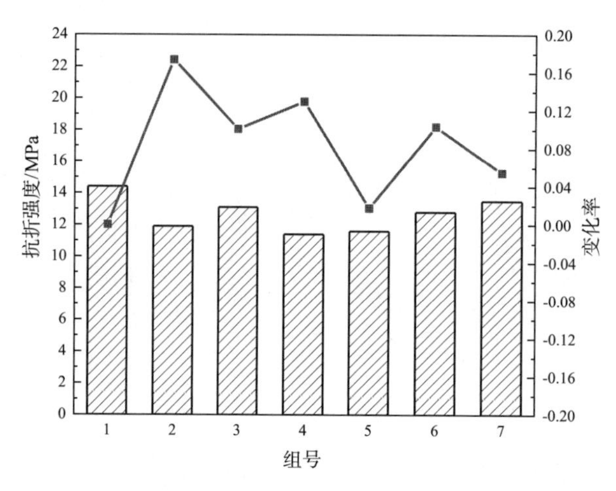

图 8-10　不同掺量水泥基渗透结晶型防水材料作用下的抗折强度

水剂由普通减水剂变为高效减水剂后，混凝土的抗折强度略微增加。

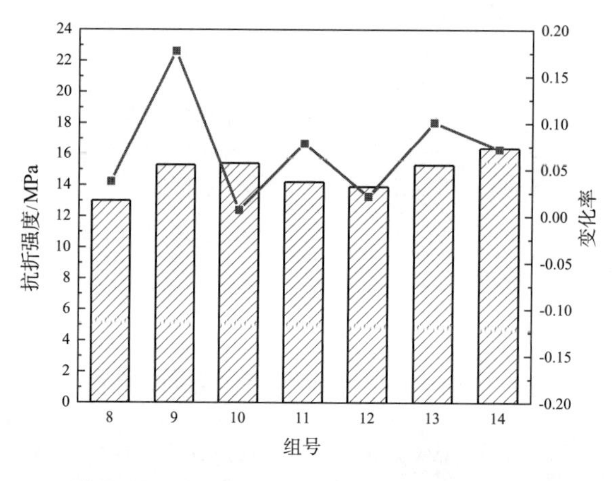

图 8-11　不同掺量水泥基渗透结晶型防水材料和钢纤维作用下的抗折强度

不同配合比下第一次抗折试验的所有结果如图 8-12 所示，钢纤维和 CCCW 共

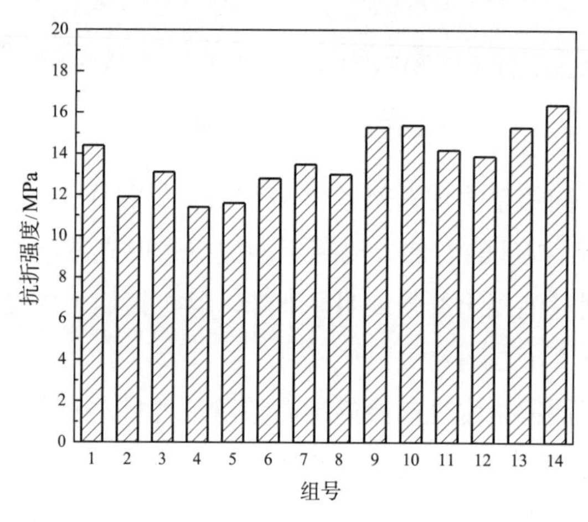

图 8-12　第一次抗折试验结果

同作用时混凝土的抗折强度较高，随着 CCCW 的增加，混凝土的抗折强度先减小后增大。水泥基渗透结晶型防水材料、钢纤维及减水剂会影响混凝土的抗折强度。

8.3.3.2　抗折试验后的裂缝发展

第一次抗折试验后裂缝的发展趋势及每组最大裂缝宽度如图 8-13 所示，当试验加载荷载为试件极限荷载的 40%时，裂缝的宽度较小。随着水泥基渗透结晶型防水材料替代率的增加，最大裂缝宽度逐渐增大。当试验加载荷载为试件极限荷载的 60%时，裂缝的宽度进一步增大，随着水泥基渗透结晶型防水材料替代率的增加，裂缝宽度先增大后减小。与抗压试验相似，由于试验环境的限制，每个试件的抗压强度存在一定的差异，第一次抗折试验后的裂缝宽度变化趋势不明显。

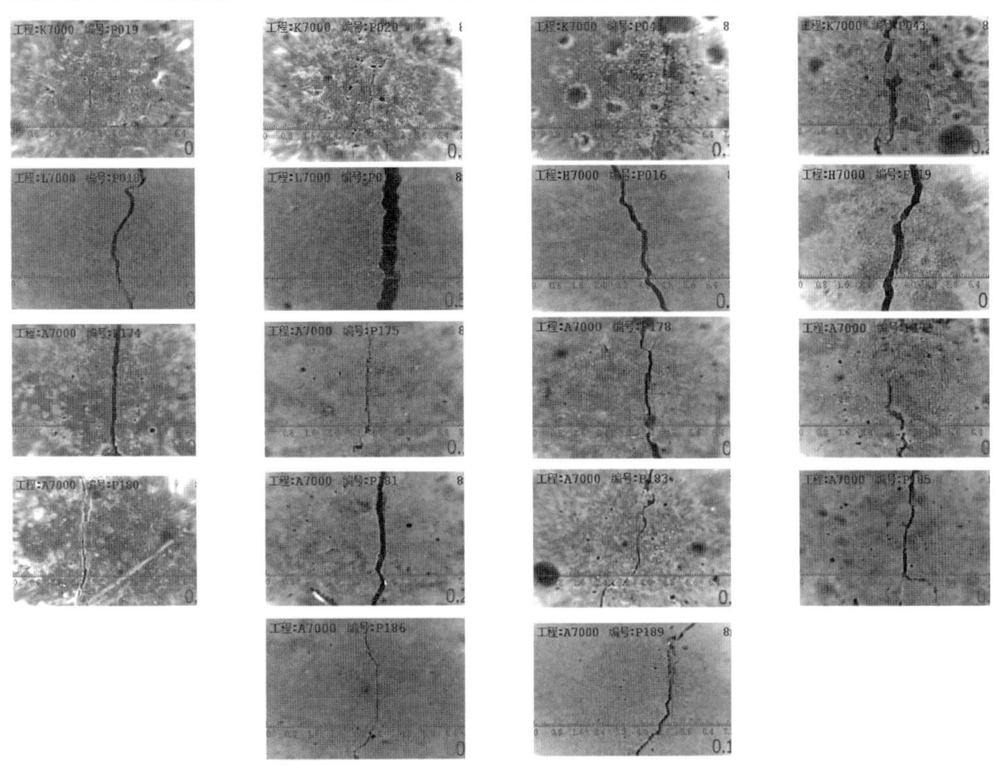

图 8-13　第一次抗折试验裂缝发展情况

抗折试验自修复后的裂缝宽度变化趋势如图 8-14 所示。当单独掺入水泥基渗透结晶型防水材料时，随着替代率的增加混凝土裂缝的自修复能力增加，当抗折试验的最大荷载为试件极限荷载的 40%时，混凝土的裂缝修复率最大可到 23%，替代率从 0%到 3%时，混凝土的裂缝修复率分别为 5%、13%、21%、21%、22%、23%及 23%。当加载的最大荷载为试件极限荷载的 60%时，混凝土的裂缝修复率最大可到 20%，替代率从 0%到 3%时，混凝土的裂缝修复率分别为 3%、10%、19%、18%、19%、19%及 20%。

与抗压试验的自修复效果相似，当钢纤维与水泥基渗透结晶型防水材料共同掺

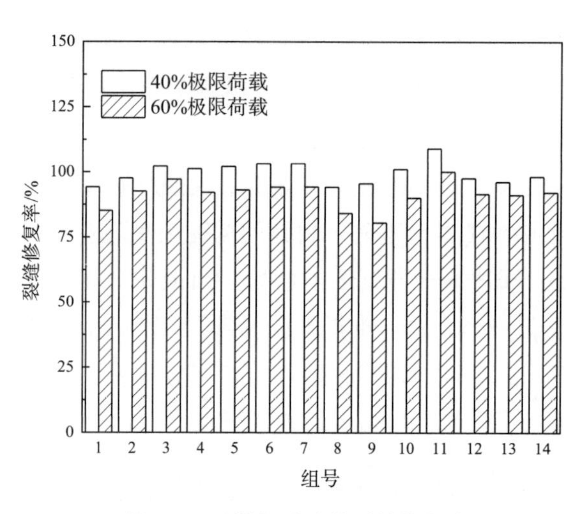

图 8－14　抗折试验的裂缝修复率

入时，裂缝修复率明显高于水泥基渗透结晶型防水材料单独掺入时的裂缝修复率。此时，随着水泥基渗透结晶型防水材料替代率的增加，裂缝修复率逐渐增加。当加载的最大荷载为试件极限荷载的 40％，钢纤维的掺入量不变，水泥基渗透结晶型防水材料的替代率从 0％到 2％时，混凝土的裂缝修复率分别为 15％、22％、29％、29％、29％及 31％。此时，高效减水剂及矿粉作用的试件的裂缝修复率为 23％、19％及 19％，表明高效减水剂及矿粉对裂缝的修复影响较小。当加载的最大荷载为试件极限荷载的 60％，钢纤维的掺入量不变，水泥基渗透结晶型防水材料的替代率从 0％到 2％时，混凝土的裂缝修复率分别为 11％、17％、22％、22％、25％。此时，高效减水剂及矿粉作用的试件的裂缝修复率为 19％、15％及 16％。

总之，与抗压试验的裂缝修复相似，当水泥基渗透结晶型防水材料的替代率为 0％～1％时，裂缝修复率随替代率的增加而增加，且该阶段增加迅速。水泥基渗透结晶型防水材料能够显著提高抗压试件的裂缝修复率。

8.3.3.3　自修复后的抗折试验

内掺不同掺量水泥基渗透结晶型防水材料、钢纤维及不同类型的减水剂的混凝土试件在试件成型后进行标准养护 28 d，通过抗折强度试验得到其第一次抗折强度，然后对其他试件分别加载至试件极限荷载的 40％和 60％制造裂缝并重新标准养护 28 d，再次进行抗折强度试验得到第二次抗折强度。

混凝土试件 1～7 组在不同掺量水泥基渗透结晶型防水材料作用下的抗压强度试验结果如图 8－15 所示。当试件分别加载至试件极限荷载的 40％和 60％产生裂缝并标准养护 28 d 后，抗折强度恢复率先增加后减小。未掺水泥基渗透结晶型防水材料的混凝土试件其第一次抗折强度较高，对各组试件分别加载至试件极限荷载的 60％制造裂缝且标准养护 28 d 后，测得该试件的第二次抗折强度，由试验结果可知，第二次抗折强度仅达到第一次抗折强度的 94.2％，其修复效果均低于其他各掺量的试样结果，表明水泥基渗透结晶型防水材料的掺入提高了混凝土裂缝的修复能力。同时，由于第一次抗折试验试件加载至试件极限荷载的 40%后，试件的裂缝较少且裂缝宽度较窄，因此对养护后第二次抗折强度的影响较小。第二次抗折强度变化规律与抗压强度变化规律相似，随着水泥基渗透结晶型防水材料掺量的增加，强度恢复率逐渐增大。当水泥基渗透结晶型防水材料的掺量为 1%时，抗折强度恢复率最大。

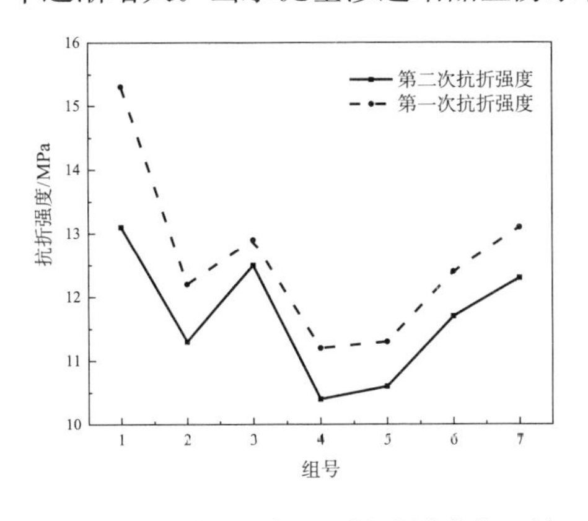

(a) 抗折强度（加载至试件极限荷载的 40%）

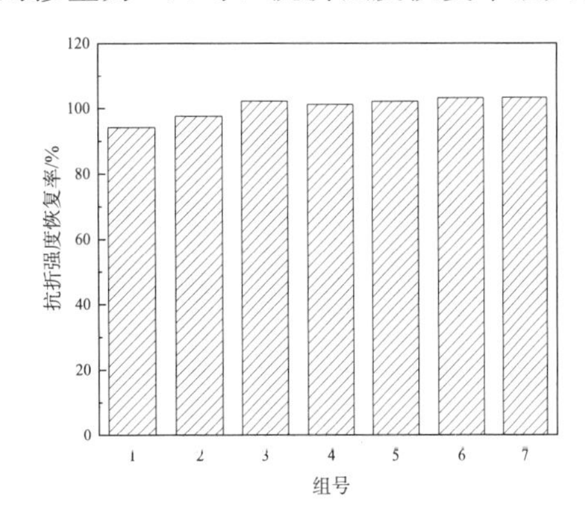

(b) 抗折强度恢复率（加载至试件极限荷载的 40%）

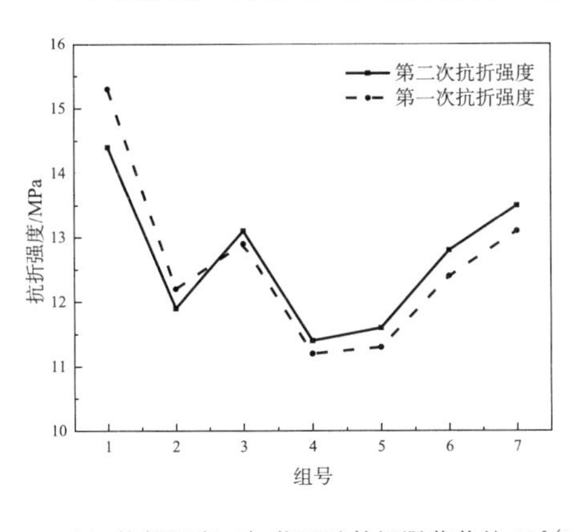

(c) 抗折强度（加载至试件极限荷载的 60%）

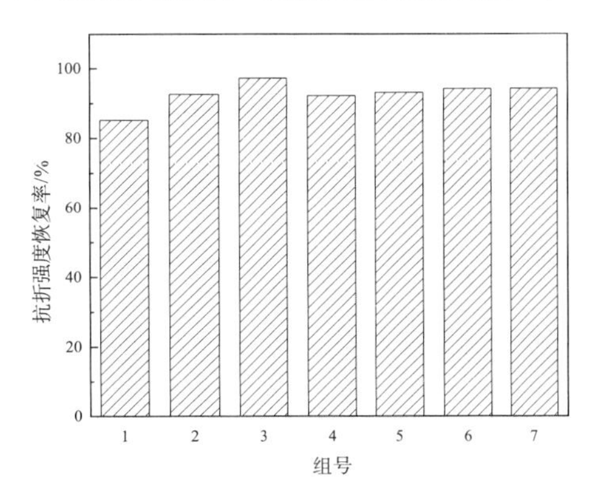

(d) 抗折强度恢复率（加载至试件极限荷载的 60%）

图 8-15 1～7 组试件的第二次抗折强度

混凝土试件在水泥基渗透结晶型防水材料、钢纤维及减水剂作用下的抗折强度恢复率如图 8-16 所示。相似的是，当钢纤维含量为 0%时混凝土的抗折强度及强度恢复率均小于存在钢纤维的混凝土，表明钢纤维能够提高混凝土的抗折强度并能提供混凝土的自修复功能。在钢纤维及减水剂的掺量和类型恒定时，试件分别加载至试件极限荷载的 40%和 60%产生裂缝并进行自修复后，试件的抗折强度恢复率呈现先增大后减小的变化趋势。当水泥基渗透结晶型防水材料的掺量为 1%时混凝土的抗折强度恢复率较好。高效减水剂对抗折强度存在一定影响，但强度恢复率影响较小。

总之，当水泥基渗透结晶型防水材料的替代率为 0%～1%时，裂缝修复率随替代率的增加而快速增加，当水泥基渗透结晶型防水材料的替代率为 1%～2%时，尽管裂缝修复率增加，但增加速率减慢甚至不变。

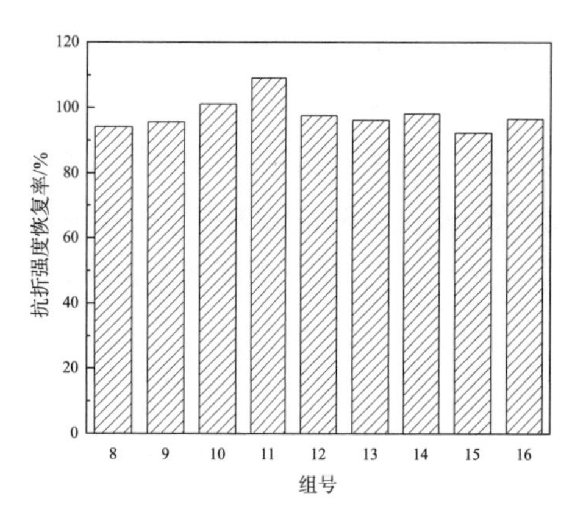

(a) 抗折强度恢复率（加载至试件极限荷载的40%）

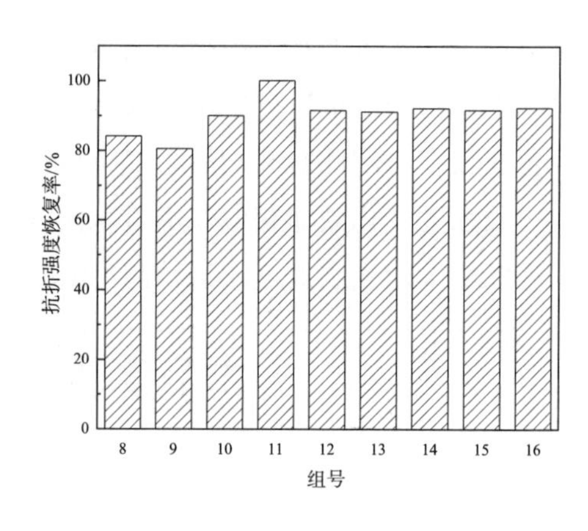

(b) 抗折强度恢复率（加载至试件极限荷载的40%）

图8-16 8～16组试件的第二次抗折强度

8.4 掺渗透结晶材料自修复混凝土的耐久性能

8.4.1 掺渗透结晶材料自修复混凝土的抗冻融性能

混凝土的动弹性模量在环境作用下的变化可以用来反映混凝土内部的劣化情况。动弹性模量主要依靠超声波对其进行测量。当超声波在混凝土内部进行传播时，如果遇到内部孔洞和裂缝等缺陷，超声波将会绕过缺陷，致使超声波传播路径增加，进一步导致超声波传播时间增加。混凝土的抗冻性能研究主要记录混凝土在不同冻融循环后的动弹性模量及质量的变化。试验过程中记录了不同循环次数下的材料的动弹性模量及质量。

根据规范《普通混凝土长期性能和耐久性能试验方法标准》（GB/T 50082—2009）的针对快冻法的相关规定，混凝土的抗冻等级以相对动弹性模量降低至60%以上（或质量损伤小于5%）时的最大冻融次数进行确定。

如图8-17所示，不同自修复混凝土的相对动弹性模量整体呈下降趋势，表明随着冻融次数的增加，混凝土内部出现损伤。对于相对动弹性模量来说，不同配合比的动弹性模量在前150次冻融循环下降较少，150次冻融循环后动弹性模量降低较快，但在200次冻融循环后各试件的相对动弹性模量依旧大于60%，表明试件的抗冻性能较好。随着水泥基渗透结晶型防水材料替代率的增加，试件的相对动弹性模量上升，但相比于控制组增加幅度较少，表明水泥基渗透结晶型防水材料会增加抗冻融性能。当水泥基渗透结晶型防水材料的替代率由0%增加到1%时，200次冻融循环时的相对动弹性模量增加较快；当水泥基渗透结晶型防水材料的替代率超过1%时，增加速率降低。当钢纤维与水泥基渗透结晶型防水材料共同作用时，试件的相对动弹性模量增加。对比胶凝材料的影响可知，硅灰、粉煤灰及矿粉会对动弹性模量产生一定的影响，但影响较小。尽管硅灰、钢纤维及水泥基渗透结晶型防水材料会影响试件的最终动弹性模量，但所有试件的动弹性模量变化趋势未发生明显改变。

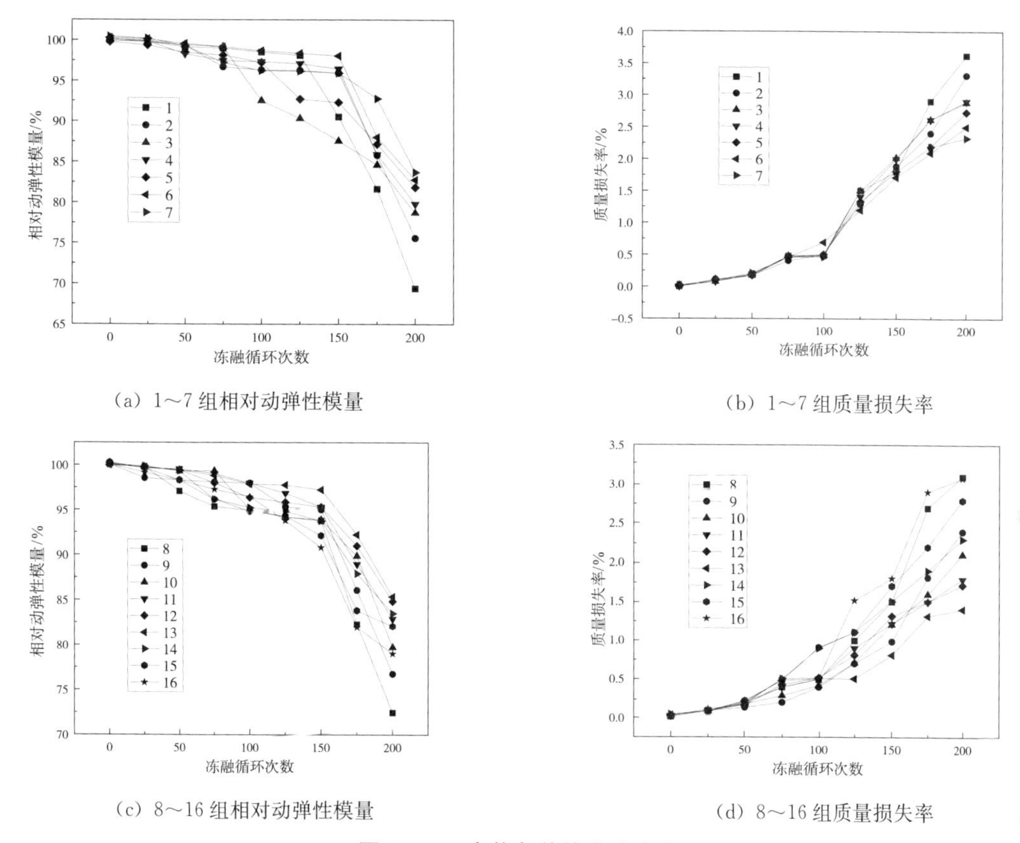

(a) 1～7 组相对动弹性模量　　(b) 1～7 组质量损失率

(c) 8～16 组相对动弹性模量　　(d) 8～16 组质量损失率

图 8－17　自修复前的冻融试验

对于试件的质量变化情况，不同配合比的质量损失率在前 100 次冻融循环时未发生明显变化，质量损失较少，此时所有试件的质量损失率小于 1%。当冻融循环次数超过 100 次后试件的质量损失速率增加，但 200 次冻融循环后各试件的质量损失率依旧小于 5%。随着水泥基渗透结晶型防水材料替代率的增加，试件的质量损失率减小，但相比于控制组减低幅度较低。当钢纤维与水泥基渗透结晶型防水材料共同作用时，试件的质量损失率减小。对比胶凝材料的影响可知，硅灰、粉煤灰及矿粉会对质量损失率产生一定的影响，但影响较小。尽管硅灰、钢纤维及水泥基渗透结晶型防水材料会影响试件的质量，但所有试件的动弹性模量变化趋势未发生明显改变。

自修复混凝土的动弹性模量和质量损失率如图 8－18 所示，由于试件初始存在损伤，因此混凝土的动弹性模量变化趋势与未发生损伤的混凝土的变化趋势不同，试件在前 150 次冻融循环时，相对动弹性模量的降低速率高于未发生损伤的混凝土。此时，试件的相对动弹性模量的降低速率是随冻融循环次数增加逐渐增加的。与动弹性模量相似，由于存在初始裂缝，试件的质量损失率在初期就存在。

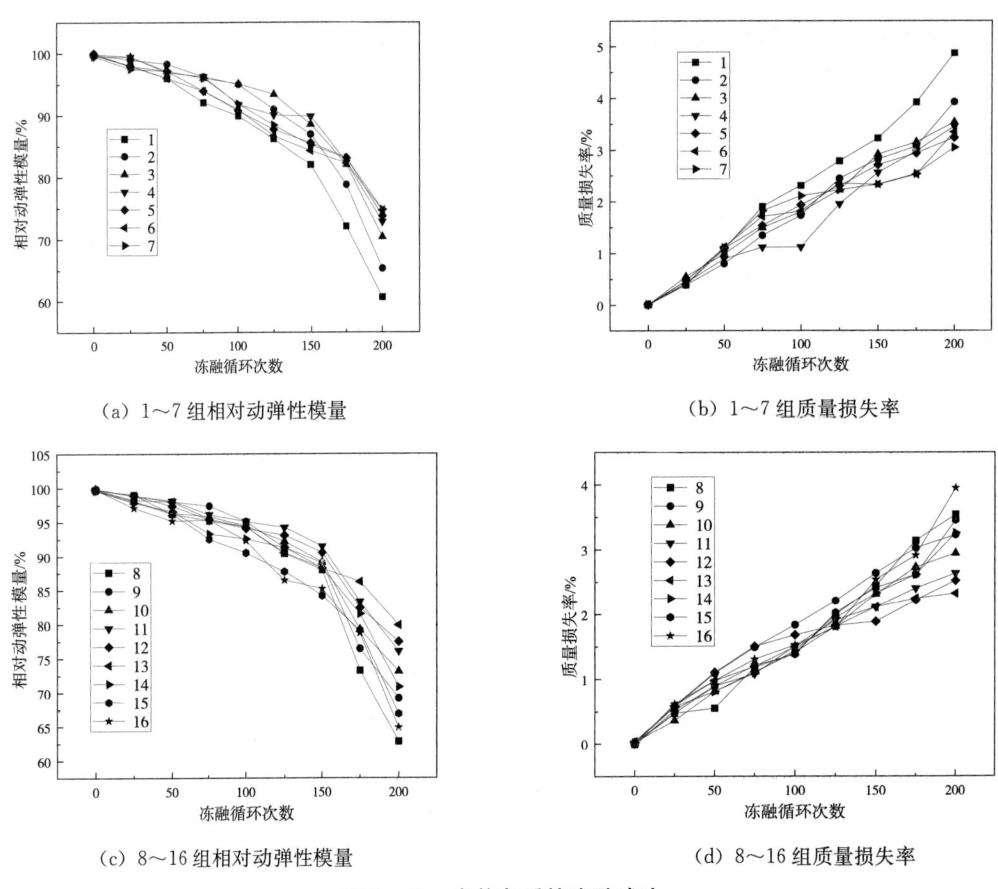

(a) 1～7 组相对动弹性模量　　(b) 1～7 组质量损失率

(c) 8～16 组相对动弹性模量　　(d) 8～16 组质量损失率

图 8－18　自修复后的冻融试验

与未损伤试件相比，试件在 200 次冻融循环后的质量及动弹性模量均较低，表明初始裂缝会影响结构的抗冻融性能，此时损伤试件的相对动弹性模量随水泥基渗透结晶型防水材料替代率的增加而增加，其原因可能是由于水泥基渗透结晶型防水材料对混凝土裂缝的自修复功能使得混凝土的内部损伤程度降低。与水泥基渗透结晶型防水材料单掺相比，钢纤维加入后的试件在损伤前与损伤后试件的动弹性模量较高。因此，钢纤维掺量为 2%、水泥基渗透结晶型防水材料为 1%时，混凝土的损伤前与损伤后的综合抗冻性能最优。

8.4.2　掺渗透结晶材料自修复混凝土的抗渗性

采用逐级加压法对不同掺量的水泥基渗透结晶型防水材料及钢纤维的混凝土试件进行抗渗试验后，养护 28 d 再次进行抗渗试验，试验结果如图 8－19 所示。由于钢纤维、硅灰及水泥基渗透结晶型防水材料均能提高自修复混凝土的抗渗等级，且洞库结构的抗渗性能要求较高，因此需要钢纤维、硅灰及水泥基渗透结晶型防水材料的共同作用，混凝土的抗渗性能才能满足要求。当混凝土中存在硅灰和钢纤维后，混凝土的第一次抗渗等级得到了明显的提高，此时添加渗透结晶材料后，混凝土的第一次抗渗等级未发生改变。高效减水剂与普通减水剂相比，混凝土的抗渗等级未发生明显改变，可知采用的减水剂类型对混凝土的抗渗性能影响较小。对比硅灰、粉煤灰及矿粉可知，硅灰会明显提高混凝土的抗渗性能。另外，对比第一次和第二次的抗渗等级，两者基本相同，说明自修复材料对抗渗性能的影响可以忽略。综上所述，当钢纤维掺量为2%，硅灰掺量为10%时，混凝土的抗渗性能最优。

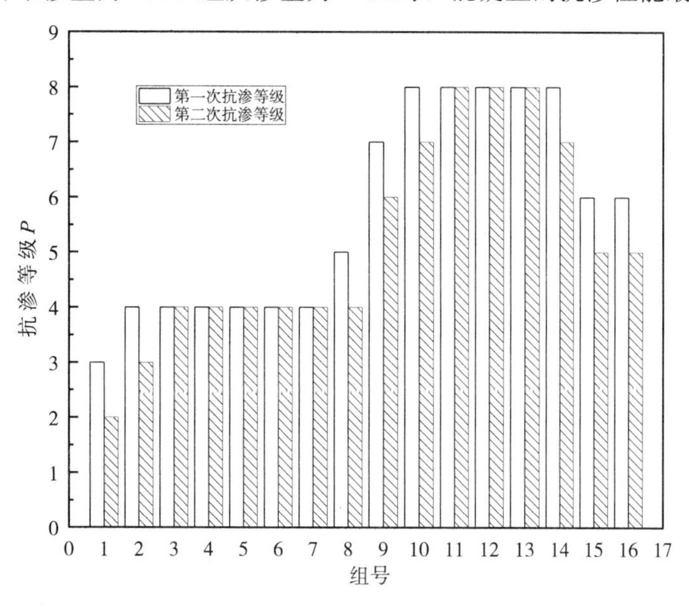

图8-19 抗渗试验及结果

8.5 掺渗透结晶材料自修复混凝土环保可持续性评价

混凝土作为建筑领域使用最多的建筑材料，广泛存在于人们的生活之中。水泥的生产不仅会消耗大量的能源，同时还会向大气层内排放大量的二氧化碳。从可持续发展的角度出发，提高混凝土结构的耐久性、延长其服役寿命是最佳的节能环保措施。但是裂缝的产生使得各种腐蚀性物质进入混凝土内部，使结构遭受破坏，耐久性降低，目前，科学工作者越来越重视在不借助外力时，混凝土能够自动修复裂缝。自修复混凝土的施工工艺一般都较为复杂，造价较高。其中纤维增强混凝土和掺渗透结晶材料自修复混凝土具有一定的自修复效果，施工工艺较为简单，造价相对于其他方法较低，比较适合在施工中推广应用。

另外，CCCW是一种无机防水材料，是由硅酸盐水泥、活性硅和一定量的特殊活性化学物质等组成的混合物，作为掺渗透结晶材料自修复混凝土的外加剂无毒、无污染，操作方便，可在水溶液中发生反应，在渗透结晶过程中不会产生任何有毒物质，不会有任何有毒气体产生，甚至可以在饮用水工程中应用。

纤维增强混凝土中掺加的纤维，可以使用废旧轮胎中回收的混杂纤维，可减少修补或拆除的浪费，减少环境污染，同时加强废物回收，可避免产生过多的建筑垃圾。通过大量利用优质的工业废物和矿石，可减少自然资源和能源的消耗，减少对环境的污染。

8.6 小结

本章综合自修复混凝土的力学性能、耐久性能、自修复性能试验，以具备良好抗渗性能及自修复性能的混凝土组为主要研究目标，优选自修复混凝土的配合比，分析了钢纤维、水泥基渗透结晶型防水材料、硅灰、粉煤灰及矿粉对混凝土的影响。

在工作性能上，当水泥基渗透结晶型防水材料单独替代水泥时，水泥基渗透结晶型防水材料的替代率对自修复混凝土的影响较小；当纤维和水泥基渗透结晶型防水材料共同添加在混凝土中时，混凝土的坍落度随着水泥基渗透结晶型防水材料替代率的增加，呈下降趋势，但变化较小。总之，本章所采用的配合比在工作性能表现上均满足要求。

在力学性能上，初始抗压性能随着水泥基渗透结晶型防水材料替代率的增加而减小，抗压性能随着水泥基渗透结晶型防水材料替代率的增加先减小后增大。硅灰、粉煤灰及矿粉对初始力学性能的影响较小，钢纤维会明显提高混凝土的抗压性能与抗折性能。对于抗压强度和抗折强度恢复率，随着水泥基渗透结晶型防水材料替代率的增加，试件的强度恢复率增加，且替代率为0%～1%时，强度恢复率增加明显。钢纤维会明显提高试件的强度恢复率。在裂缝修复率上，抗压试验与抗折试验的裂缝修复情况与强度恢复率变化趋势相似，纤维、水泥基渗透结晶型防水材料及硅灰均会提高裂缝的自修复能力。总之，对于强度恢复率，本章提出的配合比均高于80%，满足要求，同时综合考虑初始力学性能、自修复后的力学性能及裂缝恢复情况可知，第11组，即钢纤维的掺量为2%、硅灰替代率为10%及水泥基渗透结晶型防水材料替代率为1%时，自修复混凝土的力学性能最优，此时针对两种不同预损混凝土的抗压强度恢复率和抗折强度恢复率分别为124%、119%和109.1%、100.1%。

对于第一次抗冻性能，水泥基渗透结晶型防水材料、钢纤维及硅灰均能提高混凝土的抗冻性能。随着水泥基渗透结晶型防水材料替代率的增加，混凝土的初始抗冻融性能逐渐增加，当替代率为0%～1%时，增加速率较快，但整体增加幅度较低，当冻融循环次数超过200次后，各配合比的混凝土的动弹性模量及质量均满足规范要求。对于出现损伤后的抗冻性能，随着水泥基渗透结晶型防水材料替代率的增加，由于混凝土的裂缝具有自修复性能，混凝土的裂缝得到一定的修复，在损伤的情况下混凝土的抗冻性能随水泥基渗透结晶型防水材料替代率的增加而增加，当冻融循环次数超过200次后，各配合比的混凝土的动弹性模量及质量均满足规范要求。综合考虑损伤前与损伤后的抗冻性能，钢纤维的掺量为2%、硅灰替代率为10%及水泥基渗透结晶型防水材料替代率为1%时，自修复混凝土的抗冻性能最优。

在抗渗性能上，当混凝土中存在硅灰和钢纤维后，混凝土的第一次抗渗等级得到了明显的提高，此时添加水泥基渗透结晶型防水材料后，混凝土的第一次抗渗等级未发生改变，由于洞库结构的抗渗性能要求较高，因此只有当钢纤维、硅灰及水泥基渗透结晶型防水材料共同作用时，自修复混凝土的抗渗性能才能满足要求，此时抗渗等级为P8。与此同时，通过锈蚀试验可知，水泥基渗透结晶型防水材料提高了混凝土密实性，降低了孔隙率，增强了混凝土的抗侵蚀性能，进而降低了钢筋的锈蚀率。

综上所述，通过调查混凝土的工作性能、初始力学性能、自修复后的力学性能和耐久性能可知，当胶凝材料为硅灰且替代率为10%、钢纤维的掺量为2%、水泥基渗透结晶型防水材料的掺量为1%时，自修复混凝土的性能较好，此时混凝土的强度恢复率均为100%以上，抗渗等级为P8，满足抗渗要求，在冻融循环次数200次时未发生明显损坏，满足抗冻融需求。

参考文献

[1] AIT-MOKHTAR A, BELARBI R, BENBOUDJEMA F, et al. Experimental investigation of the variability of concrete durability properties [J]. Cement and Concrete Research, 2013, 45 (0): 21-36.

[2] 邢锋，王卫仑，董必钦，等. 混凝土结构耐久性设计与应用 [M]. 北京：中国建筑工业出版社，2011：1-19.

[3] EMMONS P, SORDYL D. The state of the concrete repair industry, and a vision for its future [J]. Concrete Repair Bulletin, 2006, 19 (4): 7-14.

[4] HUANG H, YE G, PEL L. New insights into autogenous self-healing in cement paste based on nuclear magnetic resonance (NMR) tests [J]. Materials & Structures, 2016, 49 (7): 2509.

[5] 刘素瑞，杨久俊，王战忠，等. 碳酸钠溶液环境下混凝土自愈合性能研究 [J]. 混凝土与水泥制品，2015 (6)：1-5.

[6] MUHAMMAD N Z, SHAFAGHAT A, KEYVANFAR A, et al. Tests and methods of evaluating the self-healing efficiency of concrete: A review [J]. Construction & Building Materials, 2016, 112: 1123.

[7] 陈佳宁，刘凤东，王冬梅，等. 纤维增强混凝土自修复性能的研究现状 [J]. 山西建筑，2018，44 (2)：108-110.

[8] HANNANT D J, KEER J G. Autogenous healing of thin cement based sheets [J]. Cement and Concrete Research, 1983, 13 (3): 357-365.

[9] GRAY D J. Autogenous healing of fiber/matrix interfacial bond in fiber-reinforced mortar [J]. Cement and Concrete Research，1984，14 (3)：315 - 317.

[10] ABRAMS A. Autogenous healing of concrete [J]. Concrete，1925 (10)：50.

[11] HOMMA D，MIHASHI H，NISHIWAKI T. Self-healing capability of fiber reinforced cementitious composites [J]. Journal of Advanced Concrete Technology，2009，7 (2)：217 -228.

[12] SNOECK D，BELIE N. Mechanical and self-healing properties of cementitious composites reinforced with flax and cottonised flax，and compared with polyvinyl alcohol fibres [J]. Biosystems Engineering，2012，111 (4)：325 - 335.

[13] HERBERT E N，LI V C. Self-healing of engineered cementitious composites in the natural environment [J]. Rilem Bookseries，2012，2 (8)：155 - 162.

[14] FERRARA L，GEMINIANI M，GORLEZZA R，et al. Autogeneous self healing of high performance fibre reinforced cementitious composites [D]. Stuttgart，Germany：University of Stuttgart，2015：71 - 78.

[15] 赵宝辉，邹建龙，刘爱萍，等. 水泥基材料微裂缝自修复技术研究进展 [J]. 钻井液与完井液，2011，28 (增刊1)：59 - 62，87.

[16] 杨振杰，齐斌，刘阿妮，等. 水泥基材料微裂缝自修复机理研究进展 [J]. 石油钻探技术，2009，37 (3)：124 - 128.

[17] 水泥基渗透结晶型防水材料：GB 18445—2012 [S]. 北京：中国标准出版社，2012.

[18] 匡亚川，欧进萍. 混凝土的渗透结晶自修复试验与研究 [J]. 铁道科学与工程学报，2008 (1)：6 - 10.

[19] SISOMPHON K，COPUROGLU O，KOENDERS E A B. Self-healing of surface cracks in mortars with expansive additive and crystalline additive [J]. Cement & Concrete Composites，2012，34 (4)：566 - 574.

[20] SISOMPHON K，COPUROGLU O，KOENDERS E A B. Effect of exposure conditions on self-healing behavior of strain hardening cementitious composites incorporating various cementitious materials [J]. Construction and Building Materials，2013，42：217 - 224.

[21] FERRARA L，KRELANI V，MORETTI F. On the use of crystalline admixtures in cement based construction materials：from porosity reducers to promoters of self healing [J]. Smart Materials and Structures，2016，25 (8)：084002.

[22] JO B W，SIKANDAR M A，BALOCH Z，et al. Effect of incorporation of self healing admixture (SHA) on physical and mechanical properties of mortars [J]. Journal of Ceramic Processing Research，2015，16 (1)：138 - 143.

[23] LI V C，YUN M L，CHAN Y W. Feasibility study of a passive smart self-healing cementitious composite [J]. Composites Part B，1998，29 (6)：819 - 827.

[24] YANG Y Z，LEPECH M D，LI V C. Self-healing of engineered cementitious composites uder cyclic wetting and drying [J]. Cement and Concrete Research，2009，39 (5)：382 - 390.

[25] WANG H. Study on water absorption and strength of cement base material under permeable crystallization reaction [J]. Chemical Engineering Transactions, 2018, 66: 247 - 252.
[26] FERRARA L, KRELANI V, CARSANA M. A "fracture testing" based approach to assess crack healing of concrete with and without crystalline admixtures [J]. Construction & Building Materials, 2014, 68: 535 - 551.

第 9 章　定向钢纤维混凝土

9.1　引言

9.1.1　定向钢纤维混凝土的成分与特点

目前，在常规的钢纤维混凝土中，钢纤维是乱向分布的，即在充分振捣后，钢纤维的方向是不确定的，且可能分布在混凝土的任何位置，同时，混凝土本身是一种各向同性材料，各个方向的物理、化学性质大致相同，因此，二者充分拌合后的混合物也可视作各向同性材料。不过，在工程实际中，对混凝土各方向的需求往往不是一致的，以最简单的梁试件为例，在施加外荷载后，其下部对受拉性能要求更高，而上部对受压性能要求更高，当试件下部产生裂缝时，相比较于开裂面垂直于纤维截面的情况，当开裂面与纤维截面平行时，纤维的受拉性能发挥得更充分，试件承载力的提高更显著。

钢纤维作为一种材料，不可避免存在一些缺点，如易结团、和易性差、泵送难、易锈蚀等问题，并且由于钢纤维和其他混凝土组分材料的密度不同，在振捣时钢纤维难以分布均匀，更难以控制方向。因此，如何充分发挥材料的性能，是一个需要研究和探讨的问题。

定向钢纤维混凝土，就是在这种情况下应运而生的。不同于普通钢纤维混凝土，定向钢纤维混凝土中纤维的分布情况是可控的，对于受弯构件，当跨中或其他部位出现裂缝时，更多跨越裂缝的钢纤维有助于延缓裂缝的开展，提高构件的安全性和耐久性，并且相较于钢筋，钢纤维的比表面积更大，与混凝土接触更充分，有利于纤维材料与混凝土的协调变形和共同工作。

9.1.2 定向钢纤维混凝土的来源与用途

随着社会的快速发展，超高层建筑和远距离泵送的情况越来越多，大跨度的桥梁也不再罕见，各类工程建筑不仅需要满足安全性和可靠性的要求，还需要提高耐久性。这种巨大的需求，促使海内外的专家学者投入其中进行研究，钢纤维混凝土也因此应运而生。

通常情况下，钢纤维是乱向分布的，钢纤维混凝土属于各向同性材料，然而在工程实践中，对于构件各个方向的要求却往往是不一样的，如对于受弯构件，其受力特点通常是“上部受压，下部受拉”，正是因为这些特点，定向钢纤维混凝土才得到人们的重视。

相较于普通混凝土，钢纤维混凝土具有很多更加优良的工程性质，其抗拉性能有明显提高，脆性缺陷得到一定程度的改善，变形性能也有所提高，因此，当试件受外荷载作用时，钢纤维和混凝土能够共同工作、协调变形[1]，可以有效抑制裂缝的开展和加深。当基体开裂时，钢纤维将承受几乎全部负荷，应力通过纤维传递得以重新分布，有利于形成许多细小、大致等距的微观裂缝，从而可以改善复合材料的力学性能。

得益于出色的性能，钢纤维混凝土的应用范围越来越广，遍及道路、桥梁、房屋、隧道等诸多工程领域。钢纤维混凝土在国内外都有广泛应用，关于钢纤维混凝土盾构管片，美国混凝土协会（ACI）544 协会在 20 世纪 80 年代末制定了《钢纤维混凝土试验方法》，我国现有的规范有《预制混凝土衬砌管片》（GB/T 22082—2017）、《盾构法隧道施工及验收规范》（GB 50446—2017）等（表 9-1）。

表 9-1 钢纤维混凝土盾构管片的应用实例

工程名称	隧道类型	国家	长度/m	钢纤维含量/(kg/m³)	钢纤维型号	厚度/cm
METROSUD NAPELS	地铁隧洞	意大利	2 600	40	—	30
METRO	地铁隧洞	法国	1 500	60	ZC 30/50	40
EOLE	地铁隧洞	法国	1 000	30	ZC 60/80	35
ESSEN	地铁隧洞	德国	2 400	60	ZC 50/60	40
JUBILEE	地铁隧洞	英国	2 000	—	—	30
SECOND HEINENOO-RDTUNNEL	公路隧道	荷兰	2 200	—	—	—

表 9-1（续）

工程名称	隧道类型	国家	长度/m	钢纤维含量/(kg/m³)	钢纤维型号	厚度/cm
SIGAR LAKE TUNNEL	—	加拿大	800	50	RC 80/60BN	30
BRIGHTWATER SEWER TUNNEL	—	美国	3 200	35	RC 80/60BN	25

9.1.3 定向钢纤维混凝土的研究现状

为了减小混凝土材料本身的弊端，提高工作性能，20 世纪初，苏联专家 B. П. Hekpocab 开始研究金属纤维混凝土，此后，美、英、法、德等国陆续加入其中，直到现在，人们对于钢纤维混凝土的研究依旧在推进。Pathan[2] 发现，当钢纤维体积含量达到一定数值时，混凝土的承载能力和扭曲角都会有一定的提高，开裂扭矩也会明显改观，受扭时产生的裂缝间距和尺寸会减小，构件的变形能力大大提高。

Irem Sanal[3] 开展了有关钢纤维混凝土抗弯性能和剪切跨度与深度之比（a/d）的研究，用实验和数据证明了 a/d 对钢纤维混凝土梁不同破坏行为的重要影响。Liu 等[4] 学者通过对不同纤维体积比的梁施加不同加载速率的四点弯曲试验，研究了早期钢纤维混凝土在弯曲过程中发生的应力变化。此外，Shubin 等[5] 还开展了针对钢纤维混凝土耐火性能的研究，发现具有高强度水泥-砂基质的钢纤维混凝土的热物理特性取决于纤维含量，热流值、导热系数和热扩散系数都会随着钢纤维体积的增加而降低。Silva 等[6] 证明了基于阻抗的结构健康监测方法可以运用于检测钢纤维混凝土的结构损伤。Surianinov[7] 通过对比钢筋混凝土和钢纤维混凝土两种材料制成的板件的力学性能，发现钢纤维混凝土板件的承载能力和抗裂能力更优，且可以避免发生脆性断裂。Youssari[8] 通过试验研究，证明了钢纤维混凝土在遭受化学侵蚀后，其性能依旧优于普通混凝土。

尽管国内有关钢纤维混凝土的研究开展得相对较晚，但我国逐渐重视钢纤维混凝土的研究和推广，研究人员也取得了不少成果。卿龙邦通过实验，研究了钢纤维对混凝土抗裂特性的影响[9]，其可作为衡量混凝土抵抗裂缝开展的重要指标；张仓通过控制不同钢纤维掺量，对比分析了钢纤维掺量对混凝土力学性能的影响，并由此得出性能最佳的钢纤维添加体积率[10]。随着国内桥梁建设得如火如荼，新材料不断运用其中，钢纤维混凝土也包含在内，马伟[11] 在现浇预应力混凝土桥梁的施工过程中，掺入钢纤维以改善其性能，效果显著。由于钢纤维混凝土存在一些问题，如泵送差、难均匀、和易性差等，所以学者们又提出了钢纤维自密实大流态混凝土，其具有良好的流动性和抗离析能力，能够切实解决实际问题。

乱向混杂的钢纤维会限制其增强效率，甚至降低界面的黏结作用，如果纤维的方向和构件的受拉方向保持一致，则能更充分地发挥钢纤维的增强作用。

近年来，在定向钢纤维混凝土方面做了大量的研究。为了实现钢纤维的定向，最早研究的学者是通过改变浇筑方法实现的[12,13]。随着定向技术的不断完善，对于定向钢纤维混凝土的研究也越来越多。Myoung[14]提出了一种根据纤维取向分布预测纤维增强混凝土行为的改进分析模型。Cao[15]系统地研究了在不同倾角下嵌入超高性能纤维增强混凝土基体中纤维的抗拉性能。魏积义[16]基于试验定量地得出钢纤维在混凝土中不同的定向增强效果。慕儒[17-19]通过恒定磁场控制混凝土拌合物中的钢纤维方向，制备出单向分布钢纤维混凝土，对其力学性能进行了试验分析，并通过 X-CT 扫描原位测试分析了定向钢纤维混凝土中钢纤维的分布。刘博雄[20]、王泽东[21]、魏栾苏[22]和葛志明[23]等分别对定向钢纤维增强水泥基复合材料的断裂特性、剪切与劈拉性能、弯曲疲劳性能以及轴拉力学性能进行了研究。喻渴来[24]将试验与数值模拟结合，验证了数值模拟的准确性，对其复合材料断裂机制进行了深入研究。由此可见，对于新型建筑材料钢纤维混凝土的研究正日趋完善。

验证定向钢纤维混凝土的定向效果，检测混凝土中钢纤维的分布情况，采用合适的方法对其进行检测，这对分析定向钢纤维混凝土的性能具有重要意义。

传统方法是采用破坏性试验将截面钢纤维暴露出来，运用人工的方式，对其根数和取向进行统计[25]。随着科技的进步，非破坏性检测方法也随之出现，李长风[26]运用交流阻抗谱法对钢纤维混凝土内部纤维分布进行了深入研究。利用钢纤维的导磁性，将 C 形磁体探针放置在 SFRC 试件表面，利用从中产生的磁场，可以迅速且非破坏性地定量把握试验区域内的钢纤维分布[27]。Van 等[28]提议利用钢纤维的导电性和混凝土的绝缘性，用开放型同轴探针测量钢纤维混凝土的有效介电常数，观察基体中钢纤维的空间分布。此种方法可用于检测钢纤维是否成团，但不能检测其分布方向。运用电阻率测量的方法可快速、方便测量任意几何形状的构件，可用于工程现场检测，判断钢纤维的空间分布情况，但对钢纤维结团现象不能进行量化。不同材料，有着不同的介质电磁性，通过观察介质电磁场随空间分布的规律，可间接反映其空间分布特征[29]。

9.2 定向钢纤维混凝土的制备方法及试验方案

大流态混凝土（Large flow concrete）是指以适量流化剂作为外加剂，流动性明显增加、方便浇筑、免于振捣的混凝土拌合物。对于定向钢纤维混凝土，混凝土的新拌性能是影响纤维定向效果的重要因素之一，因此，其优异的流动性能可以显著提高钢纤维的定向效果。

9.2.1 定向钢纤维混凝土的原材料及其基本特性

定向钢纤维混凝土的原材料及其基本特性请参考 3.2.1 掺钢渣粉混凝土的原材

料及其基本特性。

9.2.1.1　水泥

水泥的基本性能请参考3.2.1掺钢渣粉混凝土的原材料及其基本特性。

9.2.1.2　粉煤灰

粉煤灰的基本性能请参考3.2.1掺钢渣粉混凝土的原材料及其基本特性。

9.2.1.3　粗骨料、细骨料

骨料对于混凝土结构有着至关重要的作用，对混凝土的工作性能和硬化后的力学性能都有影响。依据《混凝土应用技术规程》可知，粗骨料最大粒径对大流态混凝土的工作性能影响较大，故选用的粗骨料为碎石，最大粒径为20 mm，满足连续级配的要求。细骨料级配区为Ⅱ区，中砂，细度模数为2.4。

9.2.1.4　减水剂

减水剂的作用请参考8.2.1掺渗透结晶材料自修复混凝土的原材料及其基本特性。

9.2.1.5　水

水采用自来水。

9.2.1.6　钢纤维

钢纤维类型为端钩型，钢纤维平均长度30 mm，具体特征参数见表9-2，形态见图9-1。

表9-2　钢纤维特征参数

钢纤维类型	平均长度 l/mm	等效直径 d/mm	长径比 l/d	抗拉强度/MPa
端钩型	30	0.5	50	1 150

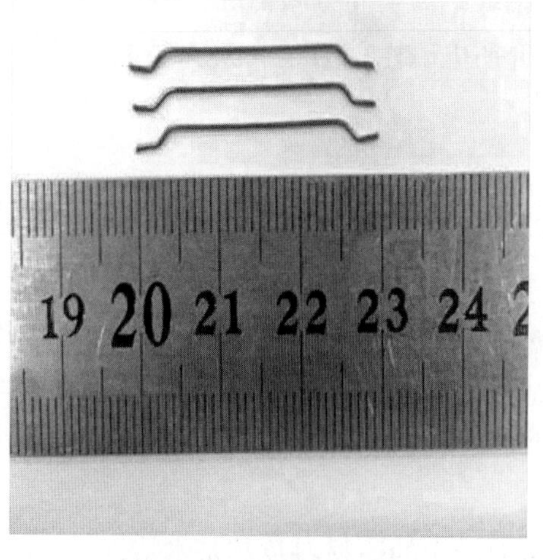

图9-1　端钩型钢纤维

9.2.2 定向钢纤维混凝土的配合比设计

1. 基本配合比设计

基本配合比设计请参考3.2.2掺钢渣粉混凝土的配合比设计。混凝土基本配合比的设计方法通常可以采用假定表观密度法和绝对体积法。本次试验所用方法即绝对体积法，设计时着重考虑工作性能和强度等级。性能良好的大流态混凝土应有三个特点：高流动性、无离析泌水现象、骨料分布均匀。

试验根据流态混凝土相关规定和要求，初步设计配合比，水泥：粉煤灰：水：粗骨料：细骨料：减水剂＝450：112.5：215：875：800：8.5，砂率为41.5%，试验采用单卧轴强制式搅拌机进行混凝土的搅拌。本次试验粗骨料为5～20 mm的级配碎石，砂颗粒级配区为Ⅱ区，各项参数满足规范级配要求，级配曲线见图9－2。

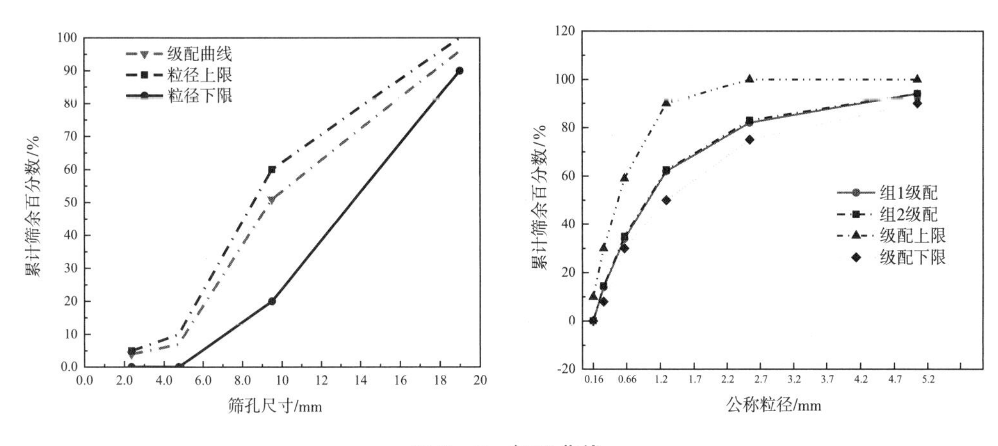

图9－2　级配曲线

2. 钢纤维掺量设计

钢纤维混凝土是一种在混凝土中添加适量钢纤维的新型复合材料。由相关文献可知，影响混凝土性能的要素包含钢纤维掺量、尺寸、类型以及分布情况，因此，合理的钢纤维掺量有利于保证钢纤维混凝土的结构性能。本次试验钢纤维掺量的设计有以下三个方面的考虑：

（1）拌合物性能

钢纤维掺量会直接影响混凝土基体的工作性能，随着钢纤维掺量的增加，比表面积也随之增加，会占用部分拌和水，降低基体的流动性能，骨料之间的摩擦也会因此加剧，进而影响拌合物的性能。

（2）基体内钢纤维的分散均匀性

钢纤维的均匀分布有助于提高混凝土强度，钢纤维含量过少不利于充分发挥钢纤维的增强效果，含量过多会增加钢纤维在基体中结团的可能。图9－3展示了钢纤维掺量与分散系数之间的关系。

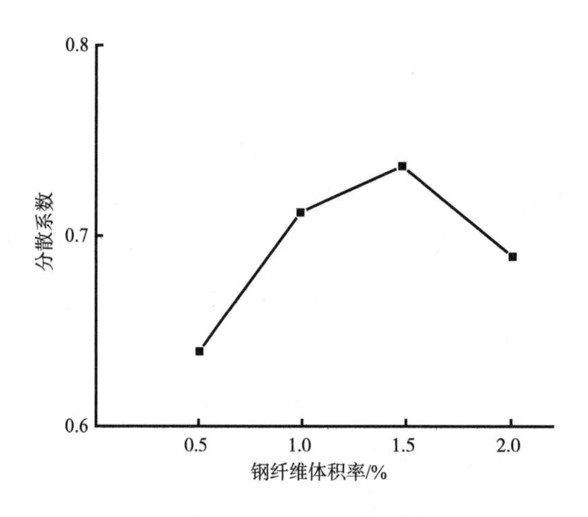

图 9-3　纤维对均匀性的影响

（3）规范要求

依据《钢纤维混凝土结构设计标准》[30]规定，纤维掺量应不小于 0.35%，这是由于掺量过低，达不到改善传统混凝土性能的目的。纤维掺量的设计，应根据需求，在符合规范标准的情况下，进行科学、合理地确定。本次试验为了探究不同钢纤维掺量下混凝土试件的力学性能，设计钢纤维掺量分别为 0%、0.5%、1%、1.5%、2%。

9.2.3　定向钢纤维混凝土的制备方法

1. 磁场生成装置

材料：直径为 1.3 mm 的绝缘漆包线（铜质）；绝缘空心圆管，其半径为 150 mm，长度为 850 mm；直流电源最大供电 1 600 W，直流电源输出的最大电压 80 V，输出的最大直流电流 20 A。

将铜线按螺旋形状缠绕在空心圆管外侧，匝数 570 匝，缠绕完成后包裹一层绝缘膜，铜线的两个端口连接于直流电源上，从而制成所需的磁场生成装置。经过计算磁场强度最大为 16.8 mT。通电螺旋磁场见图 9-4。

图 9-4　通电螺旋磁场生产装置

2. 制备流程

制备大流态定向钢纤维混凝土，首先是将骨料与钢纤维混合，并依据相关规范要求配制新拌性能良好的混凝土拌合物浇入试模中，由于金属物品会对磁场产生干扰，故本次试验采用非金属试模。之后接通直流电源，使其形成稳定单向分布磁场，并把试模置于磁场中，同时开启振动台，以进一步提高定向效果，待达到转动分析所确定的定向时间后，关闭电源，及时将完成定向的试件放入标准养护箱内养护。定向钢纤维混凝土的制备流程如下：

（1）配制大流态钢纤维混凝土拌合物；

（2）浇入试模（非金属试模）；

（3）开启振动台，施加磁场；

（4）养护。

3. 试件设计与制作

依据钢纤维混凝土相关国家标准和前面研究所确定的各项参数指标进行设计，批量浇筑本次试验研究所需的力学性能试件。为了探究钢纤维掺量对混凝土相关力学性能的影响，设计制作无纤维混凝土试件以及钢纤维掺量分别为0%、0.5%、1%、1.5%、2%的定向钢纤维混凝土试件和非定向钢纤维混凝土试件。制作试件的流程请参考8.2.3掺渗透结晶材料自修复混凝土的制备方法。

9.2.4　定向钢纤维混凝土的试验方法

鉴于水泥砂浆的不透明性，钢纤维的转动情况以及定向效果无法直观获得，因此，为了直观发现钢纤维在基体中的运动情况，根据测试结果，配制出黏度相同或相近的透明混凝土替代物，由此可以实时观测钢纤维在混凝土中的定向效果，方便量化研究。通过对比理论结果和试验结果，探究纤维的分布情况，寻找最优定向参数（磁场强度、时间等），可以得出纤维分布及其影响因素的关系。

9.2.4.1　透明混凝土研究

1. 透明混凝土试配

在透明混凝土的配制过程中，保证透明基体替代物的流变性能与混凝土浆体的流变性能类似是本次试验的重点。采用不断适配的方式，进行流变性能控制，最终寻找出与本次试验所用混凝土浆体流变性能类似的透明替代物，是此次试验的最终目的。

材料准备：三乙醇胺中和剂、卡波姆940粉剂、去离子水、透明骨料、pH测试计、漏勺（漏网的网口大小为2 mm和0.15 mm左右）、搅拌棒（一根铁棍或者塑料棍）、600 mL烧杯3个（带刻度量程）。

在制备纯卡波姆凝胶前，需准备好600 mL的去离子水，并准备3份质量分数不同的凝胶（1.3 g、1.6 g、1.9 g），由于克数较小，因此需要使用电子天平称重。

然后用搅拌棒将去离子水和凝胶搅拌均匀。之后用 pH 测试针对凝胶进行 pH 测试，若 pH 值<7，则用一次性滴管逐滴滴加三乙醇胺中和剂，直到凝胶呈中性，此时对三组凝胶各自进行三次黏度测试，并记录数据。静置凝胶 1 h 后，对其进行微搅拌，再测定黏度，并记录数据。经分析比较，每千克水中掺入 1.3 g 卡波姆粉，所得浆体的流动性可以满足要求。

为了更真实地模拟实际混凝土基体中的情况，在配置钢纤维透明混凝土浆体时，在容器内加入玻璃珠、透明骨料、钢纤维等，然后搅拌、加水、倒入事先准备的卡波姆粉，搅拌均匀后，凝胶通过漏勺倒出来，然后放在黏度计中进行黏度测试，若测试结果与水泥数据相差较大，则按上述步骤重新配制，直至两者基本吻合，如图 9-5、图 9-6 所示。

图 9-5　玻璃微珠

图 9-6　卡波姆凝胶试配

2. 水泥浆体黏度测试分析

旋转黏度计试验是实验室内测量砂浆流变参数最为直接的方法，具有测量迅速、精确度高等特点。如图 9-7 所示，本次试验所用的仪器是成都仪器厂生产的 NXS-11A 型旋转黏度计。

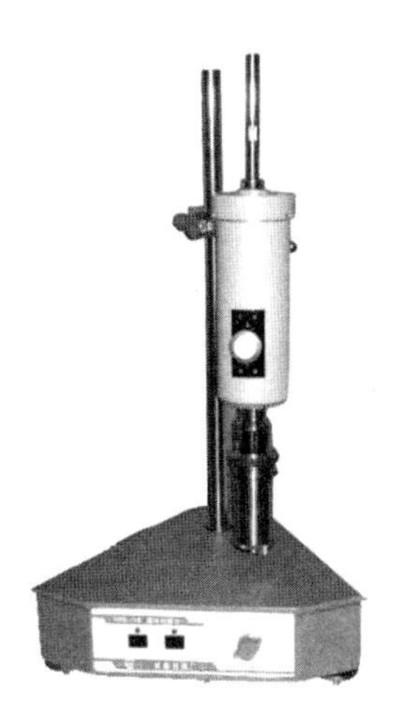

图 9-7　NXS-11A 型旋转黏度计

该型黏度计共有 15 个测量速度挡位（5.6～360 r/min）和 A、B、C、D、E 五种测量系统，本次试验选用 C 系统进行测量，相关参数如表 9-3 所示。

表 9-3　C 系统仪器参数

测量系统	外筒内径/cm	内筒外径/cm	内筒高度/cm	试样用量/mL
C	2	1.46	3	9

测量时先从最低挡开始，逐步增加至最高挡，每个挡位待其转动平稳后再读数，同样操作，再由最高挡降至最低挡，最后根据测量数据计算剪切应力和剪切速率，并绘制曲线来表征基体的黏度特性，在测试普通混凝土浆体的黏度时，需排除粗骨料的影响，本次试验数据如表 9-4、表 9-5 所示。

表 9-4　透明混凝土测试结果

测试挡位	读数	剪切应力/Pa	剪切速率/s^{-1}
1	3.1	13.9	2.5
2	4.7	21.3	3.4
3	5.9	26.4	4.5
4	6.7	30.0	5.8
5	8.1	36.3	8.1
6	10.5	47.1	12.3
7	13.5	60.6	17.0
8	16.3	73.1	22.4

表 9-4（续）

测试挡位	读数	剪切应力/Pa	剪切速率/s^{-1}
9	20.7	92.8	29.1
10	26.7	119.7	40.3
11	30.8	138.0	50.2
12	38.2	171.2	68.1
13	46.5	208.4	89.6
14	55.7	249.7	116.5
15	74.2	332.7	163.1

表 9-5　普通混凝土测试结果

测试挡位	读数	剪切应力/Pa	剪切速率/s^{-1}
1	2.0	9.0	2.5
2	4.0	17.9	3.4
3	5.0	22.4	4.5
4	6.0	26.9	5.8
5	8.0	35.8	8.1
6	10.0	44.8	12.3
7	13.0	58.3	17.0
8	15.0	67.2	22.4
9	20.0	89.6	29.1
10	25.0	112.0	40.3
11	30.0	134.4	50.2
12	35.0	156.8	68.1
13	45.0	201.6	89.6
14	55.0	246.5	116.5
15	70.0	313.7	163.1

注：剪切应力 $\tau = z \times \alpha$（C 系统状态下 z 值为 4.481 Pa，α 为读数）。

剪切应力与剪切速率是反映流变性能的重要参数，比较两种混凝土的这两个参数，可以近似判断两者是否相似，图 9-8 反映了通过卡波姆凝胶配制的透明混凝土浆体剪切应力与剪切速率的关系，可以直观地发现二者的应力、速率拟合程度良好，说明透明混凝土可以作为替代物，较真实地模拟普通混凝土的基本物理性质。

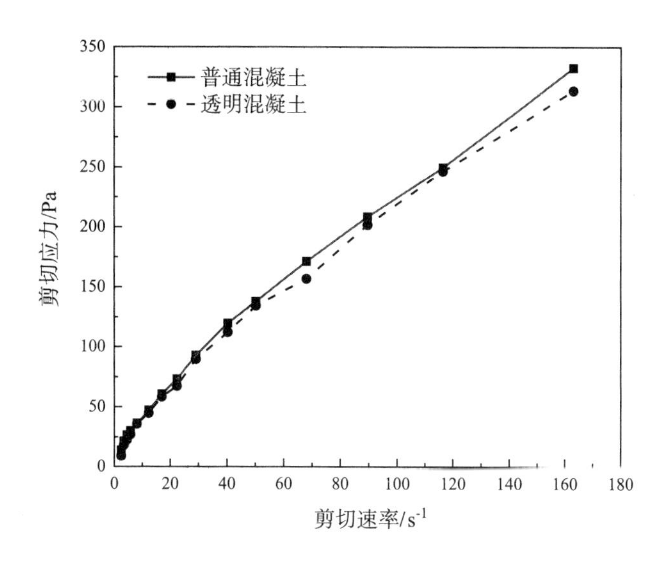

图 9-8　剪切速率/速率曲线

9.2.4.2　定向钢纤维混凝土研究

在传统的定向钢纤维混凝土的制备中，人们往往专注于定向的结果，对于过程中涉及的磁场作用时间、作用大小等并未给出合理方案。现今，绿色可持续发展是混凝土研究的重要议题，因此对定向钢纤维混凝土在工程中的应用具有一定的现实意义，有助于提高工程的效率、控制成本和推广普及。

通过上述研究，可以配制与普通混凝土物理性质相似的透明卡波姆凝胶，有助于直观地观察、研究基体的内部构造和钢纤维在基体中的转动情况。如图 9-9 所示，为通过 A、B、C、D 四个方向观测内部钢纤维的空间分布情况。

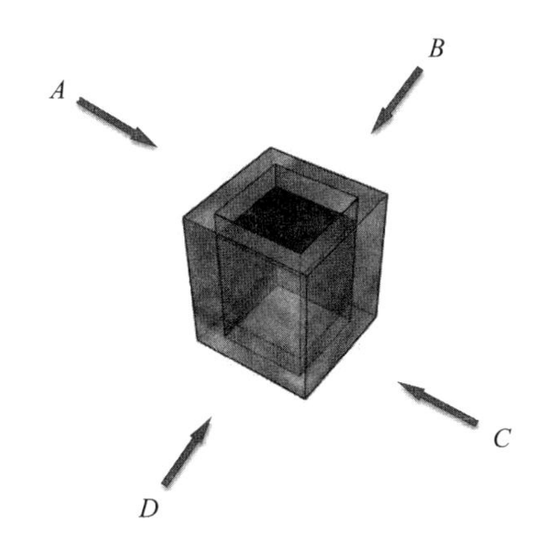

图 9-9　观测示意图

为了检验透明混凝土基体中的钢纤维在磁场中的定向效果，首先，只在配制好的卡波姆凝胶基体中进行定向试验，经过定向后其效果如图 9－10 所示。

(a) A 面

(b) B 面

(c) C 面

(d) D 面

图 9－10　定向效果图

试验结果表明，当试验电压达到 70 V、电流为 20 A、磁场作用 3 s 时，基体中的钢纤维会发生明显转动，说明此时钢纤维在磁场的作用下刚好可以克服来自基体的黏滞阻力。磁场继续作用，与磁场方向不平行的钢纤维将继续转动，作用时间达到 23 s 时，钢纤维基本完成定向，在基体中呈现二维分布形态。

在定向钢筋混凝土的制备过程中，基体中的骨料会阻碍钢纤维的转动，这是影响钢纤维定向效果的重要因素。为了能够更准确地模拟混凝土浆体，提高试验的准确性，试验依据级配要求，制作不同大小的透明骨料，将其与浆体混合均匀，以达到基本性质和实际混凝土近似甚至相同的效果，这样，针对钢纤维在混凝土中转动情况的观察和研究将更具有实际意义。

图 9－11 所示的是钢纤维透明混凝土在磁场作用前的状态展示，由图可知，钢纤维在基体中随机乱向分布，未出现纤维结团的现象，本次试验所制备的钢纤维透明混凝土基本符合新拌性能要求。图 9－12 所示的是钢纤维透明混凝土在磁场作用定向后的状态展示，其中，A、C 面是磁场方向垂直面，由图 9－12（b）（d）可知，钢纤维呈二维分布形态，大致相互平行，单项分布；由图 9－12（a）（c）可知，钢纤维受磁场作用，发生转动，使得该方向所示的钢纤维呈现与 A、C 面垂直的状态，

且可观测的完整钢纤维数量较定向前大大减少。

(a) A 面

(b) B 面

(c) C 面

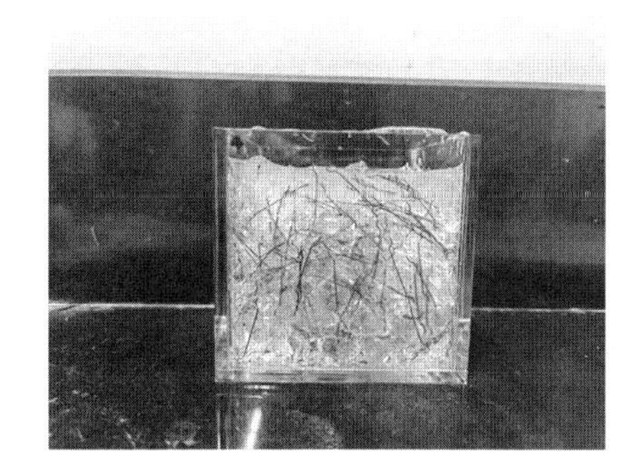

(d) D 面

图 9－11　非定向纤维

(a) A 面

(b) B 面

(c) C 面

(d) D 面

图 9－12　定向钢纤维

由上述试验现象可知，在未加透明骨料时，钢纤维定向效果明显，定向完成后，钢纤维基本呈现二维分布形态。在按级配加入透明骨料后，由于骨料的阻碍作用，部分钢纤维难以实现完全定向，因此，在实际工程应用中，应考虑到骨料对钢纤维分布和定向的影响。

9.2.4.3 基于电磁感应法的钢纤维定向效果检测

就纤维增强混凝土结构构件而言，纤维弥散分析对于质量控制和性能预测具有重要意义。纤维的分布检测方法大致可以分为两种：破坏式和非破坏式。相较于直接暴露截面、多用于科学试验的破坏式方法，非破坏式在工程实践中具有更重要的实际意义，因为实际工程项目对结构构件的完整性有一定的要求。

本次试验所采用的方法正是基于电磁感应法的钢纤维定向效果检测技术[31]，电磁感应法本质上是法拉利电磁感应定律的应用，具有操作简单、成本低廉等优点。在本次试验中，将钢纤维混凝土置于磁场中，钢纤维和磁场相互作用，因此，可以通过观测研究交变电磁场对钢纤维空间分布规律的影响，来实现研究钢纤维空间分布特点的目的。

1. 试验原理

鉴于钢纤维在混凝土基体中的三维形态，人们研究发现各个方向所导致的电感变化不同，因此，可以通过统计分析试件在空间中三个方向上电感梯度的关系，来深入了解钢纤维在混凝土基体中的分布情况，如图 9-13 所示。

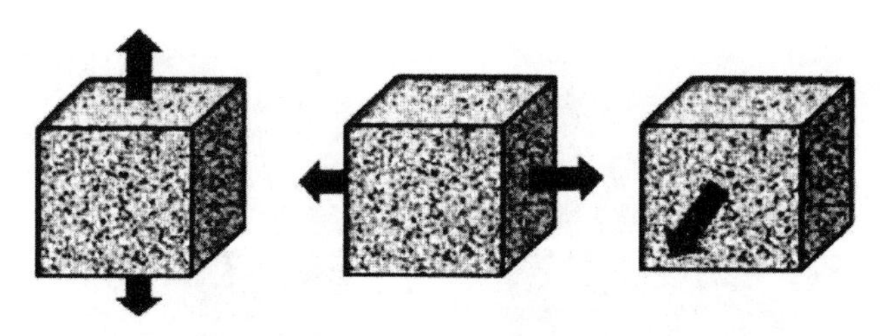

图 9-13 试验示意图

以电磁感应原理为基础，叶芳等[32]总结出一套对混凝土基体中钢纤维数量及方向进行评估的电磁感应测试方法，并以试验的方式验证其可靠性和准确性。后来，Cavalaro 等[33]进一步改良该方法，发现试件的钢纤维含量与各方向的电感增量之和存在比例关系，由此提出计算钢纤维含量的计算公式和评估钢纤维空间分布的方向系数。

$$C_{\mathrm{f}} = \omega \cdot \sum_{i=x,\ y,\ z} \Delta L_i = \omega \cdot \Delta L \tag{9-1}$$

$$\omega = \frac{\pi \cdot \rho \cdot d^3}{4 \cdot \lambda \cdot k \cdot V \cdot (l + 2 \cdot \gamma)}$$

$$\eta_i = 1.03 \sqrt{\frac{\Delta L_i \cdot (l + 2\gamma) - \Delta L \cdot \gamma}{\Delta L \cdot (l - \lambda)}} - 0.1 \tag{9-2}$$

式中：C_f——纤维体积掺量；

η_i——方向系数；

ρ——钢纤维密度；

d——直径；

l——长度；

λ——长径比；

V——体积；

k——磁场常数；

γ——形状因子；

ΔL——电感增量。

某方向上的纤维的作用可用下式表示：

$$Cl_i = \frac{\Delta L_i}{\sum\limits_{i=x,y,z} \Delta L_i} \tag{9-3}$$

式中：Cl_i——i 方向上纤维的占比。

通过此公式可评定基体中纤维的分布情况。

2. 试验设备

试验所用试件尺寸为 100 mm×100 mm×100 mm，电感参数由 WK－6500B 阻抗分析仪测定，空心线圈由定向装置线圈改装而成，试验装置见图 9－14。

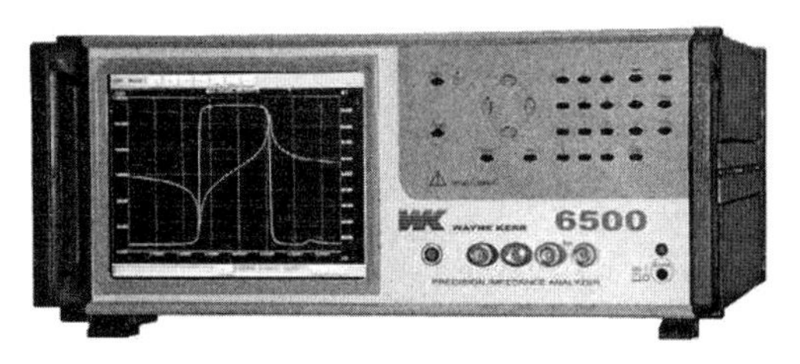

图 9－14　阻抗分析仪

3. 试验结果及分析

将试件置于磁场中，分别测量 x（钢纤维与磁场垂直方向）、y（钢纤维与磁场平行方向 1）、z（钢纤维与磁场平行方向 2）三个方向电感参数，相关测量结果如表 9－6 所示。

为了进一步探究电磁感应法测定钢纤维掺量的准确性，图 9－15 所示的是试验中非定向钢纤维混凝土电感参数与纤维掺量间的关系，并用 Origin 软件分别进行线性拟合，其中图 9－15（a）（b）中决定系数 R_2＝0.99，由图可知，纤维增量与电感参数存在明显的线性关系，且图 9－15（a）的直线截距是 104.317 mH，说明三个方向的平均值是 34.772 mH，与纤维掺量 0％时的电感 34.774 mH 误差仅为 0.002 mH，误差很小，可忽略。因此，用电磁感应法测定纤维掺量的方法是可行的。

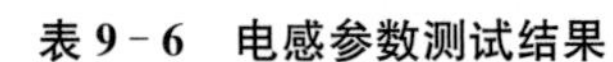

表 9-6　电感参数测试结果

分组	方向	L_x/mH	ΔL_x/mH	L_y/mH	ΔL_y/mH	L_z/mH	ΔL_z/mH
PC		34.766 00		34.778 00		34.777 00	
SFRC-0.5%	x	34.902 00	0.136 00	34.905 00	0.127 00	34.890 00	0.113 00
	y	34.906 00	0.140 00	34.907 00	0.129 00	34.915 00	0.138 00
	z	34.935 00	0.169 00	34.957 00	0.179 00	34.912 00	0.135 00
Ave			0.148 33		0.145 00		0.128 67
ASFRC-0.5%	x	35.129 00	0.363 00	34.832 00	0.054 00	34.827 00	0.050 00
	y	35.101 00	0.335 00	34.828 00	0.050 00	34.821 00	0.044 00
	z	35.089 00	0.323 00	34.840 00	0.062 00	34.821 00	0.044 00
Ave			0.340 33		0.055 33		0.046 00
SFRC-1%	x	35.076 00	0.310 00	35.089 00	0.311 00	35.035 00	0.258 00
	y	35.106 00	0.340 00	35.055 00	0.277 00	35.030 00	0.253 00
	z	35.059 00	0.293 00	35.096 00	0.318 00	35.029 00	0.252 00
Ave			0.314 33		0.302 00		0.254 33
ASFRC-1%	x	35.396 00	0.630 00	34.930 00	0.152 00	34.867 00	0.090 00
	y	35.328 00	0.562 00	34.927 00	0.149 00	34.871 00	0.094 00
	z	35.381 00	0.615 00	34.910 00	0.132 00	34.864 00	0.087 00
Ave			0.602 33		0.144 33		0.090 33
SFRC-1.5%	x	35.234 00	0.468 00	35.193 00	0.415 00	35.110 00	0.333 00
	y	35.240 00	0.474 00	35.216 00	0.438 00	35.118 00	0.341 00
	z	35.196 00	0.430 00	35.158 00	0.380 00	35.103 00	0.326 00
Ave			0.457 33		0.411 00		0.333 33
ASFRC-1.5%	x	35.583 00	0.817 00	34.952 00	0.174 00	34.952 00	0.175 00
	y	35.813 00	1.047 00	34.864 00	0.086 00	34.935 00	0.158 00
	z	35.539 00	0.773 00	34.918 00	0.140 00	34.910 00	0.133 00
Ave			0.879 00		0.133 33		0.155 33
SFRC-2%	x	35.483 00	0.717 00	35.388 00	0.610 00	35.148 00	0.371 00
	y	35.543 00	0.777 00	35.529 00	0.751 00	35.183 00	0.406 00
	z	35.394 00	0.628 00	35.400 00	0.622 00	35.188 00	0.411 00
Ave			0.707 33		0.661 00		0.396 00

表 9-6（续）

分组	方向	L_x/mH	ΔL_x/mH	L_y/mH	ΔL_y/mH	L_z/mH	ΔL_z/mH
ASFRC-2%	x	35.714 00	0.948 00	34.822 00	0.044 00	34.976 00	0.199 00
	y	35.807 00	1.041 00	35.039 00	0.261 00	35.001 00	0.224 00
	z	35.906 00	1.140 00	34.866 00	0.088 00	34.979 00	0.202 00
Ave			1.043 00		0.131 00		0.208 33

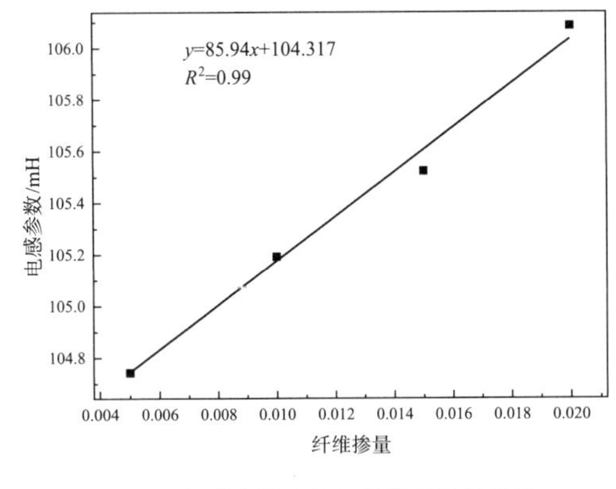

（a）电感参数之和与纤维掺量的关系

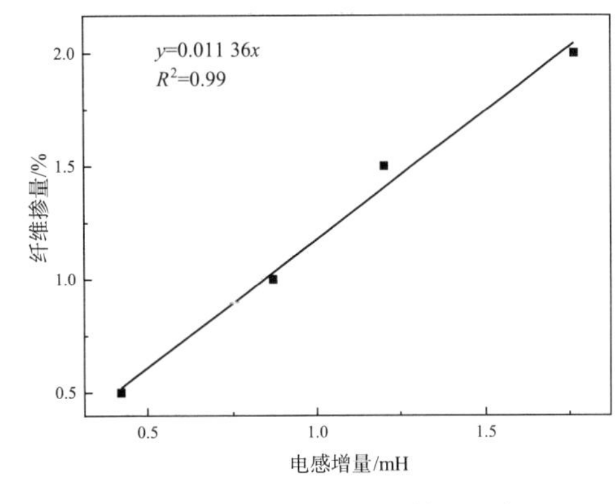

（b）电感增量与纤维掺量的关系

图 9-15　电感参数与纤维掺量关系

由式（9-3）计算相关电感参数百分比来评估纤维分布方向，其计算结果见表9-7，图9-16为不同掺量下测得的各个试件三个方向上电感增量的比例关系。

表 9-7　数据分析结果

试件编号	Cl_x	Cl_y	Cl_z
SFRC-0.5%	0.351 86	0.341 77	0.306 37
ASFRC-0.5%	0.770 37	0.125 57	0.104 06
SFRC-1%	0.361 00	0.346 89	0.292 11
ASFRC-1%	0.719 34	0.172 56	0.108 10
SFRC-1.5%	0.380 56	0.341 78	0.277 66
ASFRC-1.5%	0.750 23	0.116 56	0.133 21
SFRC-2%	0.400 70	0.374 01	0.225 29
ASFRC-2%	0.758 45	0.089 84	0.151 71

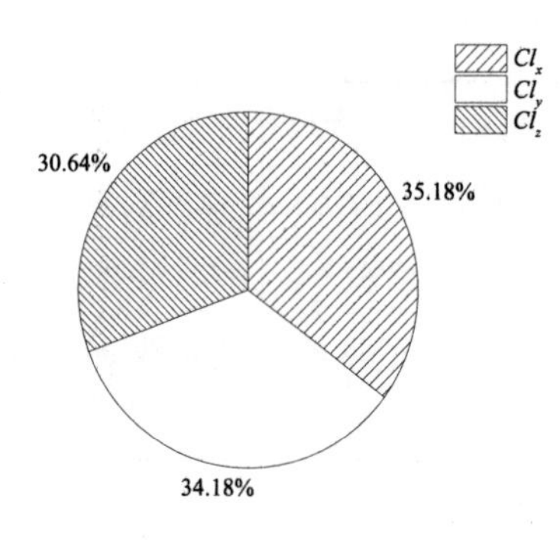

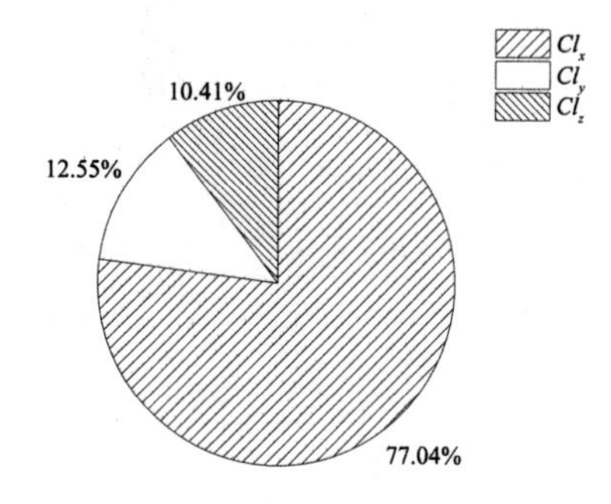

(a) FRC-0.5%（左为非定向，右为定向）

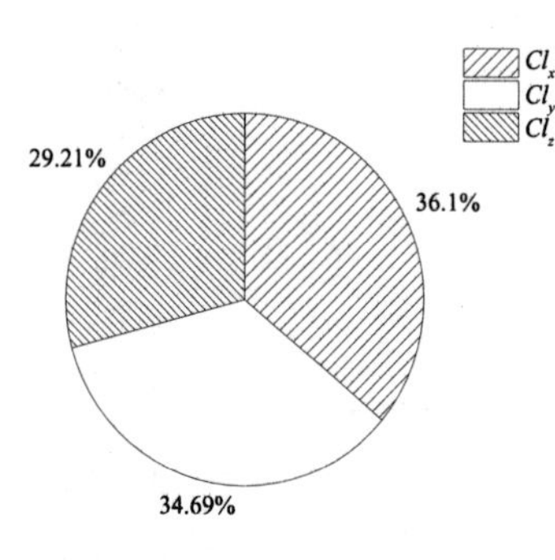

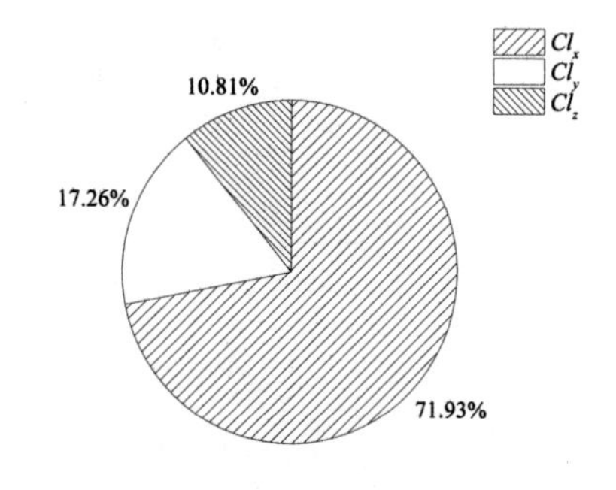

(b) FRC-1%（左为非定向，右为定向）

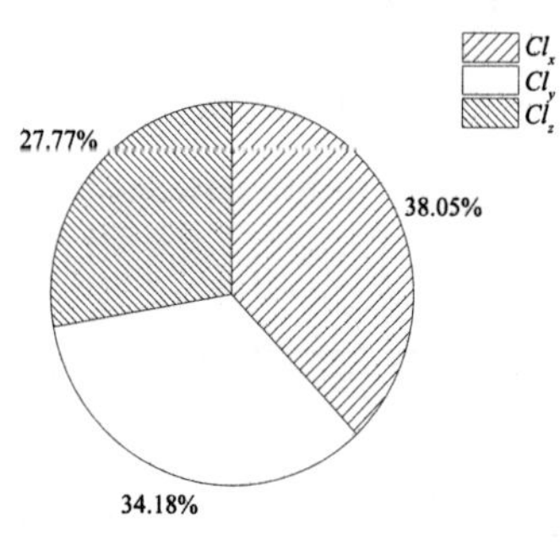

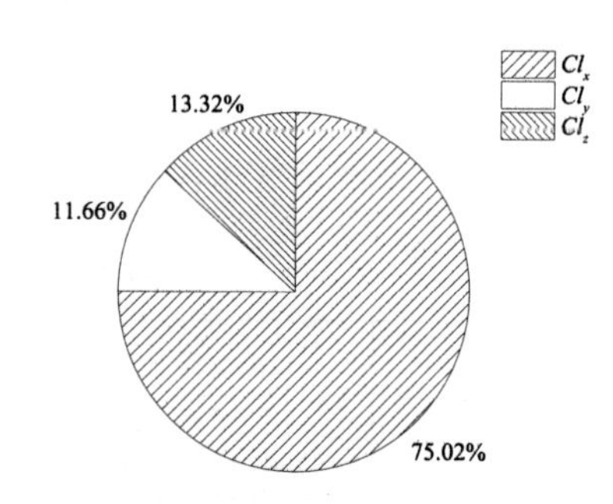

(c) FRC-1.5%（左为非定向，右为定向）

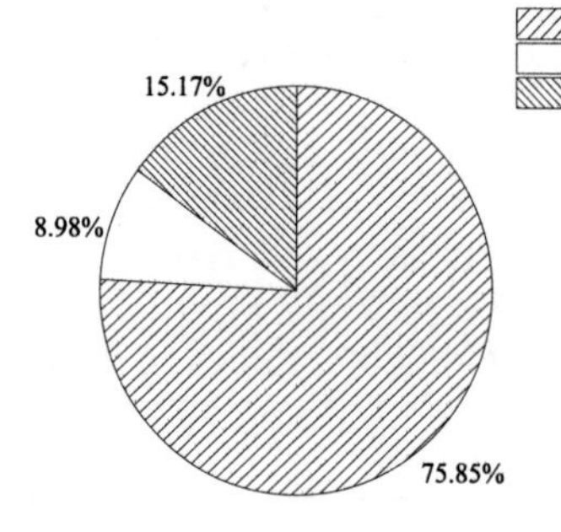

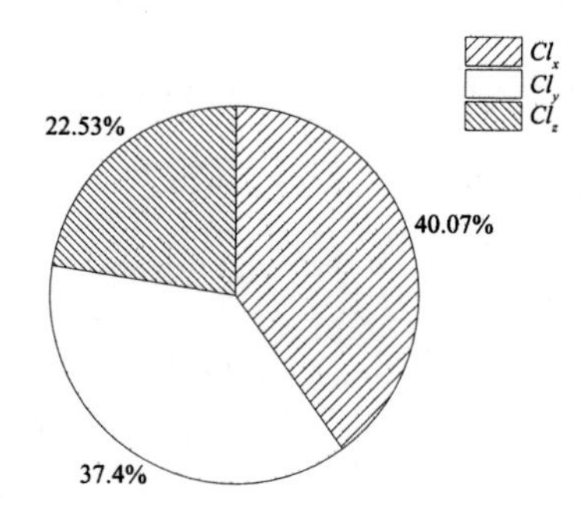

(d) FRC-2%（左为非定向，右为定向）

图 9-16　电感增量饼图

由上述图表分析可知：

（1）当钢纤维掺量为0.5%时，非定向钢纤维混凝土试件 x、y、z 三个方向的电感增量比例关系分别为35.18%、34.18%、30.64%，定向钢纤维混凝土试件 x、y、z 三个方向的比例关系分别为77.04%、12.55%、10.41%。

（2）当钢纤维掺量为1%时，非定向钢纤维混凝土试件比例关系分别为36.1%、34.69%、29.21%，定向钢纤维混凝土试件比例关系分别为71.93%、17.26%、10.81%。当钢纤维掺量为1.5%时，非定向钢纤维混凝土试件比例关系分别为38.05%、34.18%、27.77%，定向钢纤维混凝土试件比例关系分别为75.02%、11.66%、13.32%。

（3）当钢纤维掺量为2%时，非定向钢纤维混凝土试件 x、y、z 三个方向的电感增量比例关系分别为40.07%、37.4%、22.53%，定向钢纤维混凝土试件 x、y、z 三个方向的比例关系分别为75.85%、8.98%、15.17%。

总体上看，非定向钢纤维混凝土试件 x、y、z 三个方向的电感增量变化幅度大致相同，从饼图也可看出大致呈1∶1∶1的趋势，有所波动，这是因为钢纤维在基体中的分布是随机的。而对于定向钢纤维混凝土试件，其中一个方向的电感增量远远大于其他两个方向，占比70%～80%，这是钢纤维定向、在基体中发生转动，呈现二维分布的体现，可以看出本次试验钢纤维定向效果良好。

9.3 定向钢纤维混凝土的力学性能指标

为了验证定向钢纤维对混凝土的加强作用，本节通过试验对钢纤维混凝土的力学性能进行分析，涉及弯曲韧性、抗压性能以及劈裂抗拉性能，探究定向与三个方向强度增大或减小的关系，比较不同钢纤维掺量对力学性能的影响，并分析钢纤维分布情况与力学性能的关系。

9.3.1 定向钢纤维混凝土的工作性能

工作性能是指混凝土拌合物在施工时候的和易性或工作性，工作性能将决定混凝土拌合物浇灌密实度和抗离析泌水程度，包括保水性、流动性和黏聚性。

（1）保水性是指混凝土拌合物必须与水具有一定的黏结性能，在施工操作时不会发生较为严重的泌水，从而导致材料发生破坏现象。

（2）流动性是指混凝土拌合物在自重或机械振捣作用（外加剪切应力）下，产生流动且能密实填充的性能。

（3）黏聚性是指混凝土拌合物抵抗粗骨料颗粒与水泥砂浆，或骨料颗粒与水泥净浆相互分离的能力。

大流态混凝土作为一种高性能混凝土，与普通混凝土相比，其最大的优势在于其良好的工作性能，可以在重力的作用下自主流动填充模板。现有国内外规范都有涉及工作性能评价的内容，但关于工作性能的具体规定却各不相同，目前常见的评价大流态混凝土工作性能的测试方法可分为以下几种。

（1）坍落扩展度和 T500 试验

如图 9－17 所示，坍落筒置于一块平整坚实的地面上，将搅拌完成的不产生离析的新拌混凝土浆体填入其中，不捣动，填充至与筒上缘平齐后，将坍落筒沿竖直方向匀速向上提起 30 cm，待浆体停止流动后，测量其直径。T500 试验是指当坍落扩展度达 500 mm 时所用的时间。

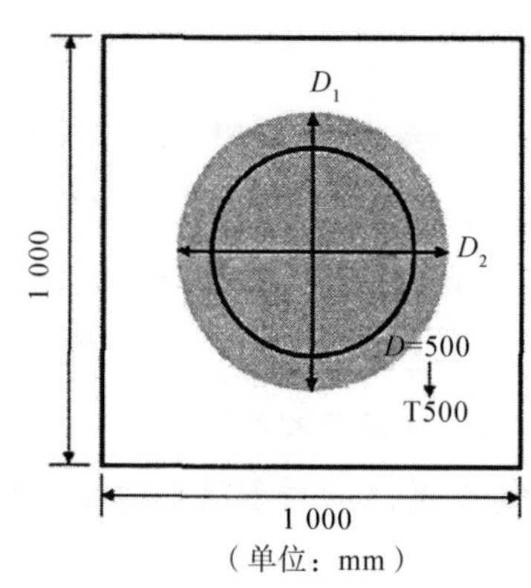

图 9－17　坍落扩展度实验仪器

（2）J 环扩展度试验

本试验是通过测定新拌大流态混凝土的间隙通过性能，在原有坍落扩展度的试验基础上，加上 J 环，如图 9－18 所示，提起坍落筒，待混凝土完成流动后按式(9－4)计算 J 环扩展度：

$$\text{J 环扩展度}=\frac{d_1+d_2}{2} \tag{9-4}$$

式中：d_1——展开圆形最大直径；

d_2——与最大直径呈垂直方向的直径。

试验过程中需目视检查 J 环加筋杆附近有无骨料堵塞现象。

图 9－18　J 环

(3) V形漏斗通过时间试验

试验装置如图 9－19 所示，上宽下窄，可用来模拟大流态混凝土通过狭窄部位的工作性能，试验操作简单：在填满混凝土后，打开下部挡板，记录混凝土全部流出所需时间。该指标可反映大流态混凝土的黏性和抗离析性能，但该试验方法受骨料粒径的影响较大，相对于其他方法，其适用范围较小。

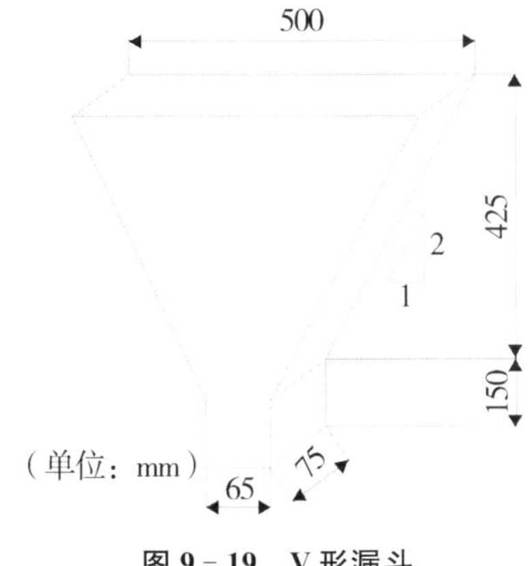

图 9－19　V 形漏斗

9.3.2　定向钢纤维混凝土的抗压性能

9.3.2.1　试验介绍及破坏形态分析

本次试验设计制作 9 块 100 mm×100 mm×100 mm 的立方体非标准试件，试件尺寸误差和承压面平整度符合规范要求，其分别设置无纤维（PC）试件、非定向钢纤维混凝土（SFRC）试件和定向钢纤维混凝土（ASFRC）试件三个对照组。试验方法参照《纤维混凝土试验方法标准》(CECS 13：2009）与《混凝土物理力学性能试验方法标准》(GB/T 50081—2019)，并测试立方体抗压强度的各向异性。抗压强度试验测试时，加载方向与纤维长度方向平行的方向是非纤维增强方向，加载方向垂直于纤维长度的方向是纤维增强方向，采用 100 t 万能试验机进行加载，通过应力进行控制，加载速率控制在 0.6 MPa/s。记录施加的最大荷载。相关操作如图 9－20 所示。

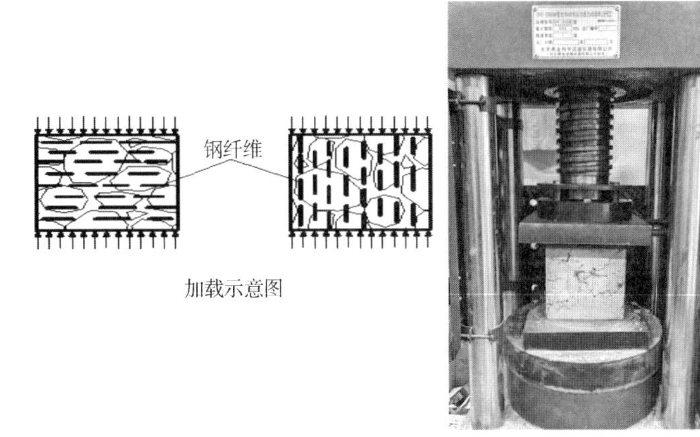

图 9－20　抗压强度试验原理及装置图

如图 9－21 所示，通过观察试件在整个加载过程中发生的变形和开裂等试验现象，可以发现，钢纤维混凝土受压试件的破坏可大致分为四个阶段：

第一阶段，主要是基体在受力过程中产生微变形、微裂缝，产生的主要原因是在混凝土浇筑过程中随机产生的缺陷。

第二阶段，试件在受力过程中会发生弹性形变，混凝土基体未出现明显开裂现象，这一过程钢纤维并未直接参与受力，主要是基体发生线弹性变形。

第三阶段，主要特征是试件中微裂缝持续发展，钢纤维参与受力，对裂缝的加深起到了抑制作用，该阶段末，试件所受压应力达到峰值。

第四阶段，即破坏阶段，该阶段裂缝快速加深甚至贯通，呈现出不稳定发展的状态，但由于钢纤维的存在，提高了试件的韧性，在其受压破坏时，宏观上仍能维持完整，不会产生零落的碎块。

图 9－21　试件破坏状态

9.3.2.2　抗压强度计算方法

抗压强度计算方法请参考 3.2.4.2 基本力学试验。

9.3.2.3　试验结果分析

根据上述试验方法及规范标准，测得钢纤维掺量分别为 0%、0.5%、1%、1.5% 和 2%的定向以及非定向试件的试验数据，汇总如表 9－8、表 9－9 和图 9－22 所示。

表 9－8　非定向钢纤维混凝土试件抗压强度

试件编号	垂直/MPa	平行 1/MPa	平行 2/MPa	三方向均值/MPa	强度提高/MPa
PC	34.800	无	无		
SFRC－0.5%	38.440	47.190	49.680	45.103	0.296
SFRC－1%	47.440	42.670	53.560	47.890	0.376
SFRC－1.5%	47.860	64.340	55.410	55.870	0.605
SFRC－2%	51.010	54.470	52.370	52.617	0.512

表 9－9　定向钢纤维混凝土试件抗压强度

试件编号	垂直/MPa	平行 1/MPa	平行 2/MPa	平行方向均值/MPa	强度提高/MPa
PC	34.800	无	无		
ASFRC－0.5%	43.840	54.190	55.780	54.985	0.580
ASFRC－1%	46.010	61.450	62.100	61.775	0.775
ASFRC－1.5%	52.530	64.790	65.280	65.035	0.869
ASFRC－2%	49.250	71.850	76.090	73.970	1.126

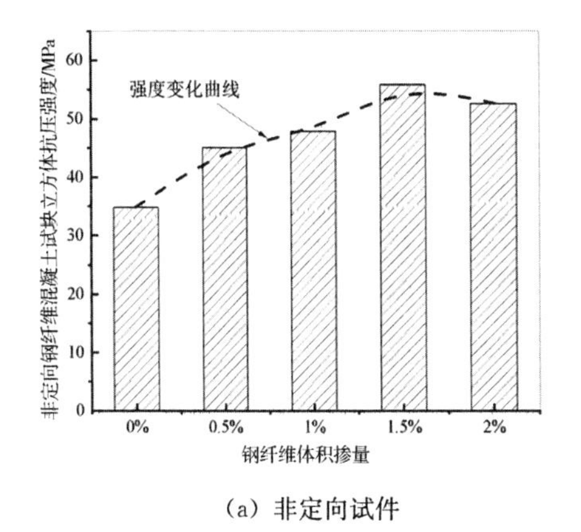

(a) 非定向试件

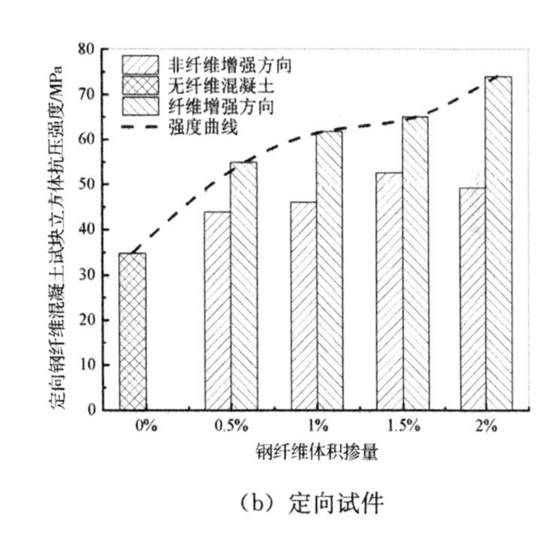

(b) 定向试件

图 9－22　不同钢纤维掺量混凝土的立方体抗压强度

为了提高试验精度，试验时试件均采取三个方向加载，分别测得其抗压强度值。由上述图表分析可知，当钢纤维掺量为 0.5%、1%、1.5%、2%时，非定向钢纤维混凝土试件，其立方体抗压强度相比于普通混凝土试件提高了 29.6%、37.6%、60.5%和 51.2%。因此，当钢纤维掺量从 0%逐步提升至 1.5%时，其抗压强度也是稳步提升，但当钢纤维掺量继续增加至 2%时，抗压强度相比于 1.5%的钢纤维掺量提升出现下降。从强度变化曲线看，随着钢纤维掺量的增加，抗压强度增幅随之减小。这可能是由于随着钢纤维掺量的增多，混凝土中钢纤维数量加大，有限的水泥浆体不足以包裹钢纤维和填充集料间的空隙，内部缺陷不断扩张，密实度下降，最终降低了整体抗压强度。

定向钢纤维混凝土试件，可以大致分为纤维增强方向和非纤维增强方向，立方体抗压强度相比于普通试件均有所提升，这是由于在试件的制作过程中，由于骨料的存在，钢纤维定向时会遇到阻碍，无法保证纤维完全二维分布，在非纤维增强方向受压产生裂缝时，仍会有纤维对其产生影响。钢纤维定向后，当钢纤维掺量为 0.5%、1%、1.5%、2%时，纤维增强方向抗压强度相比非纤维增强方向的强度分别提高了 25.4%、34.4%、23.8%和 50.1%。从图 9－23 中可以看出，随着钢纤维掺量的增加，纤维增强方向上的抗压强度是持续增加的，而对于非纤维增强方向，其立方体抗压强度也呈现出先增加后下降的趋势，这表明定向钢纤维技术在一定程度上可以克服由于纤维的加入对混凝土结构造成内部细微缺陷所导致的强度下降问题。

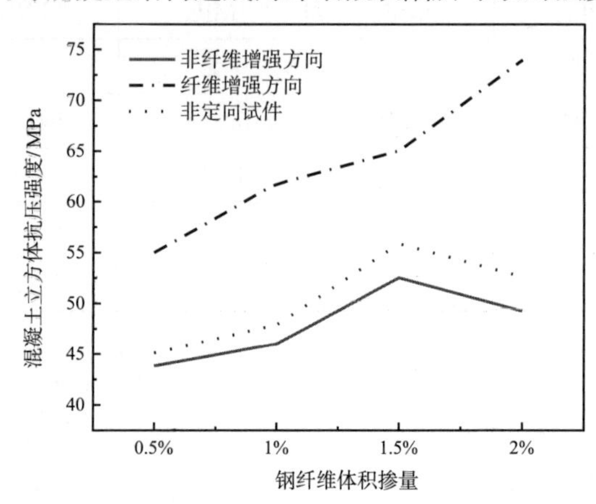

图 9－23　不同钢纤维掺量下混凝土立方体抗压强度对比分析

从表 9－8、表 9－9 和图 9－23 可以看出定向钢纤维混凝土试件的立方体抗压强度在纤维增强方向和非纤维增强方向存在明显差异。非纤维增强方向混凝土试件抗压强度与普通混凝土试件抗压强度相比，增强效果有限，且随着钢纤维掺量的增加，其强度变化呈现出先增大后下降的趋势，而纤维增强方向的立方体抗压强度，则是随着钢纤维掺量的增加而增加。定向钢纤维试件与非定向钢纤维试件相比，当纤维掺量分别为 0.5%、1%、1.5%、2%时，其纤维增强方向强度分别提升 21.9%、29.0%、16.4%和 40.6%。但对于非纤维增强方向，其强度均低于非定向钢纤维试件。根据试验结果，可以得到以下结论：

定向钢纤维技术对混凝土的增强效果大于其对混凝土结构造成内部缺陷所引起的强度下降。随着钢纤维掺量的增加，增强效果会有所变化，且在钢纤维掺量相同的情况下，定向钢纤维较非定向钢纤维更能发挥材料的性能。钢纤维定向后，在纤维增强方向上，混凝土的抗压强度会有显著提升，在非纤维增强方向上，强度不会被削弱。

9.3.3　定向钢纤维混凝土的弯曲韧性

9.3.3.1　试验介绍和破坏形态分析

本次试验依据《纤维混凝土试验方法标准》（CECS 13：2009）与《混凝土物理力学性能试验方法标准》（GB/T 50081—2019）中关于钢纤维混凝土抗弯试验的相关要求，以及《钢纤维混凝土》（JG/T 472—2015）与 ASTM C1609 规范标准，设计试件尺寸为 100 mm×100 mm×400 mm。从标准养护室中取出试验要用的梁试件，检查试件表面，确保试验误差在允许范围内。

采用简支梁三分点对称加载方式，支座两端为 50 mm，中间 3 等分为 100 mm，如图 9－24 所示。在试件制作时，由于振动会使钢纤维产生沉积现象，使得在进行受弯荷载试验时，浇筑面在上和浇筑面在下的抗弯韧性性能产生差异，本次试验针对这一现象，分别进行了两个方向上的测试。试验仪器为 1 000 kN 电伺服万能试验机，采用位移控制方式加载，速率控制在 0.1 mm/min，最后记录相关数据，并根据数据绘制出荷载-挠度曲线，通过曲线面积来判断钢纤维混凝土的弯曲韧性。

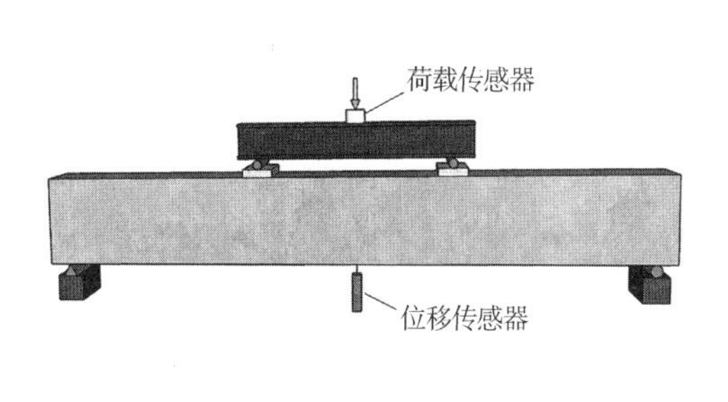

图 9-24 弯曲韧性试验加载示意及装置图

普通混凝土梁在进行抗弯试验时，所能承受的载荷会迅速达到峰值，在承受荷载的过程中，该梁始终处于弹性阶段，当构件出现裂缝时，裂缝会迅速开展并加深，无明显预兆，因此该破坏属于脆性破坏。对于钢纤维混凝土梁，在加载到破坏的整个过程中会出现相对明显的变形，属于延性破坏，通过对整个试验流程的观测，钢纤维混凝土的受弯破坏过程可分为三个阶段：未开裂阶段、带裂缝工作阶段和破坏阶段。对于定向和非定向的钢纤维混凝土可能会有一些不同。

(1) 未开裂阶段。与普通混凝土试件类似，试件基本处于弹性阶段，荷载-挠度曲线大致呈现线性变化关系，荷载继续增加，跨中附近出现一些微裂缝，钢纤维与混凝土共同工作、协调变形，阻碍裂缝的加深。

(2) 带裂缝工作阶段。随着荷载的不断增加，裂缝逐渐向上发展，裂缝数量不断增加，钢纤维逐渐被拔出，开裂处的基体退出工作，钢纤维承担主要拉力，承载能力并未受到严重影响，当最外层的钢纤维全部退出工作，则荷载达到最大值。相较于非定向钢纤维混凝土，定向钢纤维混凝土中的钢纤维大体呈现出二维分布形式，在钢纤维含量相等的情况下，其跨越裂缝的钢纤维数量明显多于非定向钢纤维混凝土构件，如图 9-25 所示。因此，钢纤维的分布定向情况也是影响混凝土承载力的因素之一。

(a) 定向钢纤维混凝土

(b) 非定向钢纤维混凝土

图 9-25 裂缝细节

(3) 破坏阶段。荷载达到峰值后，随着跨中挠度的不断增加，梁发生明显变形，裂缝进一步扩大，跨越裂缝的钢纤维逐渐被拔出，退出工作。定向钢纤维混凝土和非定向钢纤维混凝土在该阶段会表现出一些不同的特点，从图 9-26 可知，非定向钢纤维混凝土试件的发展速度更快。

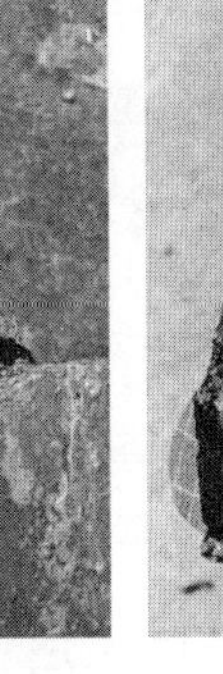

(a) 定向钢纤维混凝土　　(b) 非定向钢纤维混凝土

图 9-26　断面形态

9.3.3.2　抗弯强度及弯曲韧性的计算方法

抗弯强度反映了构件抵抗弯曲破坏的能力，弯曲韧性性能是指结构在承载弯曲荷载时具备的变形能力。相较于普通混凝土，钢纤维混凝土在抵抗弯曲破坏时，可以发生塑性破坏，破坏前会出现明显预兆，改良了混凝土本身脆性破坏的缺陷，对于工程实践具有重要意义。根据规范标准，弯拉强度可用式 (9-5) 计算：

$$f=\frac{F \cdot L}{b \cdot h^2} \tag{9-5}$$

式中：f——弯拉强度 (MPa)；

F——承弯荷载 (N)；

L——梁试件跨度 (mm)；

b——试件宽度 (mm)；

h——试件高度 (mm)。

弯曲韧性常用的计算方法有强度法、能量比值法、特征点法等。目前各国针对钢纤维混凝土的弯曲韧性做了大量研究，给出了相关的标准用来评价这一特性。其中欧洲 RILEM TC 162-TDF 标准、日本 JSCE-SF4 标准、ACI544 委员会韧性指数法以及 ASTM C1609 韧性指数法等方法最具代表性。下面简要介绍几种方法，并针对其优缺点进行简单评价分析。

1. 欧洲 RILEM TC 162-TDF 标准

RILEM TC 162-TDF 标准采用多种挠度下的等效抗弯强度和纤维能量吸收值作为评价指标，通过建立抗弯强度与弯曲韧性之间的联系，间接通过等效抗弯强度对其弯曲韧性进行评价，如图 9-27 所示，相关计算公式如下：

$$f_{\mathrm{L}}=\frac{3F_{\mathrm{L}}L}{2bh^2} \tag{9-6}$$

$$f_{\mathrm{R},i}=\frac{3F_{\mathrm{R},i}L}{2bh^2} \tag{9-7}$$

$$f_{\mathrm{eq1}}=\frac{3F_{\mathrm{eq1}}L}{2bh^2} \tag{9-8}$$

$$f_{\mathrm{eq2}}=\frac{3F_{\mathrm{eq2}}L}{2bh^2} \tag{9-9}$$

$$F_{\mathrm{eq1}}=\frac{D_{1\mathrm{f}}}{0.5} \tag{9-10}$$

$$F_{\mathrm{eq2}}=\frac{D_{2\mathrm{f}}}{2.5} \tag{9-11}$$

式中：f_{L}——抗折强度（MPa）；

F_{L}——跨中挠度在0～0.05 mm范围内时最大承载力（N）；

$F_{\mathrm{R},i}$——剩余抗弯强度（MPa）；

f_{eq1}——跨中挠度为δ_1时的等效抗弯强度（MPa）；

f_{eq2}——跨中挠度为δ_2时的等效抗弯强度（MPa）；

F_{eq1}——跨中挠度为δ_1时的等效荷载（N）；

F_{eq2}——跨中挠度为δ_2时的等效荷载（N）；

$D_{1\mathrm{f}}$——跨中挠度为δ_1时，纤维对混凝土所贡献的能量吸收值（N·mm）；

$D_{2\mathrm{f}}$——跨中挠度为δ_2时，纤维对混凝土所贡献的能量吸收值（N·mm）。

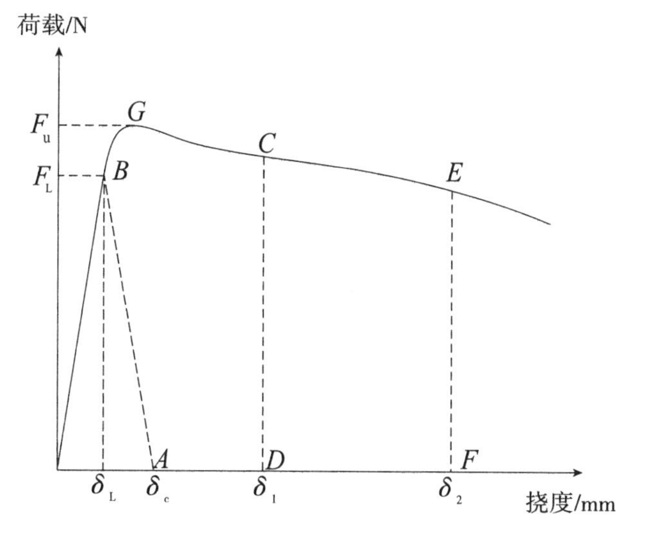

图9-27 RILEM TC 162-TDF标准计算示意图

2. 日本JSCE-SF4标准

日本JSCE-SF4标准属于强度法，提出了用弯曲韧性指数来衡量纤维混凝土的弯曲韧性，实质是把一定条件下的变形能力折算成平均抗弯强度。弯曲韧性指数计算公式为：

$$\Phi=\frac{T_{\mathrm{h}}}{\delta_{\mathrm{tk}}}\cdot\frac{t}{bh^{2}} \tag{9-12}$$

式中：Φ——弯曲韧性指数；

T_{h}——挠度为δ_{tk}时，荷载-挠度曲线下的面积；

δ_{tk}——给定挠度值为 $t/150$；

t、b、h——分别为梁试件的跨度、宽度和高度。

3. ACI544 委员会韧性指数法

此方法为能量比值法，用荷载-挠度曲线所包围的面积反映其韧性的大小，将钢纤维混凝土跨中挠度为 $L/160$ 时特征点对应的曲线面积与初裂时面积的比值作为韧性指数 ET，用来表征特征点以后的韧性特性。即弯曲韧性指数为：

$$ET=\frac{A_{1}+A_{2}}{A_{1}} \tag{9-13}$$

式中：ET——弯曲韧性指数；

A_1——从零点到初裂点时荷载-挠度曲线下的面积；

A_2——从初裂点到挠度为 $L/160$ 时荷载-挠度曲线下的面积。

4. 美国 ASTM C1609 标准

本节使用 ASTM C1609 韧性分析计算方法（旧版 ASTM C1080 和 JSCE－SF4 的更新）评估钢纤维混凝土的弯曲韧性，采用的是与荷载-挠度曲线相关的参数，如残余强度和韧性指标等。其中残余弯曲强度计算公式如下：

$$f=\frac{PL}{bd^{2}} \tag{9-14}$$

式中：P——荷载值，在荷载-挠度曲线中对应取值；

f——残余强度；

L——试件跨度；

b、d——对应的宽度和高度。

表 9－10 对比了各个计算方法的优缺点。

表 9－10　计算方法优缺点对照表

类型	优点	缺点
欧洲 RILEM TC 162－TDF 标准	物理意义明确，不需要寻找初裂点	不同尺寸试件分析困难，适用范围具有一定的局限性
日本 JSCE－SF4 标准	不需要寻找初裂点，计算方便	跨中计算挠度取值为 $L/150$，理论依据不充分

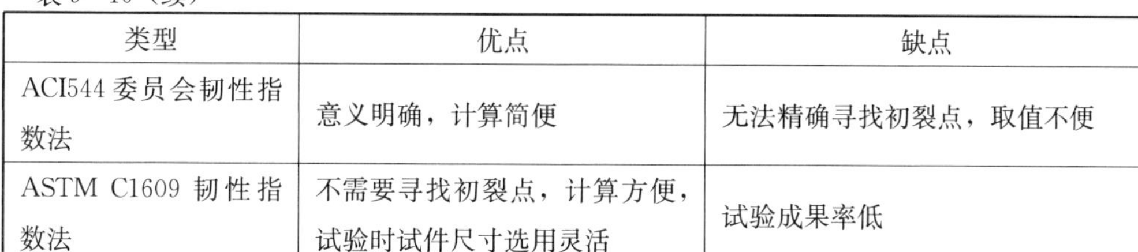

表9-10（续）

类型	优点	缺点
ACI544委员会韧性指数法	意义明确，计算简便	无法精确寻找初裂点，取值不便
ASTM C1609 韧性指数法	不需要寻找初裂点，计算方便，试验时试件尺寸选用灵活	试验成果率低

5. 试验结果分析

普通混凝土在承受弯曲荷载作用时，会迅速达到承载力极限，随后混凝土开裂，构件丧失承载能力，该破坏属于脆性破坏。由于脆性破坏没有明显预兆，因此不符合工程需要。钢纤维混凝土在受力过程中，会因为钢纤维的存在而产生应力重分布，具备良好的韧性，因此，其荷载-挠度曲线变化与普通混凝土会有明显不同。本次试验土要研究构件的抗弯性能，U表示浇筑面在上，D表示浇筑面在下，试验结果及分析如表9-11所示。

表9-11　抗弯性能计算结果

试件编号	P_{max}/kN	f_{max}/MPa	P_{600}/kN	f_{max}/MPa	P_{150}/kN	f_{150}/MPa	T_{150}/J
ASFRC-1.5%-U	97.72	29.32	88.45	26.53	82.11	24.63	16.90
SFRC-1.5%-D	79.98	23.99	76.66	23.00	54.09	16.23	12.56
ASFRC-2%-U	112.04	33.61	85.41	25.62	101.86	30.56	18.56
ASFRC-2%-D	94.38	28.31	92.02	27.60	76.99	23.10	16.77
SFRC-1.5%-U	44.83	13.45	45.12	13.54	21.62	6.48	7.15
ASFRC-1%-U	74.72	22.42	70.30	21.09	63.18	18.96	13.02
ASFRC-1%-D	61.51	18.45	61.10	18.33	49.92	14.98	10.32
SFRC-2%-D	49.20	14.76	46.35	13.90	42.41	12.72	8.72
SFRC-2%-U	49.88	14.96	24.78	7.43	15.91	4.77	4.80
SFRC-1%-U	44.67	13.40	41.79	12.54	22.43	6.73	6.86
ASFRC-0.5%-U	58.24	17.47	55.45	16.63	32.72	9.82	9.43
ASFRC-0.5%-D	32.47	9.74	18.29	5.49	14.21	4.26	3.46
SFRC-0.5%-U	35.73	10.72	15.66	4.70	7.38	2.21	2.83

注：P_{max}为峰值荷载，f_{max}为峰值强度，P_{600}为挠度$L/600$时的荷载，f_{600}为挠度$L/600$时的强度，P_{150}为挠度$L/150$的荷载，f_{150}为挠度$L/150$的强度，T_{150}为挠度$0\sim L/150$时荷载-挠度曲线下的面积。

图9-28中，ASFRC是指定向钢纤维混凝土试件，SFRC是指非定向钢纤维混凝土试件，本次试验总共设计了四组纤维分布不同的对照组，以探究定向后钢纤维混凝土的抗弯特性。

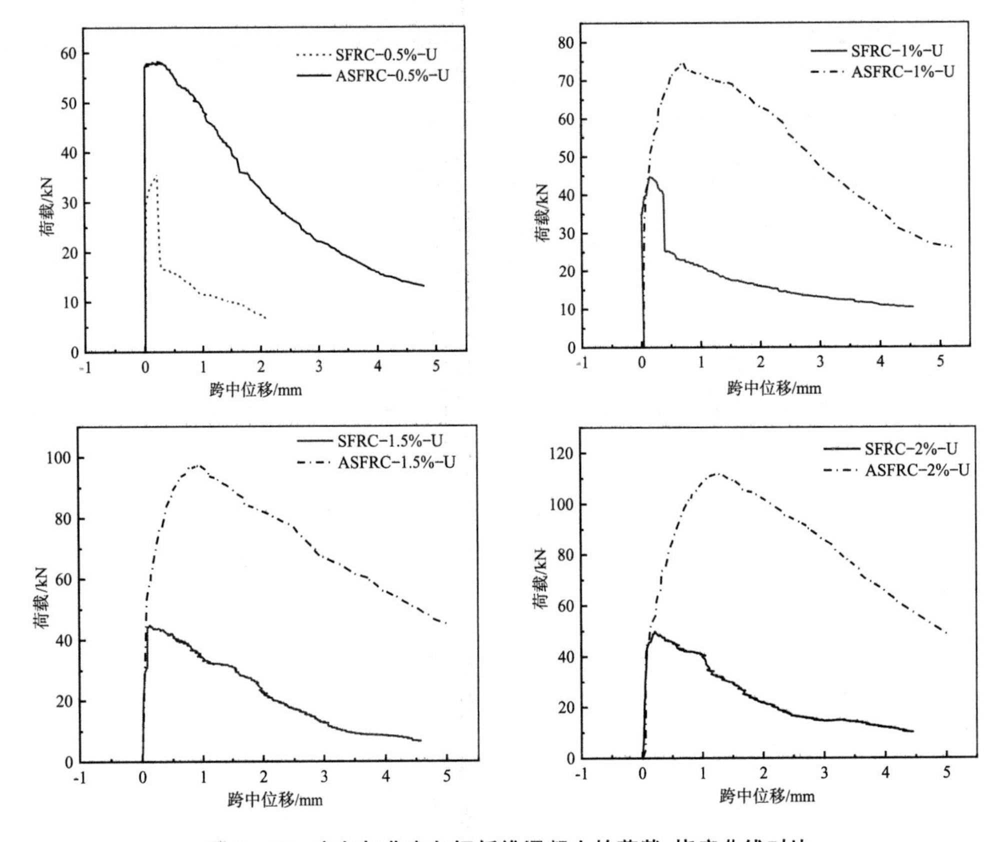

图 9-28　定向与非定向钢纤维混凝土的荷载-挠度曲线对比

钢纤维掺量为0.5%时，定向钢纤维混凝土试件的峰值荷载为58.24 kN，峰值强度 f_{max} 为17.47 MPa；非定向钢纤维混凝土试件的峰值荷载为35.73 kN，峰值强度 f_{max} 为 10.72 MPa。峰值强度 f_{max} 增长了 62.97%，残余强度 f_{150} 增长了344.34%。

钢纤维掺量为1%时，定向钢纤维混凝土试件的峰值荷载为74.72 kN，峰值强度 f_{max} 为22.42 MPa；非定向钢纤维混凝土试件的峰值荷载为44.67 kN，峰值强度 f_{max} 为13.40 MPa。峰值强度 f_{max} 增长了67.31%，残余强度 f_{150} 增长了181.72%。

钢纤维掺量提升至1.5%时，定向试件和非定向试件的峰值荷载分别为97.72 kN和44.83 kN，对应的峰值强度 f_{max} 分别为29.32 MPa和13.45 MPa，定向试件相比于非定向试件，峰值强度 f_{max} 增长了117.99%，残余强度 f_{150} 增长了280.29%。

钢纤维掺量达到2%后，峰值荷载分别增长至112.04 kN和49.88 kN，对应的峰值强度 f_{max} 分别增大到 33.61 MPa 和 14.96 MPa，峰值强度 f_{max} 增长了124.66%，残余强度 f_{150} 增长了540.67%，且弯曲韧性指数 T_{150} 也呈现出相同的增长趋势。

试验结果表明在混凝土基体中实现钢纤维的二维分布，在很大程度上可以大大提高传统非定向钢纤维混凝土构件的抗弯性能，提高钢纤维增强效果。相同掺量下，定向钢纤维技术在提升构件弯曲性能方面具有很大优势，在相同承载力的条件下，定向钢纤维技术可适当减少钢纤维掺量，起到控制成本的作用。

试件在浇筑时，由于基体的大流态特性，内部骨料以及钢纤维等会随着振捣而发生转移，浇筑成型后，底部的钢纤维密度会略大于上部，这一细微的不同往往会造成抗弯性能上的差异。在实际工程应用中，为了保证工程质量，浇筑时，对混凝土浆体进行振捣、夯实是整个施工过程中必不可少的施工工序，为了探究这一效应对构件抗弯性能的影响，在进行三点弯曲试验时，分别进行四组不同纤维掺量的浇筑面在上和浇筑面在下的试件性能测试，试验结果如图 9－29 所示。

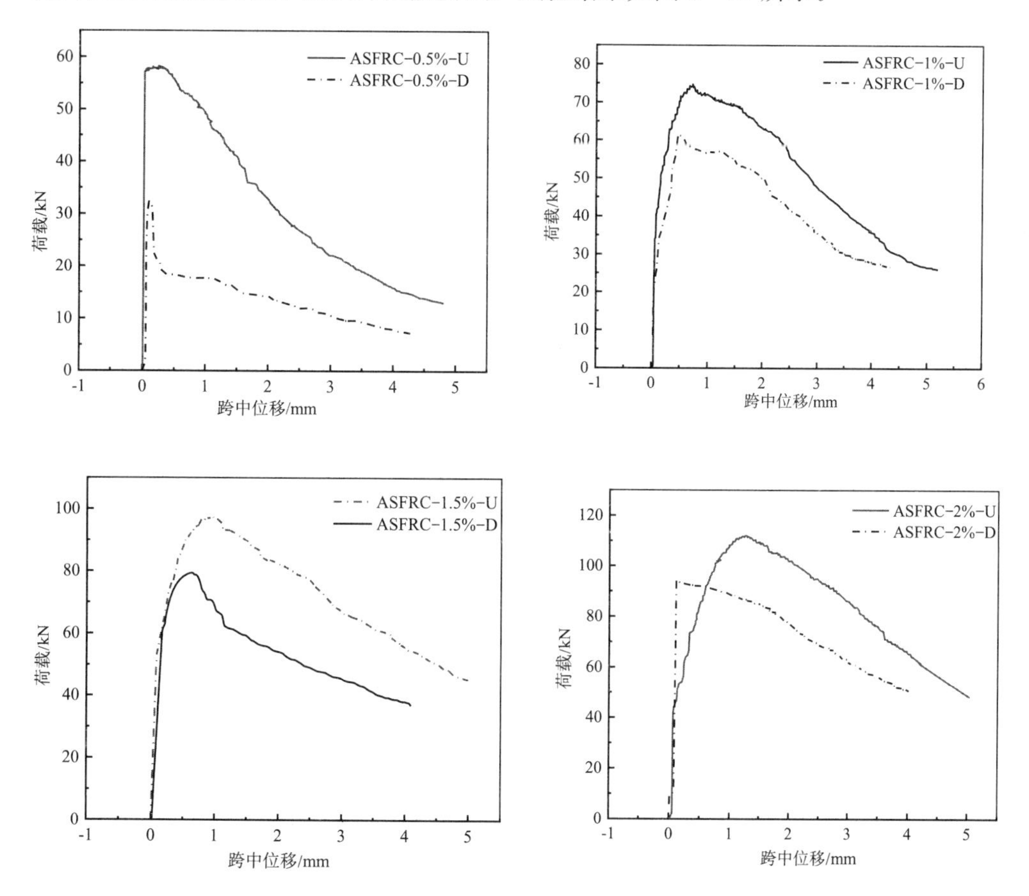

图 9－29　浇筑面在上与浇筑面在下的钢纤维混凝土的荷载-挠度曲线对比

钢纤维掺量为 0.5%时，浇筑面在上的峰值强度 f_{max} 比浇筑面在下的峰值强度增长 79.36%，残余强度 f_{150} 增长 130.99%，弯曲韧性指数 T_{150} 增大 172.54%；当钢纤维掺量为 1%时，对应各项参数相应增长了 21.51%、26.57%、26.16%；当钢纤维掺量为 1.5%时，对应各项参数相应增长了 22.22%、51.76%、34.55%；当钢纤维掺量为 2%时，对应各项参数相应增长了 18.72%、32.29%、10.67%。

从结果分析可以看出，在承受弯曲荷载时，浇筑面在上构件抗弯性能比浇筑面在下略有优势，但增势不大，掺量为0.5%时增势明显，可能是由于试验误差造成，在实际项目应用中，应充分考虑施工条件所带来的混凝土构件结构内部的差异，以充分发挥材料优势。

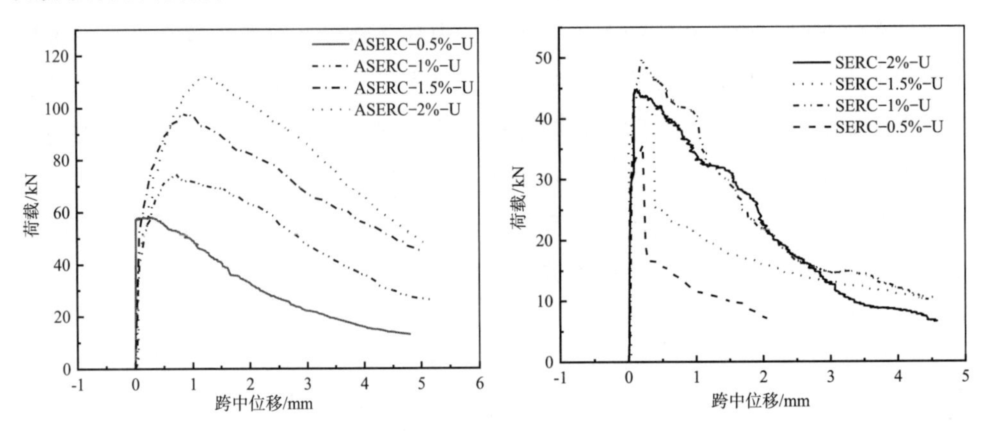

图 9-30　不同掺量钢纤维混凝土的荷载-挠度曲线

由图 9-30 和图 9-31 可以看出，对于定向钢纤维混凝土试件，在相同材料配合比下，随着纤维掺量的增多，峰值强度不断增大，当达到峰值荷载时，对应的跨中位移也随之增大。在相同掺量下，定向钢纤维混凝土试件曲线峰值远远大于非定向试件。定向试件在达到荷载峰值后，曲线下降缓慢，而对于非定向试件，则下降迅速。这表明，钢纤维定向后，钢纤维的二维分布增加了与拉应力方向平行的纤维数量，当构件开裂后，连接裂缝的钢纤维可代替混凝土继续承担拉应力。定向后的钢纤维，由于与裂缝垂直，增大了钢纤维与混凝土基质的锚固长度，可充分发挥钢纤维的连接作用，这一机制大大增加了试件的峰值强度 f_{max}、残余强度 f_{150} 以及弯曲韧性指数 T_{150}。从上述分析可以看出，定向钢纤维技术可以大大提升混凝土构件的抗弯韧性性能。

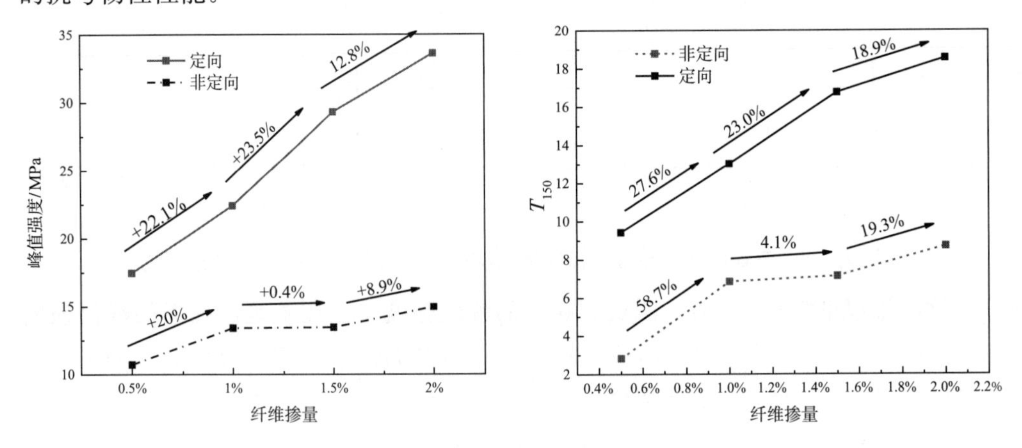

图 9-31　峰值强度与弯曲韧性指数 T_{150} 变化趋势图

9.3.4　定向钢纤维混凝土的劈裂抗拉性能

9.3.4.1　试验介绍和破坏形态分析

普通混凝土的抗拉强度往往只有抗压强度的 1/10～1/20，且比值随着强度的增加而减小，故在实际工程应用中，往往认为混凝土本身不具有抗拉能力。但是，抗拉强度是衡量混凝土结构抗裂能力的重要指标，因此，本试验将探究钢纤维对混凝土的抗拉性能产生的影响及其变化规律。通过劈裂抗拉试验来研究不同纤维方向上钢纤维混凝土试件的抗拉性能及变形特质，并与非定向钢纤维混凝土和普通混凝土的拉伸性能进行对比。详情请参考 5.2.4.2 力学性能测试方法。

本次试验试件边长为 100 mm，试验装置如图 9－32 所示，记录试件的最大施加荷载，由此获得劈裂抗拉强度。采用万能试验机进行加载，控制速率在 0.05 MPa/s，试件和仪器间垫置弧形钢制垫块，其半径为 75 mm。为了受力均匀，弧形钢制垫块与试件间还需加垫不可重复使用的宽 200 mm、厚 3 mm 的木质垫条。

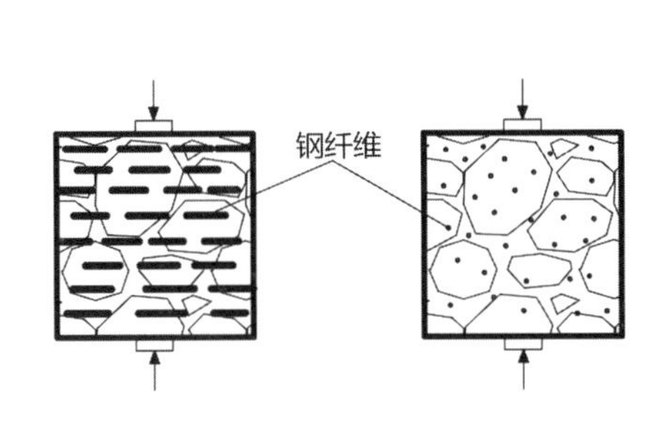

(a) 加载示意图

(b) 试验装置

图 9－32　劈裂抗拉试验加载示意及装置图

定向钢纤维混凝土在劈裂抗拉试验时，受拉应力作用，裂缝会经历产生、发展、不稳定乃至破坏的阶段。破坏阶段如图 9－33 所示。在产生阶段，钢纤维混凝土的表现与普通混凝土类似，主要承受荷载的是混凝土基体。随着荷载的逐步增大，裂缝进一步发展，裂缝处基体逐步退出工作，钢纤维越来越多地参与受力，其作用越发明显，相较于传统混凝土，钢纤维可以在裂缝产生后继续承载，延缓裂缝的开展。在定向钢纤维混凝土中，钢纤维呈现二维分布，分布与受力方向垂直，跨越裂缝的钢纤维增多，当拉应力达到抗拉强度极限时，钢纤维充分发挥其联结作用，之后被拔出丧失作用，最终起到提升混凝土劈裂抗拉性能的作用。不过，当荷载方向与纤维方向平行时，增强效果会显著削弱，钢纤维甚至会对劈裂抗拉性能产生负面影响。

图 9-33 破坏形态

9.3.4.2 劈裂抗拉强度计算方法

劈裂抗拉强度计算方法请参考 5.2.4.2 力学性能测试方法。

9.3.4.3 试验结果分析

为了保证试验精度以及对定向钢纤维混凝土试件的各向异性深入研究，试验针对不同钢纤维掺量的试件均测量了三个方向，相关试验数据如表 9-12 所示。

表 9-12 劈裂抗拉强度试验结果

试件类型	x 方向/MPa	y 方向/MPa	z 方向/MPa
无纤维试件	4.43	4.05	—
非定向试件（掺量 0.5%）	4.29	4.91	3.8
定向试件（掺量 0.5%）	8.61	3.7	3.75
非定向试件（掺量 1%）	6.54	4.58	4.92
定向试件（掺量 1%）	10.2	5.12	3.53
非定向试件（掺量 1.5%）	7.57	7.68	6.02
定向试件（掺量 1.5%）	11.44	3.04	5.5
非定向试件（掺量 2%）	7.48	7.59	6.66
定向试件（掺量 2%）	12.1	6.57	4.04

为了突出展示定向钢纤维混凝土各向异性的基本特征，需对其原始数据进行相关处理，如表 9-13 和图 9-34 所示。

表 9－13　劈裂抗拉强度分析

纤维掺量/%	x 方向/MPa	y 方向/MPa	非定向/MPa	定向 x 方向强度提高/%	定向 y 方向强度提高/%	非定向强度提高/%
0	4.24	—	—	0	0	0
0.5	8.61	3.73	4.33	103.07	－12.15	2.20
1	10.20	4.33	5.35	140.57	2.00	26.10
1.5	11.44	4.27	7.09	169.81	0.71	67.22
2	12.10	5.31	7.24	185.38	25.12	70.83

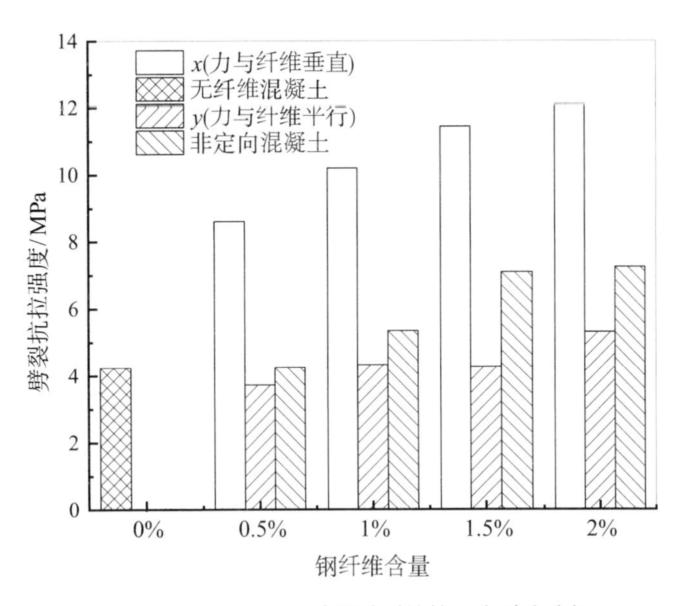

图 9－34　不同纤维掺量劈裂抗拉强度对比分析

从上述图表可以看出，加入钢纤维对于混凝土的劈裂抗拉强度会产生显著影响。其中，定向混凝土试件纤维增强方向的劈裂抗拉强度提高最为显著，而相比于非定向混凝土试件，定向混凝土试件非增强方向的劈裂抗拉强度则最低。纤维掺量为0.5%、1%、1.5%、2%时，非定向钢纤维混凝土试件的强度分别提升了2.2%、26.1%、67.22%、70.83%，而定向混凝土试件的纤维增强方向强度分别提升了103%、140%、170%、185%，非纤维增强方向的劈裂抗拉强度甚至有所降低。纤维在基体中的二维分布，是产生这种各向异性的主要原因，定向后的钢纤维在其裂缝产生后，与裂缝垂直方向的纤维则可以起到很好的连接效应，进而有效提高强度。若钢纤维方向与裂缝平行，由于钢纤维的存在，不仅无法提供连接作用，甚至还会减少原本混凝土试件的基体受力作用面积，进而影响原本基体间的连接，导致劈裂抗拉强度下降。定向钢纤维会增加与裂缝垂直纤维的数量，试件未开裂前，是钢纤维与基体共同参与受力。产生裂缝后，起连接作用的钢纤维会传递受力，产生应力重分布，削弱受损部位的应力，进而阻碍裂缝进一步开展，有效提高试件承受载荷的能力，纤维掺量的增加加上定向的作用，使得这一效应更加明显，在实际项目应用中，关键部位的纤维掺量可适当提高。

9.3.4.4 劈裂抗拉强度和抗压强度的关系分析

普通混凝土具有极强的抗压性能，但其抗拉性能极低，在目前的结构设计中往往忽略其抗拉性能。拉压比是劈裂抗拉强度与抗压强度的比值，在很大程度上可以反映混凝土材料的脆性性能。在普通混凝土中掺加钢纤维，可以大大改善混凝土材料的固有脆性特性，通过对劈裂抗拉强度与抗压强度关系的分析，可进一步分析对钢纤维混凝土材料的脆性性能改善情况。因此有必要通过试验对劈裂抗拉强度与抗压强度关系进行探讨。表 9-14 给出了本次试验立方体普通混凝土与钢纤维混凝土试件抗压强度与劈裂抗拉强度关系。

表 9-14 抗压强度与劈裂抗拉强度关系

试件种类	试验编号	抗压强度/MPa	劈裂抗拉强度/MPa	拉压比
非定向试件	SFRC-0.5%	45.103	4.33	1/10.4
	SFRC-1%	47.89	5.35	1/9.0
	SFRC-1.5%	55.87	7.09	1/7.9
	SFRC-2%	52.617	7.24	1/7.3
纤维增强方向	ASFRC-0.5%	54.985	8.61	1/6.4
	ASFRC-1%	61.775	10.2	1/6.1
	ASFRC-1.5%	65.035	11.44	1/5.7
	ASFRC-2%	73.97	12.1	1/6.1
非纤维增强方向	ASFRC-0.5%	43.84	3.73	1/11.8
	ASFRC-1%	46.01	4.33	1/10.6
	ASFRC-1.5%	52.53	4.27	1/12.3
	ASFRC-2%	49.25	5.31	1/9.3

表 9-14 和图 9-35 分别给出了抗压强度与劈裂抗拉强度之间的关系以及钢纤维掺量与拉压比之间的关系，可以看出，加入钢纤维后混凝土的抗压性能以及劈裂抗拉性能均得到改善，随抗压强度的提高，劈裂抗拉强度也随之提高。相同掺量情况下，定向后纤维增强方向的拉压比要远大于非定向的拉压比，非定向的拉压比也明显大于非纤维增强方向的拉压比，这进一步说明定向钢纤维试件在纤维增强方向上力学性能的优越性，且随着钢纤维掺量的增加，拉压比呈现增长趋势，非纤维增强方向增长曲线异常，可能是由试验误差造成。由此可见，钢纤维的加入能有效约束混凝土裂缝的

发展，进而提高混凝土的力学性能。钢纤维良好的抗拉性能刚好可以弥补混凝土抗拉不足的缺陷，钢纤维掺量越高，分布越均匀，参与受力数量越多，则更能发挥其优势，改善抗拉性能和韧性性能，提高拉压比，减少甚至避免混凝土结构的脆性破坏。

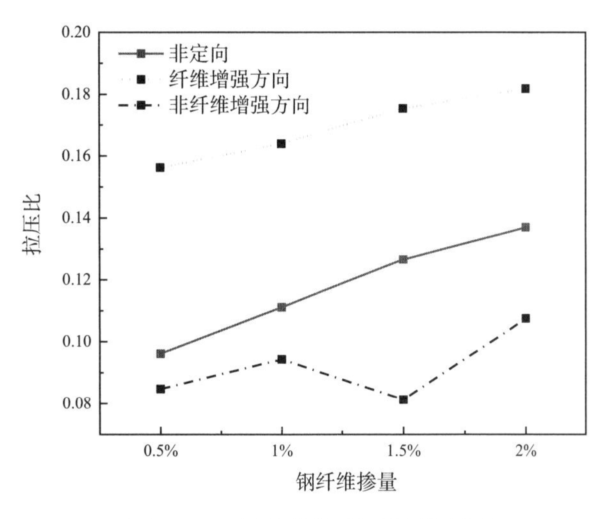

图 9-35　钢纤维掺量与拉压比关系

9.4　定向钢纤维混凝土的形貌与增强机制

9.4.1　定向钢纤维混凝土的断面形貌

9.4.1.1　抗压强度试验

试验设计制作 9 块 100 mm×100 mm×100 mm 的立方体非标准试件，试件尺寸误差和承压面平整度符合规范要求，分别设置无纤维（PC）试件、非定向钢纤维混凝土（SFRC）试件、定向钢纤维混凝土（ASFRC）试件三个对照组。试验方法请参考 3.2.4.2 基本力学试验，并测试立方体抗压强度的各向异性。抗压强度试验测试时，加载方向与钢纤维长度方向平行时为非纤维增强方向，加载方向垂直于钢纤维长度方向时为纤维增强方向，采用 100 t 万能试验机进行加载，通过应力进行控制，加载速率控制在 0.6 MPa/s，记录施加的最大荷载。

试验装置的形貌如图 9-36 所示。通过观察试件在整个加载过程中发生的形变和开裂等实验现象，可以发现钢纤维混凝土受压试件的破坏可大致分为四个阶段，第一阶段主要是基体在受力过程中发生微变形，产生的主要原因是闭合在混凝土内部、在浇筑过程中随机产生的微裂缝和气泡。第二阶段，试件在受力过程中会发生弹性形变，混凝土基体未出现开裂现象，这一过程钢纤维并未直接参与受力，主要是基体发生线弹性响应。第三阶段发生的主要特征是，试件中微裂缝持续发展，钢纤维参与受力对裂缝的发展起到抑制作用，该阶段末，试件抗压强度会达到峰值。

第四阶段即为破坏阶段，该阶段裂缝贯通，呈现出不稳定发展的状态，但由于钢纤维的存在，会进一步提高试件的韧性性能，在其受压破坏时，宏观上仍可保持完整，不会产生零落的碎块。钢纤维混凝土受压试件的破坏形态如图 9－37 所示。

图 9－36 试验装置

图 9－37 破坏形态

9.4.1.2 劈裂抗拉试验

科学研究发现，普通混凝土的抗拉强度往往只有抗压强度的 1/10～1/20，且强度越高，该比值越低，故在实际工程应用中，往往认为混凝土本身不具有抗拉能力。抗拉强度在结构设计中是衡量混凝土结构抗裂能力的重要指标，钢纤维的加入对混凝土的抗拉性能产生一定的影响，本次试验，旨在探究这一性能变化的规律。采用劈裂抗拉试验来研究不同纤维方向定向钢纤维混凝土试件的抗拉性能和变形特征，并与非定向钢纤维混凝土和普通混凝土的拉伸性能作对照，相关操作需参照有关规范标准。本次试验试件边长为 100 mm，试验装置如图 9－38 所示，记录试件的最大施加荷载，从而求得劈裂抗拉强度。采用万能试验机进行加载，控制速率在 0.05 MPa/s，试件和仪器间垫置弧形钢制垫块，其半径为 75 mm。为了受力均匀，弧形钢制垫块与试件间还需加垫不可重复使用的宽 200 mm、厚 3 mm 的木质垫条。破坏形态如图 9－39 所示。

图 9-38　试验装置

图 9-39　破坏形态

定向钢纤维混凝土试件在进行劈裂抗拉试验时，在拉应力的作用下，裂缝会经历产生、发展、最终不稳定发展直至试件破坏三个阶段。跟传统混凝土构件一样，在受力初期，承担荷载的主要是混凝土基质，钢纤维的作用在初期往往体现不出。随着荷载的增大，拉应力作用效果越来越明显，钢纤维会逐渐参与受力，原本基体所承担的所有拉应力逐步向钢纤维转移。从最初裂缝产生直至试件完全破坏，钢纤维的作用也越发明显，相比于普通混凝土，在受拉产生裂缝后，由于钢纤维的存在，连接裂缝两侧，使得试件能够在产生裂缝后继续承担荷载作用，可缓解裂缝的发展。定向钢纤维混凝土试件，由于其钢纤维的二维分布，当其垂直受力方向分布时，会使得跨越裂缝的钢纤维数量增多。当达到劈裂抗拉强度限值时，跨越裂缝的钢纤维会充分发挥连接效应，直至最终被拔出而失去作用，提升了钢纤维混凝土的劈裂抗拉性能。但当荷载方向与钢纤维方向平行时，这一增强效果将会显著削减，钢纤维的存在往往会对其劈裂抗拉性能产生负面影响。

9.4.1.3　抗弯试验

依据《纤维混凝土试验方法标准》(CECS 13：2009) 与《混凝土物理力学性能试验方法标准》(GB/T 50081—2019) 中关于钢纤维混凝土抗弯试验的相关要求，设计试件尺寸为 100 mm×100 mm×400 mm 且标准养护的梁试件。如图 9-40 所示，采用简支梁三分点对称加载的方法，支座两端是 50 mm，中间等分为 100 mm。由于钢纤维在制作试件的过程中会因为振动等原因而出现沉积现象，因此本试验将分别进行浇筑面在上和在下的测试。试验仪器为 1 000 kN 电伺服万能试验机，控制 0.1 m/min 的速率进行加载，记录数据并绘制荷载-挠度曲线，钢纤维混凝土的弯曲韧性以曲线面积来判断。裂缝细节如图 9-41 所示。

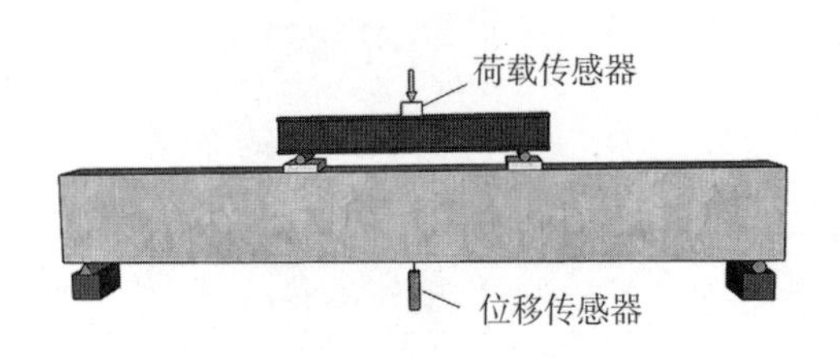

图 9－40 试验装置

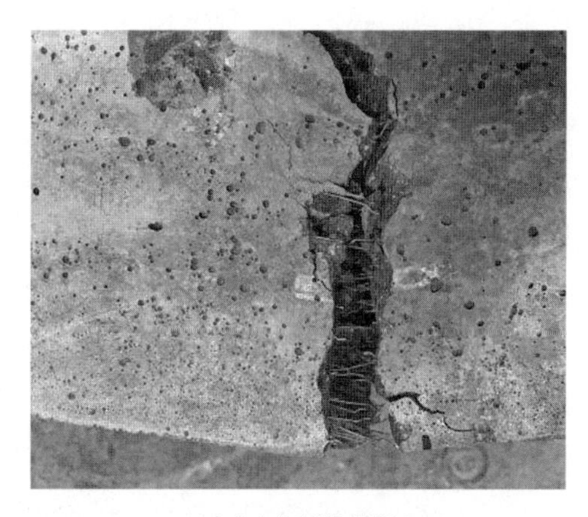

(a) 定向钢纤维混凝土

(b) 非定向钢纤维混凝土

图 9－41 裂缝细节

未开裂阶段，钢纤维混凝土试件与普通混凝土试件类似，都处于弹性阶段，荷载-挠度曲线呈现线性变化，随着荷载增加，跨中部分出现一些微裂缝，纤维更多地参与受力，与混凝土共同工作、协调变形。

裂缝发展阶段，随着荷载的不断增加，跨越裂缝的钢纤维承受的力不断增加，然后裂缝进一步加深，开裂的基体退出工作，钢纤维被拔出，但由于钢纤维的阻碍作用，试件的承载力并未受到严重影响，当最外层的钢纤维被全部拔出时，认为此时荷载达到最大值。由于定向钢纤维在基体中多呈现为二维分布形式，跨越裂缝的钢纤维数量更多，因此在相同条件下，定向钢纤维混凝土试件的承载力大于非定向钢纤维混凝土试件。由图 9－41 可知，开裂时，定向钢纤维混凝土试件中与断裂面垂直的钢纤维数量更多，这是影响承载力的重要因素之一。

9.4.2　定向钢纤维混凝土的增强机制

9.4.2.1　复合材料力学理论

复合材料是人们运用先进的材料制备技术将不同性质的材料组分优化组合而成的新材料。复合材料力学的目的是研究复合材料在不同载荷和环境条件下的机械行为。当复合材料力学[34]这一理论用于分析纤维增强混凝土时，需满足基体处于弹性变形阶段这一假定，纤维连续且均匀排列，二者视为二相体系，具有良好的变形协调性能，如图 9-42 所示。此时，可用下式计算顺向连续纤维复合材料的平均应力和弹性模量：

$$f_c=f_f\rho_f+f_m\rho_m=f_f\rho_f+f_m(1-\rho_f) \tag{9-15}$$

复合材料的弹性模量 E_c是

$$\begin{aligned}\frac{df_c}{dc_c}&=\frac{\partial(f_f\rho_f)}{\partial f_f}\frac{df_f}{dc_c}+\frac{\partial(f_f\rho_i)}{\partial\rho_f}\frac{d\rho_f}{dc_c}+\\&\quad\frac{\partial(f_m\rho_m)}{\partial f_m}\frac{df_m}{d\varepsilon_c}+\frac{\partial(f_m\rho_m)}{\partial\rho_m}\frac{d\rho_m}{d\varepsilon_c}\\&=\rho_i\frac{df_f}{d\varepsilon_c}+f_f\frac{d\rho_f}{d\varepsilon_c}+\rho_m\frac{df_m}{d\varepsilon_c}+f_m\frac{d\rho_m}{d\varepsilon_c}\end{aligned} \tag{9-16}$$

由于

$$\frac{d\rho_f}{d\varepsilon_c}=0,\ \frac{d\rho_m}{d\varepsilon_c}=0,\ d\varepsilon_c=d\varepsilon_f=d\varepsilon_m \tag{9-17}$$

故

$$E_c=E_f\rho_f+E_m\rho_m=E_f\rho_f+E_m(1-\rho_f) \tag{9-18}$$

式中：f_c、E_c——复合材料的平均应力、弹性模量；

f_m、E_m、ρ_m——基底的应力、弹性模量、体积率；

f_f、E_f、ρ_f——纤维的应力、弹性模量、体积率；

ε_c——复合材料的应变；

ε_m——基体的应变；

ε_f——纤维的应变。

上式表明，在弹性范围内，纤维混凝土的力学性能与各相材料各自的性能密切相关。

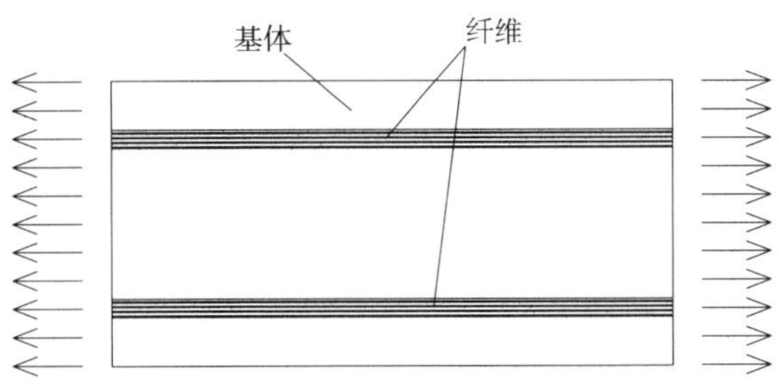

图 9-42　复合材料受力情况示意图

9.4.2.2 纤维间距理论

Romualdi 和 Batson 等[35]于 1963 年率先提出纤维间距理论。根据纤维间距理论，钢纤维可以对裂缝尖端起到反向应力强度因子的作用，缓解了裂缝尖端的应力集中，并且这种增强效果随着纤维间距减小变得更加明显。依据这一理论，众多专家学者进行了深入探讨。根据 Griffith 理论，提出了相关计算数学模型：

$$K_T = K_\sigma - K_f = \frac{2\sqrt{\alpha}}{\pi}(\sigma_f - \tau_u) \tag{9-19}$$

式中：K_T——复合材料应力强度因子；

K_σ——外力作用下无钢纤维时的应力强度因子；

K_f——钢纤维掺入后黏结力 τ 产生的应力强度因子；

α——裂纹的半长；

σ_f——沿纤维方向施加的均匀拉应力；

τ_u——纤维阻裂产生的反向应力。

设K_{IC}为临界应力强度因子，当$K_T \geqslant K_{IC}$时，材料发生断裂破坏。

Romualdi 通过实验得出了钢纤维混凝土抗拉强度公式：

$$\sigma_{ct} = \frac{K_{IC}}{\beta\sqrt{a}} \tag{9-20}$$

式中：σ_{ct}——钢纤维混凝土的抗拉强度；

β——与裂缝形状有关的常数；

a——纤维的平均间距。

根据试验结果，利用纤维间距理论，小林一辅给出了一个半经验性的抗拉强度公式，用于计算钢纤维混凝土的强度：

$$\sigma_{ct} = k\left(\frac{1}{s} - \frac{1}{s_c}\right) + \sigma_{mt} \tag{9-21}$$

式中：s——钢纤维的平均间距；

k——与钢纤维黏结有关的参数；

s_c——钢纤维产生增强效果的最大间距；

σ_{mt}——混凝土基体的抗拉强度。

纤维间距理论是一种普遍的钢纤维混凝土经验型增强理论，存在着一些明显缺陷，只能简单地阐述物理上的增强原理。

9.4.2.3 多缝开裂理论

1971 年，Aveston[36]提出了多缝开裂理论，理论阐明了当基体出现开裂时，纤维将承担全部荷载，应力通过纤维进行重分布，有助于形成数量众多、大致等距的微小裂缝，而非单缝开裂，因此起到了改善材料力学性能的作用。纤维的平均应变等于恒定应力E_c下复合材料单位长度的伸长率。

$$\Delta\varepsilon_c = 0.5\sigma_{mal}\frac{V_m}{V_f}\frac{1}{E_f} = \frac{\alpha\varepsilon_{mu}}{2} \tag{9-22}$$

式中：$\Delta\varepsilon_c$——纤维的平均应变；

σ_{mal}——基体的极限应力；

ε_{mu}——基体的极限应变；

$\alpha = E_m V_m / E_f V_f$。

当基体应变减小到0.2%时，裂缝宽度W为：

$$W = 2x_1\left(\frac{\alpha\varepsilon_{mu}}{2} + \frac{\varepsilon_{mu}}{2}\right) \tag{9-23}$$

式中：x_1——基体开裂荷载由纤维传回基体所需的距离。

材料多处裂缝对本身的力学性能改善是有益的，通过多个裂缝，吸收能量，可以消散外力做功，从而确保其具有高延性特性。

9.5 定向钢纤维混凝土环保可持续性评价

长期以来，普通混凝土始终存在三个严重问题：消耗大量资源、对环境产生负面影响以及耐久性不足。传统混凝土需要使用大量水泥，平均每吨混凝土需要消耗0.40～0.45吨水泥，而每吨水泥需要大约2吨石灰岩和页岩，并且在电能、热能以及运输方面消耗约40亿焦的能源。同时，在生产水泥的过程中，会产生大量温室气体和有害气体，其中，二氧化碳和氮氧化物尤为明显，对环境产生严重的负面影响。此外，混凝土耐久性差是一个亟待解决的问题，国内外经常出现因混凝土耐久性差而引发的问题，每年在混凝土维养方面都需要消耗大量的资金和人力。

铁作为一种重要的金属资源，在工程领域中是不可忽视的资源，以2018年的数据为例，我国重点钢铁生产企业的吨钢综合能耗达到555千焦/吨，国内主要的能源来源依旧是煤炭，而煤炭的燃烧难免带来大量的二氧化碳、含硫氧化物等物质，这些物质将加剧温室效应，污染环境。因此，通过对定向钢纤维混凝土的深入研究，有助于指导钢纤维数量、分布和形式的精准设计，避免钢材的无序使用，提高资源利用率，减少钢材生产、运输和使用过程中引起的能耗和污染。

如图9-43和图9-44所示，相较于普通混凝土，钢纤维混凝土在立方体抗压强度、劈裂抗拉强度和抗弯韧性性能等方面更具优势。定向钢纤维混凝土试件与非定向钢纤维混凝土试件相比，当钢纤维掺量分别为0.5%、1%、1.5%、2%时，钢纤维增强方向抗压强度分别提升了21.9%、29.0%、16.4%和40.6%，定向钢纤维技术对混凝土的增强效果大于其对混凝土结构造成内部缺陷所引起的强度下降。随着钢纤维掺量的增加，增强效果会有所变化，但是，在钢纤维掺量相同的情况下，定向钢纤维较非定向钢纤维更能发挥材料的性能。钢纤维定向后，在钢纤维增强方

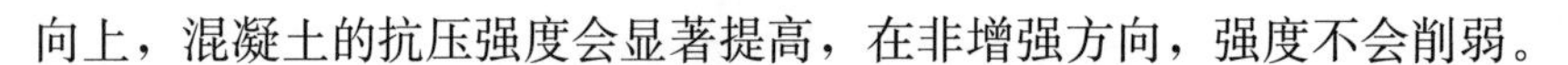
向上，混凝土的抗压强度会显著提高，在非增强方向，强度不会削弱。

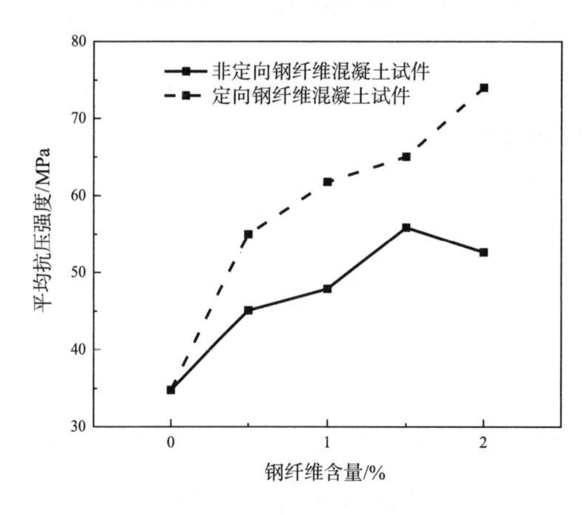

图 9－43　定向/非定向钢纤维混凝土试件抗压强度

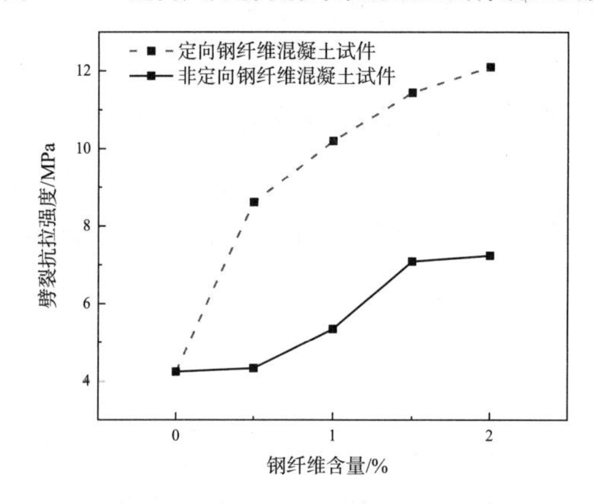

图 9－44　定向/非定向钢纤维混凝土试件劈裂抗拉强度

如图 9－43 所示，定向钢纤维混凝土试件的平均抗压强度明显大于非定向钢纤维混凝土试件，并且前者在一定范围内随钢纤维含量的增加而迅速增加。定向钢纤维含量为 0.5％的试件的抗压强度，与非定向钢纤维含量为 1.5％的试件大致相当，说明定向钢纤维混凝土试件可以在相同的强度要求下，使用更少的钢材或混凝土，根据上述材料，钢材或混凝土的减少将有助于节能减排，既降低原材料的成本，也减少污染物的排放，具有重要的现实意义。江苏省泗阳混凝土制品厂曾比较过钢纤维混凝土泵管、钢板泵管、铸铁泵管、自应力水泥泵管和钢筋混凝土泵管，结果发现钢板泵管和铸铁泵管耗钢量最大，钢纤维混凝土泵管的用钢量最小。

如图 9－44 所示，定向钢纤维混凝土试件的纤维增强方向劈裂抗拉强度分别提升了 103％、140％、170％和 185％，定向钢纤维增加了与裂缝垂直的钢纤维的数量，试件未开裂前，是钢纤维与基体共同参与受力。产生裂缝后，钢纤维的连接作用则会传递受力，产生应力重分布，削弱受损部位的应力，进而阻碍裂缝的进一步开展，有效提高试件承受载荷的能力，钢纤维掺量的增加加上定向的作用，使得这一效应更加明显。

因此，相较于非定向钢纤维混凝土，定向钢纤维混凝土可以在保持强度不变的情况下，减少混凝土用量，也可以在维持混凝土用量的情况下，减少钢纤维的用量。钢材和水泥的生产过程中会产生大量的二氧化碳等温室气体，对环境会造成负面影响，因此，定向钢纤维混凝土可以起到减少温室气体排放、保护环境的作用。

由于钢纤维的存在，混凝土在发生破坏时，表现出的破坏形式是延性破坏，符合实际工程的要求。在混凝土基体中实现钢纤维的二维分布在很大程度上可以大大提升传统非定向钢纤维混凝土构件的抗弯性能。相同掺量下，定向钢纤维技术对于提升构件弯曲性能有着很重要的作用，在相同承载力的条件下，定向钢纤维技术可适当减少钢纤维掺量，起到控制成本、节能减排的作用。

此外，在钢纤维掺量一定的情况下，定向钢纤维混凝土试件的荷载-挠度曲线更加饱满，峰值荷载更大，相较于浇筑面在下的试件，浇筑面在上的试件在抗弯性能方面更优，因此，在强度要求一定时，可以适当减少钢材或混凝土的用量，在试件大小、钢材用量一定时，试件的强度更高，构件更加安全可靠。综合来看，钢纤维的加入以及定向排布都可以提高混凝土材料的力学性能，根据工程实际，利用材料的各向异性，避免材料出现脆性破坏，避免产生过大变形而导致不能继续工作，避免材料性能浪费，有助于提高工程的安全性和耐久性，使结构能够在规定的施工、使用和养护条件下承受各种可能出现的荷载作用，并在设计规定的偶然事件发生时，仍能保持必需的整体稳定性，还能保持材料的风化、老化和腐蚀等不超过一定的限度。

9.6 小结

1）随着社会的快速发展，工程对混凝土的要求越来越严苛，由于材料本身存在脆性缺陷，而纤维混凝土可以有效改善材料易开裂的问题，因此，海内外专家学者对纤维混凝土开展了不同程度的研究，其中，钢纤维混凝土尤为突出，这是因为：

（1）混凝土硬化后，钢筋和混凝土之间可以产生良好的黏结力，使二者能够在外荷载作用下协调变形、共同工作。

（2）混凝土和钢纤维之间的线膨胀系数相近，二者不会因为温度变化而产生相对变形，避免黏结破坏。

（3）钢纤维被混凝土包裹，可以避免钢纤维的锈蚀，从而提高钢纤维混凝土的耐久性。

2）本章研究了大流态混凝土的制备方法，对原材料和配合比进行了相关设计，通过测试坍落扩展度，评估大流态混凝土的新拌性能，分析磁场力作用下钢纤维的受力原理，制作磁场定向装置。通过理论分析，大致确定出将基体置于磁场中20～30 s即可实现钢纤维的定向操作，并根据试验目的设计了所需试验试件的相关尺寸和实验变量，针对制作过程进行了深入探讨。

3）本章通过配制透明混凝土替代物，实现了钢纤维在混凝土基体中的定向过程可视化，并基于电磁感应法，对钢纤维定向效果进行了检测，可以得到以下结论：

（1）透明卡波姆凝胶浆体可模拟出混凝土基体的基本物理性能。质量分数为0.13%的卡波姆凝胶浆体的黏度性能与试验的水泥浆体黏度性能类似，可以用来替代试验所用非透明混凝土浆体。

（2）在试验电压为70 V、电流为20 A时，定向26 s，基体中的钢纤维可基本完成定向转动，混凝土基体中的骨料颗粒会对定向效果产生一定的影响。

（3）通过电磁感应法对试件进行检测可以看出，非定向钢纤维混凝土试件的电感增量在三个方向上基本一致，定向后，会产生巨大变化，由于钢纤维的二维分布，增大了磁通面，某方向上的电感增量会远大于其他方向。

4）钢纤维混凝土在立方体抗压强度、劈裂抗拉强度和抗弯韧性性能方面相比于普通混凝土有着明显的优势，钢纤维定向更是充分发挥了钢纤维的增强效果。钢纤维掺量不同，对抗压强度、劈裂抗拉强度以及抗弯韧性性能的影响不同，钢纤维定向后，承受外力荷载作用时空间方向上呈现出各向异性。

（1）随着钢纤维掺量的增加，定向钢纤维混凝土试件在纤维增强方向的立方体抗压强度、劈裂抗拉强度也随之增加，整体上钢纤维增强方向上的增强效果大于非定向钢纤维混凝土，非定向钢纤维混凝土的增强效果大于非增强方向的增强效果，且拉压比随着钢纤维掺量的增加而增加。

（2）抗弯韧性性能随着钢纤维掺量的增加而增大，相同掺量下，定向钢纤维混凝土试件的抗弯韧性性能优于非定向钢纤维混凝土试件的抗弯韧性性能，浇筑面在上的钢纤维混凝土试件的抗弯韧性性能优于浇筑面在下的钢纤维混凝土试件的抗弯韧性性能。

参考文献

[1] 叶见曙. 普通高等教育土建学科专业“十五”规划教材　结构设计原理 [M]. 2版. 北京：人民交通出版社，2005.

[2] PATHANS K. Torsional test study of steel fiber concrete members [J]. Journal of Progress in Civil Engineering，2020，2 (3)：92 - 97.

[3] SANAL I，ZIHNIOGLU N O. To what extent does the fiber orientation affect mechanical performance? [J]. Construction and Building Materials，2013，44：671 - 681.

[4] LIU Z，WORLEY R，DU F，et al. Avalanches during flexure of early-age steel fiber rein-

forced concrete beams [J]. Materials and Structures, 2020, 53 (4): 1-20.

[5] SHUBIN I L, DORF V A, KRASNOVSKIJ R O, et al. Study of the thermophysical characteristics of steel fiber reinforced concrete [C]. Wollerau, Switzerland: Trans Tech Publications Ltd, 2020.

[6] SILVA R N, TSURUTA K M, RABELO D S, et al. Impedance-based structural health monitoring applied to steel fiber-reinforced concrete structures [J]. Journal of the Brazilian Society of Mechanical Sciences and Engineering, 2020, 42 (7): 1-15.

[7] SURIANINOV M, NEUTOV S, KORNEEVA I, et al. Study and comparison of characteristics of models of hollow-core slabs, reinforced concrete and steel-fiber concrete [C]. Wollerau, Switzerland: Trans Tech Publications Ltd, 2020.

[8] YOUSSARI F Z, TALEB O, BENOSMAN A S. Towards understanding the behavior of fiber-reinforced concrete in aggressive environments: Acid attacks and leaching [J]. Construction and Building Materials, 2023, 368: 130444.

[9] 卿龙邦，聂雅彤，慕儒. 钢纤维对水泥基复合材料抗起裂特性的影响 [J]. 复合材料学报，2017，34 (8)：8.

[10] 张仓. 钢纤维混凝土基本力学性能试验研究 [J]. 山西建筑，2020，46 (22)：3.

[11] 马伟. 钢纤维混凝土在现浇预应力混凝土桥梁中的应用 [J]. 工程技术研究，2020，5 (17)：2.

[12] SANAL I. Effect of shear span-to-depth ratio on mechanical performance and cracking behavior of high strength steel fiber-reinforced concrete beams without conventional reinforcement [J]. Mechanics of Advanced Materials and Structures, 2020, 27 (21): 1849-1864.

[13] VEGESANA K R, KILLAMSETTY S R. Compressive behaviour of steel fiber reinforced concrete exposed to chemical attack [J]. American Journal of Construction and Building Materials, 2020, 4 (1): 27-32.

[14] MYOUNG C, KANG S T, BANG L, et al. Improvement in predicting the post-cracking tensile behavior of ultra-high performance cementitious composites based on fiber orientation distribution [J]. Materials, 2016, 9 (10): 829.

[15] CAO Y Y Y, YU Q L. Effect of inclination angle on hooked end steel fiber pullout behavior in ultra-high performance concrete [J]. Composite Structures, 2018, 201: 151-160.

[16] 魏积义. 钢纤维混凝土的纤维配向对其力学性能影响的试验及理论分析 [J]. 沈阳建筑工程学院学报，1987 (增刊1)：58-63.

[17] 慕儒，林建军，赵全明，等. 单向分布钢纤维混凝土的力学性能研究 [J]. 混凝土与水泥制品，2014 (4)：3.

[18] 慕儒，赵全明，田稳苓. 单向分布钢纤维增强水泥浆的制备与性能研究 [J]. 河北工业大学学报，2012，41 (2)：4.

[19] 慕儒，马艳奉，李辉，等. 定向钢纤维混凝土中的钢纤维分布 X-ray CT 分析 [J]. 电子显微学报，2015，34 (6)：5.

[20] 刘博雄. 定向钢纤维增强水泥基复合材料的断裂特性及理论模型研究 [D]. 天津：河北工业大学，2018.
[21] 王泽东. 定向钢纤维增强水泥基复合材料剪切与劈拉性能试验研究 [D]. 天津：河北工业大学，2018.
[22] 魏栾苏. 定向钢纤维增强水泥基复合材料弯曲疲劳性能研究 [D]. 天津：河北工业大学，2018.
[23] 葛志明. 定向钢纤维增强水泥基复合材料轴拉力学性能研究 [D]. 天津：河北工业大学，2017.
[24] 喻渴来，卿龙邦，王苗. 定向钢纤维增强水泥基复合材料断裂特性模拟分析 [J]. 硅酸盐通报，2018，37 (3)：8.
[25] 范树华，覃霜，丁一宁. 钢纤维在梁截面的分布及其对混凝土梁弯曲韧性的影响 [J]. 工业建筑，2013，43 (2)：6.
[26] 李长风，刘加平，刘建忠，等. 纤维增强混凝土中纤维分布表征及调控的研究进展 [J]. 混凝土，2014 (7)：6.
[27] FAIFER M，OTTOBONI R，TOSCANI S，et al. Nondestructive testing of steel-fiber-reinforced concrete using a magnetic approach [J]. IEEE Transactions on Instrumentation & Measurement，2011，60 (5)：1709 - 1717.
[28] VAN D S，FRANCHOIS A，De ZUTTER D，et al. Nondestructive determination of the steel fiber content in concrete slabs with an open-ended coaxial probe [J]. IEEE Transactions on Geoscience and Remote Sensing，2004，42 (11)：2511 - 2521.
[29] 宋贺月，丁一宁. 钢纤维在混凝土基体中空间分布的研究方法评述 [J]. 材料科学与工程学报，2015，33 (5)：768 - 775.
[30] 钢纤维混凝土结构设计标准：JGJ/T 465—2019 [S]. 北京：中国建筑工业出版社，2019.
[31] 宋贺月. 钢纤维在混凝土基体中的分布规律及与韧性的关系 [D]. 大连：大连理工大学，2016.
[32] 叶芳，赵鹏，施俊航，等. 基于电磁感应原理的钢筋钢纤维混凝土无损检测方法研究 [J]. 混凝土与水泥品，2024 (4)：77 - 81.
[33] CAVALARO S H P，LOPEZ R，TORRENTS J M，et al. Improved assessment of fibre content and orientation with inductive method in SFRC [J]. Materials and Structures，2015，48：1859 - 1873.
[34] 苑辉. 钢纤维混凝土的力学性能及韧性计算公式的研究 [D]. 阜新：辽宁工程技术大学，2006.
[35] ROMUALDI J P，BATSON G B. Mechanics of crack arrest in concrete [J]. Journal of the Engineering Mechanics Division，1963，89 (3)：147 - 168.
[36] AVESTONJ. The properties of fiber composites：Conference Proceedings，National Physical Laboratory [C]. [S. l.]：IPC Science and Technology Press，1971.

第 10 章　环保型纤维增强高性能混凝土的未来

如今，工程材料的种类日益繁多，随着桥梁跨度增加、建筑高度增加、隧道埋深加大以及施工环境日益复杂化，人们对工程材料的要求越来越严苛，与此同时，地球环境正逐渐恶化，诸如全球变暖、臭氧层破坏、大气污染、光污染以及土地荒漠化等一系列问题的解决，都需要人们的共同努力与参与。在日常的生产生活中，存在大量的工业固体废物和建筑垃圾，如果能够合理处理的话，这些工业固体废物和建筑垃圾可以实现循环利用，既节省材料的生产成本，也可以降低环境压力。作为土木工程中最广泛应用的材料，混凝土的环保化、可持续化是一个重要的研究方向。

本章将从环保型纤维增强高性能混凝土现存的问题以及未来的发展前景两个方面，分别进行分析和阐述，同时结合技术实际，说明国内外工程材料的发展现状和探索进程。

10.1　环保型纤维增强高性能混凝土应用存在的问题

作为一种尚未开发成熟的材料，环保型纤维增强高性能混凝土存在一些亟待解决的问题。近些年，一些研究探索了废旧材料的回收以及环保材料的循环利用，如再生钢纤维、碳纤维、可降解高分子材料和橡胶材料等。

10.1.1 环保型材料的基本概况

10.1.1.1 原材料的回收成本

环保型纤维增强高性能混凝土的组成材料与普通混凝土大致相同，如果使用环保材料和废旧材料，则需要考虑其回收、物流和再加工的成本。

目前，国内部分地区已经开始强制进行垃圾分类回收，这些回收物中就包含了塑料、玻璃、金属、布料、废纸等，这些在理论上都是可以应用于环保型纤维增强高性能混凝土的材料。除了生活垃圾以外，工业、农业废料都是可利用的材料，如钢渣、尾料、废旧纤维、废旧橡胶等。

出于推动废旧材料回收再利用事业发展的考虑，废旧材料回收的市场化十分重要，所以需要考虑废旧材料回收的利润率，其中两点特别重要：一是回收过程以及最终产品的质量风险，二是回收过程中产生的成本。以纤维材料为例，一般情况下，出于对产品质量和性能的考量，产品并不会完全使用废旧纤维，废旧材料只会占据总量的一小部分，并且在使用前还需对废旧纤维进行严格的处理，以确保其干净可用。因此，当材料需求总量不够庞大的情况下，废旧材料的循环利用也难以充分推广。考虑到市场化因素，唯有将回收再加工的总成本控制在同类非回收纤维的成本之下，废旧材料的回收利用才有现实意义，其中，成本具体体现在回收的能耗、维护成本以及劳动力成本。

随着社会的稳步发展，我国的劳动力成本和物流成本在不断升高，废旧材料的回收与重复利用很难像过去那样引人注目，如果使用废旧材料作为原料，那么制造行业就需要克服价格上升的问题。为了提高市场竞争力，企业不仅应该抓好产品的研发和质量管控，还需提高工厂自动化、机械化、智能化程度，降低全生产过程的成本，最终达到提高市场竞争力的目的。在不久的将来，废旧材料的价格将会随着垃圾强制分类政策的推广而有所降低，但整体市场的活跃度、企业的开发热情、材料循环利用的流程成本都会延缓废旧材料循环利用的进度，进而影响环保型纤维增强高性能混凝土的研究、开发和应用。

10.1.1.2 回收流程

目前，国内废旧材料循环利用领域方兴未艾，相关技术有待进一步研究开发。在国外，部分发达国家在过去几十年已经开发了一些相对成熟的技术，也取得了一定的成果，值得学习和借鉴。

1. 碳纤维的回收

碳纤维是一种具有优越机械性能和耐高温性能的材料，其在轻质结构的增强领域有着重要意义，现已广泛应用于建筑、汽车、航空航天等领域。在碳纤维回收领域，日本、德国、美国、法国、英国等取得了一定成果，目前，具备再生碳纤维技术的公司有碳纤维再生工业公司（CFRI）、东丽、三菱丽阳、宝马、CFK Valley Recycling、Carbon Conversions、MIT LLC、波音等。如图 10－1 所示，回收碳纤维已经应用于汽车部件等。

（a）宝马的车顶和后座

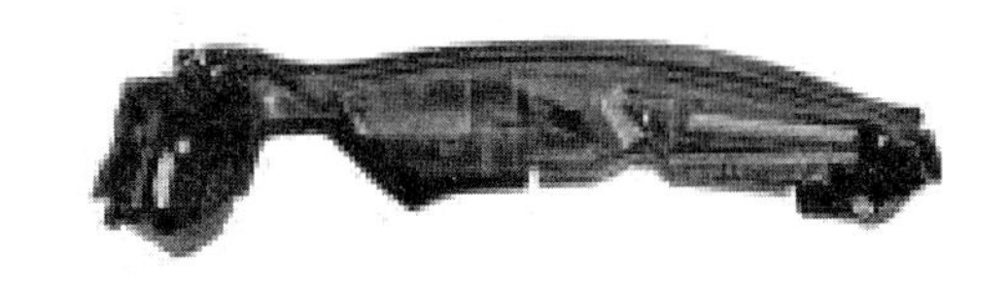

（b）MIT LLC 公司的汽车零件

图 10－1　回收碳纤维在汽车部件的应用

碳纤维的回收再利用技术可以分为化学回收法、物理回收法和能量回收法。化学回收法是目前应用最广、前景最光明的方法，通常有热裂解法、流化床法、超/亚临界流体法和溶剂解离法等。物理回收法，主要是通过碾磨、压碎或切断等方法回收材料，因受制于处理方式，其仅适用于未被污染的废弃件，因而适用范围有限，难以规模化推广。相较于前两者，能量回收法更加简单直接，通过焚烧将废弃件的能量转化为热能，因而往往存在污染问题，甚至会释放有毒气体，对环境造成负面影响，故该方法是一种不被广泛提倡的处理方式。

2. 废旧橡胶的回收

橡胶工业的主要产品是汽车轮胎，橡胶通常可以机械研磨成小尺寸的碎片/粉末。废旧橡胶（Waste Rubber，简称 WR）回收通常由三个阶段组成[1]：首先，将 WR 压碎、切碎并研磨，通过研磨/轧制，通常可以制造粒径大于 4.75 mm 的 WR 碎片。之后，这些粒径较大的 WR 碎片使用旋转/滚动磨床转化为粗橡胶块或较小的橡胶碎屑（75 μm～4.75 mm）。为了获得超细 WR 粉末（<75 μm），可以使用旋转胶体磨机进一步研磨。制造橡胶碎屑的基本方法是低温研磨，低温研磨产生的橡胶颗粒比常温研磨具有更光滑的表面。WR 由于其密度较低而适合用作轻质骨料。此外，WR 碎片具有相对光滑和弹性的表面，这减少了 WR 碎片与界面处的水泥基质之间的结合，化学处理法可以弥补循环橡胶骨料（Recycled Rubber Aggregate，简称 RRA）的这一缺点，采用 NaOH 溶液处理主要是因为 NaOH 溶液在橡胶颗粒之间提供了酸性环境，从而提高了水力传导性，通过提高水泥/橡胶的水分转移率和界面水化，增强了橡胶和水泥基质的黏合。

3. 玻璃纤维的回收

Wahid Ferdous 等[2]对建筑填埋废物（轮胎、塑料和玻璃）的回收利用进行了回顾：在全球范围内，每年产生 1.3 亿吨玻璃废料，而只有 21%被回收利用。考虑到玻璃是 100%可回收的，特别是瓶子和罐子，并且可以无限期地回收（但是，水晶玻璃、灯泡、镜子、微波炉转盘和烤箱器皿不可回收），这个数字相对较低。玻璃可以不限次数回收的性质意味着与塑料和纸张相比，它对环境的危害较小。通常，塑料和纸张分别经过 7～9 次和 4～6 次回收后会失去纯度，因为每次回收后纤维都会缩短。玻璃的主要成分是砂、苏打灰和石灰石。值得一提的是，每回收 1 吨玻璃可以节省 1 吨自然资源，包括砂和苏打灰。然而，玻璃经常受到污染，破碎的玻璃不仅对工人构成安全隐患，而且还会损坏回收设施并增加加工成本。破碎的玻璃很难按颜色分类，因为不同颜色的玻璃熔化温度不同。此外，破碎的玻璃在混凝土中用于取代天然的粗骨料和细骨料[3]。

4. 尾矿的回收

尾矿的种类众多，有铁尾矿、钼尾矿以及磷尾矿等，在实现循环经济和废物最小化的过程中，尾矿是需要科学界关注的重要工业副业之一，因为其存在大量亟待解决的问题。尾矿由采掘业产生，目前是世界上最大的废物流之一。尾矿与工艺用水一起储存在筑坝的池塘中，或作为增稠的糊状物储存在矿场附近的堆场中，通过应用一些再处理技术，尾矿可以作为原料回收利用，转化为新的有价值的产品。尾矿再利用通常在矿场附近进行，包括低价值应用，例如与水泥混合的富砂尾矿，可以用作地下矿井的回填；富黏土尾矿可以作为沙土的改良剂，用于制造砖块和地砖。某些矿物成分的尾矿可能具有特殊的再利用价值和再循环潜力[4]。

5. 植物纤维的回收

不论天然纤维纺织品，还是合成纤维纺织品，废弃纺织品回收加工都有成熟的技术，随着科学技术的发展，废弃纺织品回收加工技术越来越先进。废弃的合成纤维纺织品回收加工在 20 世纪 80 年代就有专利技术出现，废弃的天然纤维纺织品回收技术早在 20 世纪 70 年代就有成套加工的机械设备。

天然纤维回收利用一般是将植物纤维（面、麻）和动物纤维（羊毛纤维）制成的纱或织物（旧衣物）用机械分解成纤维状，再进行纯回纺或混纺，织成织物。植物纤维也可用作非织造布原料或经处理（主要是脱色、脱油脂）用作黏胶纤维、Lyocell 纤维及造纸原料。

对于合成纤维与植物纤维混纺织物，先用氢氧化钠将聚酯/棉混纺织物中的聚酯水解成对苯二甲酸和乙二醇，然后将棉纤维滤出，滤出的棉纤维经水洗、烘干、漂白（次氯酸钠）、水溶解［热 N-甲基吗啉-N-氧化物（NMMNO）］、纺丝，最后可以形成 Lyocell 纤维。

6. 再生骨料的回收

据统计，工业固体废物中 40％是由建筑业排出，废弃混凝土和砂浆占施工场地建筑垃圾排出总量的 60％以上。我国每年排放的废弃混凝土总量大约为 60 亿吨，新中国成立初期建造的混凝土和钢筋混凝土结构物大部分逐渐进入废弃阶段，城市改造和重建也会拆除部分废旧的建筑结构。废弃混凝土将逐渐增加，怎样处理这些建筑垃圾已经成为一个重要的环境保护问题。

基于这种现状，各国对再生骨料的研究被推至环境保护的前沿。再生骨料主要从建筑垃圾中分离得到，将钢筋从建筑垃圾中剔除、除去木材等其他杂物后成为解体混凝土，然后将解体混凝土破碎、筛分、清洗、分级得到再生骨料。据统计，我国建筑垃圾的总排放量从之前的 4 000 万吨/年增加到现在的 4 亿吨/年。由此，业界一致认为我国建筑垃圾的排放高峰期已经来到。城市建筑垃圾的来源，主要途径大体相似。但由于施工、设计和所处地理环境及建设规模等不同，城乡建筑垃圾的来源侧重点均会有所不同。深圳市建筑垃圾主要来源于以下几个方面：

（1）拆除老化建筑或烂尾楼等废旧建筑物而产生的建筑垃圾，这是建筑垃圾的一般来源。

（2）市政工程的动迁以及重大基础设施的改造产生的建筑垃圾，是深圳市建筑垃圾的主要来源。

（3）因意外原因（如地震、台风、洪水、豆腐渣工程等）造成建筑物倒塌而产生的建筑垃圾。

（4）商品混凝土工厂和新建建筑物施工（土地开挖、施工废弃或变更）产生的建筑垃圾，由此产生的建筑垃圾约占建筑垃圾总量的 20%。

7. 再生粉体的回收

根据《中国建筑垃圾资源化产业发展报告（2014 年度）》的统计，我国平均每年产生的废弃混凝土总量为 15.5 亿～24 亿吨。在这之中，大多数的废弃混凝土并未经过处理，往往是直接堆放或简单填埋，这样的方式会对环境造成很大污染。为了降低废弃混凝土对环境的污染，实现建材行业的环保化，国内外开展了许多对废弃混凝土的回收利用工作。目前，国内外对废弃混凝土进行回收与再利用的方法主要有：①直接用于加固松软土质地基或铺设路基；②直接用于再生水泥的制备；③破碎加工成再生骨料，成为天然集料的替代品。相较于作为路基材料和制备再生水泥回收利用废弃混凝土，制备再生骨料具有应用范围更广、用量更多、能耗更低、成本更低的优点，是一种高效利用再生废料的途径。

10.1.1.3 性能特点

1. 碳纤维

碳纤维复合材料（CFRP）是目前最先进的复合材料之一，它以其轻质高强、耐高温、抗腐蚀、热力学性能优良等特点广泛用作结构材料及耐高温抗烧蚀材料，是其他纤维增强复合材料所无法比拟的。

根据 Aamar Danish 等[5]的研究可知，掺入碳纤维会降低胶凝复合材料的可加工性，因为它限制了混合物的偏析和流动。然而，通过应用各种分散技术和稳定剂可以减少碳纤维对胶凝复合材料可加工性的影响。同时，碳纤维的掺入可以提高胶凝复合材料的机械性能和抗冲击性，这归因于碳纤维延缓裂缝扩展和吸收能量的能力。水泥基复合材料的导电性也会因为碳纤维的掺入而增加，这是结构健康监测和自感性基础设施领域的突破。

2. 橡胶

表 10－1[6]为天然聚集体和废再生橡胶的物理特征。

表 10－1　橡胶和天然骨料的物理性质

参数	材料			
	天然聚集体		废再生橡胶	
	碎石	砂	Mechanically Ground	Cryogenic
密度/(g/cm³)	2.79	2.65	1.01	1.07
堆积密度/(kg/m³)	1 624	1 656	44	46
24 h 吸水率/%	1.32	1.8	0.8	1.3

表 10－2[7]为各调查报告所提供的再生橡胶的化学成分。

表 10－2　再生橡胶的化学成分

成分	含量/%			
碳	87.51	31.3	91.5	30～38
氧	9.23	—	3.3	—
硫	1.08	3.23	1.2	0～5
硅	0.2	—	—	—
镁	0.14	—	—	—
铝	0.08	—	—	—
锌	1.76	—	3.5	—
聚合物	—	38.3	—	40～55
灰（Ash）	—	5.43	—	3～7

3. 废玻璃

破碎废玻璃的物理性质列于表 10－3 中[8]。堆积密度是松散状态的堆积密度，它是通过质量除以体积来计算的。形状指数是长度/厚度大于 3 的颗粒的质量占被测颗粒总干质量的百分比。细度模量是每个指定系列筛子上保留的聚集体样本总的百分比之和。片状度指数是最小维数小于平均维数五分之三的粒子的百分比（按质量计算）。

表 10－3　破碎废玻璃的物理性质

堆积密度/(kg/m^3)	1 360
密度/(g/cm^3)	2.4～2.8
形状指数/%	30.5
细度模量	4.25
剥落指数/%	84.4～94.7

玻璃有多种类型和颜色，具有不同的化学成分，表 10－4[9] 显示了不同颜色玻璃的化学成分。

表 10－4　不同颜色玻璃的化学成分

化学成分	琥珀色玻璃/%	绿色玻璃/%	棕色玻璃/%	白色玻璃/%
SiO_2	70.66	72.25	72.1	69.82
CaO	9.12	12.35	—	8.76
Na_2O	8.32	10.54	—	8.42
Al_2O_3	6.53	2.54	1.74	1.02
Fe_2O_3	2.52	—	0.31	0.55
MgO	1.45	1.18	—	3.43
K_2O	1.03	1.15	—	0.13
TiO_2	0.27	—	—	—
P_2O_5	0.07	—	—	—
MnO_2	0.04	—	—	—
Cr_2O_3	—	—	0.01	—
SO_3	—	—	0.13	0.20
Na_2O+K_2O	—	—	14.11	—
CaO+MgO	—	—	11.52	—

4. 尾矿

尾矿对环境的影响是多方面的。酸性矿井排水是采掘业造成的最常见的和全球性的环境危害。硫化物矿物暴露在空气和水中是主要的酸生产过程。大坝坍塌和废物设施的渗水会影响地下水和地表水。酸度以及铁、铝等金属硫酸盐含量是酸性矿井排水的特征。尾矿的特征明显取决于矿床的矿物和所选择的精炼方法。尾矿池的典型特征是粒度分化。富含砂和淤泥的层在整个尾矿床中交替出现，表 10-5 为三种尾矿的氧化物组成[10]。

表 10-5 某镍铜硫化物尾矿和 Cu-Co-Zn-Ni 硫化物矿石的氧化物组成[11,12]

矿床	SiO_2/%	MgO/%	Fe_2O_3/%	Al_2O_3/%	CaO/%	K_2O/%	Na_2O/%	S/%
Ni-Cu	38.8	32	13.9	2.94	0.89	0.41	—	1.25
滑石	19.1	36.9	9.09	0.91	2.64	0.02	—	0.96
Cu-Co-Zn-Ni	56.9	7.39	17.3	3.41	6.37	0.7	0.67	7.63

5. 植物纤维

天然植物纤维材料主要有麻蕉、黄麻、大麻、亚麻、剑麻等麻类材料及木材、竹材、棉纤维、纸浆纤维等。材料形态主要以纤维态和粉态为主，但也有采用织物形态的。由于麻纤维具有强度高、可再生性好的特点，并且天然纤维增强聚烯烃塑料用于汽车内饰和部件在欧洲汽车工业市场已经广泛应用，随着汽车工业市场对汽车部件环保性的关注，用天然麻类纤维材料与可生物降解塑料复合制备生物质复合材料的研究很受关注。而关于木纤维或木粉与可降解材料制备生物质复合材料的研究虽然已经开展，但与麻类材料的研究相比，相对较少。表 10-6 为纤维素与传统纤维的机械性能[13]。

表 10-6 纤维素与传统纤维机械性能的比较

纤维	密度/(g/cm^3)	断裂伸长率/%	抗张强度/MPa	杨氏模量/GPa	成本/(美元/kg)
黄麻	1.45	1.5	550	13	0.3
亚麻	1.50	2.4	1 100	100	—
大麻	—	1.6	690	—	—
苎麻	1.50	1.2	870	128	—
剑麻	1.45	2.0	640	15	0.36
椰纤维	1.15	15.0	140	5	0.25
E-玻璃纤维	2.5	2.5	2 000~3 500	70	3.25
S-玻璃纤维	2.5	2.8	4 570	86	—
芳酰胺	1.4	3.3~3.7	3 000~3 150	63~67	—
碳纤维	1.7	1.4~1.8	4 000	230~240	>16

6. 再生骨料

再生骨料混凝土的研究最早开始于第二次世界大战后的欧洲。第二次世界大战后，整个欧洲成为一片废墟，在他们重建家园时已经注意到废弃混凝土的再生利用。因为再生骨料循环利用不仅可以减少处理废弃混凝土的费用，而且可以节约有限的天然矿产资源。

再生骨料：建筑物（或者构筑物）解体后的废弃混凝土经破碎、筛分、配合等工艺加工而成的混凝土骨料，称为再生混凝土骨料（Recycled concrete Aggregate），简称再生骨料（Recycled Aggregate）。粒径小于 5 mm 的部分称为再生细骨料；粒径大于 5 mm 的部分称为再生粗骨料。表 10－7 为原生混凝土和再生混凝土的强度性能[14]。

表 10－7　原生混凝土及再生混凝土的强度

类型	养护制度	抗压强度/MPa											
		H	HrH	HrM	HrL	M	MrH	MrM	MrL	L	LrH	LrM	LrL
1	α	49.5	54.4	46.3	34.6	26.2	27.7	27.0	23.2	9.1	10.2	10.3	9.6
	β	56.4	61.2	49.3	34.6	34.4	35.1	33.0	26.9	13.8	14.8	14.5	13.4
2	α	51.2	50.7	—	—	25.2	—	27.1	—	8.0	—	—	8.5
	β	61.2	60.7	—	—	36.0	—	36.2	—	14.5	—	—	13.6

注：表中“α”表示自然养护 14 d，“β”表示加速养护 38 d；H、M、L 分别表示高中低强度原生混凝土；rH、rM、rL 分别表示原生混凝土破碎后配制的高中低强度再生混凝土。

7. 再生粉体

试验所用的再生粉体主要经过以下几个流程制备而成：去除废弃混凝土或废弃黏土砖中的杂质→破碎→筛分→研磨→再生粉体成品。即首先分别从破碎后的再生混凝土骨料中筛分出粒径＜0.6 mm（粒径在 0.15～0.6 mm 的粉料约占总质量的 50％，粒径＜0.15 mm 的粉料约占总质量的 50％）的废弃混凝土粉料、从破碎后的再生砖骨料中筛分出粒径＜7 mm 的废弃黏土砖粉料；然后采用配置四种不同型号钢球的 SM－500 球磨机研磨（投入物料质量固定为 5 kg/次），其中，废弃混凝土粉料先研磨 40 min，停歇 10～15 min，再研磨 40 min，制备成再生混凝土粉，而废弃黏土砖粉料比较容易研磨，相同配比下，废弃黏土砖粉料一次性研磨 40 min 制备成再生砖粉；最后，将再生混凝土粉（Recycled Concrete Powder）和再生砖粉（Recycled Brick Powder）分别记为 RCP、RBP，并统称为再生粉体。表 10－8 为再生粉体的化学成分分析。

表 10-8　再生粉体化学成分分析　　单位：%

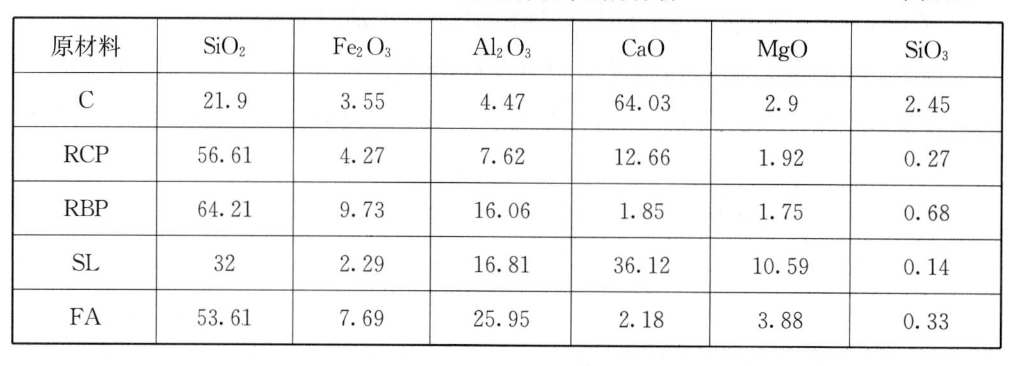

原材料	SiO_2	Fe_2O_3	Al_2O_3	CaO	MgO	SiO_3
C	21.9	3.55	4.47	64.03	2.9	2.45
RCP	56.61	4.27	7.62	12.66	1.92	0.27
RBP	64.21	9.73	16.06	1.85	1.75	0.68
SL	32	2.29	16.81	36.12	10.59	0.14
FA	53.61	7.69	25.95	2.18	3.88	0.33

8. 其他材料

除了上述材料之外，还有一些新型材料也正在被各国研究者关注：

（1）玉米秸秆。玉米秸秆纤维的主要成分为灰分 4.66%、冷水抽取物 10.56%、热水抽取物 20.4%、浓度为 1%的 NaOH 溶液提取物 45.62%、纤维素 18.38%、木素 18.38%、聚戊糖 24.58%。试验用秸秆为粉碎后未处理的秸秆纤维（容易获取，符合生产实践要求），其成分中 SiO_2、木素、纤维素使秸秆具有较好的力学性能，聚戊糖在硫铝酸盐水泥的凝结中起到缓凝的作用，防止了硫铝酸盐水泥过快凝结。

（2）自保温混凝土材料。膨胀珍珠岩属于一种性能较好且廉价的保温材料，所以将其添加到混凝土中实现自保温的作用，然后再将一些铁尾矿和粉煤灰等工业固体废物加入到混凝土，制作成一种节能环保的自保温混凝土材料，使其性能能够达到建筑工程的要求。

（3）环保节能型发光混凝土材料。其中长余辉发光材料又称夜光材料，可以吸收太阳光或人造光源发出的能量，同时将它储存起来，之后再慢慢地把储存的能量以可见光的形式释放出来，在光源撤去之后依旧能够较长时间发出可见光。它不会消耗电能，仅仅利用储存的能量就可以在较暗的环境中发出能够辨认的光源，实现良好的低亮度应急照明、指示标识和装饰美化效果，是一种“绿色”光源材料。长余辉发光材料主要分为三类：金属硫化物体系、铝酸盐体系和硅酸盐体系。其中 20 世纪 90 年代发展起来的稀土元素激活碱土铝酸盐长余辉发光材料的发光亮度高、余辉时间长、化学性质稳定、无毒无害，可安全应用于建筑、交通、安全应急等领域。

10.1.2　环保型材料的来源

复合材料应用越广泛，废弃的复合材料数量也就越多。如在碳纤维预浸料以及复合材料制品的生产过程中，不可避免地会产生边角料和报废品。美国火鸟先进材料公司（Firebird Advanced Materials Inc.）的数据显示，复合材料生产过程中所产生的废料量超过了 30%，其中大于 50%的废料是预浸料废料。据 Composites World

网站2016年的报道，波音公司和空中客车公司在B787和A350 XWB生产中每年会产生453.6吨固化和未固化的碳纤维预浸料废料。另外，复合材料退役产品也会产生相当数量的复合材料废料，比如飞机制件寿命一般为25～28年，风机叶片为20～25年，汽车制件为10～15年。当这些产品寿命终结后，所废弃的复合材料就面临着回收再利用的问题。预计到2025年，全球将有8 500架商用飞机退役。预计到2034年，全球碳纤维复合材料风机叶片产生的工业固体废物将达到22.5万吨及以上。

2014年，我国复合材料总产量为433万吨，已先后超过德国、日本居世界第2位。并且，目前我国复合材料生产工艺大多数还在使用手工铺设的方法，近几年新增的复合材料废料量也愈来愈多，因此复合材料回收在我国具有很大的市场价值。碳纤维生产过程中需要消耗很多能源，价格比较昂贵，因此碳纤维具备较高的回收再利用价值。对碳纤维进行回收再利用，一方面可以解决碳纤维复合材料废料堆积的问题，另一方面可以减少生产碳纤维所需要的能源消耗，把回收之后的碳纤维利用于力学性能要求相对较低的部件。

10.1.3 环保型纤维国内外研究现状

10.1.3.1 植物纤维

植物纤维[15]被广泛称为纤维素纤维，因为植物纤维中大部分是纤维素纤维。纤维基农业材料在复合材料中的应用包含了不同种类的植物纤维，如黄麻、棉花、剑麻、香蕉、油棕、红麻、菠萝、秋葵、椰子等被广泛用于复合材料制造。在复合材料制造中，植物纤维的优点是：较低的比重、高于玻璃的比刚度、较低的机械性能，特别是其抗冲击性、可再生性、湿度敏感性、低投资生产、低热稳定性、低磨损，因此使用植物纤维制造的工程机械在使用时只产生较少的工具磨损，除此之外，植物纤维还具有低耐久性、丰富的可用性、较差的耐火性、生物可降解性等。将纤维基废料作为增强剂添加到聚合物基体中，纤维基材料的掺入提高了聚合物基体的各种力学性能，如拉伸强度、拉伸模量、弯曲强度、弯曲模量、断裂伸长率、冲击强度、抗压强度、韧性等。基体材料是复合材料制造中的重要组成部分之一。基体材料在防止机械损伤、阻挡不利环境、将载荷转移到复合材料中的纤维增强材料上等方面发挥着多种作用。在农用废纤维中可以加入聚乙烯、聚丙烯、低密度聚乙烯、不饱和聚酯树脂、环氧树脂、三聚氰胺、丙烯酸甲酯、丙烯酸乙酯、淀粉、丙烯酸、磷酸、乙二醇-甲基丙烯酸二酯、尿素、氨基甲酸乙酯、高锰酸钾、天然染料、人工染料、明胶等不同聚合物、单体及添加剂，用以制成商用复合材料。此外，一些自由基产生的光谱被用来修饰复合材料的性能。植物性废物均为纤维素纤维，并伴有半纤维素、木质素、果胶等。黄麻纤维主要由纤维素（61%～71%）、半纤维素（13.6%～20.4%）、木质素（12%～13%）、灰（0%）、果胶（0.2%）、蜡（0.5%）

和水分（6%）组成。

根据 Ta A、Msh B 等[16]的汇总可知，植物基天然纤维是复合材料增强材料的优良选择，在复合材料中加入植物纤维不仅对环境有好处，而且对复合材料的性能也有好处。添加剂的加入和伽马射线辐射的应用也提高了植物基天然纤维复合材料的力学性能。在复合材料的制备过程中，植物纤维与合成聚合物之间一般不发生化学结合。但是，当复合材料在伽马射线辐射照射下，自由基形成，这导致复合材料中植物纤维与合成聚合物之间发生化学结合。因此，植物基天然纤维复合材料可以取代单纯的合成聚合物，以获得更优越的力学性能。

10.1.3.2　工业纺织废物纤维

根据 Mistra Future Fashion Research Program，欧盟每年产生约 200 万吨纺织废物，估计全球工业纺织废物产量在 3 500 万～9 200 万吨之间。尽管大量工业纺织废物可回收利用，但产线末端的工业纺织废物的回收还是有一些困难。工业纺织废物的管理往往太复杂或太昂贵，在经济上难以盈利，因此，工业纺织产品在结束其使用周期时被丢弃在垃圾填埋场或直接被焚烧，而不是被回收利用。为了避免这种情况的发生，寻找工业纺织废物的替代用途是有必要的，并且还应该重新利用大量的工业纺织废物，为公众创造需要的产品，而建筑行业可以为这类产品的应用提供一个巨大的市场。

根据 Heura Ventura 等[17]的研究，工业纺织废物可以用于生产水泥基质的非织造布增强剂。用该增强材料制备的复合材料板具有应变硬化性能，具有较高的抗弯强度和韧性。

10.2　环保型纤维增强高性能混凝土的发展前景

过去数十年间，人们的环保意识逐渐提高，国际社会越来越重视生态环境所面临的种种问题和挑战，各缔约方逐步达成一系列协议、公约及合作，如《关于消耗臭氧层物质的蒙特利尔议定书》《控制危险废物越境转移及其处置巴塞尔公约》《濒危野生动植物物种国际贸易公约》《生物安全议定书》《生物多样性公约》《联合国气候变化框架公约》《京都议定书》《巴黎协定》等。

The Global Alliance for Buildings and Construction（Global ABC）于 2021 年 10 月发布了《2021 年全球建筑与施工现状报告》，报告显示，全世界建筑及其施工引起的 CO_2 排放量大约占据了 CO_2 总排放量的 37%，较 2019 年下降近 10%，达到自 2007 年以来的最低水平，然而，这种下降并非主要源自工程活动本身的节能减排，而是疫情引起的封锁、经济放缓、家庭和企业开销下降、能源供应减少等发挥了重要作用。

人类社会逐渐步入后疫情时代，经济活动将进入复苏阶段，全球的工程建设也将逐步恢复，因此，为了减缓全球变暖、减少温室气体和有害气体的排放，环保型纤维增强高性能混凝土亟待研究人员开展进一步的研究和探索。

10.2.1 环保型纤维增强高性能混凝土的纤维种类

10.2.1.1 碳纤维混凝土

碳纤维由许多单纤维组成的纤维束构成，而单纤维由层状石墨小晶体组成，直径为7～151 μm，石墨晶体中碳原子在层内以六角形排列，层与层之间由共价键和范德华力作用而结合在一起，碳纤维能耐恶劣环境、耐磨损、耐高温，比钢纤维轻但强度相差不大，耐碱性比玻璃纤维好。较低含量碳纤维的掺入就能明显提高水泥制品的弹性模量，在所有的合成纤维中，碳纤维的增强效果最好。碳纤维表面具有活性的羟基和羧基，能与含有丰富羟基的水泥进行较强的化学结合；并且碳纤维表面很粗糙，与水泥基体有良好的物理结合，从而使混凝土呈现良好的塑性变形特性。碳纤维还具有导电功能，可使混凝土导电，可用于抗静电地面或电磁屏蔽室，也可通过热电效应用于结冰和除水。碳纤维的主要缺点是价格高，最近几年开发的沥青基碳纤维已使价格大为下降，但是与其他聚合物纤维比较，其价格仍然很高。生产碳纤维的原料除沥青外，还有聚丙烯腈基碳纤维。聚丙烯腈基碳纤维非常贵，难以实用化，而沥青基碳纤维价格低很多，弹性模量和强度也低很多，且性能上与其他合成纤维比依然具有优越性。目前碳纤维混凝土复合材料主要用于活动地板、轻质装饰框架、薄壳结构和恶劣环境下构件的涂层保护等。

碳纤维的掺入会影响混凝土的施工性能。碳纤维掺量增加时，因纤维表面积增大使混凝土内可用于水化的水减少，引起流动度减小；因碳纤维有更高的拉伸强度，可使复合材料的拉伸强度和抗弯强度都提高，当碳纤维掺量或纤维长度增加时，抗压强度略有下降，而断裂能增大。碳纤维体积掺量为3%的混凝土与基准混凝土相比，弹性模量增加2倍，拉伸强度增加5倍，但抗冲击强度提高不大。邓家才等用压缩韧性指数衡量了碳纤维对混凝土韧性的增强作用，发现碳纤维混凝土的压缩韧性指数明显大于基准混凝土（增加59%～110%），并且随着碳纤维掺量的增加，变形能力增强，承载能力增加。硅灰是碳纤维极好的分散剂，加入硅灰后，抗冲击强度与碳纤维掺量成正比。高温蒸汽养护的碳纤维混凝土具有最低的干燥收缩值，比在空气中和在水中养护（6个月）的混凝土的干燥收缩值分别低25%和16%。聚丙烯腈基碳纤维混凝土的干燥收缩值比沥青基碳纤维混凝土的干燥收缩值要小，在一定的纤维和集料用量下，无须引入空气就可达到所需的耐冻融性。暴露在中等酸度（pH值4.0）环境下，碳纤维混凝土的强度和硬度都没有明显的下降。热NaOH溶液处理的碳纤维可用于高温环境下水泥基材料的增强。因为在碳纤维表面上形成的活性羧基团能与从水泥中释放出来的Ca^{2+}发生反应，使得碳纤维与水泥基体亲和力

（界面键结）增强。

10.2.1.2　芳族聚酰胺纤维混凝土

芳族聚酰胺纤维分子链中至少有 85%的酰胺键与两个芳香环相连，Kerlar、Nomex、Technorac、Teiinconex 和 Twaron 都属于芳族聚酰胺纤维。芳族聚酰胺纤维含有由几千条单纤维组成的粗纱，单纤维中硬的芳香环链段与纤维轴平行，从而导致其弹性模量高达 130 GPa。芳族聚酰胺纤维的热稳定性和其他性能介于碳纤维和聚丙烯纤维之间，但其价格较碳纤维低，具有相当的竞争力，比其他高性能纤维有更广泛的应用，在提高材料力学性能的同时又能改善其耐磨性和抗冲击性。用环氧树脂浸渍过的芳族聚酰胺纤维束，增强效果与钢纤维相似但没有易腐蚀的问题。掺入 1%（体积分数）的芳族聚酰胺纤维可使混凝土剪切强度增加 100%～200%，掺入 6%（质量分数）的芳族聚酰胺纤维与掺入 15%（质量分数）石棉纤维对混凝土的抗弯强度增强效果相同，而对韧性的提高前者却是后者的 3 倍。芳族聚酰胺纤维链结构稳定，可耐高温，常温下以不同方式养护的芳族聚酰胺纤维混凝土，在不同的环境下自然老化 2 年，其强度和韧性没有多大的降低。Kerlar 纤维的蠕变与基准混凝土在同一数量级，比其他合成纤维都小，但在高于 300 ℃时纤维会失去大部分强度，而且会显著蠕变。芳族聚酰胺纤维的主要断裂方式是纤维被撕裂或剪断，被拔出的现象很少见，它的塑性断裂有明显的颈缩和原纤化的特征。

新拌混凝土的和易性随芳族聚酰胺纤维的加入显著降低，使用传统的混合设备，其实际最大掺量与钢纤维一样，只能为 2.0%～2.5%（质量分数），如今在日本已达到 3%（质量分数）。未改性的芳族聚酰胺纤维在水泥中有明显的成团和成束现象，难以分散。这种不均匀的纤维分布降低纤维的增强效果，因此必须对其进行表面改性。芳族聚酰胺纤维是一类优良的增强纤维，在走向商业化之前必须改进其混合方法以及确定合适的纤维长度和掺量，将纤维束切成合适的长度或对纤维束表面进行改性都可以提高纤维与基材的黏结，从而提高其掺入量。

Guler 等[18]研究了聚酰胺纤维对结构轻骨料混凝土强度和韧性的影响，比较不同纤维种类、体积含量的轻骨料混凝土，根据研究结果可知，当聚酰胺纤维含量增加时，结构轻质骨料混凝土的坍落度会有明显降低，但密度无明显线性变化，此外，得益于聚酰胺纤维的掺入，结构轻质骨料混凝土的延性和韧性有明显的提高，而抗压强度增强有限。

10.2.1.3　玻璃纤维混凝土

混凝土是应用最广泛的建筑材料，在正常环境条件下具有各种理想的特性，如抗压强度、刚度和耐久性，而普通混凝土具有非常低的拉伸强度、有限的延性，并且几乎没有抗裂性。混凝土的机械性能取决于其成分的类型及其比例，外加剂也是影响混凝土性能的重要因素。研究表明，纤维有助于提高疲劳强度、延性、冲击强度、开裂前拉伸强度、耐磨性，可以有效改善混凝土的固有缺陷，此外，纤维有助于减少砂浆与骨料之间的缝隙。

玻璃纤维混凝土是一种由玻璃纤维制成的混凝土。它是一种由水泥和耐碱玻璃纤维制成的建筑材料。这些纤维取代了钢筋混凝土中的钢筋，并提供更大的弯曲强度、拉伸强度和冲击强度。

由于收缩和拉伸，大多数混凝土结构在一定程度上会显示出一些裂缝痕迹。裂缝会降低混凝土结构的耐久性。Anteneh Tibebu[19]及其团队试图研究短切玻璃纤维混凝土在C25混凝土生产中的应用，在实验室中进行了可加工性和抗压强度测试。玻璃纤维添加的百分比为水泥质量的0.05%、0.1%、0.15%和0.2%不等。试验用玻璃纤维混凝土制造的试样与混凝土的预期强度进行比较。混凝土的可加工性使用坍落度测试进行评估，实验证明混凝土的可加工性与其强度和质量相关。固化28 d后，观察到玻璃纤维含量为0.1%时混凝土强度增加，混凝上的可加工性随着玻璃纤维含量的增加而降低。此外，玻璃纤维含量超过0.15%的混凝土比不含玻璃纤维的混凝土显示出更低的强度数据。

10.2.1.4 聚丙烯纤维混凝土

聚丙烯（PP）是指丙烯通过加聚反应获得的聚合物，是白色蜡状材料，外观透明且轻，密度比水小，具有耐化学性、耐热性、电绝缘性、优异的机械性能和耐磨加工性能，为热塑性轻质通用塑料，广泛应用于各种工业领域。

通过对聚丙烯纤维混凝土中聚丙烯纤维的掺量进行控制可以使混凝土的峰值荷载和强度得到有效提高。刘治宏等[20]分析得出，随着聚丙烯纤维掺量增加，混凝土劈裂峰值荷载呈现出“先增后减”的趋势，劈裂强度也呈现出“先增后减”的趋势。当掺量为0.8 kg/m^{3}时，其劈裂强度达到最大值，之后呈现出下降趋势，即此时混凝土的抗拉性能处于最佳状态。唐百晓[21]分析认为添加聚丙烯纤维可以有效改善试件的稳定性，实验表明添加0.1%聚丙烯纤维含量的试件抗压、抗折、抗剪能力最佳，混凝土试件质量损失率最低，并且始终保持小于10%。张秉宗等[22]通过研究表明聚丙烯纤维能够增加混凝土在复盐溶液中的循环次数，有效减少脱落，试验停止时，掺量为0.9 kg/m^{3}的聚丙烯纤维混凝土比普通混凝土质量损失减小3.61%；在混凝土“加速劣化”阶段，聚丙烯纤维能有效抑制混凝土中毛细孔和非毛细孔的增多。

聚丙烯纤维的掺入可以抑制荷载作用下混凝土裂缝的产生并延缓其发展，能有效提高混凝土的抗氯离子渗透性能，改善其耐久性能。聚丙烯纤维化学性质稳定，与混凝土材料亲和性较好，具有造价低、质轻、摩擦系数高和耐腐蚀等优点，在工程中得到了广泛应用。梁宁慧等[23]研究分析得出：聚丙烯细纤维对微小孔隙的抑制作用较为显著，在荷载水平低于0.4时，微小孔隙较多，此时细纤维能更有效地降低混凝土的孔隙率和孔径大小；聚丙烯粗纤维对大孔隙的抑制作用较为明显，在荷载水平高于 0.6 时，混凝土的平均孔径和最大孔径均较大，此时粗纤维能更有效地降低混凝土的孔隙率和孔径大小。

10.2.2 环保型纤维增强高性能混凝土的骨料种类

10.2.2.1 橡胶混凝土

橡胶是具有可逆形变的高弹性聚合物材料，有从天然植物中提取和人工合成两种获取途径，因而可分为天然橡胶和人工橡胶。橡胶混凝土是以混凝土为基体，以橡胶粉末或颗粒代替部分骨料后制得的水泥基复合材料，橡胶本身具有良好的延性和韧性，可以在一定程度上改善普通混凝土的固有缺陷，提高其延性、韧性和耐疲劳性能。目前，由于全球有大量的废旧轮胎，存在严重的生态压力，并且混凝土的总需求量依旧庞大，很多研究人员开展了从废旧轮胎中获取橡胶，进而制成橡胶混凝土的研究，包含各种提高橡胶颗粒的黏结性能，并改善橡胶混凝土的机械性能和耐久性的方法，涉及橡胶颗粒尺寸、橡胶含量百分比以及水洗对橡胶颗粒的处理效果。

Roychand 等[24]分析、总结了近 30 年来 100 项研究成果和 25 种用来改善橡胶混凝土力学性能的橡胶处理方法，通过对研究数据的回顾得出了以下结论：

（1）橡胶混凝土的工作性能随着橡胶集料的尺寸和百分比含量的增加而降低，此外，相较于耐低温橡胶，机械轮胎橡胶提供的工作性能较低。但是，通过添加适量的高效减水剂可以解决工作性能较低的问题。一些橡胶处理方法，如 24 h 水浸泡，用无水乙醇、丙烯酸和聚乙二醇的混合物处理以及 UV－A 辐射等，已被证明对提高橡胶混凝土的和易性有帮助。H_2SO_4 处理对可加工性的影响，在不同的研究人员之间存在矛盾。在许多研究中，NaOH、$Ca(OH)_2$、H_2O_2、$CaCl_2$、$KMnO_4$ 和 $NaHSO_4$、SCA、CS_2 以及 CH_3COOH 等处理方法已用于处理轮胎橡胶颗粒，但它们对橡胶混凝土的和易性没有任何改善。

（2）由于橡胶的密度明显小于普通骨料，因而橡胶混凝土的密度随着橡胶用量的增加而显著减小。

（3）橡胶混凝土的抗压强度随橡胶粒径和橡胶含量的增加而降低。大多数研究表明，随着橡胶粒径的增大抗压强度呈降低的趋势，但有一项研究的结果与之相反，即抗压强度随橡胶粒径的减小而减小。轮胎橡胶集料由于材料性质较软，与水泥基体的黏结性能较差，严重影响了橡胶混凝土的力学性能。研究人员通过使用不同的橡胶处理方法，克服了橡胶集料的一些负面特性，取得了一定的效果。工业上最常用的橡胶处理方法（按难度递增）是水洗、24 h 水浸泡、NaOH 处理和乙醇、甲醇、丙酮等溶剂处理。其中，溶剂处理是唯一使橡胶混凝土抗压强度高于对照混凝土的处理方法，当橡胶替代量为 10%时，丙酮的改善效果最好，乙醇最差。在其他各种橡胶处理方法中，具有较高的复杂性，但在不同程度上大大改善了力学性能，如：四氢呋喃、正硅酸四乙酯和 γ-缩水基氧丙基三甲氧基硅烷的组合处理，250 ℃部分氧化，有机硫化合物处理，硅烷偶联剂处理，丙烯酸与聚乙二醇共混处理，二硫化钙处理，还有伽马射线治疗。其中，橡胶颗粒在 250 ℃部分氧化对橡胶混凝土抗压强度的改善效果最好，在骨料替代量为 15%时，橡胶颗粒的部分氧化对橡胶混凝土抗压强度的改善效果优于对照混凝土。

（4）橡胶粒径、百分比含量和各种处理方法对橡胶抗折强度、劈裂抗拉强度和弹性模量的影响，与抗压强度性能的变化趋势相似，均随橡胶含量的增加和橡胶粒径的增加而减小。一些研究表明，橡胶颗粒尺寸对抗弯强度的提高有相反的影响，但大多数研究都呈现出随橡胶粒径增大抗弯强度呈降低的趋势。关于抗弯强度的唯一例外的发现是，与不含橡胶的控制混合料相比，含橡胶的混凝土在破坏前表现出更高的挠度。在迄今所研究的各种橡胶处理方法中，水洗、预涂水泥浆体、H_2SO_4 和 CH_3COOH 处理方法在置换水平大于 20%的情况下提供了与未处理橡胶混凝土相同或更高的抗弯强度。在置换水平低于 20%时，250 ℃部分氧化、H_2SO_4、CH_3COOH、$Ca(OH)_2$、NaOH、有机硫化物和 UV 辐射处理方法的抗弯强度与未处理橡胶混凝土持平或更好。在劈裂抗拉强度方面，水洗、预涂水泥浆体、250 ℃部分氧化、有机硫化物处理方法可提供与未处理橡胶混凝土持平或更高的劈裂抗拉强度。关于弹性模量，水洗、水浸泡、预涂水泥浆体的处理方法所提供的弹性模量均达到或高于未处理橡胶混凝土。

（5）关于轮胎橡胶对橡胶混凝土耐磨性影响的研究很少，现有的研究结果与使用未经处理的橡胶的结果相矛盾。然而，从现有的有限数据来看，用饱和氢氧化钠溶液处理橡胶颗粒，然后用水冲洗，与未处理橡胶混凝土相比，橡胶混凝土的耐磨性显著提高。

（6）混凝土的疲劳寿命随着橡胶掺量的增加而增加，随着应力水平的增加而降低。但在各应力水平下橡胶混凝土的性能均优于对照配合比，且性能随橡胶掺量的增加而提高。

（7）断裂韧性、临界能释放率和断裂能随橡胶掺量的增加而增大，最大可增大 25%。随着橡胶含量的进一步增加，断裂韧性和临界能释放率均随橡胶含量的增加而减小。断裂能与材料的最大变形量和承载能力有关。混凝土的总变形随着橡胶掺量的增加而增加，但其最大承载能力降低。弹塑性随橡胶含量的增加而增大，当橡胶含量超过 75%时，弹塑性明显下降。轮胎橡胶颗粒吸收了水泥基体所受能量的一部分，从而增加了复合材料的吸能能力。

（8）废旧轮胎橡胶集料有助于阻碍混凝土微观裂缝的形成和扩展，延缓宏观裂缝的出现。橡胶混凝土的裂缝应力随着橡胶含量的增加而减小，颗粒较细的橡胶混凝土的裂缝应力比颗粒较粗的橡胶混凝土的裂缝应力更加突出和明确。含橡胶骨料的混凝土复合材料的开裂时间随橡胶含量的增加而增加，开裂时间最长可增加20%，随着橡胶含量的进一步增加，开裂时间显著降低。

（9）在静态冲击试验中，随着橡胶含量的增加，橡胶混凝土的抗冲击性能增加，最大可增加50%。随着橡胶含量的进一步增加，抗冲击性能随着橡胶含量的增加而降低。大粒径橡胶颗粒对橡胶混凝土抗冲击性能的提高明显优于小粒径橡胶颗粒。橡胶混凝土的第一可见裂缝（<2 mm）和抗冲击性能随着橡胶颗粒的增加而减少和降低。然而，随着橡胶含量的增加，造成第一可见裂缝的冲击次数与造成破坏的冲击次数之间的差异增大。用质量分数分别为17.2%的丙烯酸、13.8%的聚乙二醇和69%的无水乙醇共混剂处理橡胶颗粒时，橡胶混凝土的冲击性能较未处理橡胶混凝土有明显提高。用 $KMnO_4$ 和 $NaHSO_3$ 对粒径小于420 μm的橡胶颗粒进行处理，与未处理橡胶混凝土相比，造成第一可见裂缝的冲击次数和冲击能量显著增加，其性能优于对照橡胶混凝土。

（10）在动态冲击试验中，最大破坏载荷随着橡胶含量的增加而减小，而试样吸收的能量随橡胶含量的增加而增加。最大载荷的减少和最大载荷下耗散能量的增加，加上总碰撞时间的增加，导致更小的减速力，从而降低车辆损坏的严重程度和与橡胶混凝土安全屏障相关的乘员受伤风险。冲击弯曲时，峰值弯曲载荷和断裂能随着橡胶含量的增加而增加。

（11）钢筋的黏结强度随橡胶含量的增加而降低，与颗粒尺寸和混凝土约束水平（即无约束、低约束和高约束）无关。然而，小尺寸的橡胶颗粒在所有置换水平上都比大尺寸的橡胶颗粒表现更好。在任意约束水平下，当骨料置换水平为20%时，改变钢筋直径对橡胶混凝土的黏结强度没有显著的影响。当细集料中橡胶掺入量为40%～60%时，直径160 mm钢筋的黏结强度显著提高。当橡胶含量为40%时，直径200 mm钢筋表现出与直径160 mm钢筋相似的行为，但当橡胶含量为60%时，在不同混凝土约束水平下，直径200 mm钢筋的黏结强度均有显著提高。混凝土的破坏有三种方式：①在无约束的情况下，横截面完全分裂为两部分；②在低约束水平的情况下，横截面有一些分裂裂缝；③在高约束水平的情况下，直接拉出破坏。

10.2.2.2 铁尾矿混凝土

矿产资源对经济发展具有重要意义，而尾矿是低价值产品，选矿后无法利用，对环境造成严重危害，其中，铁尾矿的利用是一个研究热点。

Lv等[25]对含硅藻土和铁尾矿的生态高效混凝土进行了研究，认为铁尾矿对混凝土力学性能的影响是否为正向的，取决于实际掺量与临界掺量的大小关系。Huang等[26]研究发现，用适宜粒度的铁尾矿代替微硅砂作为细骨料，可以获得相同的拉伸和压缩性能的超高韧性胶凝复合材料。Feng等[27]研究了铁尾矿混凝土界面过渡区的微观特性，得出了铁尾矿混凝土的微观结构比普通混凝土更致密的结论，为铁尾矿作为混凝土骨料的回收利用提供了理论依据。

Li Yi 等[28]开展了铁尾矿作为粗骨料的研究，将铁尾矿粉制成球（铁尾矿球）并作为粗骨料，同时考虑了铁尾矿球混凝土的孔径范围、修正分形维数与抗压强度之间的关系。实验中，考虑了不同母粒或不同天然砂掺合料的普通混凝土和铁尾矿球混凝土。在 Rapidair 457 混凝土孔隙结构分析仪上对试件进行了抗压强度测试和孔隙结构分析。分形维数通过五种计算方法确定，分析了物料对铁尾矿球混凝土抗压强度和孔隙结构参数的影响，研究了不同方法得到的分形维数与孔隙结构之间的内在联系。基于不同孔径范围对孔隙结构参数的影响程度不同，将混凝土孔径划分为 0～160 μm、160～400 μm 和 400～4 000 μm 三个范围，分别研究混凝土抗压强度与孔隙结构参数之间的关系，寻找敏感孔径范围，最后得出以下关于铁尾矿球作为粗骨料混凝土的结论：

（1）对于无天然砂的铁尾矿球混凝土，抗压强度随母粒的掺入而增加。对于天然砂的铁尾矿球混凝土，在一定程度内，抗压强度随着天然砂掺合料的增加而增加，天然砂掺合料对抗压强度的影响显著，铁尾矿球混凝土的抗压强度在母粒和天然砂掺合料的结合作用下，能满足使用要求。

（2）随着天然砂的增加，铁尾矿球混凝土的含气量和孔径先增大后减小。母粒对降低含气量、促进大孔隙向小孔隙转变有积极作用，与此同时，天然砂的促进效果更明显。天然砂和母粒的掺和通过改变铁尾矿球混凝土的内部孔隙结构来影响其抗压强度。

（3）建立固体质量分形校正模型，并通过该模型推导出修正后的固体质量分形维数，反映铁尾矿球混凝土孔隙结构的复杂性。分形维数与空气含量呈负相关，用不同方法计算分形维数时，分形维数与空气含量的相关度大小排序为：面积周长法＜定义法＜盒维数法＜修正固体分形维数。修正后的固体质量分形维数能更好地反映混凝土内部结构的复杂性。

（4）在所有孔径范围内，抗压强度在小孔径范围（0～160 μm）中具有最明显的相关性。因此，小孔径范围是铁尾矿球混凝土抗压强度的敏感孔径范围。

（5）抗压强度受各种孔隙结构参数的影响。考虑修正固体分形维数、比表面积和敏感孔径范围，定义了复合孔隙结构参数 P。复合孔隙结构参数和抗压强度满足二次函数关系。基于改进模型的分形维数可以更好地描述铁尾矿球混凝土的抗压强度变化，同时考虑比表面积和敏感孔径范围。

10.2.2.3 甘蔗渣混凝土

我国的甘蔗渣产量很大且具有原料集中和廉价易得的特点，是一种环保可持续的生物质资源[29]。2018 年，我国甘蔗种植面积约为 123 万公顷，产量约为 1 亿吨，甘蔗渣约占甘蔗质量的30%，甘蔗渣资源除了极少部分用作制浆造纸和生物炼制外，主要用作糖厂燃料，用于生产蒸汽和发电，在此过程中，可产生大量的甘蔗渣灰[30,31]。每吨甘蔗渣在燃烧后可产生25～40 kg的甘蔗渣灰[32]。近年来，甘蔗渣灰产量随着糖类和乙醇产量的需求不断增加而大幅增加。我国每年产生的甘蔗渣灰为125万～200万吨，如果处理不当将会引起新的环境问题。

熊伟等[33]对甘蔗渣灰对混凝土和易性及强度的影响进行了研究，主要采用通过未预处理和已预处理两种甘蔗渣灰等质量替代10%、20%、30%的水泥来探究甘蔗渣灰对混凝土拌合物的和易性和混凝土强度的影响。在该实验中，使用的水泥为南方水泥生产的PO42.5型普通硅酸盐水泥，甘蔗渣灰是从广西来宾市某糖厂锅炉中燃烧甘蔗渣产生的灰烬，在700～900 ℃高温下获得。粗骨料选用湘江卵石，最大粒径为20 mm，表观密度为2 650 kg/m^3，堆积密度为1 420 kg/m^3；含泥量为0.2%，针片状含量为4%。细骨料砂采用湘江河砂，级配区间为Ⅱ区的中砂，细度模数为2.7，表观密度为2 620 kg/m^3，堆积密度为1 540 kg/m^3；含泥量为0.4%，氯离子含量为0.002%，坚固性为5%。外加剂为聚羧酸高性能减水剂，固体含量为23.22%，密度为1 076 kg/m^3，减水率为28%，pH值为4.7，氯离子含量为0.02%。所有指标均符合规范要求。

预处理甘蔗渣灰是为了提高其活性。首先，将甘蔗渣灰在600～800 ℃高温下煅烧2 h，自然冷却至室温以下。然后，用高速粉磨机将其粉碎，并通过300目筛，筛余量低于10%，获得用于实验的甘蔗渣灰样品。实验将分别采用未预处理和已预处理的甘蔗渣灰，以10%、20%和30%的质量替代水泥，探讨其对混凝土拌合物和易性以及混凝土强度的影响。该实验旨在研究甘蔗渣灰在混凝土中的可行性和效果。

依据《普通混凝土拌合物性能试验方法标准》（GB/T 50080—2016）测定混凝土初始坍落度/扩展度、1 h经时损失、压力泌水率，并通过观察混凝土拌合物的状态得到实验结果（表10-9）。

表10-9 实验结果

试验编号	甘蔗渣灰掺量/%	和易性				抗压强度/MPa	
		（坍落度/扩展度）/mm	（1 h坍落度/扩展度）/mm	泌水率/%	拌合物状态	7 d	28 d
S00	0	210/560	200/540	3.5	良好	24.8	28.8
S10	10	200/540	180/500	2.7	良好	27.1	31.5
S20	20	190/520	170/490	2.5	好	23.3	27.7
S30	30	160/470	150/460	1.8	偏干	20.2	25.2

表 10-9（续）

试验编号	甘蔗渣灰掺量/%	和易性				抗压强度/MPa	
		(坍落度/扩展度)/mm	(1 h坍落度/扩展度)/mm	泌水率/%	拌合物状态	7 d	28 d
SS00	0	220/580	210/560	3.3	良好	28.3	31.7
SS10	10	210/550	200/540	2.6	良好	31.8	34.9
SS20	20	200/540	190/520	2.2	好	29.7	32.6
SS30	30	180/520	160/480	1.5	偏干	24.4	28.7

实验结果表明：

(1) 当甘蔗渣灰掺量从0%增加到10%时，混凝土的坍落度/扩展度与1 h经时损失减小，与基准混凝土相比减小达到4.5%/5.2%、4.8%/3.6%，混凝土拌合物的流动性逐渐减小，混凝土的压力泌水率逐渐减小，混凝土拌合物状态良好。

(2) 当甘蔗渣灰掺量从10%增加到20%时，混凝土的坍落度/扩展度与1 h经时损失继续减小，减小比例为4.8%/1.8%、5.0%/3.7%，混凝土拌合物的流动性进一步减小，混凝土的压力泌水率逐渐减小，混凝土拌合物状态良好。

(3) 当甘蔗渣灰掺量从20%增加到30%时，混凝土的坍落度/扩展度与1 h经时损失减小得最为明显，高达10%/5.5%、15.8%/7.7%，混凝土拌合物的流动性急剧减小，混凝土的压力泌水率逐渐减小，混凝土拌合物偏干。通过对比未预处理与已预处理后的试件可知，甘蔗渣灰掺量一定时，已预处理的混凝土拌合物坍落度/扩展度与1 h经时损失比未预处理的混凝土拌合物要大，压力泌水率更小，混凝土拌合物的流动性更好一些。

根据实验结果得出结论：

(1) 甘蔗渣灰掺量在30%以下时，随着甘蔗渣灰掺量的增加，混凝土拌合物的流动性逐渐降低，但降低的幅度不大。

(2) 甘蔗渣灰掺量在30%以下时，混凝土的强度随着甘蔗渣灰掺量的增加呈现出先增加后降低的趋势，甘蔗渣灰最佳掺量为10%，此时混凝土强度比基准混凝土强度增加10.1%。

(3) 通过预处理后的甘蔗渣灰，提高了甘蔗渣灰的火山灰活性，能够使混凝土拌合物的流动性增大，抗压强度增强，可以作为辅助胶凝材料替代部分水泥掺入混凝土中使用。

10.2.2.4 陶瓷废料混凝土

出于对建筑陶瓷废料处理方式（如堆积、填埋和在普通混凝土中少量替代砂石等）所带来的环境影响和利用价值不高的问题，有必要充分发挥建筑陶瓷废料在块状可颗粒化、高硬度、致密、具有较高强度和耐一定高温等方面的优势，并在规模化、高值化利用技术领域开展深入研究。这样的研究对于提高建筑陶瓷废料的利用价值，减少对环境的影响具有重要意义。

陶瓷废料通常是集中堆放或填埋处理，而低值减量性消纳利用方式受到运费和运距的限制，因此迫切需要探索规模化增值利用建筑陶瓷废料的方法。国内外的有关研究结果表明，日本是建筑陶瓷废料利用率最高的国家。由于日本自身资源相对紧缺，政府和企业对环境保护的意识较强，因此对建筑陶瓷废料的重复利用十分重视。INAX株式会社在陶瓷废料的大规模重复利用方面取得了显著成果，其利用率几乎达到百分之百，主要通过将陶瓷废料用于生产水泥或混凝土进行再利用[34,35]。另外，根据报道，美国、西班牙、意大利[36]和英国等国[37-40]的一些陶瓷企业，利用废瓷砖或抛光渣作为原材料制备陶瓷墙砖、地砖或混凝土[41-43]，其利用率已经高达40%[44-48]。Zahra Keshavarz等利用废陶瓷较高的耐热性和抗压性，将普通的废瓷砖和红陶瓷作为粗骨料加入到混凝土中，结果发现，废瓷砖和红陶瓷制备的混凝土分别可以使混凝土的抗压强度提高41%和29%[49,50]。Anna Halicka等进行了一项研究，将陶瓷废弃骨料作为粗骨料和细骨料添加到混凝土中，并将其与使用天然骨料和氧化铝水泥制备的混凝土进行对比。研究还对这些混凝土在经过1 000 ℃的高温热处理后的结果进行了评估。研究结果显示，使用陶瓷骨料制备的混凝土具有较强的形状保持能力，且没有出现裂缝等缺陷。虽然相较于传统使用天然骨料和氧化铝水泥制备的混凝土，陶瓷骨料混凝土的强度稍有降低，但其仍表现出较高的抗压和抗拉强度，足以满足产品的强度要求。这项研究结果表明，将陶瓷废弃骨料应用于混凝土制备可以有效提高混凝土的形状稳定性，并具有良好的力学性能，这为陶瓷废料的高值化利用提供了一种可行途径。此外，Zhiqiang Yang等通过使用82wt%的废陶瓷粗骨料制备了透水砖，所制备的透水砖达到了《透水路面砖和透水路面板》（GB/T 25993—2010）的性能要求，并将此方案推广到工业规模的试验，制备了100块透水砖，且这些透水砖性能均达到了国家标准的要求，并且在整个生产过程中能耗较低，约1.4 MJ/kg，为建筑陶瓷废料制备透水砖提供了强有力的实验数据和基础[51-54]。韩复兴在研究中运用正交实验的方法，将建筑陶瓷废料作为骨料，粉煤灰和废釉料作为发泡剂，以及黏土粉和长石粉等作为填充料，同时加入硼酸和硝酸钠作为助泡剂。然后将混合物置于模具中，并在电炉内进行热处理。研究结果表明，采用建筑陶瓷废料和粉煤灰等固体废弃物制备多孔陶瓷的方法是可行的。此方法不需要建筑陶瓷企业增加额外设备，不仅提高了经济效益，同时还确保了企业的可持续发展。这为建筑陶瓷废料的再利用提供了新的学术思路[55-57]。还有一些学者使用抛光砖废渣制造建筑吸声材料[58,59]。华南理工大学吕海涛在他的硕士毕业论文中，系统地研究了使用抛光砖废渣制造建筑吸声材料，他通过正交实验得出抛光砖废渣的最佳掺入量为25%，他的研究为抛光砖废渣的再利用提供了一定的数据基础[60]。王凯等以陶瓷废料和赤泥等工业废渣为主要原料制备出一种高强、轻质、低吸水率骨料，其中吸水率为6.5%，为陶瓷固体废弃物再利用添砖加瓦[61]。曾令可等使用抛光砖废渣、黏土等为主要原料，经过一系列的工艺方法，制备出了一种新型轻质保温建筑材料。所制得的这种轻质保温建筑材料，其密度为900 kg/m³，导热系数0.23 W/（m·K)，满足了产品的需求，且消耗了抛光砖废渣，带动了陶瓷工业的可持续发展[62,63]。北京通达耐火材料有限公司的李燕京等，将清洗后的破碎陶瓷废料制备成可用于水泥窑预热器和石化行业隔热部位的单层衬里材料。经过部分企业试用，获得良好效果。该研究为陶瓷废料高值化利用提供了新方向，促进了耐火材料领域的技术进步和循环经济发展。Hao Wang等使用抛光砖废渣为主要原料，以1%的碳化硅为发泡剂，2%～3%的磷酸钠为稳泡剂，研究了高温下产生的液相对孔道结构的影响，验证了以抛光砖废渣制备泡沫陶瓷的可行性[64]。中国地质大学与北京通达耐火材料有限公司罗华明等合作以陶瓷废料为原料之一制备了一种强度较高、耐碱性较强以及抗结皮的耐火浇注料[65,66]。

我国高度重视固体废弃物的综合利用和处置，党的十九大报告对“加快生态文明体制改革，建设美丽中国”作出重要部署，明确要求“加强固体废弃物和垃圾处置”。尽管在政府的推动和陶瓷企业的努力下，建筑陶瓷废料在道路和建筑材料中得到了消纳利用，取得了良好的社会效益和经济效益[67]。然而，目前的再生产品主要集中在建筑材料领域，存在价格不高和受运距运费限制等问题，并且仍有大量的建筑陶瓷废料未被重复利用。因此，有必要充分利用建筑陶瓷废料的块状、致密和耐高温性能等特点，开展研究分选、安全分离、物相转化、微结构调控、矿物材料制备等新工艺和技术经济评价体系。同时，进行材料高值化应用研究，为我国固体废弃物的高值化和商业化利用提供新的途径。这将有助于推动资源的有效利用，促进环境保护和可持续发展。

10.3 纤维混凝土的发展趋势

建筑及混凝土行业的含碳氧化物排放是巨大的，可能对环境造成严重影响，联合国以及各类环保机构都在参与减少排放的行动，已经有一些研究人员正在探索零碳混凝土，寻找合适的绿色代替材料。

随着过去百年工程的开展和研究，人们对混凝土的认识逐步加深，同时，鉴于工程要求的日益严苛，纤维混凝土可以有效改善普通混凝土的固有缺陷，因此，总结过往的纤维混凝土研究成果，可以归纳纤维混凝土的主要优势如下：

（1）增强抗裂性，提高抵抗裂缝能力；

（2）产生微裂缝后纤维能继续抵抗外力的拉拔作用，材料的韧性增强；

（3）高弹性模量纤维增强混凝土的抗拉强度、弯曲强度以及剪切强度明显提高；

（4）增强冻融作用抵抗性能；

（5）改善普通混凝土的耐疲劳性能。

由于纤维混凝土具有以上所述的优点，近几年来其应用规模逐渐扩大。同时，纤维种类也不再局限于传统的钢材，研究人员更加倾向于将各类新式材料、废旧材料与混凝土结合，探索纤维混凝土的新方向。在美国、英国、日本和西欧等国家，已对部分应用领域进行了相当规模的现场试验，其中包括桥面和路面（公路和机场跑道）的罩面层、采矿和隧道工程的各种应用、边坡的固定、防火设施、混凝土修补、工业地面以及各种预制混凝土产品等。这些应用均获得了一定的成功。聚合物纤维由于相对于其他几种纤维具有低廉的价格，使其在纤维混凝土中的发展前景更被看好。这些进展表明纤维混凝土在建筑工程领域有着广阔的应用前景。目前，主要应该解决以下一些问题：

（1）纤维性能的优化与工业化方法。开发研制性能更佳的纤维或从废旧材料中提取可用纤维，着重提高纤维的弹性模量、抗腐蚀性能以及其他性能。针对纤维材料的制备过程，推动工业化方法的研发与应用，以降低生产成本，实现规模化生产。

（2）细观结构与宏观力学性能研究。加强对纤维增强混凝土细观结构与宏观力学性能之间联系的研究。深入探究合成纤维混凝土增强、增韧机制的量化关系，确立可靠的理论基础，为材料的优化和应用提供科学依据。

（3）物理力学性能及结构设计依据。进行试件、构件试验，深入了解合成纤维混凝土的物理力学性能，同时研究构件在各类荷载作用下的表现。通过试验数据，为合成纤维混凝土结构的设计提供可靠的依据和指导。

（4）施工性能与工艺优化。有选择地进行施工现场试验，重点关注施工性能指标，如配合比、搅拌方式、坍落度损失等。通过实地试验，掌握合成纤维增强混凝土的施工工艺，不断优化和完善施工过程，确保材料在实际工程中的可行性和可靠性。

研究人员正在探索将城市垃圾与混凝土结合的实验。城市垃圾堆积会导致环境污染，在混凝土中利用城市垃圾可降低成本，减少对自然资源的需求，推动绿色废物管理的发展。合理设计可改善混凝土的性能和耐久性，提升结构质量。这些创新为绿色城市建设和循环经济提供了解决方案，实现零浪费和零碳目标，促进城市可持续发展。

Chen Huaguo 等[68]已经开展了利用不同的城市垃圾来开发绿色可持续混凝土的研究，分析了城市垃圾在混凝土中的作用、将其加入混凝土中产生的问题以及相应的解决方案，以说明通过加入城市垃圾来制造绿色可持续混凝土的可行性，同时，还探讨了将不同类型的工业固体废物加入混凝土中的可行性以及推荐用途。此外，对于纤维混凝土的研究与应用还有以下几种新方法。

（1）分子动力学（MD）模拟可应用于研发利用城市垃圾的可持续混凝土，摆脱传统土木工程的经验试错方式。例如，MD 仿真可以帮助设计塑料混凝土复合材料的优良界面特性，并研究玻璃混凝土复合材料中碱-氧化硅反应（ASR）过程中的离子行为。成功实施 MD 模拟依赖于两个核心要素：代表性的模拟系统和真实的分子相互作用。

（2）借助纳米技术，我们不仅能够利用传统混凝土材料解决工业废料问题，还能发展其他新型绿色混凝土，开拓未来的发展方向。这些方向不只是局限于混凝土与城市垃圾，还将涉及某些类型的新开发混凝土。

（3）随着实验和模拟研究产生了丰富的数据和图像，人工智能（AI）的运用也是未来的一个重要方向。许多研究人员已经投入其中，探索 AI 与城市建设、环境保护的联系。

（4）还有一个可能的方向是开发系统分析模型，该模型集成了生命周期分析、技术经济评估和动态模拟，以便为城市制定最佳废料管理策略。

遵循这些未来方向，我们相信通过科学的研究和优化，能够实现让城市垃圾成为“可塑之材”，优化混凝土的生产，塑造一个可持续发展的城市，实现零浪费和零碳目标。

参考文献

[1] ROYCHAND R，GRAVINA R J，ZHUGE Y，et al. A comprehensive review on the mechanical properties of waste tire rubber concrete [J]. Construction and Building Materials，2022，237：117651.

[2] FERDOUS W，MANALO A，SIDDIQUE R，et al. Recycling of landfill wastes（tyres，plastics and glass）in construction：A review on global waste generation，performance，application and future opportunities [J]. Resources，Conservation and Recycling，2021，173：105745.

[3] ASK A，MM B，KA A，et al. Development of eco-friendly geopolymer concrete by utilizing hazardous industrial waste materials [J]. Materials Today：Proceedings，2022，66（4）：2215 -2225.

[4] KINNUNEN P，ISMAILOV A，SOLISMAA S，et al. Recycling mine tailings in chemically bonded ceramics：A review [J]. Journal of Cleaner Production，2018，174：634 - 649.

[5] DANISH A，ALIMOSABERPANAH M，USAMASALIM M，et al. Utilization of recycled carbon fiber reinforced polymer in cementitious composites：A critical review [J]. Journal of Building Engineering，2022，53：104583.

[6] MEI J N，XU G Y，WAQAS A，et al. Promoting sustainable materials using recycled rubber

in concrete: A review [J]. Journal of Cleaner Production, 2022, 373: 133927.

[7] TORRETTA, VINCENZO, TRULLI, et al. Treatment and disposal of tyres: Two EU approaches. A review [J]. Waste Management, 2015, 45: 152-160.

[8] MOHAJERANI A, VAJNA J, CHEUNG T, et al. Practical recycling applications of crushed waste glass in construction materials: A review [J]. Construction and Building Materials, 2017, 156: 443-467.

[9] TIBEBU A, MEKONNEN E, KUMAR L, et al. Compression and workability behavior of chopped glass fiber reinforced concrete [J]. Materials Today: Proceedings, 2022, 62 (8): 5087-5094.

[10] NORDSTROM D K, ALPERS C N. Geochemistry of acid mine waters [J]. The Environmental Geochemistry of Mineral Deposits, 1999, 6 (10): 133-160.

[11] HEIKKINEN P M, RAISANEN M L. Mineralogical and geochemical alteration of Hitura sulphide mine tailings with emphasis on nickel mobility and retention [J]. Journal of Geochemical Exploration, 2008, 97 (1): 1-20.

[12] HEIKKINEN P M. Mineralogical and geochemical alteration of Hitura sulphide mine tailings with emphasis on nickel mobility and retention [J]. Journal of Geochemical Exploration, 2008, 97 (1): 1-20.

[13] WASIM M, OLIVEIRA O, NGO T D. Structural performance of prefabricated glass fibre concrete floor panel versus compressed fibre cement floor panel for an optimised volumetric module: A case study [J]. Journal of Building Engineering, 2022, 48: 103819.

[14] 李占印. 再生骨料混凝土性能的试验研究 [D]. 西安：西安建筑科技大学，2003.

[15] 唐建国. 天然植物纤维的改性与树脂基复合材料 [J]. 高分子通报，1998 (2)：7.

[16] TA A, MSH B. Application of plant fibers in environmental friendly composites for developed properties: A review [J]. Cleaner Materials, 2021, 2: 100032.

[17] VENTURA H, ALVAREZ M D, GONZALEZ-LOPEZ L, et al. Cement composite plates reinforced with nonwoven fabrics from technical textile waste fibres: Mechanical and environmental assessment [J]. Journal of Cleaner Production, 2022, 372: 133652.

[18] GULER, SONER. The effect of polyamide fibers on the strength and toughness properties of structural lightweight aggregate concrete [J]. Construction and Building Materials, 2018, 173 (10): 394-402.

[19] BAMIGBOYE G O, TARVERDI K, UMOREN A, et al. Evaluation of eco-friendly concrete having waste PET as fine aggregates [J]. Cleaner Materials, 2021, 2: 100026.

[20] 刘治宏，李鸣，王宇航. 聚丙烯纤维混凝土抗拉性能研究 [J]. 产业创新研究，2022，99 (22)：139-141.

[21] 唐百晓. 聚丙烯纤维混凝土纤维增强作用机理研究 [J]. 粘接，2023，50 (2)：78-82.

[22] 张秉宗，贡力，杜强业，等. 西北盐渍干寒地区聚丙烯纤维混凝土耐久性损伤试验研究 [J]. 材料导报，2022，36 (17)：108-114.

[23] 梁宁慧，严如，田硕，等. 预加荷载下聚丙烯纤维混凝土抗渗机理研究［J]. 湖南大学学报（自然科学版)，2021，48（9)：155-162.

[24] ROYCHAND R，GRAVINA R J，ZHUGE Y，et al. Practical rubber pre-treatment approch for concrete use：an experimental study［J]. Journal of Composites Science，2021，5（6)：143.

[25] LV Z，JIANG A，LIANG B. Development of eco-efficiency concrete containing diatomite and iron ore tailings：Mechanical properties and strength prediction using deep learning［J]. Construction and Building Materials，2022，327：126930.

[26] HUANG X，RANADE R，NI W，et al. Development of green engineered cementitious composites using iron ore tailings as aggregates［J]. Construction and Building Materials，2013，44：757-764.

[27] FENG W，DONG Z，JIN Y，et al. Comparison on micromechanical properties of interfacial transition zone in concrete with iron ore tailings or crushed gravel as aggregate［J]. Journal of Cleaner Production，2021，319：128737.

[28] LI Y，WANG P X，WANG F Z，et al. Compressive strength and composite pore structure parameters of iron ore tailings ball concrete［J]. Construction and Building Materials，2022，347（12)：18611.

[29] 沈华艳，谢东. 甘蔗渣生物质资源在复合材料领域的研究进展［J]. 现代化工，2019，39（7)：52-55.

[30] BILBA K，ARSENE M. Silane treatment of bagasse fibre for reinforcement of cementitious composites［J]. Composites Part A：Applied Science and Manufacturing，2008，39（9)：1488-1495.

[31] HUANG Z Q，WANG N，ZHANG Y J，et al. Effect of mechanical activation pretreatment on the properties of sugarcane bagasse/poly（vinyl chloride) composites［J]. Composites Part A：Applied Science and Manufacturing，2012，43（1)：114-120.

[32] SALES A，LIMA S A. Use of Brazilian sugarcane bagasse ash in concrete as sand replacement［J]. Waste Manage，2010（30)：1114-1122.

[33] 熊伟，王四青，李文，等. 甘蔗渣灰对混凝土和易性及强度的影响［J]. 江西建材，2023（4)：24-25，28.

[34] 曾令可，金雪莉，刘艳春，等.《陶瓷废料回收利用技术》内容剖析［J]. 中国陶瓷工业，2012，19（6)：51-53.

[35] 佚名. 国外轻骨料混凝土应用［M]. 中国建筑科学研究院，译. 北京：中国建筑工业出版社，1982.

[36] RAMBALDI E，ESPOSITO L，TUCCI A，et al. Recycling of polishing porcelain stoneware residues in ceramic tiles［J]. Journal of the European Ceramic Society，2007，27（12)：3509-3515.

[37] PACHECO-TORGAL F，JALALI S. Reusing ceramic wastes in concrete［J]. Construction

and Building Materials, 2010, 24 (5): 832 - 838.

[38] JOVIC, MIHAJLO, JELIC, et al. Utilization of waste ceramics and roof tiles for radionuclide sorption [J]. Transactions of The Institution of Chemical Engineers Process Safety and Environmental Protection, Part B, 2017, 105 (3): 48 - 60.

[39] HALICKA A, OGRODNIK, ZEGARDLO B. Using ceramic sanitary ware waste as concrete aggregate [J]. Construction and Building Materials, 2013, 48: 295 - 305.

[40] AMIN S K, EL-SHERBINY S A, EL-MAGD A A M A, et al. Fabrication of geopolymer bricks using ceramic dust waste [J]. Construction and Building Materials, 2017, 157: 610 -620.

[41] RASHID K, RAZZAQ A, AHMAD M, et al. Experimental and analytical selection of sustainable recycled concrete with ceramic waste aggregate [J]. Construction and Building Materials, 2017, 154: 829 - 840.

[42] SENTHAMARAI R M, DEVADAS-MANOHARAN P, GOBINATH D. Concrete made from ceramic industry waste: Durability properties [J]. Construction and Building Materials, 2010, 25 (5): 2413 - 2419.

[43] JACOBY P C, PELISSER F. Pozzolanic effect of porcelain polishing residue in Portland cement [J]. Journal of Cleaner Production, 2015, 100: 84 - 88.

[44] SEVERO E A, CESAR F, DORION E H, et al. Cleaner production, environmental sustainability and organizational performance: an empirical study in the Brazilian metal-mechanic industry [J]. Journal of Cleaner Production, 2015, 96: 118 - 125.

[45] SEVERO E A, GUIMAR-ES J D, DORION E H. Cleaner production, social responsibility and eco-innovation: Generations'perception for a sustainable future [J]. Journal of Cleaner Production, 2018, 186: 91 - 103.

[46] SUTCU M, ALPTEKIN H, ERDOGMUS E, et al. Characteristics of fired clay bricks with waste marble powder addition as building materials [J]. Construction and Building Materials, 2015, 82: 1 - 8.

[47] XIE M, GAO D, LIU X B, et al. Utilization of waterworks sludge in the production of fired/unfired water permeable bricks [J]. Advanced Materials Research, 2012, 531: 316 - 319.

[48] EL D, KANAAN D M. Ceramic waste powder an alternative cement replacement-characterization and evaluation [J]. Sustainable Materials & Technologies, 2018, 17: e006.

[49] KESHAVARZ Z, MOSTOFINEJAD D. Porcelain and red ceramic wastes used as replacements for coarse aggregate in concrete [J]. Construction and Building Materials, 2019, 195: 218 - 230.

[50] ELCI H. Utilisation of crushed floor and wall tile wastes as aggregate in concrete production [J]. Journal of Cleaner Production, 2016, 112: 742 - 752.

[51] YANG Z, QIANG Z, GUO M, et al. Pilot and industrial scale tests of high-performance permeable bricks producing from ceramic waste [J]. Journal of Cleaner Production, 2020,

254：120167.

[52] 吴建锋，陈金桂，徐晓虹，等. 利用废陶瓷制备陶瓷透水砖的研究 [J]. 武汉理工大学学报，2009，31 (19)：27 - 30.

[53] ZHOU C. Production of eco-friendly permeable brick from debris [J]. Construction and Building Materials，2018，188：850 - 859.

[54] ZHU M，WANG H，LIU L，et al. Preparation and characterization of permeable bricks from gangue and tailings [J]. Construction and Building Materials，2017，148：484 - 491.

[55] 韩复兴. 陶瓷厂废料生产多孔陶瓷的研究 [J]. 陶瓷研究，2002 (1)：24 - 26.

[56] 朱静，周宝东. 利用抛光砖废料制备多孔保温建筑材料研究 [J]. 门窗，2018 (23)：44 -45.

[57] 李小雷，韩复兴，叶伟才. 建筑陶瓷废料生产多孔陶瓷试验 [J]. 河南建材，2002 (1)：7 -8.

[58] 冼志勇. 抛光砖废料开口连通孔陶瓷吸声材料的制备与性能研究 [D]. 广州：华南理工大学，2015.

[59] 侯来广，曾令可，王慧，等. 陶瓷废料制备的吸音材料吸音性能影响因素的分析 [J]. 陶瓷学报，2006，27 (1)：6 - 10.

[60] 吕海涛. 利用抛光砖废料制备建筑吸声板材的研究 [D]. 广州：华南理工大学，2011.

[61] 王凯，钟金如. 废日用陶瓷等固体废物制备高强轻质陶粒的研究 [J]. 硅酸盐通报，2006 (1)：20 - 22.

[62] 曾令可，金雪莉，税安泽，等. 利用陶瓷废料制备保温墙体材料 [J]. 新型建筑材料，2008 (4)：5 - 7.

[63] JI R，ZHANG Z，HE Y，et al. Synthesis，characterization and modeling of new building insulation material using ceramic polishing waste residue [J]. Construction and Building Materials，2015，85：119 - 126.

[64] WANG H，CHEN Z，LIU L，et al. Synthesis of a foam ceramic based on ceramic tile polishing waste using SiC as foaming agent [J]. Ceramics International，2018，44 (9)：10078 -10086.

[65] GUO Y，ZHANG Y，HUANG H，et al. Novel glass ceramic foams materials based on polishing porcelain waste using the carbon ash waste as foaming agent [J]. Construction and Building Materials，2016，125：1093 - 1100.

[66] 罗华明，惠飞，郝瑞，等. 一种高强耐碱抗结皮耐火浇注料：CN201210359603.1 [P]. 2012 - 12 -26.

[67] 赵香玉，王凯华，吴火焰. 陶瓷抛光砖废渣应用现状的研究 [J]. 江西建材，2018 (7)：11，13.

[68] CHEN H G，CHOW C L，LAU D. Developing green and sustainable concrete in integrating with different urban wastes [J]. Journal of Cleaner Production，2022，368：133057.

图书在版编目（CIP）数据

环保型纤维增强高性能混凝土 / 史俊，贺锋著. -- 长沙 ：湖南科学技术出版社，2024.8
ISBN 978-7-5710-2854-1

Ⅰ. ①环… Ⅱ. ①史… ②贺… Ⅲ. ①纤维增强混凝土 Ⅳ. ①TU528.572

中国国家版本馆CIP数据核字(2024)第082840号

环保型纤维增强高性能混凝土

著　　者：史　俊　贺　锋
出 版 人：潘晓山
责任编辑：缪峥嵘
出版发行：湖南科学技术出版社
社　　址：长沙市芙蓉中路一段416号泊富国际金融中心
网　　址：http://www.hnstp.com
湖南科学技术出版社天猫旗舰店网址：
http://hnkjcbs.tmall.com
邮购联系：0731-84375808
印　　刷：长沙市宏发印刷有限公司
（印装质量问题请直接与本厂联系）
厂　　址：长沙市开福区捞刀河大星村343号
邮　　编：410153
版　　次：2024年8月第1版
印　　次：2024年8月第1次印刷
开　　本：787mm×1092mm　1/16
印　　张：20.5
字　　数：390千字
书　　号：ISBN 978-7-5710-2854-1
定　　价：98.00元